普通高等教育“十三五”应用型规划教材

# 房屋建筑学


主　编　李　纬　吴晓杰

副主编　刘湘萍　彭　成　徐金华

参　编　林莉杉　容　姣

东南大学出版社

·南京·

**图书在版编目(CIP)数据**

房屋建筑学 / 李纬,吴晓杰主编. — 南京:
东南大学出版社,2017.8(2022.7重印)
ISBN 978-7-5641-6954-1

Ⅰ.①房… Ⅱ.①李… ②吴… Ⅲ.①房屋建
筑学 Ⅳ.①TU22

中国版本图书馆 CIP 数据核字(2017)第 006249 号

**房屋建筑学**

出版发行:东南大学出版社
社　　址:南京市四牌楼 2 号　邮编:210096
出 版 人:江建中
责任编辑:史建农　戴坚敏
网　　址:http://www.seupress.com
电子邮箱:press@seupress.com
经　　销:全国各地新华书店
印　　刷:南京工大印务有限公司
开　　本:787mm×1092mm　1/16
印　　张:17.75
字　　数:440 千字
版　　次:2017 年 8 月第 1 版
印　　次:2022 年 7 月第 3 次印刷
书　　号:ISBN 978-7-5641-6954-1
印　　数:4001-5000 册
定　　价:46.00 元

# 前　言

房屋建筑学是研究房屋建筑空间组合及建筑构造理论和方法的一门综合性技术课程，是土木工程专业的一门必修专业课。课程的主要任务是使学生熟悉一般房屋建筑设计原理，具有建筑设计的基本知识，并能按照设计意图绘制建筑施工图；掌握工业与民用建筑构造理论与构造方法；具有从事中小型建筑方案设计和建筑施工图设计的初步能力，并为后续课程奠定必要的专业基础知识。

本教材共分为三篇 15 章，第一篇为民用建筑设计，第二篇为民用建筑构造，第三篇为工业建筑设计原理。本书依照最新的建设工程规范、技术标准、建筑法规等进行编写，选用大量建筑实例，图文并茂，突出新理念、新材料、新技术、新构造的介绍和运用。本教材具有如下特点：

① 选用大量建筑实例，图文并茂，使学生易于理解和掌握相关的理论知识。

② 针对高层建筑、大型综合体建筑日益增多的现状，为预防和消除建筑工程火灾事故的发生，保障人民生命财产的安全，增加了建筑防火设计的内容。

③ 突出新理念、新材料、新技术、新构造的介绍和运用。

本教材由湖北商贸学院李纬、武汉科技大学城市学院吴晓杰担任主编，由江西理工大学应用科学学院刘湘萍、南华大学彭成、湖北商贸学院徐金华担任副主编，江西理工大学应用科学学院林莉杉、湖北商贸学院容姣参编。具体编写分工如下：李纬（第 1、2、3、4、5、14 章）；刘湘萍（第 6、7、8 章）；彭成（第 9 章）；容姣（第 10 章）；徐金华（第 11 章）；吴晓杰（第 12、13 章）；林莉杉（第 15 章）。全书由李纬负责框架构建并统稿。

由于作者水平和时间的限制，书中疏漏之处，敬请广大读者批评指正。

**编　者**

**2017 年 5 月**

# 目　录

## 第一篇　民用建筑设计

## 第二篇 民用建筑构造

## 第三篇　工业建筑设计原理

# 第一篇　民用建筑设计

# 1　建筑设计概论

**内容提要**

本章介绍了课程的内容和特点，建筑的基本构成要素，建筑的分类与分级，建筑的设计要求、设计依据、设计的内容和程序，以及建筑模数协调标准和构件尺寸等内容。

**学习目标**

了解建筑设计的要求和依据，建筑的发展趋势，建筑节能；熟悉建筑设计的内容和程序；掌握建筑的概念、分类、建筑模数协调标准。

房屋建筑学是一门内容广泛的综合性学科，是一门研究建筑设计和建筑构造的基本原理和方法的学科，是土木工程专业的一门基础必修课。通过本课程的学习，同学们将全面、系统、正确地认识和理解房屋建筑工程。

建筑是建筑物与构筑物的总称。建筑物是指供人们生活、学习、工作、居住以及从事生产和各种文化活动的房屋，如住宅、学校、办公楼、影剧院、体育馆、工厂的车间等。构筑物是指人们不在其中进行生产和生活活动的建筑，如水塔、烟囱、堤坝、桥梁等。本书所讲的“房屋”就是上面所说的建筑物。

房屋建筑学课程的主要内容，包括建筑设计原理和建筑构造两部分。建筑设计原理部分，研究建筑物的设计原则、设计程序和设计方法，包括总平面设计、平面设计、剖面设计和立面及体型设计等方面的内容。建筑构造部分，研究建筑物各组成部分的构造原理和构造方法。

房屋建筑学是一门理论性和实践性都很强的专业基础课程，是土木工程专业的一门承上启下的应用型课程。本课程的任务，是使学生掌握建筑设计原理，学会运用“工程语言”来阅读、绘制建筑施工图，并能独立完成民用建筑与工业建筑的设计。

## 1.1　建筑的基本构成要素

构成建筑的基本要素是建筑功能、建筑技术、建筑形象，即建筑的三要素。

### 1.1.1 建筑功能

建筑功能即房屋的使用要求，它体现着建筑物的目的性。不同的建筑具有不同的使用要求。例如，住宅建筑应满足人们的居住需要，学校建筑要满足教学活动要求，影剧院要求有良好的视听效果，火车站要求人流线路流畅，工业建筑则要求符合产品的生产工艺流程等。建筑不单要满足人们基本的使用功能要求，还要满足人们的生理需求。因此建筑应具有良好的朝向、保温、隔热、隔声、防潮、防水、采光、通风等性能。满足建筑功能需求是最基本的要求，且随着社会发展，人们对建筑功能的要求也日益提高。因此，在建筑设计中应充分重视使用功能的可持续性，以及建筑物在使用过程中的可改造性。

### 1.1.2 建筑技术

建筑技术条件是建造房屋的手段，包括建筑材料与制品、建筑结构、建筑施工、建筑设备(水、电、通风、空调、消防等设备)等方面。建筑材料是物质基础，建筑结构是建筑空间的骨架，建筑施工是建筑物得以实现的重要手段，建筑设备是改善建筑环境的技术条件。随着科学技术的发展进步，建筑技术水平会不断提高，从而满足人们对建筑功能和建筑形象的更高要求。

### 1.1.3 建筑形象

建筑形象是指建筑的艺术形象，是通过建筑的体型和立面构图、内外部空间组合、材料的色彩和质感、细部的处理和重点刻画，以及与周围环境的协调来体现的，用以反映建筑物的性质、时代风采、民族风格和地方特色等。建筑形象处理得当，就能产生一定的艺术效果，给人以一定的感染力和美的享受。

建筑功能、建筑技术、建筑形象三要素是辩证统一的，它们是相互制约、互不可分的。建筑功能是建筑的目的，通常起主导作用，对某些有象征性、纪念性或标志性意义的建筑，建筑形象起主导作用，是构成建筑的主要因素。

## 1.2 建筑物的分类及等级划分

### 1.2.1 建筑物的分类

#### 1) 按使用功能分类

按建筑物的使用功能分类，可以分为民用建筑、工业建筑和农业建筑。

(1) 民用建筑：供人们居住及进行公共活动等非生产性活动的建筑称为民用建筑。民用建筑又分为居住建筑和公共建筑。

① 居住建筑:供人们居住使用的建筑物,如住宅、公寓、宿舍等。

② 公共建筑:供人们进行各种公共活动的建筑物。根据使用功能特点,又可分为以下一些建筑类型:行政办公建筑、文教建筑、医疗建筑、托幼建筑、商业建筑、体育建筑、交通建筑、通信建筑、旅馆建筑、展览建筑、观演建筑、园林建筑、纪念建筑等。

(2) 工业建筑:供人们进行工业生产活动的建筑。工业建筑包括生产用建筑及辅助生产、动力、运输、仓储用的建筑,如机械加工车间、锅炉房、车库、仓库等。

(3) 农业建筑:供人们进行农牧业的种植、养殖、贮存等活动的建筑。如种子库、温室、畜禽饲养场、农产品仓库等。

**2) 按建筑规模分类**

(1) 大量性建筑:单体建筑规模不大,但建造数量较多,与人们生活密切相关的分布面广的建筑。如住宅、学校、中小型办公楼、商店、医院等。

(2) 大型性建筑:单体建筑规模大、影响大、投资大的建筑。如大型体育馆、机场候机楼、火车站、航空港等。与大量性建筑相比,其修建数量是很有限的。

**3) 按建筑物的层数或总高度分类**

(1) 住宅按层数分类:1~3 层为低层;4~6 层为多层;7~9 层为中高层;10 层及以上为高层。

(2) 其他民用建筑按建筑高度分类。

建筑高度是指室外设计地面至建筑主体檐口顶部的垂直距离。

普通建筑:建筑高度不大于 24 m 的民用建筑和建筑高度大于 24 m 的单层民用建筑。

高层建筑:10 层及 10 层以上的住宅,建筑高度大于 24 m 的公共建筑(不包括建筑高度大于 24 m 的单层公共建筑)。

超高层建筑:建筑高度超过 100 m 时,不论住宅或公共建筑均为超高层建筑。

**4) 按承重结构的材料分类**

(1) 砖木结构建筑:砖(石)砌墙体、木楼板、木屋顶的建筑物。

(2) 砖混结构建筑:砖(石)砌墙体,钢筋混凝土楼板及屋顶的建筑物。这类结构造价便宜,就地取材,施工难度低;但是自身抗震能力差,自重较大。

(3) 钢筋混凝土结构建筑:钢筋混凝土柱、梁、板承重的建筑。具有耐久、耐火、可模性好、整体性好、易于就地取材等优点,故应用较为广泛。

(4) 钢结构建筑:主要承重结构全部采用钢材的建筑。钢结构力学性能好,便于制作和安装,工期短,结构自重轻,适宜在超高层和大跨度建筑中使用。

(5) 其他结构建筑:膜结构建筑、充气建筑、塑料建筑等。

### 1.2.2 建筑物的等级划分

建筑物的等级一般包括耐火等级、耐久等级、工程等级。

**1) 按建筑物的耐火等级分类**

所谓耐火等级,是衡量建筑物耐火程度的标准,它是由组成建筑物的构件的燃烧性能和耐火极限的最低值所决定的。确定建筑物耐火等级的主要目的,是使不同用途的建筑物具有与之相适应的耐火性能,从而实现安全与经济的统一。

（1）建筑构件的燃烧性能

按构件在空气中受到火烧或高温作用时的不同反应，构件的燃烧性能分为非燃烧体（或称不燃烧体）、难燃烧体和燃烧体。

① 非燃烧体：用非燃烧材料制成的构件。非燃烧材料是在空气中受到火烧或高温作用时不起火、不微燃、不炭化的材料。如砖石材料、钢筋混凝土、金属等。

② 难燃烧体：用难燃烧材料制成的构件，或用燃烧材料制成而用非燃烧材料做保护层的构件。难燃烧材料在空气中受到火烧或高温作用时难燃烧、难碳化，当火源移走后燃烧或微燃立即停止。如石膏板、水泥石棉板、板条抹灰等。

③ 燃烧体：用燃烧材料做的构件。燃烧材料在空气中受到火烧或高温作用时立即起火或燃烧，且火源移走后继续燃烧或微燃。如木材、纤维板、胶合板等。

（2）耐火极限

耐火极限是指对任一建筑构件按时间—温度标准曲线进行耐火试验，从受到火的作用时起，到失去支持能力、完整性破坏或失去隔火作用时止的这段时间，用小时(h)表示。建筑构件出现了上述现象之一，就认为达到了耐火极限。

① 失去支持能力：指构件在受到火焰或高温作用下，由于构件材质性能的变化，其承载能力和刚度降低，承受不了原设计的荷载而破坏。例如，受火作用后钢筋混凝土梁失去支承能力，钢柱失稳破坏，非承重构件自身解体或垮塌等，均属失去支持能力。

② 完整性破坏：指具有分隔作用的构件（如楼板、隔墙等）在火中高温作用下，发生爆裂或局部塌落，形成穿透裂缝或空洞，火焰穿过构件，使其背面可燃物燃烧起火。例如受火作用后的板条抹灰墙，内部可燃板条先行自燃，一定时间后，背火面的抹灰层龟裂脱落，引起燃烧起火；预应力钢筋混凝土楼板中钢筋失去预应力，发生炸裂，出现孔洞，使火苗蹿到上层房间。

③ 失去隔火作用：指具有分隔作用的构件，在试验中背火面测温点测得的平均温度达到140℃（不包括背火面的起始温度）；或背火面测温点中任意一点的温度达到180℃；或在不考虑起始温度的情况下，背火面任一测点的温度达到220℃。

（3）建筑物的耐火等级

民用建筑的耐火等级可分为四级。我国现行的《建筑设计防火规范》(GB 50016—2014)对不同耐火等级的建筑物，其主要构件的燃烧性能和耐火极限做了规定（见表1.1）。

**表1.1　不同耐火等级建筑相应构件的燃烧性能和耐火极限**

| 构件名称 \ 燃烧性能和耐火极限(h) | | 耐火等级 | | | |
|---|---|---|---|---|---|
| | | 一级 | 二级 | 三级 | 四级 |
| 墙 | 防火墙 | 非燃烧体 4.00 | 非燃烧体 4.00 | 非燃烧体 4.00 | 非燃烧体 4.00 |
| | 承重墙、楼梯间、电梯井墙 | 非燃烧体 3.00 | 非燃烧体 2.50 | 非燃烧体 2.50 | 难燃烧体 0.50 |
| | 非承重外墙、疏散走道两侧的隔墙 | 非燃烧体 1.00 | 非燃烧体 1.00 | 非燃烧体 2.50 | 难燃烧体 0.25 |
| | 房间隔墙 | 非燃烧体 0.75 | 非燃烧体 0.50 | 难燃烧体 0.50 | 难燃烧体 0.25 |
| 柱 | 支承多层的柱 | 非燃烧体 3.00 | 非燃烧体 2.50 | 非燃烧体 2.50 | 难燃烧体 0.50 |
| | 支承单层的柱 | 非燃烧体 2.50 | 非燃烧体 2.00 | 非燃烧体 2.00 | 燃烧体 |

续表 1.1

| 燃烧性能和耐火极限(h) / 构件名称 | 耐火等级 | | | |
|---|---|---|---|---|
| | 一级 | 二级 | 三级 | 四级 |
| 梁 | 非燃烧体 2.00 | 非燃烧体 1.50 | 非燃烧体 1.00 | 难燃烧体 0.50 |
| 楼板 | 非燃烧体 1.50 | 非燃烧体 1.00 | 非燃烧体 0.50 | 难燃烧体 0.25 |
| 屋顶承重构件 | 非燃烧体 1.50 | 非燃烧体 0.50 | 燃烧体 | 燃烧体 |
| 疏散楼梯 | 非燃烧体 1.50 | 非燃烧体 1.00 | 非燃烧体 1.00 | 燃烧体 |
| 吊顶(包括吊顶搁栅) | 非燃烧体 0.25 | 难燃烧体 0.25 | 难燃烧体 0.15 | 燃烧体 |

**2）按建筑物的耐久等级分类**

建筑物的耐久等级主要根据建筑的重要性和规模大小划分。《民用建筑设计通则》(GB 50352—2005)中规定,以主体结构确定的建筑物耐久年限分为四级(见表 1.2)。

**表 1.2 建筑物耐久等级**

| 耐久等级 | 耐久年限 | 适用建筑物的性质 |
|---|---|---|
| 一级 | 100 年以上 | 纪念性建筑和特别重要的建筑,如纪念馆、博物馆等 |
| 二级 | 50～100 年 | 一般性建筑,如城市火车站、宾馆、大剧院等 |
| 三级 | 25～50 年 | 次要建筑,如文教、交通、居住建筑等 |
| 四级 | 25 年以下 | 临时性建筑 |

**3）按建筑物的工程等级分类**

建筑按其重要程度、规模及使用要求的不同,分为特级、一级、二级、三级、四级、五级六个级别,具体划分见表 1.3。

**表 1.3 建筑物的工程等级**

| 工程等级 | 工程特征 | 工程范围举例 |
|---|---|---|
| 特级 | 1. 国家重点项目或以国际性活动为主的特高级大型公共建筑<br>2. 有全国性纪念性意义或技术要求特别复杂的中小型公共建筑<br>3. 30 层以上建筑<br>4. 高大空间有声光等特殊要求的建筑 | 国宾馆、国家大会堂、国际会议中心、国际体育中心、国际贸易中心、国际大型空港、重要纪念建筑,国家级图书馆、博物馆、美术馆、剧院、音乐厅等 |
| 一级 | 1. 高级大型公共建筑<br>2. 有地区性历史意义或技术要求的中小型公共建筑<br>3. 16 层以上 29 层以下或超过 50 m 高的公共建筑 | 高级宾馆(招待所)、旅游宾馆,省级展览馆、博物馆、图书馆,高级会堂、不小于 300 床位医院、大型门诊楼,大中型体育馆、室内游泳馆,大城市火车站、候机楼等 |
| 二级 | 1. 中高级、大中型公共建筑<br>2. 技术要求较高的中小型建筑<br>3. 16 层以上 29 层以下住宅 | 大专院校教学楼、档案楼,电影院,部省级机关办公楼,300 床位以下医院,地市级图书馆、文化馆、俱乐部、报告厅、风雨操场,中等城市火车站、高级小住宅等 |

续表 1.3

| 工程等级 | 工程特征 | 工程范围举例 |
| --- | --- | --- |
| 三级 | 1. 中级、中型公共建筑<br>2. 7层及以上15层以下有电梯住宅或框架结构的建筑 | 重点中学、中等专科学校教学楼、实验楼、电教楼，社会旅馆、招待所、浴室，门诊部，托儿所，综合服务楼，多层食堂，小型车站等 |
| 四级 | 1. 一般中小型公共建筑<br>2. 7层以下住宅、宿舍及砖混结构建筑 | 一般办公楼、中小学教学楼、单层食堂、单层汽车站、粮站、杂货店、阅览室、理发室、水冲式公共厕所等 |
| 五级 | 一、二层单功能，一般小跨度建筑 | |

有些同类建筑根据其规模和设施档次的不同也会分级。如涉外旅馆分一星到五星五个等级；剧场分特、甲、乙、丙四个等级；结构设计时，根据抗震烈度把建筑分成四个等级等。设计时应当根据建筑的实际情况，合理确定建筑的等级。

## 1.3 建筑设计的内容和程序

一项建筑工程从拟订计划到建成使用要经过编制工程设计任务书、选择建设用地及勘测、设计、施工、工程验收及交付使用等几个阶段。设计工作是其中比较重要的环节，具有较强的政策性、技术性和综合性。设计人员力求以更少的材料、劳动力、投资和时间来实现各种要求，使建筑物适用、坚固、经济、美观。通过设计这个环节，把计划中有关设计任务的文字资料，编制成表达整幢或组成建筑立体形象的全套图纸。

### 1.3.1 建筑设计的内容

建筑物的设计一般包括建筑设计、结构设计、设备设计等几个方面的内容。

**1）建筑设计**

建筑设计在总体规划的前提下，根据设计任务书的要求，综合考虑基地环境、使用功能、材料设备、建筑经济及艺术等因素，着重解决建筑物内部各种使用功能和使用空间的合理安排，建筑物与周围环境、外部条件的协调配合，内部和外部的艺术效果，细部的构造方案等问题，创作出既符合科学性又具有艺术性的生活和生产环境。

建筑设计在整个工程设计中是主导和先行专业，除考虑上述要求以外，还应考虑建筑与结构及设备专业的技术协调，使建筑物适用、安全、经济、美观。

建筑设计包括总体设计和单体设计两方面，一般是由建筑师来完成。

**2）结构设计**

结构设计主要是结合建筑设计选择切实可行的结构方案，进行结构计算及构件设计，完成全部结构施工图设计等。一般是由结构工程师来完成。

**3）设备设计**

设备设计主要包括给水排水、电器照明、通信、采暖、空调通风、动力等方面的设计，由有关的设备工程师配合建筑设计来完成，绘制全部的设备施工图。

各专业设计既有分工，又密切配合，形成一个设计团队。汇总各专业设计的图纸、计算书、说明书及预算书，就完成一项建筑工程的设计文件，是建筑工程施工的依据。

### 1.3.2 建筑设计的程序

**1）设计前的准备工作**

建筑设计是一项复杂而细致的工作，涉及的学科较多，同时要受到各种客观条件的制约。为了保证设计质量，设计前必须做好充分准备，包括熟悉设计任务书、收集必要的设计基础资料、广泛深入地进行调查研究等几方面的工作。

(1) 可行性研究报告和落实设计任务书

建设单位必须对项目建设进行可行性研究分析，并在获得上级主管部门对建设项目的批文和城市规划管理部门同意设计的批文后，方可进行设计方案招标。此项工作一般由甲方即建设单位负责完成。

主管部门的批文表明该项工程已被正式列入国家建设计划，文件包括工程建设项目的性质、内容、用途、总建筑面积、总投资、单方造价及建筑物使用期限等内容。

(2) 熟悉设计任务书

设计任务书是由甲方提供给设计单位进行设计的依据性文件(须经上级主管部门批准)。在熟悉设计任务书的同时，设计单位也可以对任务书的某些内容提出补充和修改，但必须征得建设单位的同意，涉及用地、造价、使用面积的，还须经城市规划部门或主管部门批准。设计任务书一般包括以下内容：

① 建设项目总的要求、用途、规模及一般说明；

② 建设项目的组成，单项工程的面积，房间组成，面积分配及使用要求；

③ 建设项目的投资及单方造价，土建设备及室外工程的投资分配；

④ 建设基地大小、形状、地形，原有建筑及道路现状，并附地形测量图；

⑤ 供电、供水、采暖及空调等设备方面的要求，并附有水源、电源的使用许可文件；

⑥ 设计期限及项目建设进度计划安排要求。

(3) 搜集设计基础资料

除设计任务书提供的资料外，还应当收集必要的设计资料和原始数据。

① 定额指标：国家和所在地区有关本设计项目的定额指标及标准，如面积定额、材料定额、用地定额等。

② 气象资料：所在地的气温、湿度、日照、降雨量、积雪厚度、风向、风速以及土壤冻结深度等。

③ 地形、地质、水文资料：基地地形及标高，土壤种类及承载力，地下水位、水质及地震设防烈度等。

④ 设备管线资料：基地地下的给水、排水、供热、煤气、通信等管线布置，以及基地地上架

空供电线路等。

(4) 设计前的调查研究

① 使用要求:通过调查访问掌握使用单位对拟建建筑物的使用要求,调查同类建筑物的使用情况,进行分析、研究、总结。

② 当地建筑传统经验和生活习惯:作为设计时的参考借鉴,以取得在习惯上和风格上的协调一致。

③ 建材供应和结构施工等技术条件:了解所在地区建筑材料供应的品种、规格、价格,新型建材选用的可能性,可能选择的结构方案,当地施工力量和起重运输设备条件。

④ 基地踏勘:根据当地城市建设部门所划定的建筑红线做现场踏勘,了解基地和周围环境的现状,如方位、既有建筑、道路、绿化等,考虑拟建建筑物的位置与总平面图的可能方案。

**2) 设计阶段的划分**

建筑设计过程按工程复杂程度、规模大小及审批要求,划分为不同的设计阶段,通常按初步设计和施工图设计两个阶段进行。对于大型民用建筑工程或技术复杂的项目,可采用三阶段设计,即初步设计、技术设计和施工图设计。增加的技术设计阶段,用来深入解决各工种之间的协调等技术问题。

(1) 初步设计阶段

初步设计文件是供建设单位选择方案、主管部门审批项目的文件,也是技术设计和施工图设计的依据。初步设计文件的深度应满足确定设计方案的比较及选择需要,确定概算总投资,作为主要设备和材料的订货依据,据以确定工程造价、编制施工图设计以及进行施工准备的要求。

初步设计的图纸和文件有:

① 设计总说明:设计指导思想及主要依据,设计意图及方案特点,建筑结构方案及构造特点,建筑材料及装修标准,主要技术经济指标以及结构、设备等系统的说明。

② 建筑总平面图:比例 1∶500 或 1∶1 000,应表示用地范围,建筑物位置、大小、层数及设计标高、道路及绿化布置,标注指北针或风玫瑰图等。地形复杂时,应表示粗略的竖向设计意图。

③ 各层平面图、剖面图、立面图:比例 1∶100、1∶200,应表示建筑物各主要控制尺寸,如总尺寸、开间、进深、层高等,同时应表示标高,门窗位置,室内固定设备及有特殊要求的厅、室的具体布置、立面处理、结构方案及材料选用等。

④ 工程概算书:建筑物投资估算,主要材料用量及单位消耗量。

⑤ 大型民用建筑及其他重要工程,根据需要可绘制透视图、鸟瞰图或制作模型。

(2) 技术设计阶段

初步设计经建设单位同意和主管部门批准后,对于大型复杂项目需要进行技术设计。技术设计是初步设计的深化阶段,主要任务是在初步设计的基础上协调解决各专业之间的技术问题,经批准的技术设计图纸和说明书即为编制施工图、主要材料设备订货及工程拨款的依据文件。

对于不太复杂的工程,技术设计阶段可以省略,把这个阶段的一部分工作纳入初步设计阶段,称为“扩大初步设计”,另一部分工作则留待施工图设计阶段进行。

(3) 施工图设计阶段

施工图设计是建筑设计的最后阶段,设计文件可提交施工单位进行施工。必须根据上级主管部门审批同意的初步设计(或技术设计)进行施工图设计。

施工图设计的内容包括建筑、结构、水、电、采暖和空调通风等专业的设计图纸、工程说明书、结构及设备计算书和预算书。

① 设计说明书:包括施工图设计依据、设计规模、面积、标高定位、用料说明等。

② 建筑总平面图:比例1∶500、1∶1 000、1∶2 000。应表明建筑用地范围,建筑物及室外工程(道路、围墙、大门、挡土墙等)位置、尺寸、标高,建筑小品、绿化及环境设施的布置,并附必要的说明及详图、技术经济指标,地形及工程复杂时应绘制竖向设计图。

③ 建筑物各层平面图、剖面图、立面图:比例1∶50、1∶100、1∶200。除表达初步设计或技术设计内容以外,还应详细标出门窗洞口、墙段尺寸及必要的细部尺寸、详图索引。

④ 建筑构造详图:建筑构造详图包括平面节点、檐口、墙身、门窗、室内装修、立面装修等详图。应详细表示各部分构件关系、材料尺寸及做法、必要的文字说明。根据节点需要,比例可分别选用1∶20、1∶10、1∶5、1∶2、1∶1等。

⑤ 各专业相应配套的施工图纸,如基础平面图,结构布置图,水、暖、电平面图及系统图等。

⑥ 工程预算书。

## 1.4 建筑设计的要求及依据

### 1.4.1 建筑设计的要求

(1) 满足建筑功能要求;
(2) 采用合理的技术措施;
(3) 具有良好的经济效果;
(4) 考虑建筑美观要求;
(5) 符合总体规划要求。

### 1.4.2 建筑设计的依据

**1) 空间尺度的要求**

(1) 人体尺度和人体活动所需的空间尺度

人们在建筑物中的行为是动态的,建筑空间主要由人体空间和活动空间组成。建筑物中家具、设备的尺寸,踏步、窗台、栏杆的高度,门洞、走廊、楼梯的宽度和高度,以至各类房间的高度和面积大小,都和人体尺度以及人体活动所需的空间尺度直接或间接有关。同时设计时还要考虑使用者心理空间的需求。

我国成年男子和女子的平均高度分别为1 670 mm和1 560 mm,人体尺度和人体活动所需的空间尺度如图1.1所示。

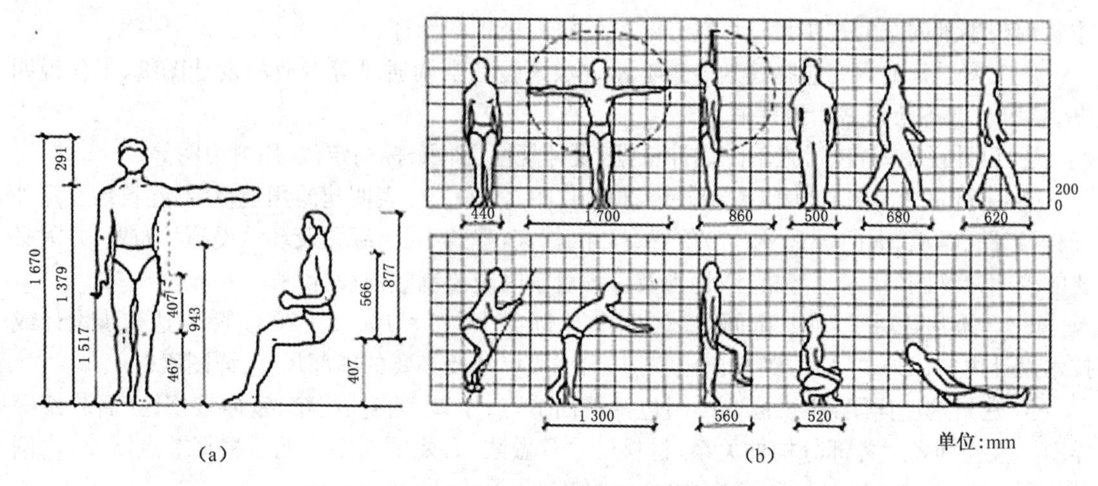


图 1.1　人体尺度和人体活动所需空间尺度(mm)

(2) 家具、设备的尺寸和使用空间

家具、设备尺寸，以及人们在使用家具和设备时必要的活动空间，是确定房间内部使用面积的重要依据。建筑中常用家具尺寸如图 1.2 所示。

图 1.2　常用家具尺寸(mm)

**2）自然条件**

(1) 气象条件

建设地区的温度、湿度、日照、雨雪、风向、风速等是建筑设计的重要依据之一。例如：炎热地区的建筑应考虑隔热、通风、遮阳，建筑处理较为开敞；寒冷地区应考虑防寒保温，建筑处理较为封闭；雨量较大的地区要特别注意屋顶形式、屋面排水方案的选择，以及屋面防水构造的处理；在确定建筑物间距及朝向时，应考虑当地日照情况及主导风向等因素。高层建筑、电视塔等设计中，风速是考虑结构布置和建筑体型的重要因素。

风向频率玫瑰图(简称风玫瑰图)是依据该地区多年统计的各个方向吹风的平均日数的百分数按比例绘制而成，一般用16个罗盘方位表示。风玫瑰图上的风向是指风由外吹向地区中心的方向，比如由北吹向中心的风称为北风。图1.3为我国部分城市的风向频率玫瑰图。

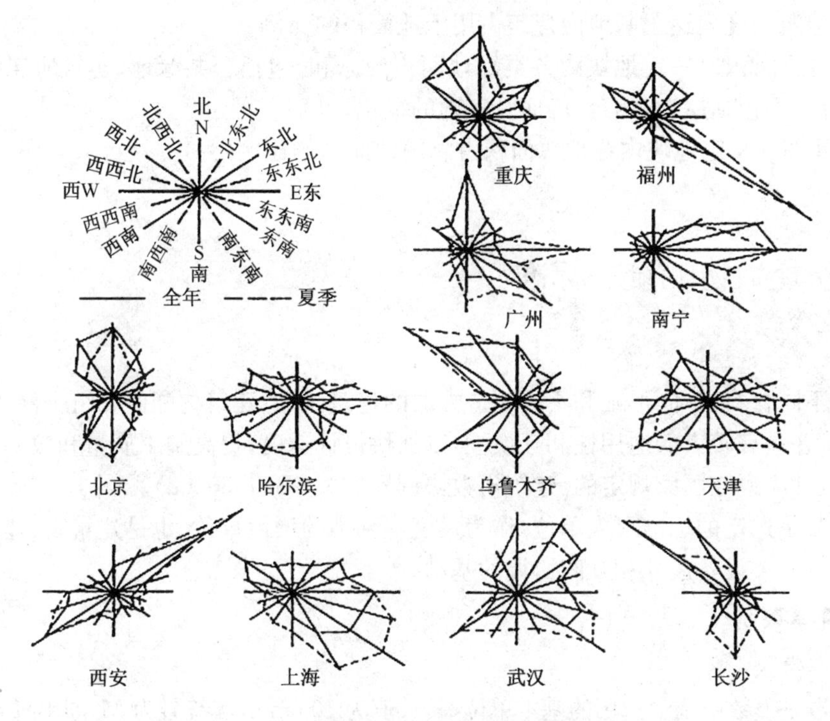


图1.3 我国部分城市风向频率玫瑰图

(2) 地形、水文地质及地震烈度

基地地形、地质构造、土壤特性和地耐力的大小，对建筑物的平面组合、结构布置、建筑构造处理和建筑体型都有明显的影响。坡度陡的地形，常使房屋结合地形采用错层、吊脚楼或依山就势等较为自由的组合方式。复杂的地质条件，要求对建筑基础采用相应的结构与构造处理。

水文条件是指地下水位的高低及地下水的性质，直接影响建筑物基础及地下室。一般应根据地下水位的高低及地下水性质确定是否对建筑采用相应的防水和防腐蚀措施。

地震烈度表示当发生地震时，地面及建筑物遭受破坏的程度。烈度在6度以下时，地震对建筑物影响较小；9度以上地区，地震破坏力很大，一般应尽量避免在此类地区建造房屋。因此，按《建筑抗震设计规范》(GB 50011—2010)的规定，地震烈度为6、7、8、9度地区均须进行抗震设计。

**3）建筑设计规范的规定**

建筑“标准”“规范”“规程”以及“通则”是以建筑科学技术和建筑实践经验的综合成果为基础，由国务院有关部门批准后颁发为“国家标准”，在全国执行，对于提高建筑科学管理水平、保证建筑工程质量、统一建筑技术经济要求、加快基本建设步伐等都起着重要的作用，是必须遵守的准则和依据，体现着国家的现行政策和经济技术水平。

**4）建筑设计技术经济指标**

(1) 容积率　一定地块内总建筑面积与建筑用地面积的比值。计算建筑物的总建筑面积时，通常不包括±0.00以下地下建筑面积。容积率为一无量纲常数，没有单位。容积率与其他指标配合，往往控制了基地的建筑形态。

(2) 建筑密度　也称建筑覆盖率，一定地块内所有建筑物的基底总面积占总用地面积的比例(%)。建筑密度表达了基地内建筑占用土地面积的比例。

(3) 绿地总面积　一定地块内各类绿地面积的总和，包括公共绿地、建筑所属绿地、道路绿地、水域等。不包括屋顶、晒台、墙面及室内的绿化。

(4) 绿地率　一定地块内绿地总面积占总用地面积的比例(%)。

## 1.5　建筑模数协调统一标准

为了使不同材料、不同形式和不同制造方法的建筑制品、建筑构配件和组合件实现工业化大规模生产，并具有较大的通用性和互换性，以加快设计速度，提高施工质量和效率，降低建筑造价，建筑设计应遵守国家规定的《建筑模数协调标准》(GB/T 50002)。

建筑模数是选定的标准尺度单位，作为尺度协调中的增值单位，也是建筑物、建筑构配件、建筑制品以及有关设备尺寸相互间协调的基础。

**1）建筑模数制**

(1) 基本模数

基本模数是模数协调中选用的基本单位，其数值为100 mm，其符号为M，即1 M = 100 mm。整个建筑物或其中的一部分以及建筑组合件的模数化尺寸，应是基本模数的倍数。

(2) 扩大模数

扩大模数是基本模数的整数倍，有水平扩大模数和竖向扩大模数。

① 水平扩大模数的基数为3 M、6 M、12 M、15 M、30 M、60 M，主要适用于建筑物的开间、进深、柱距、跨度、门窗洞口、结构配件的尺寸。

② 竖向扩大模数的基数为3 M、6 M，主要适用于建筑物的高度、层高和门窗洞口等尺寸。

(3) 分模数

分模数是用整数除基本模数的数值。分模数的基数为M/10、M/5、M/2，主要适用于构件之间的缝隙、构造节点、构配件断面等尺寸。

(4) 模数数列

模数数列是指以基本模数、扩大模数、分模数为基础扩展成的一系列尺寸。模数数列的幅度及适用范围如下：

① 水平基本模数的数列幅度为 1 M～20 M，主要用于门窗洞口和构配件断面尺寸。

② 竖向基本模数的数列幅度为 1 M～36 M，主要用于建筑物的层高、门窗洞口和构配件断面等尺寸。

③ 水平扩大模数的数列幅度：3 M(3～75 M)；6 M(6～96 M)；12 M(12～120 M)；15 M(15～120 M)；30 M(30～360 M)；60 M(60～360 M)，必要时幅度不限。主要用于建筑物的开间或柱距、进深或跨度、构配件尺寸和门窗洞口等尺寸。

④ 竖向扩大模数的数列幅度不受限制，主要用于建筑物的高度、层高和门窗洞口等尺寸。

⑤ 分模数的数列幅度：M/10(1/10～2 M)；M/5(1/5～4 M)；M/2(1/2～10 M)。主用于缝隙、构造节点、构配件断面尺寸。

**2）建筑构件的尺寸**

为保证建筑构件的设计、生产、安装各阶段有关尺寸间的相互协调，应明确标志尺寸、构造尺寸、实际尺寸的概念和相互关系，如图 1.4 所示。

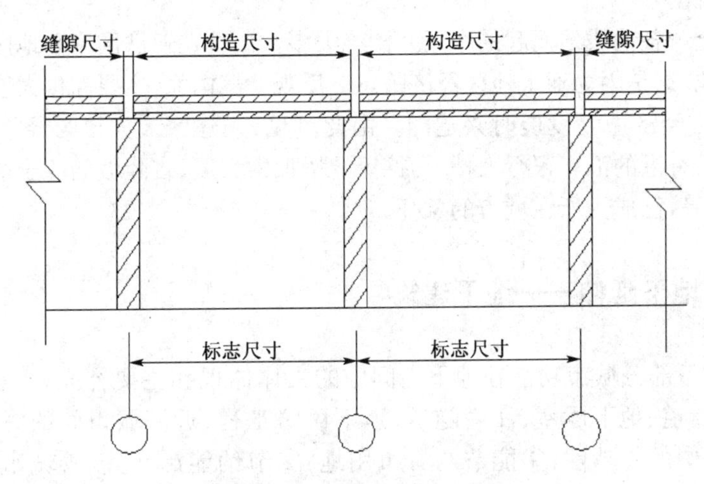


**图 1.4 几种尺寸的关系**

(1) 标志尺寸：标志尺寸用以标注建筑物定位轴线之间的距离(如开间、柱距、跨度和层高等)，以及建筑构件、建筑制品、建筑组合件和有关设备位置界限之间的尺寸。标志尺寸必须符合模数数列的规定。

(2) 构造尺寸：构造尺寸是建筑构件和建筑制品等的设计尺寸。一般情况下，构造尺寸加上缝隙尺寸等于标志尺寸。缝隙尺寸的大小应符合模数数列的规定。

(3) 实际尺寸：实际尺寸是建筑构件、建筑制品等的实有尺寸。实际尺寸与构造尺寸之间的差数应满足允许偏差幅度的限制。

图 1.4 所示剖面，表示预制板支承在横墙上的情况。从图中可见，预制板的标志尺寸即房间的轴线尺寸，它是基本模数或扩大模数的整数倍数。构造尺寸是考虑了构件施工安装的缝隙以后的设计尺寸，例如当轴线尺寸为 3 300 mm 时，楼板长度的标志尺寸即为 3 300 mm。考虑到楼板安装缝隙为 20 mm，板的设计长度则定为 3 280 mm，该数值即为构造尺寸。实际尺寸是构件加工后的实有尺寸，它应控制在构造尺寸及其允许的误差范围以内。

## 1.6 建筑的发展趋势

### 1.6.1 向空中发展——高层建筑俗称摩天大楼

高层建筑是利用少量用地，向高空发展，以多层重叠相同平面造出，内部空间数量甚多，外部形象高矗挺拔的一种建筑形式。高层建筑要权衡利弊。其主要使用特点是：

① 能节省昂贵的地皮，增大容积率，缩短城市道路各种工程管线，在经济上是优越的。

② 近几十年来，各国高层建筑的造型特点大致可分为标志性、高科技性、纪念性、生态性、装饰性和文化性等类型。

③ 从技术上讲，楼高千米，地震和大风对它的影响绝不可忽视；此外，防火、安全隐患以及适用性都令人担忧。

近些年来，全球各地拔地而起的摩天大楼绝大多数出现在亚洲国家和地区，如香港、上海、台北、吉隆坡等地，这是因为亚太地区经济腾飞。反观欧美国家，主要高楼大厦均是在20世纪60至70年代西方经济蓬勃发展时兴建的。由此可见，兴建摩天大楼与经济发展密切相关。纽约的帝国大厦、香港的汇丰银行大楼、马德里的毕加索大厦、吉隆坡的双子塔大厦、上海的环球金融中心大厦等，已成为所在城市的象征。

### 1.6.2 向地下延伸——地下建筑

地下建筑是一部分城市功能在地下空间中的具体体现和主要补充，大量的地下工程实践如地铁、地下街道、地下厅室、江底隧道、地下民防工程、近海城市间的海底通道等，显示出其在城市建设中的优越性：①能节约城市用地；②节约能源；③改善城市交通；④减轻环境污染；⑤有利城市防灾减灾；⑥扩大城市空间容量；⑦提高城市生活质量；⑧有利于建设循环经济和节约型社会。总之，地下建筑为城市的高度现代化，以至未来城市的建设，开辟了广阔前景。

现代地下建筑起源于地下铁路和军事工程。从1863年伦敦建成6 km长的世界第一条地下铁路开始，世界各大城市相继建成了地铁。地铁不仅速度快，客运量大，缓解了地面交通的紧张状况，也为修建地下公路、地下人行道开了先河。在20世纪六七十年代，现代地下空间的开发利用达到了空前的规模，其开发量以日本为最高，美国次之。城市地下空间的功能已扩展为居住、商业、文化活动、生产贮存等方面。

### 1.6.3 智能建筑

信息与电子技术的飞速发展，是促进智能大厦产生的主要原因之一。构成智能大厦的三要素为建筑物、建筑设备和各类智能化系统。1984年，世界第一幢智能大厦在美国康涅狄格州的哈特福特市正式诞生。这就是名为城市广场38层的商业办公大厦。

所谓“智能建筑”是综合计算机、信息通信等方面最先进的技术，使建筑物内的电力、空调、照明、防灾、防盗、运输设备等实现建筑物综合管理自动化、远程通信和办公自动化的有效运作，并使这三种功能结合起来的建筑。智能建筑由于具有高效、节能、舒适等突出优点，在欧、美、日及世界其他各地迅速发展，并引起普遍重视。20 世纪 80 年代，信息处理与通信技术的蓬勃发展，信息产业的不断壮大，计算机性能提高而价格大幅度下降，以及数字程控交换机、光纤通信、卫星通信、局域网与广域网等方面所取得的很大发展，都为智能建筑的兴起奠定了基础。可以说，智能建筑是信息时代的产物。智能建筑的含义是随着科学技术的进步而不断完善的，当今科学技术正处于调整发展阶段，其中很多高科技成果应用于智能建筑，它的内容与形式在不断变化，这充分体现了智能建筑的强大生命力和广阔发展远景。

### 1.6.4 智能化住宅（俗称电子住宅）

未来的电子住宅潜力无限，科学技术将使我们梦想变成现实。

最先提出智能化居家构想的是美国电脑界的巨子比尔·盖茨。他的那栋建在西雅图坡地、华盛顿湖畔，由普通建筑材料与芯片、软件组成的现代化别墅，让人心驰神往。

一栋智能化住宅，已不是我们传统意义上的家了，它或许应该被称作一个由智能机器人管理的家更为合适。这个“机器人”管家，由一个电脑控制中心连接着大大小小数十个甚至上百个显示器和电脑，它的显示扫面装置可以识别、跟随主人，并记录下主人的习惯、嗜好、作息时间等，还可以将主人与其他家庭成员或客人相区别。如主人回家时，它会奏起主人喜欢的乐曲，自动开启房门迎接主人，它的虹膜识别装置能通过人的眼睛识别主人，陌生人即使模仿主人，带上主人的面具，也休想踏进房门一步；清晨，它会按时叫醒主人，并打开卧室的窗帘，通过气象感知器调整房间适宜温度与光线；晚上它会自动开启和关闭室内的照明灯，使防盗报警装置进入工作状态；厨房里的电脑会帮助主妇炒菜做饭，或主人只需说明想吃食品的名称，计算机管家就会在网络上找餐馆为主人订一份晚餐；等等。也许不用很多年，一部分人就会住进这种智能化住宅，在机器人和计算机安排得井井有条的舒适环境中享受美好生活。

### 1.6.5 生态建筑与绿色建筑

所谓生态建筑，简而言之就是将生态学原理运用到建筑设计中而产生的建筑。生态建筑根据当地的自然生态环境，运用生态学、建筑学以及现代高新技术，合理安排和组织建筑与其他领域相关因素之间的关系，与自然环境形成一个有机的整体。它既利用天然条件与人工手段制造良好的富有生机的环境，同时又要控制和减少人类对于自然资源的掠夺性使用，力求实现向自然索取与回报之间的平衡。它寻求人、建筑（环境）、自然之间的和谐统一。

绿色建筑的概念贯穿于建筑设计、建筑施工、建造安装、使用和拆毁的全过程。概括而言，其内容包括：①节能、节省以及减少对环境的影响；②建筑的再利用；③建筑材料的再结合；④再循环。绿色建筑显示了环境科学、经济学和工程技术所取得的卓越成就。如绿色住宅带给住户的将是舒适、良好的空气品质、高工作效率和低运转费用。

生态建筑≠绿色建筑≠节能建筑。

生态建筑＝（绿色＋健康）建筑。这一等式，正反映出生态建筑对自然和人的双重关怀，体现建筑、人、环境的协调与和谐的发展，体现出人对环境的友善。

### 1.6.6 未来的新型建筑

**1）现代化的装配式建筑**

所谓装配式建筑即工地现场的建筑材料完全是由工厂运来的半成品（预制构件），施工队在现场对地基做一定处理后，对半成品进行房屋的组装。如现代化的装配式住宅有以下功能：节能；隔音；防火；抗震；外观不奢华，长期使用不开裂、不变形、不褪色；为厨房、厕所配备各种卫生设施提供有利条件；为改建、增加新的电气设备或通信设备创造可能性。

装配式建筑在国外是大众化的产品，但预计到2020年，这种房屋在我国也非奢侈品，对它的需求比小轿车更为迫切。

**2）仿生建筑**

随着科学技术的发展，建筑与生物的联系日益密切。建筑仿生学是现代化仿生学中的一个重要分支，它研究生物的结构和功能，并在建筑设计和制造中加以模仿，进而开发新材料和新结构。例如，2008年北京奥运会主会场宛如一个生动的“鸟巢”。仿造自然生物的壳体结构，建筑仿生学专家们创造出了“壳体设计”。已有的大量工程实践足以说明生物的某些特征是经过亿万年的不断进化而形成的，它是大自然的杰作，是人类取之不尽的知识源泉。

**3）海洋城市与建筑**

由于世界人口迅速增长，人类活动范围日益扩大，随着科学技术和生产力的发展，建筑师们把陆地的建筑物建在海上。因此，各具特色的海洋城市和建筑应运而生。

海上城市建在离海岸较远的公海上。它是直径数百米的圆形建筑物，周围有坚固的混凝土防波堤，以阻挡海浪冲击。水上部分除道路、花园、电影院、体育场之外，还有商店和工厂。深海开发出来的矿物、海上收获的水产品，就在这里加工或装船外运。如美国、日本已建多处海上城市，新加坡建起了一个世界最大的海上旅馆。世界上共有10多个海上机场、20多条海底隧道等。目前，一些发达国家的建筑学家和海洋专家制定了许多宏伟、新奇的海上城市和建筑的规划。

此外，还有未来空中建筑和月球工厂等。

## 1.7 我国建筑节能现状及其发展目标

### 1.7.1 建筑节能的含义

节能，是指加强用能管理，采取技术上可行、经济上合理以及环境和社会可以承受的措施，减少从能源生产到消费各个环节中的损失和浪费，更加有效、合理地利用能源。

节能不能简单地认为只是少用能。节能的核心是提高能源效率。从能源消费的角度看，能源效率是指为终端用户提供的能源服务与所消耗的能源量之比。建筑使用过程中所消耗的能量，即通常所说的建筑耗能，在社会总能耗中占有很大的比例，而且，社会经济越发达，生活水平越高，这个比例越大。

建筑节能是指提高建筑使用过程中的能源效率，主要包括采暖、通风、空调、照明、炊事、家用电器和热水供应等能源效率，即为居住者所提供的卫生舒适的居住条件与所消耗的能源量之比。其中采暖和降温消耗能量最多，所以建筑节能主要还是建筑(外墙体、屋面、地面等维护构件、门窗等)的保温隔热。只有建筑物的保温隔热做好了，其他的才不会是空谈。而且建筑维护结构、门窗的节能潜力在所有建筑节能途径中最大，达 50%～80%。因此，选用合适的主墙体材料、外墙保温材料和门窗材料，加强维护结构的保温隔热性能，提高门窗的保温隔热性能和气密性是建筑节能的根本途径。国家制定了不同地区的建筑节能标准，设计人员应参照执行。

### 1.7.2　建筑节能的现状

#### 1）墙体材料革新——建筑节能之基础

我国 960 万 $km^2$ 的土地，资源总量丰富。但是对于人均占有的资源，从表 1.4 可以看出我国是一个资源贫乏的国家。

表 1.4　我国资源贫乏情况表

<table>
<tr><th>序号</th><th>资源名称</th><th>占世界人均占有量的比例</th><th>备注</th></tr>
<tr><td>1</td><td>煤</td><td>1/2</td><td rowspan="6">① 耕地面积占国土面积的 13%，人均耕地面积只有 1.43 mu(1 mu≈666.7 m²)<br>② 淡水资源占全球总量的 6%，是世界上 13 个缺水国家之一；全国 600 个城市中，400 个城市供水不足，缺水城市达 110 个<br>③ 全国 60%的城市污染严重，不宜居住</td></tr>
<tr><td>2</td><td>耕地</td><td>1/3</td></tr>
<tr><td>3</td><td>水</td><td>1/4</td></tr>
<tr><td>4</td><td>森林</td><td>1/6</td></tr>
<tr><td>5</td><td>石油</td><td>1/9</td></tr>
<tr><td>6</td><td>天然气</td><td>1/23</td></tr>
</table>

#### 2）推广新墙体材料和节能建筑是实现可持续发展的一项重要而紧迫的任务

墙体材料革新是综合利用废弃物、保护环境的最佳选择。

目前我国每年生产各类工业废渣达 1 亿多 t，累计堆存几十亿 t，不仅占用了大量的土地，而且严重污染环境。生产新型墙体材料则可消耗大量的煤矸石、粉煤灰、建筑渣土及冶金和化工等行业产生的废渣。此法既可有效提高资源利用效率和改善环境，又可减少废渣堆存占用的大量土地，是发展循环经济的最佳选择。

#### 3）革新墙体材料和推广节能建筑是节约资源、改善建筑功能的有效途径

通过发展保温隔热等新型墙体材料，建造节能建筑，可以降低建筑使用过程中的采暖和空调能耗，实现能源的节约，也可以提高建筑质量和居住条件，改善人民的生活质量。多年来，节能型墙体体系还存在一些问题：

① 加气混凝土等轻质材料砌成的节能型墙体体系保温效果不理想。这类砌筑材料仅适用于框架填充结构中非承重填充墙。

② 重质墙体＋粘贴式外墙保温体系在建筑外墙上的固定方式存在一定的安全问题。用锚固虽可进一步提高安全度，但对外墙饰面的抗裂以及对外墙保温体系的耐久性有些负面影响。同时，在防火安全方面，常见的外墙保温体系是否会“导火”也是一个问题。

③ 钢结构住宅体系是目前重点发展的一类新型建筑结构体系，但与之相配套的外墙材料和建筑配件尚很欠缺。

### 1.7.3 建筑节能发展目标

我国要全面建设小康社会，2020 年国民经济要翻两番，建材产业要与建筑业共同成为我国的支柱产业，墙体材料产业要走上节能、节地、消耗固体废物的发展道路，因此要做好如下几项工作：

(1) 结合我国国情，发展复合墙体结构，实现建筑节能的目标。

(2) 推广空洞率大于 25%的烧结多孔砖和空心砌块，提高墙体的隔热保温性能。

(3) 发展固体废物综合利用和节能技术，实现每年利用各种固体废渣 2 亿 t，节约 5 000 万 t 标煤的目标。

(4) 尽快发展高质量轻质内隔墙板和外墙保温复合板，满足节能型框架结构和钢结构体系发展的需要。

### 1.7.4 提高国民节能意识

建筑节能是实现我国国民经济可持续发展，保护生态环境，高效利用自然资源的大政方针。要形成政府支持节能建筑，开发商投资开发节能建筑，设计人员注重设计节能建筑，业主购买、居住节能建筑的良性节能环境，并逐步形成广泛持久的社会风气。

## 本章小结

1. 建筑一般是指建筑物和构筑物的总称，本书主要探讨建筑设计、建筑构造等问题。

2. 建筑功能、建筑技术和建筑形象是建筑物的基本构成要素，它们相互制约、互不可分，是辩证统一的。

3. 建筑的分类方法有多种，常用的分类依据有建筑物使用性质、建筑物层数或总高度、建筑物规模以及建筑物主要承重结构材料。

4. 建筑物的等级一般是根据建筑物的耐久等级、耐火等级和工程等级划分的。

5. 建筑工程设计一般包括建筑设计、结构设计和设备设计等方面的内容。

6. 建筑模数包括基本模数和导出模数(扩大模数、分模数)。模数数列是以选定的模数为基础而展开的模数系统。

7. 建筑的发展趋势是高层建筑、地下建筑、智能建筑、智能化住宅、生态建筑与绿色建筑、仿生建筑、海上建筑等。

8. 建筑节能已成为世界性大潮流，是建筑技术发展的一个重要标志。

## 思考题

1. 建筑的含义是什么？建筑的基本构成要素是什么？它们之间的关系如何？
2. 建筑物的耐火等级是如何划分的？
3. 建筑物的耐久等级是如何划分的？
4. 建筑工程设计包括哪几个方面的内容？
5. 何为两阶段设计和三阶段设计？适用范围分别是什么？
6. 为什么要实行建筑模数协调统一标准？基本模数和导出模数的含义分别是什么？

# 2 建筑平面设计

**内容提要**

本章介绍了平面设计的内容与过程，包括平面的组成，主要使用房间、辅助使用房间、交通联系部分的设计，建筑平面组合设计等内容。

**学习目标**

了解平面设计的内容及影响平面组合的因素；掌握主要使用房间、辅助使用房间和交通联系部分的设计内容和设计要点。

一幢建筑物通常是由若干个体空间有机组合起来的三维立体空间。在进行建筑设计时，为了表达方便、准确，一般分为平面设计、剖面设计和立面设计来进行，并采用相应的图纸以表达其设计意图。

建筑的平面、剖面、立面设计三者是紧密联系而又互相制约的。一般首先进行平面设计，因为建筑平面集中反映各组成部分的功能特征和相互关系及建筑与周围环境的关系。另外，建筑平面还不同程度地反映了建筑的造型艺术及结构布置特征等。在此基础上进行剖面设计及立面设计，同时兼顾剖面、立面设计可能对平面设计带来的影响，反复推敲，最终达到平面、立面、剖面的协调统一。

民用建筑的类型很多，从组成平面各部分的使用性质来分析，均可归纳为以下两个组成部分：使用部分和交通联系部分。使用部分又可分为主要使用房间和辅助使用房间。

建筑平面设计的内容既包括单一功能房间的平面设计，即上述提及的三种功能空间的设计，也包括三类功能空间的平面组合设计。单一功能房间平面设计是在整体建筑合理且适用的基础上，确定房间的面积、形状、尺寸以及门窗的大小和位置。平面组合设计是根据各类建筑功能要求，抓住主要使用功能空间、辅助使用功能空间和交通联系功能空间的相互关系，结合基地环境及其他条件，采取不同的组合方式将各个房间合理地组合起来。

## 2.1 主要使用房间设计

各类建筑主要使用房间的使用功能和面积大小虽然千差万别，但其设计的原理和方法却是基本一致的，主要包括房间面积的确定，形状的选择，开间进深尺寸的确定，朝向、采光、通风问题的处理，内部交通的安排，建筑面积的有效利用，以及结构的布置等。

### 2.1.1 房间面积的确定

各种不同用途的房间的面积主要是由房间内部活动特点、使用人数多少、家具设备的多少等因素决定的，例如住宅的起居室、卧室，面积相对较小；剧院、电影院的观众厅，除了人多、座椅多外，还要考虑人流迅速疏散的要求，所需的面积就大。

一个房间面积是由其使用面积和结构或围护构件所占面积组成的。以图 2.1 所示中学教室和住宅卧室为例，其使用面积由如下三个部分组成：(1)家具和设备所占面积；(2)使用家具设备及活动所需面积；(3)房间内部的交通面积。

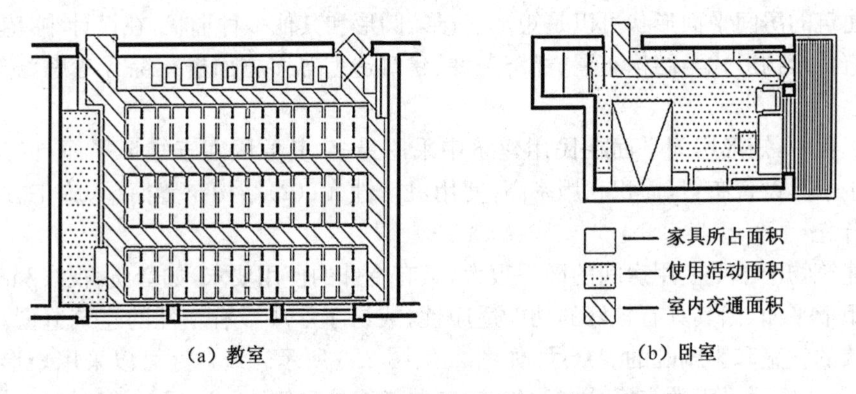


图 2.1 室内使用面积分析示意图

上述三部分面积一旦分别确定，即房间的使用面积被确定，再加上结构或围护构件所占面积，房间的面积就随之确定了。影响房间面积大小的因素主要有如下几个方面：房间用途、使用特点及其要求，房间容纳人数的多少，家具设备的品种、规格、数量及布置方式，室内交通情况和活动特点，采光通风要求，结构合理性以及建筑模数要求等。

在实际设计工作中，房间面积的确定主要依据我国有关部门及各地区指定的面积定额指标(见表 2.1)。面积定额指标是由国家或所在地区设计主管部门，对各种类型的建筑物，通过大量调查研究和积累的设计资料，结合现有经济条件和各地区具体情况编制出来的，用以控制各类建筑中使用面积的限额，并作为确定房间使用面积的依据。应当指出，每个人所需的面积除依据面积定额指标外，还需通过调查研究并结合建筑物的标准综合考虑。有些建筑房间面积指标在相关法规中未做规定，使用人数也不固定，如展览室、营业厅等，这就需要设计人员根据设计任务书的要求，对同类型且规模相近的建筑进行必要的调研，在有充分根据的前提下，经过比较分析，合理确定其面积大小。

表 2.1 部分民用建筑房间面积定额参考指标

| 建筑类型 | 房间名称 | 面积定额($m^2$/人) | 备注 |
|---|---|---|---|
| 中小学校 | 普通教室 | 1～1.4 | 小学取下限 |

续表 2.1

| 建筑类型 | 房间名称 | 面积定额(m²/人) | 备注 |
|---|---|---|---|
| 办公楼 | 一般办公室 | 3.0 | 不包括走道 |
| | 会议室 | 0.8 | 无会议桌 |
| | | 1.8 | 有会议桌 |
| 车站 | 普通候车室 | 1.1～1.3 | |
| 图书馆 | 普通阅览室 | 1.8～2.3 | 4～6张双面阅览桌 |

## 2.1.2　房间的形状

民用建筑的房间平面形状可以是矩形、方形、圆形和其他多种形状，在设计中，应从使用要求、平面组合、结构形式与结构布置、经济条件、建筑造型等多方面进行综合考虑，选择合适的平面形状。

实际工程中，矩形房间平面在民用建筑中采用最多，其原因在于矩形平面具有更多的优点：(1)便于家具设备布置，面积利用率高，使用灵活性大；(2)结构布置简单，施工方便；(3)便于平面组合。

如果建筑物中单个使用房间的面积很大，又有特殊的使用要求，如音质、视线和疏散等，往往采用非矩形平面，因其具有较好的功能适应性，或易于形成极有个性的建筑造型。例如，不同平面形状的教室和影剧院的观众厅，如图2.2、图2.3所示。观众厅可以采用矩形、钟形、扇形、六角形等。矩形平面的声场分布均匀，池座前部能接受侧墙一次反射的区域比其他平面形状大，但当跨度较大时，前部易产生回声，常用于小型观众厅。扇形平面由于侧墙呈倾斜状，声音能均匀地分散到大厅的各个区域，常用于大、中型观众厅。钟形平面介于矩形和扇形平面之间，声场分布均匀，适用于大、中型观众厅。六角形平面声场分布均匀，但屋盖结构复杂，适用于中、小型观众厅。

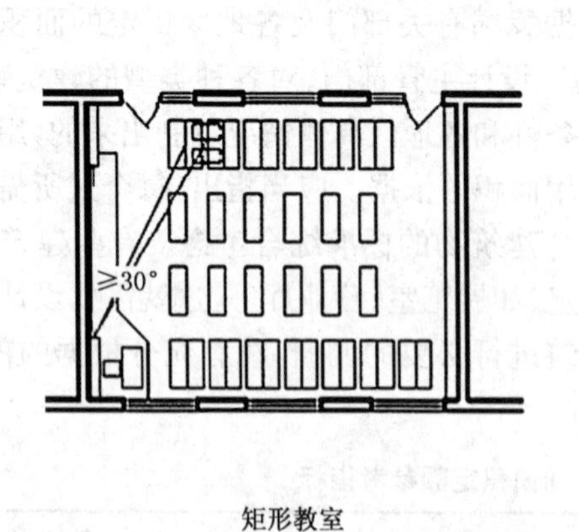


矩形教室

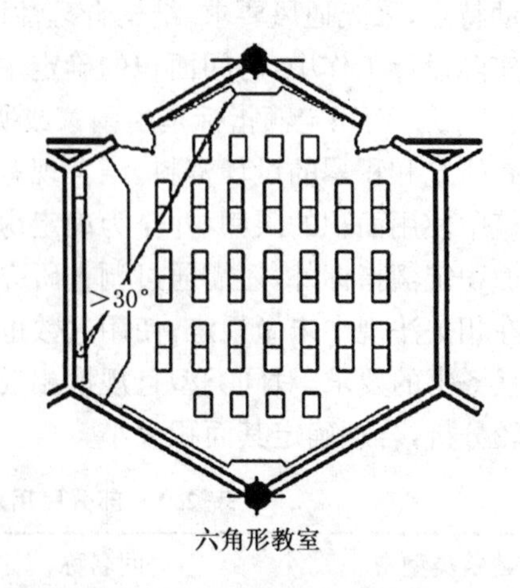


六角形教室

图2.2　不同平面形状的教室

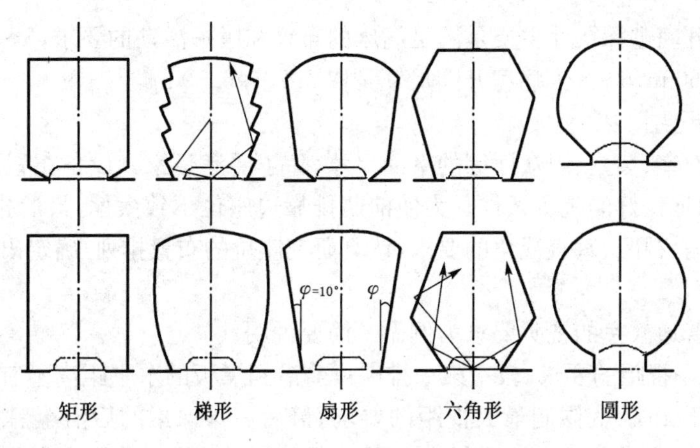


图 2.3 不同平面形状的观众厅

### 2.1.3 房间的平面尺寸

房间尺寸通常是指房间的面宽和进深,而面宽往往可由一个或多个开间组成。在房间面积相同情况下面宽和进深有多种组合,因此要使房间尺寸合适,应根据以下几方面要求来综合考虑:

(1) 满足家具设备布置和人体活动的要求

家具尺寸、布置方式及数量对房间面积、平面形状和尺寸的确定有直接影响。如果家具种类很多,在确定房间平面尺寸时,应以主要家具、尺寸较大的家具为依据。例如,住宅建筑卧室的平面尺寸应考虑床(卧室中最重要的家具)的大小、与其他家具的关系以及设法提高床布置的灵活性。主要卧室要求床能够双向布置,因此开间尺寸应保证在床横向布置后,剩余的墙面还能开设一个门,常取 3.60 m,进深方向应考虑竖向两张床,或者纵横两张床中间加床头柜或衣柜,常取 3.90~4.50 m 左右。小卧室则必须保证纵放一张单人床后还能开设一扇门,故开间尺寸通常取 2.40~3.00 m,如图 2.4 所示。

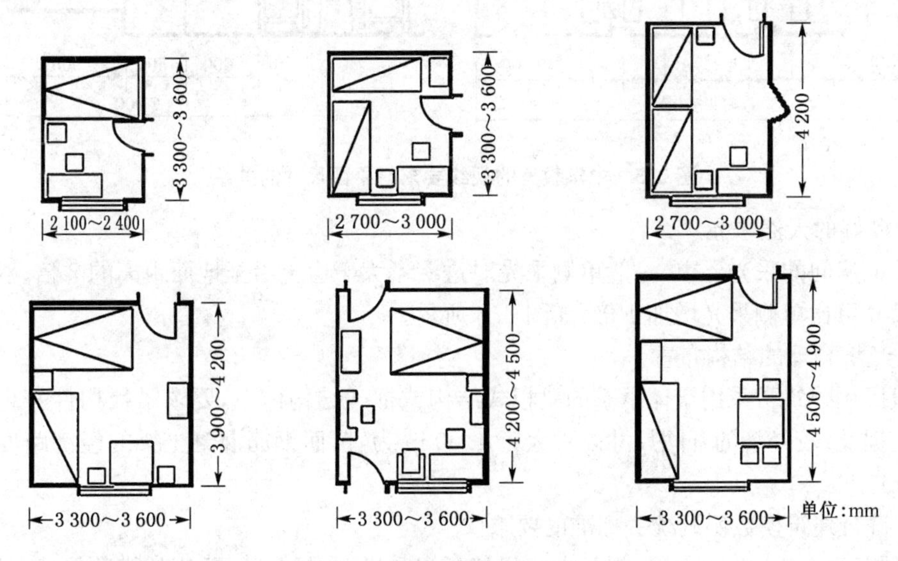


图 2.4 卧室开间和进深尺寸

医院病房的开间进深尺寸主要是满足病床的布置和医护活动的要求，3～4 人病房开间尺寸常取 3.30～3.60 m，6～8 人病房开间尺寸常取 5.70～6.00 m。

(2) 满足视听要求

有的房间如教室、会堂、观众厅等的平面尺寸，除了要满足家具设备布置及人体活动要求以外，还应重点保证良好的视听条件。为使前两排靠边座位不致太偏，最后排座位不致太远，必须根据水平视角、视距、垂直视角的要求，认真研究座位的布置排列，确定出适合的房间平面尺寸。

下面以中学普通教室的视听要求为例做一简要说明：

① 为保证最小视距的要求，教室第一排课桌前沿到黑板的水平距离不宜小于 2.00 m，以保证垂直视角大于 45°。为限制最大视距的要求，最后一排课桌的后沿至黑板面的水平距离不宜大于 8.50 m。为避免学生过于斜视而影响视力，水平视角(前排边座与黑板远端的水平夹角)不应小于 30°。

② 为保证通行的要求，教室内纵向走道宽度不小于 0.55 m，教室后部应设置宽度不小于 0.60 m 的横向走道。课桌端部与墙面(或凸出墙面的内壁柱及设备管道)的净距离不小于 0.12 m，黑板的高度不应小于 1.00 m，宽度不应小于 4.00 m。

按照以上原则，并结合家具布置、学生活动、建筑模数要求等，中学教室的平面尺寸常取 6.3 m×9.0 m、6.6 m×9.0 m、6.9 m×9.0 m、7.2 m×9.0 m 等，如图 2.5 所示。

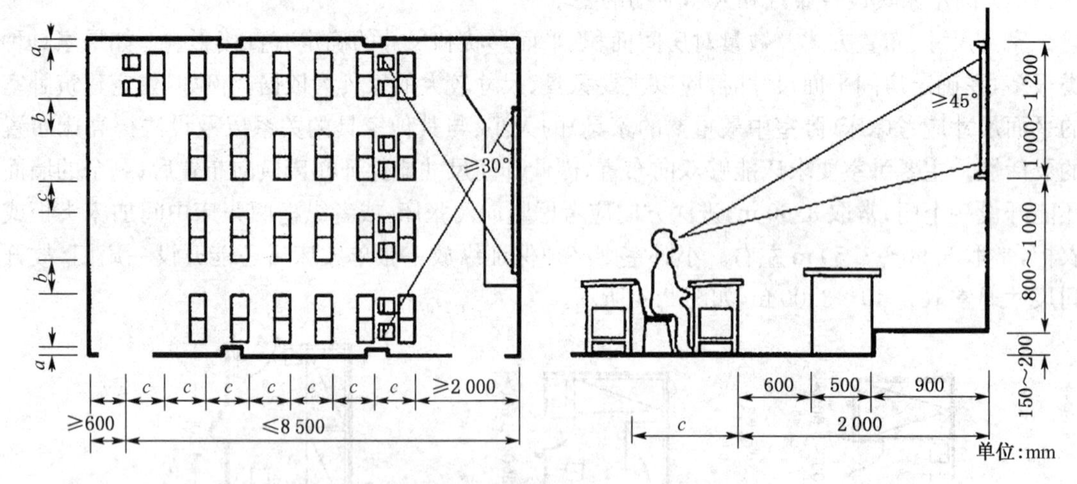


**图 2.5　中学教室的视线要求与平面尺寸的关系**

(3) 良好的天然采光

为保证房间的采光要求，一般单侧采光时进深不大于窗上沿至地面距离的 2 倍；双侧采光时进深尺寸可比单侧采光增加 1 倍，如图 2.6 所示。

(4) 经济合理的结构布置

一般民用建筑常采用墙体承重的梁板式结构或框架结构体系，要求梁板构件符合经济跨度要求。据此，较经济的开间尺寸以不大于 4.00 m 为宜，而钢筋混凝土梁的经济跨度宜不大于 9.00 m。

(5) 符合建筑模数协调统一标准的要求

为了提高建筑工业化水平，就要求房间的开间和进深采用统一适当的模数尺寸。按照《建

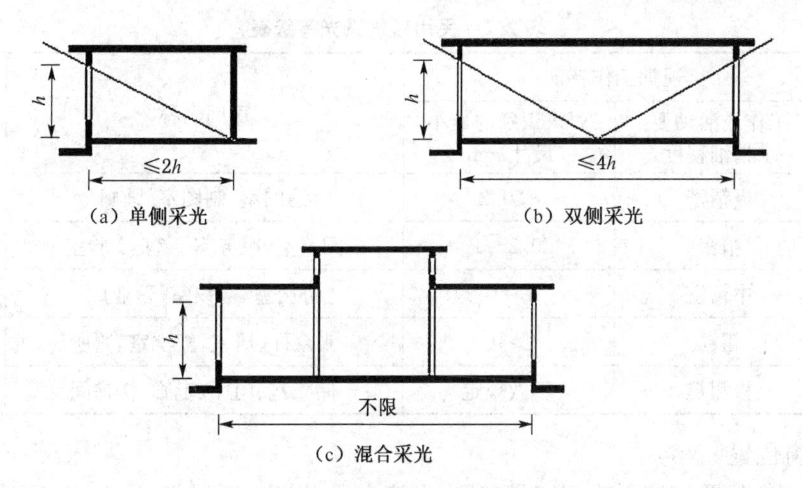


**图 2.6 采光方式对房间进深的影响**

筑模数协调标准》的规定，房间的开间进深尺寸一般以 300 mm 为模数。

### 2.1.4 房间门窗设置

房间的门是供出入和交通联系用的，也兼作采光和通风之用。窗的主要作用是采光通风，也是围护结构的一部分。设计内容包括其大小、数量、位置及开启方式。门的设计合理与否，将直接影响家具布置的灵活性、房间面积的有效利用、室内的交通组织及安全疏散、房间的通风和采光、建筑的外观与经济性等。窗的设计直接影响采光、通风、立面造型、建筑节能和经济性等。

(1) 门的宽度和数量

平面设计中，门的宽度取决于人体尺寸、人流股数及家具设备的大小等因素。一般单股人流通行最小宽度取 550 mm，单人侧身通行需要 300 mm 宽。因此，门的最小宽度一般为 700 mm，常用于住宅中的厕所、浴室；住宅中卧室、厨房、阳台的门应考虑一人携带物品通行，卧室常取 900 mm(如图 2.7 所示)，厨房可取 800 mm；普通教室、办公室的门应考虑一人正面通行，另一人侧身通行，常采用 1 000 mm。当房间面积较大、使用人数较多时，单扇门宽度小，不能满足通行要求，此时应根据使用要求采用双扇门、四扇门或增加门的数量。双扇门的宽度可为 1 200～1 800 mm，四扇门宽度可为 2 400～3 600 mm。

使用面积较小的房间通常只设一个门，按照《建筑设计防火规范》有关规定的要求，当房间使用人数超过 50 人，或建筑面积超过 60 $m^2$时，至少需设两个门。对于影剧院的观众厅、体育馆的比赛大厅等大型空间，为了保证紧急情况下的安全疏散，门的数量和总宽度应按《建筑设计防火规范》有关规定按每 100 人 600 mm 宽计算，并结合人流通行方便分别设双扇外开门，且每个门的宽度还不应小于 1 400 mm，且紧靠门口内外各 1 400 mm 内不应设置踏步。

(2) 窗的面积

窗的面积大小主要根据房间的使用要求、房间面积及当地日照情况的因素来考虑。根据不同房间的使用要求，采光标准分为五级(见表 2.2)，每级规定相应窗地面积比，即房间窗口总面积与地面积的比值。采光也不是确定窗口面积唯一因素，还应结合通风要求、朝向、建筑节能、立面设计、建筑经济等因素综合考虑。

表 2.2　民用建筑采光等级表

| 采光等级 | 视觉工作特征 | | 房间名称 | 窗地面积比 |
|---|---|---|---|---|
| | 工作或活动要求精细程度 | 要求识别的最小尺寸/mm | | |
| Ⅰ | 极精密 | <0.2 | 绘图室、制图室、画廊 | 1/5～1/3 |
| Ⅱ | 精密 | 0.2～1 | 阅览室、医务室、专业实验室 | 1/6～1/4 |
| Ⅲ | 中精密 | 1～10 | 办公室、会议室、营业厅 | 1/8～1/6 |
| Ⅳ | 粗糙 | >10 | 观众厅、居室、盥洗室、厕所 | 1/10～1/8 |
| Ⅴ | 极粗糙 | 不做规定 | 储藏室、门厅、走廊、楼梯间 | 1/10 以下 |

(3) 门窗位置

房间门窗的位置直接影响到家具布置、人流交通、采光、通风等，因此，合理地确定门窗位置是房间设计的又一重要因素。

① 门窗位置应便于家居布置和充分利用室内有效面积。如图 2.8(a)、(b)所示住宅卧室和集体宿舍门的位置。一般情况下，为节约空间，门多靠内墙一侧设置，墙垛宽度为 120 mm 或 240 mm，可使墙面保持完整，充分利用房间面积，方便使用。但对于宿舍，为了便于多布置床位，常将门设置在房间墙中间。

② 门的位置应方便交通，利于疏散。对于多开间房间如教室、会议室等，为了便于组织内部交通和有利于人流疏散，常将门设置于两端；对于像观众厅等超大房间，为了便于疏散，常将门与室内通道结合起来设计，如图 2.8(c)所示。

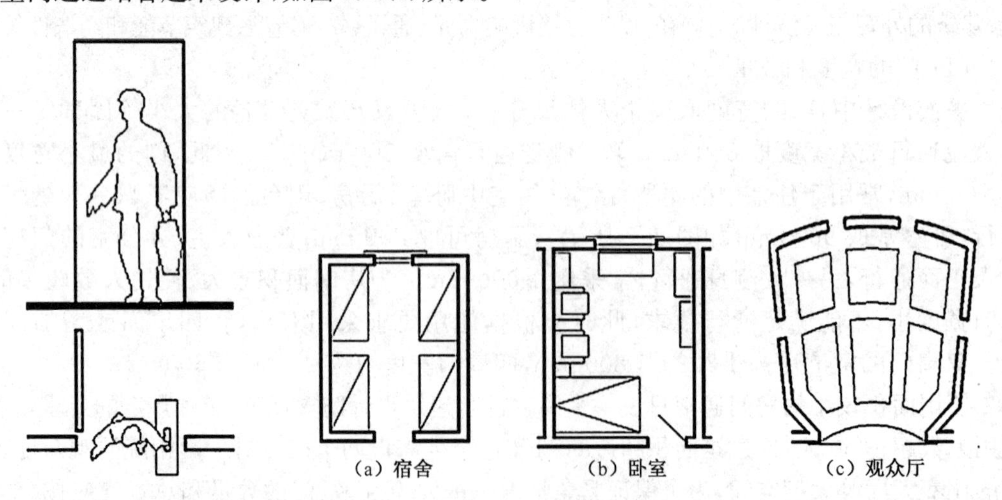
(a) 宿舍　(b) 卧室　(c) 观众厅

图 2.7　卧室门的宽度　　图 2.8　门窗位置比较

③ 门窗的位置应有利于采光、通风。门窗的位置应尽量使气流通过活动区，加大通风范围，并应尽量使室内形成穿堂风，如图 2.9 所示。

窗在房间中的位置决定了光线的方向及室内采光的均匀性。调整窗的位置，是避免眩光产生的一种有效措施。如果房间进深较大，同样面积的矩形窗户竖向设置，可使房间进深方向的照度比较均匀。中小学教室在一侧采光的条件下，窗户应位于学生左侧；窗间墙的宽度从照度均匀考虑，一般不宜过大；同时，窗户和挂黑板墙面之间的距离要适当，这段距离大小会使黑板上产生眩光，距离太大又会形成暗角，如图 2.10 所示。

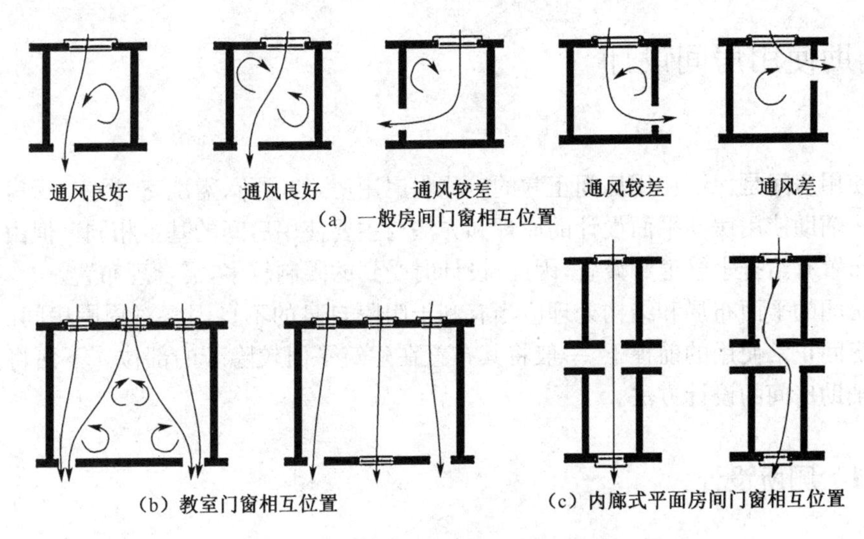


图 2.9　门窗平面位置对气流组织的影响

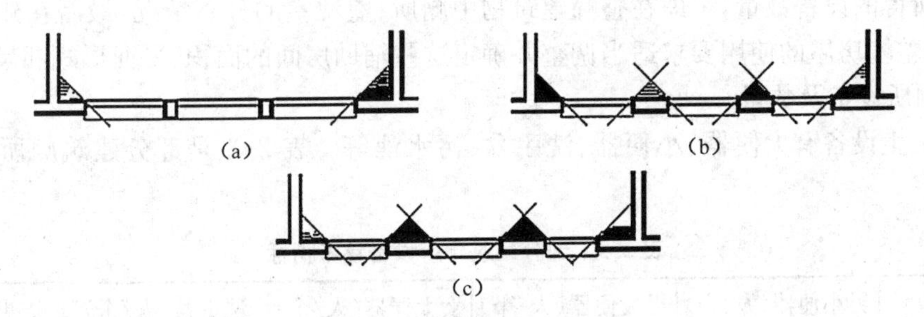


图 2.10　教室侧窗采光布置

(4) 门窗的开启方式

门窗的开启方式一般有外开和内开。使用人数少的小房间，当走廊宽度不大时，一般尽量使通向走道的门采用内开方式，以免影响走廊交通；对于人流量较大的公共建筑，如体育馆、影剧院、营业厅等，为便于疏散，门必须开向疏散方向。在平面组合时，由于使用需要，有时几个门的位置比较集中，要防止门扇开启时发生碰撞或遮挡(如图 2.11 所示)。为避免窗扇开启时占用室内空间，大多数窗采用外开方式。

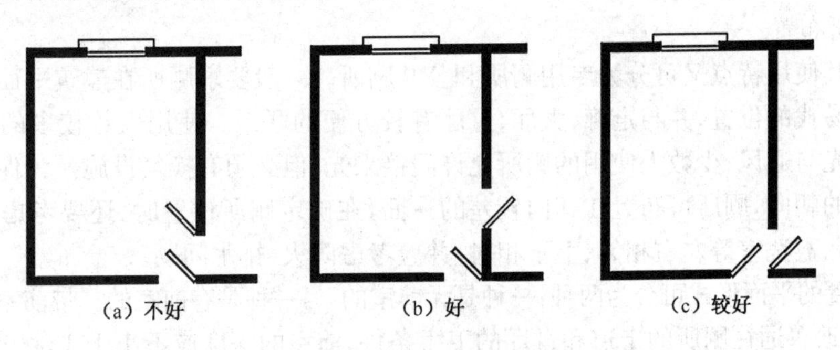


图 2.11　房门集中时的开启方式

## 2.2 辅助使用房间设计

辅助使用房间是保证使用房间正常的一些附属用房，如厕所、盥洗室、浴室、厨房、配电房、储藏间等。辅助使用房间平面设计的原理和方法与主要使用房间的基本相同。但由于这类房间内大多布置有给排水管道和设备，因此，设计时受到的限制较多，需合理布置。

辅助房间的平面布局和结构处理应当有利于阻隔自身的不良因素对周围房间的影响，在保证辅助房间正常使用的前提下，一般将其布置在建筑平面较隐蔽的部位。下面将介绍两种最常见的辅助房间的设计方法。

### 2.2.1 厕所设计

在建筑设计中，根据各种建筑物的使用特点和使用人数的多少，先确定所需设备的个数。根据计算所得的设备数量，考虑在整幢建筑物中厕所、盥洗室的分布情况，最后在建筑平面组合中，根据整幢房屋的使用要求适当调整并确定这些辅助房间的面积、平面形式和尺寸。

(1) 厕所设备及数量

厕所卫生设备有大便器、小便器、洗手盆、污水池等。表 2.3 是部分建筑厕所设备参考指标。

**表 2.3 部分建筑厕所设备参考指标**

| 建筑类型 | 男小便器(人/个) | 男大便器(人/个) | 女大便器(人/个) | 洗手盆(人/个) | 男女比例 |
|---|---|---|---|---|---|
| 体育馆 | 80 | 250 | 100 | 150 | 2∶1 |
| 影剧院 | 50 | 150 | 50 | 200 | 1∶1 |
| 中小学 | 50 | 50 | 20～25 | 90 | 1∶1 |
| 火车站 | 80 | 80 | 40 | 150 | 7∶3 |
| 宿舍 | 20 | 20 | 15 | 12 | 按实际情况 |
| 旅馆 | 20 | 20 | 12 | | 按设计要求 |

(2) 厕所布置

厕所按其使用特点又可分为专用厕所和公共厕所。一般要求厕所在建筑平面中应处于既隐蔽又方便易找的位置，并与走廊、大厅、过厅有较方便的联系。使用人数较多的厕所应有良好的天然采光与通风；少数人使用的厕所允许间接采光，但必须有换气设施。为保证主要使用房间有良好的朝向，厕所可布置在朝向较差的一面，在确定厕所位置时，还要考虑到尽可能节约管线，厕所、盥洗室等左右相邻、上下相对，并应考虑防火、排水问题。

厕所布置的平面形式可分为两种：一种是无前室的，另一种是有前室的。带前室的厕所有利于隐蔽，可以改善通往厕所的走道和过厅的卫生条件，前室的深度应不小于 1 500～2 000 mm。为保证必要的使用空间，当厕所面积小，不可能布置前室时，应注意门的开启方式，使厕所蹲位及小便器处于隐蔽位置。男女公厕应各设一个无障碍厕位，器具的布置方式根据残疾人使用所需的基本尺寸来确定。

专用厕所由于使用的人少，往往将盥洗室、浴室、厕所三个部分组成一个卫生间，通常用于住宅、旅馆等建筑。

### 2.2.2 厨房

厨房应有良好的采光和通风条件，在平面组合中应将厨房紧靠外墙布置，有天然采光，并设有通风道，灶台上方设置专用排烟灶；厨房的墙面、地面应考虑防水，便于清洁。地面应比一般房间地面低 20～30 mm。家具设备布置紧凑，并符合操作流程和人们使用的特点。厨房应有足够的储藏空间，可以利用案台、灶台下部的空间储藏物品。厨房室内布置应符合操作流程，并保证必要的操作空间，为使用方便、提高效率、节约时间创造条件。厨房的布置形式有单排、双排、L 形、U 形等几种。如图 2.12 为厨房布置的几种形式。

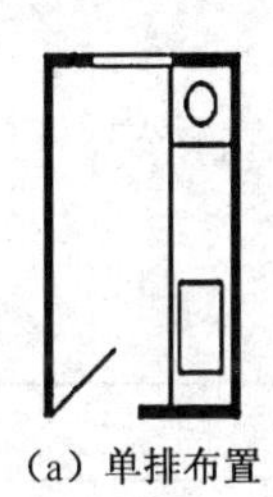
(a) 单排布置

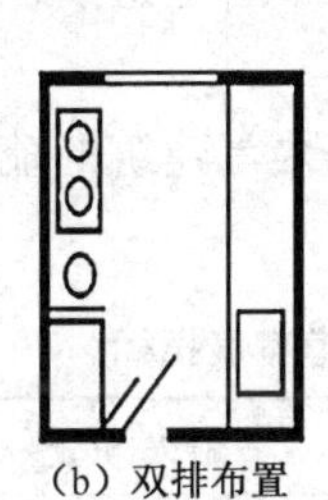
(b) 双排布置

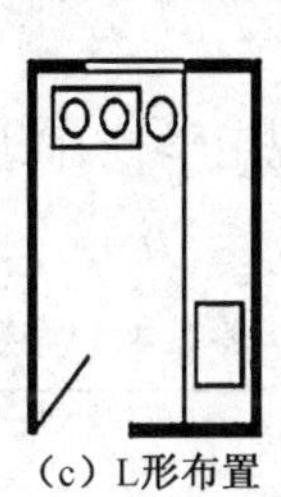
(c) L形布置

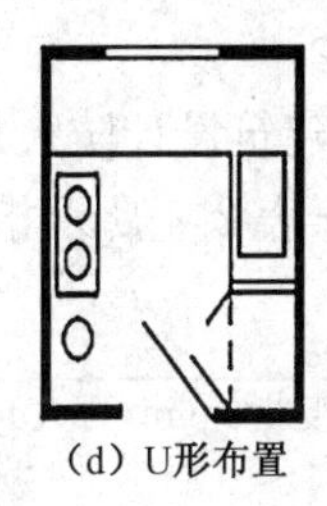
(d) U形布置

图 2.12 住宅厨房的布置形式

## 2.3 交通联系部分设计

交通联系空间包括水平交通联系空间的走廊或走道，垂直交通联系空间的楼梯、电梯、坡道，交通枢纽空间的门厅、过厅等。

交通联系空间的设计应注意以下几点：

(1) 交通线路简捷明确、联系方便；

(2) 良好的采光、通风和照明条件；

(3) 平时人流通畅，紧急情况下疏散迅速、安全；

(4) 在满足使用要求的前提下，应尽可能节约面积，提高建筑物的面积利用率；

(5) 适当的高度、宽度和形式，并注意空间形象的美化和简洁。

### 2.3.1 走道

走道又称为过道、走廊，主要用来联系同层内各个房间，有时兼有其他功能。

走道按使用性质不同，可以分为以下三种：

(1) 完全为交通需要而设置的走道,如办公楼、旅馆、体育馆的走道。

(2) 主要作为交通联系同时也兼有其他功能的走道。如教学楼的走道,除作为学生交通联系外,还兼有学生课间休息、布置陈列橱窗展览之功能;医院门诊部走道可作为人流通过和候诊之用。

(3) 综合多种功能的走道,如展览馆的走道。

**1) 走道宽度**

确定走道宽度应综合考虑人流通行、安全疏散、防火规范、走道性质、空间感受以及走道侧面门的开启方向等因素。通常单股人流的通行宽度约 550～600 mm,公共建筑的走道应考虑至少满足两股人流的通行,其宽度不宜小于 1 100～1 200 mm。公共建筑门扇开向走道时,走道宽度通常不小于 1 500 mm。

一般民用建筑,当走道两边布置房间时,其走道宽度规定:学校建筑为 2 100～3 000 mm,医院建筑为 2 400～3 000 mm,办公建筑为 2 100～2 400 mm,旅馆为 1 500～2 100 mm。作为局部联系或住宅内部的走道宽度不应小于 900 mm。当走道一侧布置房间时,其走道的宽度应相应减少。

我国《建筑设计防火规范》规定学校、商店、办公楼等建筑的疏散走道、楼梯、外门的各自宽度不应低于表 2.4 所示指标。

**表 2.4　楼梯门和走道宽度指标**

| 宽度指标(m/百人)<br>层数 | 耐火等级 | | |
|---|---|---|---|
| | 一、二级 | 三级 | 四级 |
| 一、二层 | 0.65 | 0.75 | 1.00 |
| 三层 | 0.75 | 1.00 | — |
| 四层及以上 | 1.00 | 1.25 | — |

**2) 走道长度**

走道长度应根据建筑性质、耐火等级及防火规范来确定。根据走道与楼梯间及建筑物外部出入口相对位置的不同,可以把走道划分为位于两个疏散楼梯间或两个外部出入口之间的走道($L_1$)和袋形走道($L_2$),如图 2.13 所示。最远房间出入口到楼梯间安全出口的距离必须控制在一定范围内,如表 2.5 所示。

**表 2.5　直接通向疏散走道的房间疏散门至最近安全出口的最大距离(m)**

| 建筑名称 | 位于两个安全出口之间的疏散门($L_1$) | | | 位于袋形走道两侧或尽端的疏散门($L_2$) | | |
|---|---|---|---|---|---|---|
| | 耐火等级 | | | 耐火等级 | | |
| | 一、二级 | 三级 | 四级 | 一、二级 | 三级 | 四级 |
| 托儿所、幼儿园 | 25 | 20 | — | 20 | 15 | — |
| 医院、疗养院 | 35 | 30 | — | 20 | 15 | — |
| 学校 | 35 | 30 | 25 | 22 | 20 | — |
| 其他民用建筑 | 40 | 35 | 25 | 22 | 20 | 15 |

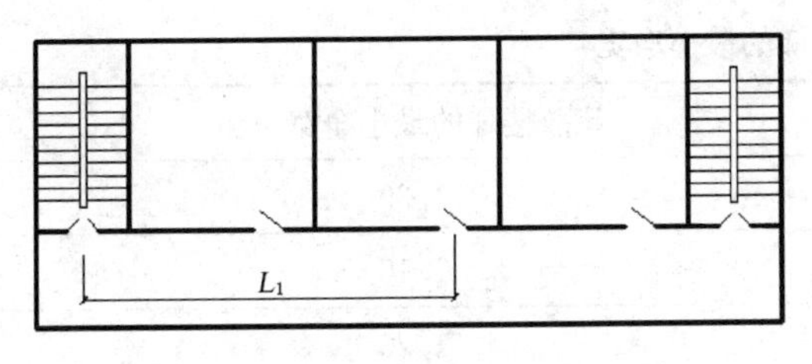

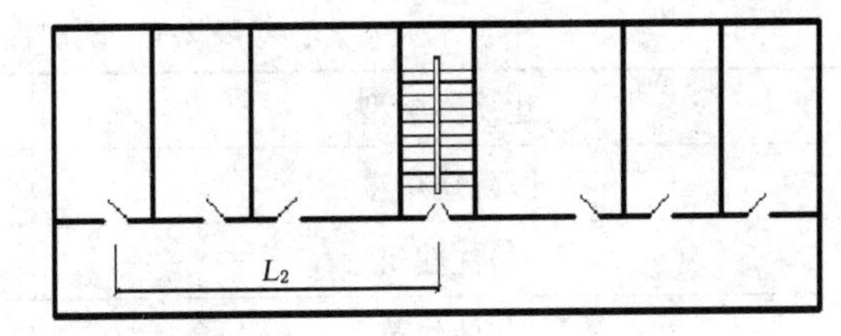


图 2.13 走道长度的控制

**3) 走道采光**

走道的采光和通风主要靠天然采光和自然通风。外走道由于只有一侧布置房间,可以获得较好的采光通风的效果。内走道由于两侧布置房间,如果设计不当,就会光线不足、通风较差,一般是通过走道尽端的开窗,利用楼梯间、门厅或走道两侧的高窗来解决。

## 2.3.2 楼梯

楼梯是楼层建筑常用的垂直交通联系设施和防火疏散的重要通道,其设计内容包括:根据使用要求选择合适的形式和恰当的位置,根据人流通行情况及防火疏散要求综合确定楼梯的宽度及数量。

**1) 楼梯的形式与位置**

楼梯的形式主要有直跑、平行双跑、三跑、弧形、螺旋形、剪刀式等多种形式。

根据楼梯与走廊的联系情况,楼梯间可分为开敞式、封闭式和防烟楼梯间三种。

民用建筑楼梯的位置按其使用性质可分为主要楼梯、次要楼梯、消防楼梯等。

**2) 楼梯的宽度和数量**

楼梯的宽度和数量主要根据使用性质、使用人数和防火规范来确定。单人通行的楼梯宽度不应小于 850 mm,双人通行为 1 100~1 200 mm,三人通行为 1 500~1 650 mm,如图 2.14 所示。不同建筑疏散楼梯的最小净宽见表 2.6。民用建筑楼梯的最小净宽应满足两股人流疏散要求,休息平台的宽度要大于或等于梯段宽度,以便做到疏散和搬运家具时方便(图 2.14)。通向走廊的开敞式楼梯的楼层平台至少保留 600 mm,其余可用走廊代替。

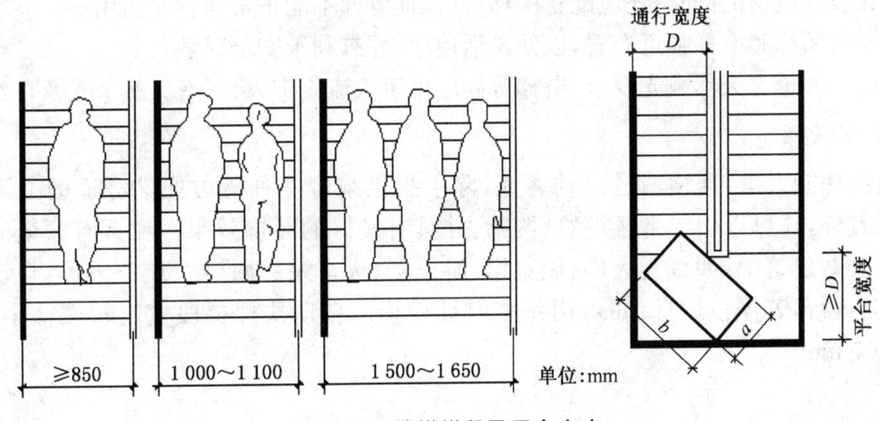


图 2.14 楼梯梯段及平台宽度

表 2.6 疏散楼梯的最小净宽

| 建筑类型 | 疏散楼梯的最小净宽 / m |
| --- | --- |
| 医院病房楼 | 1.30 |
| 居住建筑 | 1.10 |
| 其他建筑 | 1.20 |

楼梯的数量主要根据楼层人数多少和建筑防火要求来确定，在建筑物中，楼梯和远端房间的疏散距离应符合表 2.5 的要求。一般情况下公共建筑都需要布置两个或两个以上的楼梯。对于使用人数少、面积不大的底层建筑，在不影响使用并满足表 2.7 的要求时，也可只设一部楼梯。

表 2.7 设置一个疏散楼梯的条件

| 耐火等级 | 层数 | 每层最大建筑面积/$m^2$ | 人数 |
| --- | --- | --- | --- |
| 一、二级 | 二、三层 | 400 | 第二层和第三层人数之和不超过 100 人 |
| 三级 | 二、三层 | 200 | 第二层和第三层人数之和不超过 50 人 |
| 四级 | 二层 | 200 | 第二层人数不超过 30 人 |

## 2.3.3 电梯与自动扶梯

**1）电梯**

高层建筑的垂直交通以电梯为主，以楼梯为辅，具有特殊功能要求的多层建筑，如大型宾馆、百货商店、医院等，除设置楼梯外，也需设置电梯，以满足垂直交通的需要。除此之外，层数为 7 层及 7 层以上的住宅，或 6 层以上的办公建筑亦应设置电梯。

电梯按其使用性质可分为客梯、货梯、客货两用电梯、消防电梯及杂物电梯等类型。电梯的布置方式一般有单面式和双面式。确定电梯间的位置及布置方式时，应考虑以下要求：

(1) 应布置在人流集中的地方，如门厅、出入口等；

(2) 电梯前应设足够面积的候梯厅，以免造成拥挤和堵塞；

(3) 在设置电梯的同时，还应配置楼梯，以保证电梯不能正常运行时使用；

(4) 需将楼梯和电梯临近布置，以便灵活使用，并有利于安全疏散；

(5) 电梯井道无天然采光要求，电梯等候厅由于人流集中，最好有天然采光及自然通风。

**2）自动扶梯**

自动扶梯能大量、连续输送流动客流，除了提供乘客一种既方便又舒适的上下楼层间的运输工具外，还可以引导乘客游览、购物，并具有良好的装饰效果。在具有频繁而连续人流的大型公共建筑中，如百货大楼、展览馆、游乐场、火车站、地铁站、航空港等，自动扶梯可正向、逆向运行，若停止运行，亦可用作临时性楼梯。自动扶梯梯段宽度较楼梯小，通常为 600～1 000 mm。

### 2.3.4 门厅、过厅和中庭

**1）门厅**

门厅作为交通枢纽，其主要作用是接纳人流、分配人流、室内外空间过渡等。根据建筑物使用性质的不同，门厅还兼有其他功能，如医院门厅常设挂号、收费、取药的房间，旅馆门厅兼有休息、会客、接待、登记等功能。此外，门厅作为建筑物的主要出入口，其不同空间处理可体现出不同的意境和形象，如庄严、雄伟与小巧、亲切等不同气氛。因此，民用建筑中门厅是建筑设计重点处理的部分。

门厅的面积大小应根据建筑的使用性质、规模及质量等因素来确定，设计时也可参考有关面积定额指标（见表2.8）。门厅的布置方式依其在建筑平面中的位置可分为对称式与非对称式两种。门厅的位置应明显突出，一般建筑主要出入口面向主干道，便于人流出入；门厅内部设计应有明确的导向性；同时交通流线简洁明确，减少干扰、拥挤堵塞和人流交叉。

**表2.8 部分建筑门厅面积设计参考指标**

| 建筑名称 | 面积定额 | 备注 |
| --- | --- | --- |
| 中小学校 | 0.06～0.08 $m^2$/人 | |
| 食堂 | 0.08～0.18 $m^2$/座 | 包括洗手间、小卖部 |
| 城市综合医院 | 11 $m^2$/日百人次 | 包括衣帽间、询问处 |
| 旅馆 | 0.2～0.5 $m^2$/床 | |
| 电影院 | 0.13 $m^2$/人 | |

**2）过厅和中庭**

过厅通常设置在走道与走道之间或走道与楼梯的连接处，起到交通路线的转折和过渡的作用，有时是建筑功能设计所需。为了改善过道的采光、通风条件，有时也可以在走道的中部设置过厅。

中庭通常指建筑内部的庭院空间，其最大的特点是形成位于建筑内部的“室外空间”，是在建筑设计中营造一种与外部空间既隔离又融合的特有形式，或者说是建筑内部环境分享外部自然环境的一种方式。

## 2.4 建筑平面组合设计

平面组合设计的任务是将建筑平面中的使用部分、交通联系部分有机地联系起来，使其成为一个使用方便、结构合理、体型简洁、构图完整、造价经济及环境协调的建筑物。建筑平面组合设计的因素很多，主要有基地环境、使用功能、物质技术、建筑美观、经济条件等。组合设计时，必须综合分析各种因素，分清主次，认真处理好各方面的关系，反复推敲，不断调整修改，才能设计出合理完善的建筑平面图。

### 2.4.1 平面组合形式

**1）走道式组合**

走道式组合的特征是房间沿走廊一侧或两侧并列布置，房间门直接开向走廊，房间之间通过走廊来联系。这种组合方式使用空间与交通联系，空间分工明确，房间独立性强，各房间便于获得天然采光和自然通风，结构简单，施工方便。根据房间与走廊布置关系不同，走道式组合又可分为内廊式与外廊式两种，如图 2.15 所示。

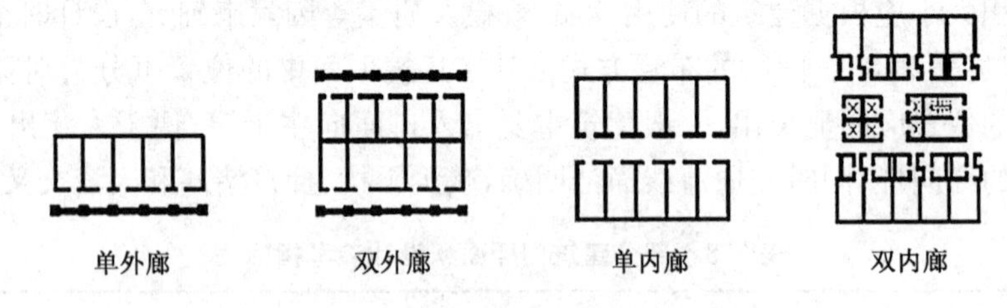


图 2.15 走道式组合形式

**2）套间式组合**

套间式组合的特征是房间与房间之间相互穿套，无需经过走廊来联系。其特点是平面布置紧凑，面积利用率高，房间之间联系便捷；但是各房间使用灵活性、独立性受到限制，相互干扰较大。

套间式组合根据穿套方式不同又可分为串联式和放射式两种。串联式是按一定的顺序将房间一个个穿套起来，如图 2.16 所示。放射式是将房间围绕交通枢纽呈放射状穿套起来。

串联式组合的特点是各房间功能联系密切，具有特定的使用顺序，连续性强，人流方向统一，不逆行、不交叉，但使用路线不灵活，常用于博物馆、展览馆等建筑。放射式组合的特点是联系方便，使用较灵活，房间独立性好，但容易产生交叉迂回，相互干扰。

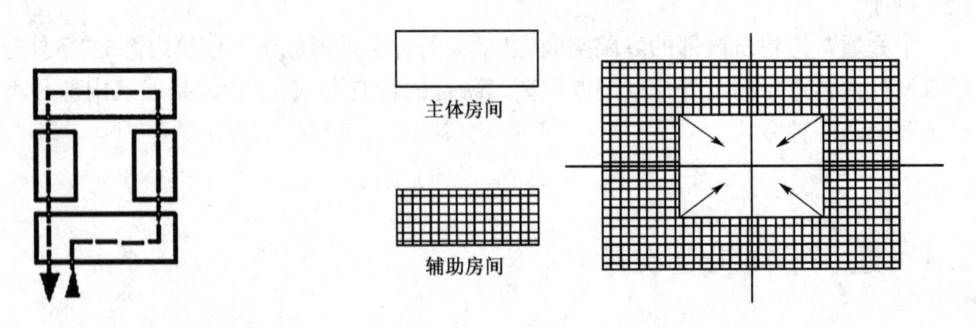


图 2.16 串联式空间组合示意图

图 2.17 大厅式组合示意图

**3）大厅式组合**

大厅式组合是以主体空间大厅为中心，环绕布置其他辅助房间。这种组合形式的特点是主体房间使用人数多、面积大、层高大，辅助房间与大厅相比，尺寸大小悬殊，常布置在大厅周围,并与主体房间保持一定的联系,如图 2.17 所示。

**4）单元式组合**

将关系密切的相关房间组合在一起并成为一个相对独立的整体,称为组合单元。将一种或多种单元按地形和环境情况组合起来成为一幢建筑,这种组合方式称为单元式组合。单元式组合的优点是功能分区明确、平面布局紧凑,单元与单元之间相对独立、互不干扰。除此以外,单元组合布局灵活,并能适应不同的地形,因此,被广泛用于民用建筑,如住宅、幼儿园等。

**5）庭院式组合**

房间沿四周布置,中间形成庭院,庭院面积大小不等,可作为绿化或交通场地。这种组合方式,使用上较幽雅安静,冬季还可起防风沙作用。常用于民居、商场、地方医院、办公机关及旅馆建筑中。

**6）混合式组合**

某些民用建筑,由于功能关系复杂,往往不能局限于某一种组合形式,而必须采用多种组合形式,也称混合式组合,常用于旅馆、俱乐部、图书馆等建筑。

### 2.4.2 建筑平面组合与总平面的关系

任何一幢建筑物或建筑群都不是孤立存在的,总是处于一个特定的环境之中,其在基地上的位置、形状、平面组合、朝向、出入口的布置及建筑造型等都必然受到其地基条件的制约。为使建筑既满足使用要求,又能与基地环境协调一致,首先应做好总平面设计,即结合城市规划的要求、场地的地形地质条件、朝向、绿化以及周围建筑等因素进行总体布置。

**1）基地大小、形状和道路走向**

基地的大小和形状与房屋的层数、平面组合的布局关系十分密切。在同样满足使用要求的情况下,是采用分散式的布置还是集中式的布置方式,除了与气候条件有关,还和基地的大小、形状密切关联。

道路走向是确定建筑朝向、主要出入口位置及基地内人流、车流走向的重要依据。

**2）建筑的间距和朝向**

(1) 建筑物的间距

拟建房屋和周围建筑物之间距离的确定,主要应考虑以下几个方面的因素:

① 房屋的室外使用要求。主要包括房屋周围行人或车辆通行的必要道路面积,房屋之间对声音、视线干扰要求的间距,卫生及其他要求的间距。

例如,中小学教学楼与铁路的距离不应小于 300 m;与机动车流量超过 270 辆/h 的道路同侧路边的距离不应小于 80 m,当小于 80 m 时,必须采取有效的隔音措施;教学楼之间长边相对时,其间距不应小于 25 m;教学楼的长边与运动场场地的间距不应小于 25 m。医院建筑传染病房与非传染病房之间宜有大于 50 m 的间距。

② 日照间距。房屋对日照间距的要求,是保证后排房屋底层窗台高度处在冬季能有一定的日照时间,如图 2.18 所示。我国大部分地区日照间距约为(1.0～1.8)$H$,越往南间距越小,越往北间距越大。

③ 通风要求。平面组合时要注意组织穿堂风，前后排建筑宜交错布置，使房屋得到较好的通风条件。

④ 防火安全要求。考虑火灾时保证相邻建筑之间的安全间隔，以及消防车辆的必要通行宽度，建筑物之间要有符合规范要求的防火间距。

⑤ 拟建房屋施工条件的要求。房屋建造时可能采用的施工起重设备、外脚手架的位置，新旧房屋基础之间必要的间距等。

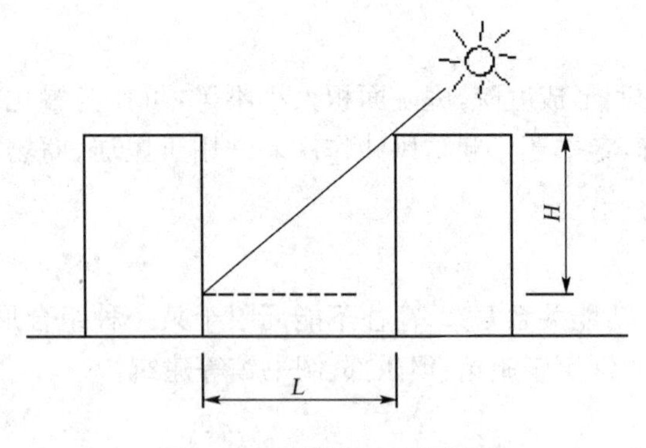


图 2.18 建筑物的日照间距

(2) 建筑物的朝向

建筑物的朝向，除了考虑建筑物内部房间的使用要求外，当地的主导风向、太阳辐射、基地周围道路环境等情况，也是确定建筑物朝向的重要因素。一些人流比较集中的公共建筑，主要朝向通常和人流走向、街道位置和周围建筑的布置关系密切。

**3）基地的地形条件**

基地地形一般有平原、丘陵和山区等形式。在平原地区建筑物基础简单，土方量少，但在丘陵地区及山区进行建设时，应考虑节省土石方，减少基础工程量，并和周围道路联系方便。

## 本章小结

1. 民用建筑平面设计包括使用部分的设计、交通联系部分的设计和平面组合设计。

2. 使用房间的设计，主要是从功能分析入手，确定合适的房间面积、尺寸，门窗的位置、宽度、数量、开启方式及开启方向，然后再按消防疏散要求进行尺寸的复核。

3. 辅助房间的设计原理与方法和使用房间相同。但辅助房间设备、管线较多，设计中要注意设备的种类和数量须满足使用要求，而且房间的布置要便于管线布置及维修。

4. 交通联系部分由水平交通联系部分和垂直交通联系部分组成。设计中要注意其宽度、数量、面积是否满足正常使用及消防疏散的要求，其流线是否简捷、明确，是否有明显的导向性，其采光、通风是否满足要求，空间感是否舒适。

5. 民用建筑的平面组合方式主要有走道式、套间式、大厅式、单元式等。

1. 平面设计包括哪些基本内容?

2. 确定房间面积大小时应考虑哪些因素？
3. 确定房间的形状时应考虑哪些因素？
4. 如何确定房间门窗尺寸、数量、位置及开启方向？
5. 交通联系部分包括哪些内容？如何确定楼梯的数量、宽度、形式？
6. 举例说明走道的类型、特点及适用范围。
7. 平面组合形式有哪些？举例说明其特点和适用范围。

# 3 建筑剖面设计

**内容提要**

本章介绍了房屋剖面形状的确定，层高、净高、窗台高度等房屋各部分高度的确定，建筑的层数以及建筑空间的组合和利用等内容。

**学习目标**

了解建筑空间的组合方法和空间的利用；熟悉建筑各部分高度和剖面形式的影响因素；掌握房屋层高、层数的确定原则以及剖面设计的方法。

建筑剖面设计是建筑设计的重要部分，主要研究建筑物在垂直方向房屋各部分的组合关系、建筑各部分的高度、建筑层数、建筑空间的组合和利用以及建筑剖面中结构、构造关系等。它和房屋的使用、造价和节约用地等有密切关系。

剖面设计与平面设计、立面设计有着密切的联系，设计中有些问题需要平面、立面、剖面结合在一起才能解决。如平面设计中房间的开间、进深等的确定会影响到剖面中层高的确定。因此在剖面设计中应考虑平面和立面的要求。

房屋各部分的标高分为建筑标高和结构标高。建筑标高是指包括粉刷层在内的、装修完成后的标高；结构标高则是不包括构件表面粉刷层厚度的构件表面的标高。

在建筑设计中，建筑物各部分在垂直方向的位置及高度是由相对标高系统来表示的。一般是将建筑物底层室内某指定地面的高度定为±0.000，单位米(m)。建筑设计人员获得的基地红线图及土质、水文等资料所标注的都是绝对标高，在设计时涉及建筑物的各部分都应当换算为相对标高进行标注。

## 3.1 房间剖面形状和建筑的高度

### 3.1.1 影响房间剖面形状的因素

房间的剖面形状有矩形和非矩形两大类，大多数建筑采用矩形，因为矩形剖面简单、整齐、便于竖向的空间组合，结构简单、施工方便。非矩形剖面一般用于有特殊使用要求的建筑或是采用特殊结构形式的建筑。影响房间剖面形状的因素主要有使用要求，结构、材料和施工的影响，采光、通风的要求等。

(1) 使用要求

大多数民用建筑，对音质和视线要求较低，矩形剖面能满足正常使用，如住宅、办公建筑、旅馆等均采用矩形剖面。但有些有音质和视线要求的房间，如影剧院的观众厅、体育馆的比赛大厅、教学楼的阶梯教室等，这些房间为了满足视线要求，保证室内所有人员均能看到室内要求的视点，其地面应有一定的坡度。地面坡度与设计视点、视线升高值、座位排列方式和排距等因素有关。

设计视点是指按设计要求所能看到的极限位置。电影院视点高度定在银幕底边的中点；体育馆视点高度定在篮球场边缘或边缘上空 300～500 mm 处(如图 3.1 所示)；阶梯教室视点高度常选在讲台桌边，大约距地面 1 100 mm 处。视线升高值 $C$ 应等于后排观众的视线与前排观众眼睛之间的视高差，与人眼到头顶的高度和视觉标准有关。对位排列时，$C$ 值取 120 mm，逐排升高。

对于有听觉要求的房间，如剧院、电影院、会堂等建筑，大厅的音质要求对房间的剖面形状影响很大。为保证室内声场分布均匀，防止出现空白区、回声和聚焦等现象，在剖面设计中要注意舞台、顶棚、墙面和地面的处理。为此，大厅顶棚应尽量避免采用凹曲面或拱顶(如图 3.2 所示)。

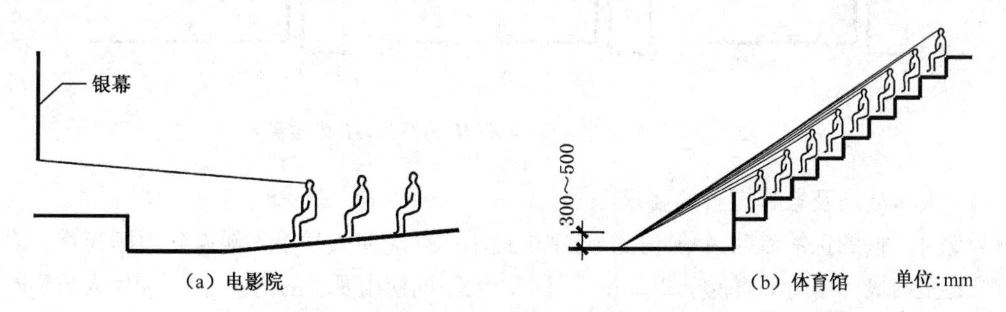

(a) 电影院　(b) 体育馆

**图 3.1　设计视点的高低和地面起坡的关系**

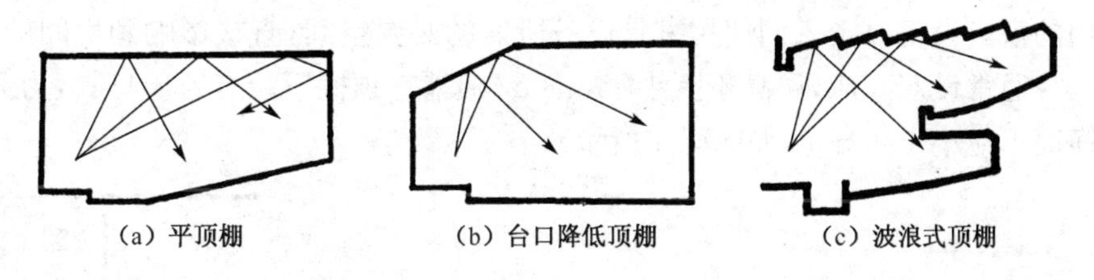
(a) 平顶棚　(b) 台口降低顶棚　(c) 波浪式顶棚

**图 3.2　观众厅的几种剖面形状**

(2) 结构类型要求

结构类型、材料和施工技术的不同，房间就会具有不同的剖面形式。梁板、墙柱等结构构件的尺寸会对结构的剖面形状产生一定的影响。砌体结构或梁板结构的房间通常是矩形，而大型的公共建筑，如体育馆、展览馆、候机厅常采用空间结构，其结构具有各种非矩形的剖面形状，如悬索、壳体、网架等类型，其剖面形状各有不同。

(3) 采光和通风的要求

室内的光线的强弱和照度是否均匀，除了和平面中窗户的宽度及位置有关，还和窗户在剖面中的高低有关。对于进深不大的房间，侧窗即可满足采光、通风要求，但对于一些进深大的房间如展厅等，为减轻和消除眩光的影响，避免直射阳光损坏陈列品，侧窗采光已不能满足要求，可在剖面设计中采用各种形式的天窗，从而形成不同的剖面形状。对于厨房操作间，由于使用过程中产生大量的蒸汽、油烟，一般要求在屋顶设气楼排气。

### 3.1.2 房间的层高与净高

层高是建筑物内某层楼(地)面到上层楼面之间的垂直距离。净高是楼地面到结构层(梁、板)底面或顶棚下表面之间的距离，是供人们直接使用的有效室内高度(如图 3.3 所示)。影响房间层高和净高的因素有人体活动及家具设备的要求，采光、通风的要求，经济效益的要求，结构类型的要求和室内空间的比例等。

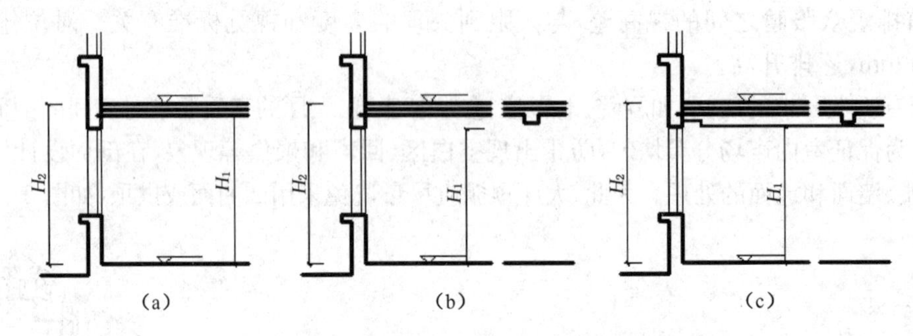


**图 3.3 房间的层高与净高($H_1$为净高，$H_2$为层高)**

(1) 人体活动及家具设备的要求

为保证人们的正常活动，一般情况下，室内最小净高应使人举手不触碰到顶棚为宜。因此，规范规定室内最小净高不应低于 2.2 m。不同类型、不同使用要求的房间，由于使用人数不同、房间面积大小不同，对房间的净高要求也不同。如卧室净高常取 2.8～3.0 m，但不应小于 2.4 m；教室使用人数较多，净高一般常取 3.3～3.6 m；中学舞蹈教室净高不应小于 4.5 m。

房间内的家具设备以及人们使用家具设备所需的必要空间，直接影响到房间的高度。如学生集体宿舍通常设双人床，层高不宜小于 3.3 m；演播室顶棚下装有若干灯具，为避免眩光，演播室的净高不应小于 4.5 m(如图 3.4 所示)。

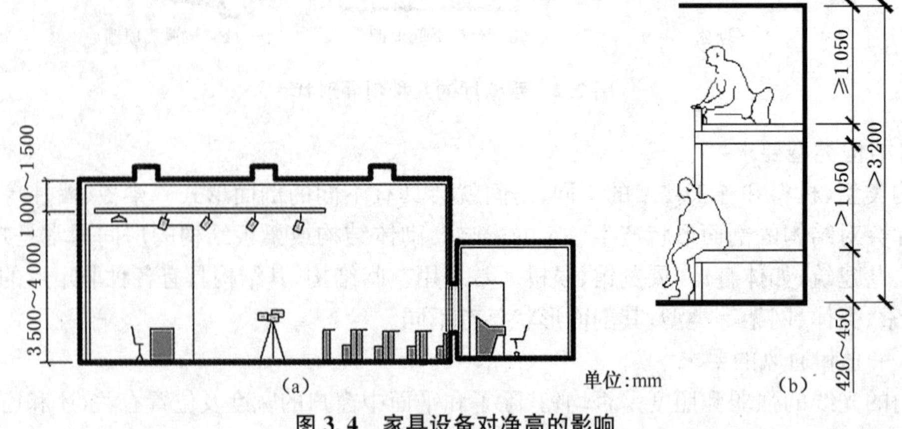


**图 3.4 家具设备对净高的影响**

(2) 采光、通风的要求

房间的高度应有利于天然采光和自然通风，以保证房间必要的学习、生活及卫生条件。当房间采用单侧采光时，通常窗户上沿离地面的高度应大于房间进深长度的一半；当房间允许两侧开窗时，房间的净高不小于纵深度的 1/4(如图 3.5 所示)。

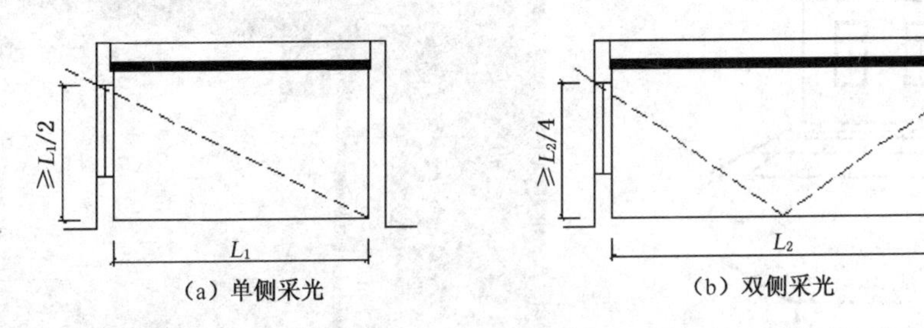


图 3.5 采光对房间高度的影响

(3) 经济效益的要求

在满足使用功能要求的条件下，降低层高可降低造价，可以减少墙体、管线等材料用量，可以减轻房屋的自重，减少围护结构面积，降低能耗，改善结构受力；降低层高又能缩小房屋间距，节约用地。一般普通砖混结构层高每降低 100 mm 可节省投资 1%，由于减少间距可节约居住区的用地 2%左右。

(4) 结构层高度及其布置方式的影响

结构层高度主要包括楼板、屋面板、梁和各种屋架所占的高度。因此，在满足房间净高要求的前提下，其层高尺寸随结构层的高度而变化(如图 3.6 所示)。

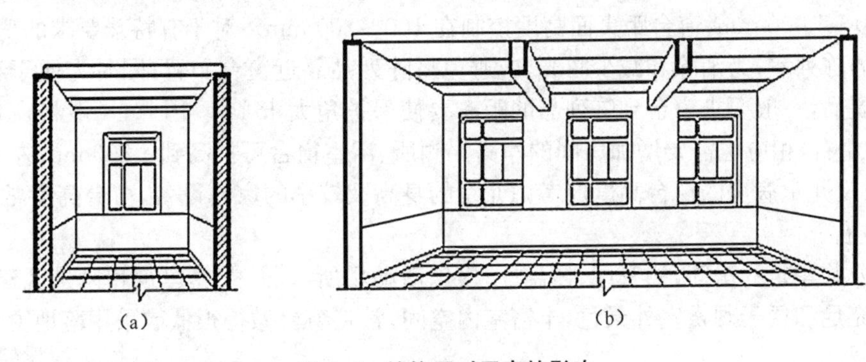


图 3.6 结构层对层高的影响

(5) 室内空间比例的要求

室内空间长、宽、高的不同比例尺寸，常给人以精神上的不同感受，造成不同心理效果。高而窄的比例易使人产生兴奋、激昂、向上的情绪，具有严肃性。当房间过高就会使人觉得不亲切。宽而矮的空间可以使人感觉宁静、开阔、亲切，建筑的门厅常采用这种比例；但过低又会使人产生压抑、沉闷的感觉。

借助以下手法可在不增加房间高度的情况下获得满意的空间效果。

① 利用窗户的处理来调节空间的比例感。细而长的窗户使房间给人感觉高一些，宽而扁的窗户使房间给人感觉低一些(如图 3.7 所示)；宽而低矮的房间由于侧面开了一排落地窗，将窗外景色引入室内，增大了视野，收到了改变空间比例的效果(如图 3.8 所示)。

② 运用以低衬高的对比手法，将次要房间的顶棚降低，从而使主要房间显得更加高大，次要房间让人感到亲切宜人。

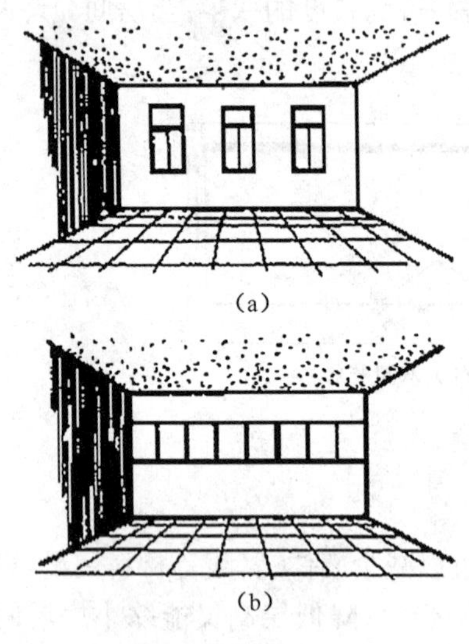


图 3.7　窗户的比例

图 3.8　落地窗

### 3.1.3　窗台高度

窗台高度与使用要求、人体尺度、家具尺寸及通风要求有关。大多数民用建筑窗台高度一般常取 900～1 000 mm，窗台距桌面高度控制在 100～200 mm。对于有特殊要求的房间，如设有高侧窗的陈列室，为消除和减少眩光，应避免将陈列品靠近窗台布置；同时为便于利用室内墙面布置展品，一般要求窗台到陈列品的距离要使保护角大于 14°。因此，一般将窗台提高到 2 500 mm 左右，相应也需要增加房间的净高。厕所、浴室窗台可提高到 1 800 mm 左右。托儿所、幼儿园及儿童病房的窗台高度应考虑儿童的身高及较小的家具设备，窗台高度常取 650～700 mm 左右。

某些公共建筑的房间，如餐厅、休息厅、娱乐活动场所，以及疗养建筑和风景区建筑，为使室内阳光充足和便于观赏室外景色，丰富室内空间，常将窗台做得很低或采用落地窗。

### 3.1.4　室内外高差

一般民用建筑常把室内地坪适当提高，以使室内外地面形成一定高差，以防止雨水倒灌和防止墙体受潮，主要由以下因素确定。

(1) 内外联系方便。建筑室内外高差应方便联系，特别对于一般住宅、商店和医院等建筑。室外踏步的级数通常不超过四级，地面高差以不大于 600 mm 为宜。对于仓库等建筑，为了便于运输，在入口处常设置坡道，为不使坡道过长影响室外道路布置，室内外地面高差不超过 300 mm。

(2) 防水、防潮要求。为了防止室外雨水流入室内，并防止墙身受潮，底层室内地面应高于室外地面，一般应大于等于 300 mm。

(3) 地形及环境条件。位于山地和坡地的建筑物,应结合地形的起伏变化和室外道路布置等因素,综合确定底层地面标高,使其既方便内外联系,又有利于室外排水和减少土石方工程量。

(4) 建筑物特征。一般民用建筑如住宅、学校、办公楼等,应给人亲切、平易近人的感觉,因此室内外高差不宜过大。公共建筑、纪念性建筑等除在平面空间布局及造型上反映出它独自的性格特征,还常借助于室内外高差值的增大,如采用高的台基和较多的踏步处理,以增强严肃、庄重、雄伟的气氛。

## 3.2 建筑的层数

影响建筑层数的因素很多,主要有建筑物的使用要求、基地环境和城市规划的要求、选用的结构类型、施工材料和技术要求、建筑防火的要求和经济性要求等。

(1) 建筑的使用要求

由于建筑用途不同,使用对象不同,对建筑的层数有不同的要求。如幼儿园,为了使用安全和便于儿童与室外活动场地的联系,其层数不宜超过 3 层;医院门诊部层数宜建 3～4 层;影剧院、体育馆、车站等建筑,由于使用人流量较大,为了便于迅速、安全疏散,也应以单层或低层为主。对于大量建设的住宅、办公楼、旅馆等建筑一般可建成多层或高层。

(2) 建筑基地环境和城市规划的要求

在建筑用地面积较小的情况下,为了达到一定的总建筑面积,就需要增加房屋的层数;地势变化陡,从减少土石方、布置灵活的角度考虑,建筑物的开间、进深不宜过大,从而建筑物的层数可相应增加。

从改善城市面貌和节约用地的角度考虑,城市规划常对城市内各地段的新建房屋明确规定建造的层数和建筑高度。城市航空港附近的一定地区,从飞行安全考虑,也对新建房屋层数和总高度有所限制。位于城市街道两侧、广场周围等的建筑,必须重视建筑与环境的关系,做到与周围建筑物、道路绿化等协调一致。而风景园林应以自然环境为主,充分借助大自然的美来丰富建筑空间,并通过建筑处理使风景增色,因此宜采用小巧、低层的建筑群。如苏州怡园,采用分散低层的建筑布局,使建筑与景色融为一体。

(3) 结构体系、材料和施工技术的要求

建筑物建造时所采用的结构体系和材料不同,允许建造的建筑层数也不同(见表 3.1)。如混合结构,墙体多采用砖砌筑,自重大、整体性差,且随层数增加,下部墙体愈来愈厚,既费材料又减少使用面积,因此常用于建造低层和多层民用建筑,如多层住宅、中小学教学楼、中小型办公楼等。钢筋混凝土框架结构、剪力墙结构、框架—剪力墙结构及筒体结构则可用于建多层或高层建筑,如住宅、办公楼等。空间结构体系,如薄壳、网架、悬索等结构则适用于低层大跨度建筑,如影剧院、体育馆、仓库等。

表 3.1　各种结构体系的适用层数

| 结构体系 | 层数 | 结构体系 | 层数 |
| --- | --- | --- | --- |
| 混合结构 | 6 | 框—筒结构 | 55 |
| 框架结构 | 20 | 筒中筒结构 | 65 |
| 剪力墙结构 | 35 | 群筒结构 | 75 |
| 框—剪结构 | 50 | 带有内部剪力墙的框架式筒体 | 90 |

(4) 建筑防火要求

按照《建筑设计防火规范》规定，建筑层数应根据建筑的性质和耐火等级来确定。当耐火等级为一、二级时，层数原则上不做限制；耐火等级为三级时，最多允许建 5 层；耐火等级为四级时，仅允许建 2 层。

(5) 建筑经济的要求

大量性建筑的房屋，在一定范围内适当增加房屋层数，可以降低住宅的造价。如图 3.9 为某地区一般砖混结构住宅层数和造价关系的比值，可见层数为 5、6 层时比较经济。

此外，建筑层数与节约土地关系密切。在建筑群体设计中，单体建筑的层数愈多，用地愈经济。把一幢 5 层住宅和 5 幢单层平房相比较，在保证日照间距的条件下，用地面积要相差 2 倍左右(如图 3.10 所示)，同时，道路和室外管线设置也都相应减少。

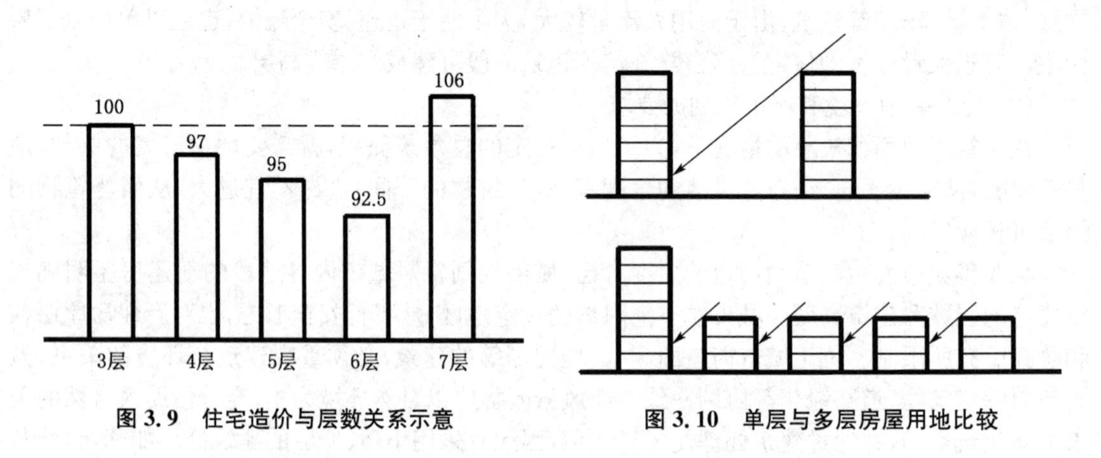


图 3.9　住宅造价与层数关系示意　　图 3.10　单层与多层房屋用地比较

## 3.3　建筑空间的组合和利用

### 3.3.1　建筑空间的组合

建筑剖面组合设计是在平面组合的基础上进行的，根据基地环境等条件，将不同形状、大小、高低的空间组合起来，使之成为使用方便、结构合理、空间有效利用、体型简单的整体。

**1) 组合设计的原则**

剖面组合设计主要由建筑物中各类房间和剖面形状、建筑功能和房屋的使用要求及结构布置特点等因素决定。一般情况下可以将使用性质相似、高度相同的部分放在同一层内；将对外联系较密切、人员出入多或室内有大型设备的房间放在底层；将对外联系不多、人员出入少、要求安静的房间放在上部；空旷的大空间尽量设在建筑顶层，避免放在底层形成"下柔上刚"的结构或是放在中间层造成结构刚度的突变。此外，利用楼梯等垂直交通枢纽或过厅、连廊等来连接不同层高或不同高度的建筑段落，既可以解决垂直的交通联系，又可以丰富建筑体型。如图 3.11 为大小、高低不同的空间组合。

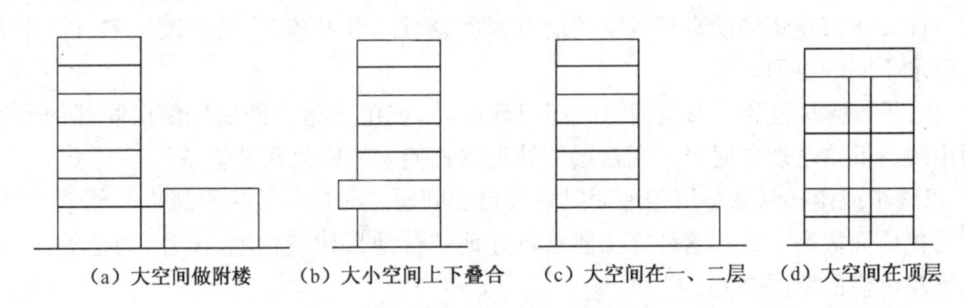


**图 3.11 大小、高低不同的空间组合**

### 2) 组合方法

(1) 高度相同或接近的房间组合。这类组合常采用走道式或单元式的组合方式，如住宅、医院、办公楼等。在组合过程中，尽可能统一房间的高度。有的建筑由于使用要求或房间大小不同，出现了高低差别。如学校中的教室和办公室，可将它们分别集中布置，以小空间为主，灵活布置大空间，采取不同的层高，以楼梯或踏步来解决两部分空间的垂直交通联系(如图 3.12 所示)。

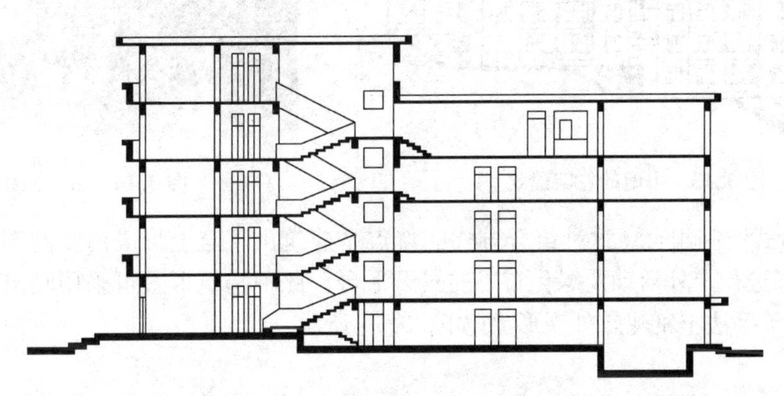

**图 3.12 教学楼不同层高的剖面处理**

(2) 高度相差较大房间的组合。高度相差较大的房间，可以把少量面积较大、层高较高的房间设置在底层、顶层或作为单独部分(裙房)附设于主体建筑。具体措施可采取以大空间为主穿插布置小空间、以小空间为主灵活布置大空间和综合性空间组合。

① 以大空间为主穿插布置小空间。如影剧院、体育馆等有一个空间是建筑主要功能所在，其面积和高度都比其他房间大得多。空间组合常以观众厅和比赛大厅等大空间为中心，根据看台升起的剖面特点，在看台以下和大厅四周布置小空间。这种组合方式应处理好各部分房间的地坪标高和室内净高，合理解决房间采光、通风及厅内人流交通疏散问题和各个房间的

交通联系。

② 以小空间为主灵活布置大空间。某些建筑如教学楼、办公楼、旅馆、临街带商铺的住宅等，虽然构成建筑的绝大部分房间为小空间，但由于功能要求还需要布置少量大空间，这类建筑在空间组合中常以小空间为主形成主体，将大空间附建于主体建筑旁。

③ 综合性空间组合。有的建筑由若干大小、高低不同的空间组合起来形成多种空间的组合形式，其空间的组合不能仅局限于一种方式，必须根据使用要求，采用与之相适应的多种组合方式。如文化宫建筑中既有较大空间的电影厅、餐厅、健身房等，又有阅览室、门厅、办公室等空间要求不同的房间。

(3) 错层的空间组合。当建筑物内部出现高差，或由于地形的变化使房间几部分空间的楼地面出现高低错落现象时可采用错层的处理方式使空间取得和谐统一。

① 以踏步或楼梯联系各层楼地面以解决错层问题。通过调整梯段踏步的数量，使楼梯平台与错层楼地面标高一致。这种方法能够较好地结合地形建造住宅、宿舍、别墅等建筑类型，灵活地解决纵横的错层高差。

② 以室外台阶解决错层。如图 3.13 为以垂直等高线布置的住宅建筑，各单元垂直错落，错层高差为一层，均由室外台阶到达楼梯间。这种错层方式比较自由，可以随地形变化灵活地进行布置。

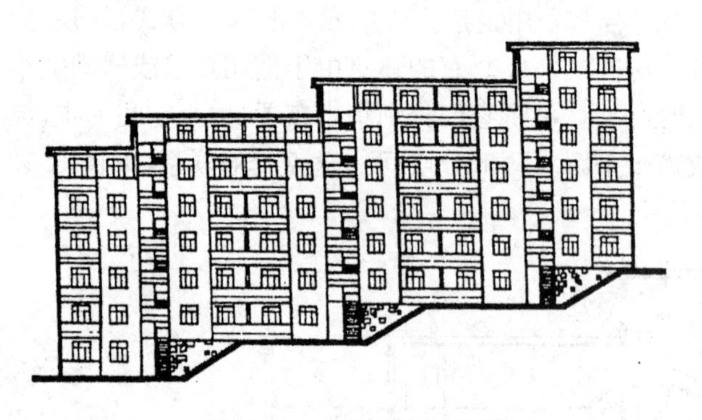

**图 3.13　山地的住宅建筑**

**图 3.14　台阶式建筑**

(4) 台阶式空间组合。这种组合方式的特点是建筑由下至上形成内收的剖面形式，从而为人们提供了进行户外活动及绿化布置的露天平台。此种建筑形式可采用竖向叠层、向上内收、垂直绿化等手法丰富建筑外观形象(如图 3.14 所示)。

### 3.3.2　建筑空间的利用

充分利用建筑物内部的空间，实际上是在建筑占地面积和平面布置基本不变的情况下，起到了扩大使用面积、节约投资的效果。同时，如果处理得当还可以改善室内空间比例，丰富室内空间，增强艺术感。

(1) 夹层空间的利用

一些公共建筑，由于功能要求其主体空间与辅助空间在面积和层高上大小不一致，如体育馆比赛大厅、图书馆阅览室、宾馆大厅等，常采用在大厅周围布置夹层空间的方式，以达到充分利用室内空间及丰富室内空间效果的目的(如图 3.15 所示)。

图 3.15 夹层空间的利用

(2) 房间内的空间利用

在人们室内活动和家具设备布置等必需的空间范围以外，可以充分利用房间内其余部分的空间，如住宅卧室中的悬挑搁板、厨房中的搁板和储物柜等储藏空间(如图 3.16 所示)。

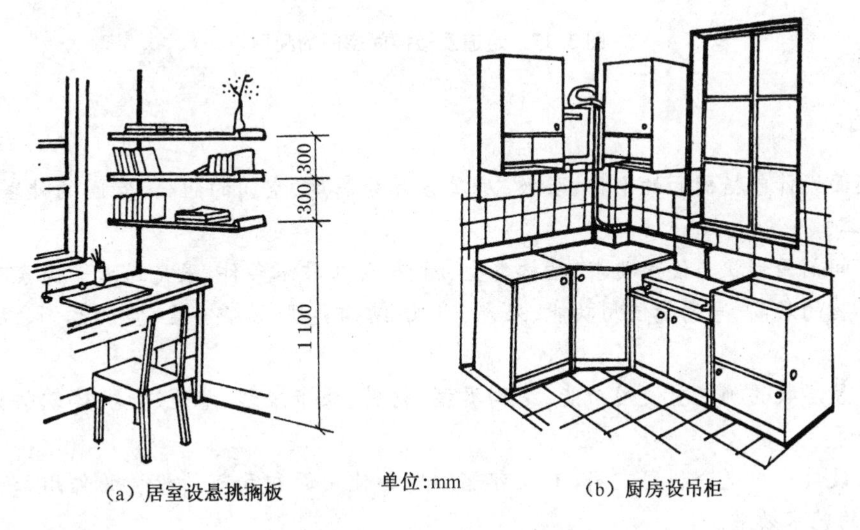


(a) 居室设悬挑搁板　　单位:mm　　(b) 厨房设吊柜

图 3.16 住宅内空间的利用

(3) 走道及楼梯间的空间利用

由于建筑物整体结构布置的需要，建筑中的走道通常和层高较高的房间高度相同，这时走道顶部，可以作为设置通风、照明设备和铺设管道的空间。一般建筑中，楼梯间的底部和顶部，通常都有可以利用的空间，当楼梯间底层平台下不做出入口用时，平台以下的空间可做储藏或厕所的辅助房间；楼梯顶层平台以上的空间高度较大时，也能用作储藏室等辅助房间，但必须增设一个梯段，以通往楼梯间顶部的小房间(如图 3.17 所示)。

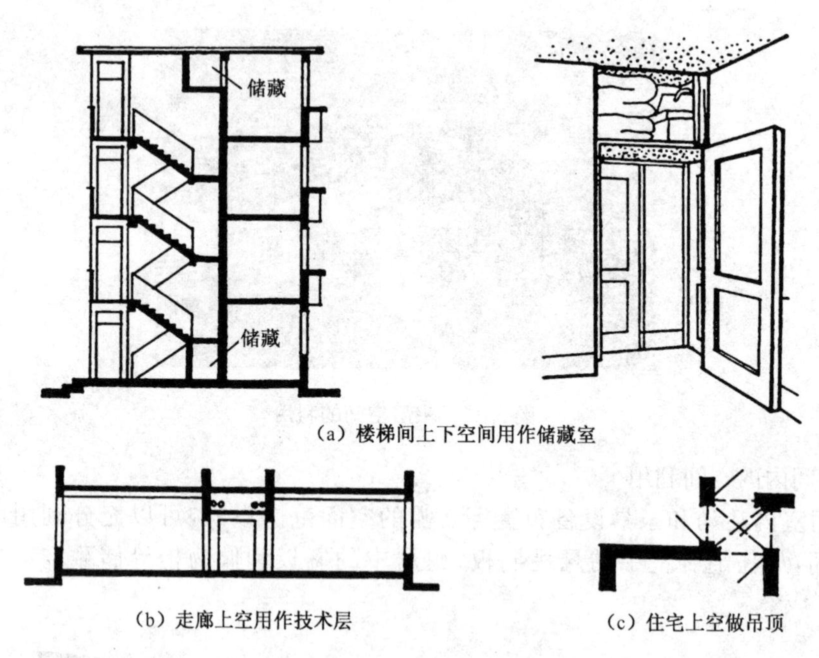


（a）楼梯间上下空间用作储藏室

（b）走廊上空用作技术层

（c）住宅上空做吊顶

图 3.17　走道及楼梯间空间的利用

## 本章小结

1. 剖面设计包括剖面的形状、层数、房屋各部分高度、空间的组合、空间的处理和利用等方面的内容。

2. 房间剖面形状与使用要求、结构类型、材料、施工技术条件、采光通风等因素有关。

3. 房屋的层高、净高受使用功能、采光、通风、结构类型、设备布置、空间比例、经济等因素的影响。

4. 房屋层数的确定受使用功能、结构类型、材料、城市规划、基地环境、建筑防火、经济等因素的影响。

5. 在设计中应充分利用空间，不仅可起到增加使用面积和节约投资的作用，还可以丰富室内空间的艺术效果。

1. 什么是绝对标高？什么是相对标高？
2. 什么是房间的层高、净高？两者有何联系？
3. 影响房间剖面形状的因素有哪些？
4. 确定建筑物的层数时，应考虑哪些因素？
5. 窗台的高度是如何确定的？
6. 室内外高差的作用是什么？如何确定室内外高差？
7. 建筑剖面的组合原则是什么？组合形式有哪些？
8. 如何充分合理利用建筑的室内空间？

# 4 建筑体型及立面设计

本章介绍了建筑体型及立面设计的要求、建筑构体的基本法则、建筑体型的组合方式以及建筑立面设计的基本原理和方法等内容。

**学习目标**

了解影响建筑体型及立面设计的因素；熟悉并运用一般构图法则分析和解决建筑体型组合和立面设计的一般问题；掌握建筑体型和立面设计的内容。

建筑物在满足使用要求的同时，它的体型、立面以及内外空间的组合，还会在视觉和精神上给人们以某种感受。建筑物的存在，在反映社会的经济基础、文化生活和人的精神面貌的同时，应体现出时代艺术特征。

建筑体型和立面设计是建筑外形设计的两个主要组成部分，其着重研究建筑物的体量大小、体型组合、立面及细部处理等，主要目的是在满足建筑的使用功能及经济合理的前提下，运用不同的建筑材料、结构形式、装饰细部、构图手法等创造出预想的建筑意境，体现出建筑的时代艺术特性，给人以美的感受。

外部体型和立面反映内部空间的特征，应与平、剖面设计同时进行，并贯穿于整个设计始终。在方案设计一开始，就应在功能、物质、技术等条件制约下按照美观的要求考虑建筑体型及立面的雏形。在平、剖面设计的基础上遵循一定的设计原则，灵活运用各种设计方法，从建筑总体到局部反复推敲、协调、逐步深化，使之达到形式与内容的完美统一。

## 4.1 建筑体型及立面设计的要求

### 4.1.1 符合建筑功能的要求

不同使用功能要求的建筑，具有不同的空间尺度及内部空间组合特征。因此在对建筑物进行体型和立面设计时，应该注意建筑类型的个性特征。

如单元式住宅建筑，立面上常设以较小窗洞和较小的出入口，以及分组设置的楼梯和阳台。学校建筑中的教学楼，由于室内开间大，人流出入多，采光要求较高，立面上常形成高大明快、成组排列的窗户和宽敞的入口。商业建筑其内部功能是为了满足购物、交通，故而采用大空间组合，其外部形象便表现为大片的玻璃幕墙、较高的层高、重复排列重点处理的橱窗、缤纷的外装饰等，体现商业建筑热闹繁华的特征。影剧院建筑由于内部需要有舞台和观众厅等大空间的不同组合，其外部特征就反映出高耸的舞台和宽大观众厅体型的高低变化。

### 4.1.2 符合规划设计和环境相结合的要求

任何一幢建筑物都处于一定的外部空间环境之中，同时也是构成该处景观的重要因素。因此，建筑外形不可避免地要受外部空间的制约，建筑体型和立面设计要与所在地区的地形、气候、道路以及原有建筑物等基地环境相协调，同时也要满足城市总体规划的要求。

如风景区的建筑，在造型设计上应该结合地形的起伏变化，高低错落、层次分明，与环境融为一体。位于城市中的建筑物，一般由于用地紧张，受城市规划约束较多，建筑造型设计要密切结合城市道路、基地环境、周围原有建筑物的风格及城市规划部门的要求。

当代建筑大师赖特的著名设计作品——流水别墅，与周围的山丘、森林、流水、瀑布完全融为一体，成为名副其实的"有机建筑"（如图 4.1 所示）。

图 4.1 流水别墅

### 4.1.3 反映结构、材料与施工技术的特点

建筑物的体型、立面，与所用材料、结构造型、施工技术、构造措施关系极为密切，这是由于建筑物内部空间组合和外部体型的构成，只能通过一定的物质技术手段来实现。如墙体承重的混合结构，由于构件受力要求，窗间墙必须保留一定宽度，窗户不能开太大，因此形成较为厚重、封闭、稳重的外观形象；钢筋混凝土框架结构，由于墙体只起围护作用，建筑立面门窗的开启具有很大的灵活性，可形成大面积的独立窗，也可形成带形窗，显示出框架结构建筑的简洁、明快、轻巧的外观形象（如图 4.2 所示）。

（a）砖混结构住宅

（b）框架结构住宅

图 4.2 不同结构类型的建筑立面形象

施工技术的不同,也可形成不同的外形特点。如滑膜建筑常以筒体或竖线条为主,升板建筑常以层层出挑的横向线条为主;大板、盒子建筑等常以构件本身的形体、材料、质感和色彩对比等,使建筑体型和立面更简洁,富有工业化气息(如图 4.3 所示)。

(a) La Liberte综合建筑(盒子建筑)

(b) 深圳国贸大厦(滑模建筑)

图 4.3 典型施工建筑

建筑材料对建筑体型和立面也有一定影响。如清水墙、石墙和玻璃幕墙等形成不同的外形,给人不同的感受(如图 4.4 所示)。

(a) 玻璃幕墙建筑

(b) 清水墙建筑

图 4.4 不同建筑材料的立面形象

### 4.1.4 建筑经济的要求

建筑体型和立面设计,应根据房屋的使用性质和规模,在建筑标准、建筑用材料、造型要求和装饰等方面,防止滥用高档材料造成不必要的浪费,同时也应防止片面节约、盲目追求低标准造成使用功能不合理、破坏建筑形象和增加建筑物的日常维修费用。

## 4.2 建筑构图的基本法则

建筑构图法则既是指导建筑造型设计的原则，又是检验建筑造型美观与否的标准。建筑设计中，除了满足功能要求、技术经济条件以及总体规划和基地环境等因素外，还要符合一些美学法则。

统一与变化、均衡与稳定、对比与微差、韵律、比例和尺度等是人们经过较长时期的实践、反复总结和认识并被公认的、客观的美的法则。建筑工作者在建筑设计中应当善于运用这些形式美的构图规律，以更加完美地体现出一定的设计意图和艺术构思。

### 4.2.1 统一与变化

统一与变化是形式美的基本规律，具有广泛的普遍性和概括性，应巧妙处理它们之间的相互关系，以获取整齐、简洁、秩序而又不致单调、呆板，体型丰富而又不致杂乱无章的建筑形象。

(1) 以简单几何形体求统一

简单的几何形体，如球体、正方体、圆柱体、圆锥体、长方体等都具有一种必然的统一性。从古至今，这些形体常常用在建筑上，也正是说明人们接受了它们简单、明确、肯定的统一性。如我国的天坛、古埃及金字塔以及圣彼得大教堂以及一些现代办公建筑等(如图 4.5 所示)。

(a) 天坛

(b) 办公楼

**图 4.5 以简单几何形体求统一**

(2) 主从分明求统一

建筑空间组合时常由于功能不同而自然形成形体上的主要部分和从属部分，如不分开，建筑就显得平淡、松散，缺乏统一性。主次分明则可加强建筑的表现力，获得完整统一的效果。在建筑体型设计中常运用轴线处理、以低衬高和利用形象变化等手法来突出主体。

### 4.2.2 均衡与稳定

一幢建筑物由于各体量的大小、高低，材料的质感，色彩的深浅、虚实变化不同，常表现出不同的轻重感。一般来说，体量大的、实体的、材料粗糙及色彩暗的，感觉上要重些；体量小的、通透的、材料光洁的和色彩明快的，感觉上要轻一些。研究均衡与稳定，就是使建筑形象显得安定、平稳。

(1) 均衡

均衡是指建筑物各体量在建筑构图中的左右、前后相对轻重关系。根据均衡中心的位置不同，可将均衡分为对称均衡与非对称均衡(如图 4.6 所示)。

(a) 对称均衡　　(b) 非对称均衡

图 4.6　均衡的力学原理

对称均衡以中轴线为中心加以重点强调，两侧对称易于取得完整统一的效果，给人以端庄、雄伟、严肃的感觉(如图 4.7 所示)。

(a) 对称式均衡示意图　　(b) 人民大会堂

图 4.7　对称式均衡建筑

非对称均衡的建筑体型处理是不对称的，均衡中心支点(主要出入口)偏于建筑物的一侧，利用不同体量、材质、色彩、虚实变化等的处理，达到视觉上均衡的目的。非对称均衡给人以轻快、活泼、灵巧的感觉(如图 4.8 所示)。

均衡可以分为静态均衡和动态均衡，无论哪一种均衡，都应从立体的效果上去考虑(如图 4.9 所示)。

(2) 稳定

稳定是指建筑物在建筑构图上的上下轻重关系。一般来说，上小下大，由底部向上逐层缩小的手法易获得稳定感。但是现代新结构、新材料、新技术的发展，丰富了人们的审美观，传统的上小下大的稳定观念逐渐改变，底层架空甚至上大下小的某些悬臂结构为人们所接受、喜爱(如

图 4.10 所示)。有的建筑则在取得整体稳定的同时,强调它的动态,以表达一定的设计意图。

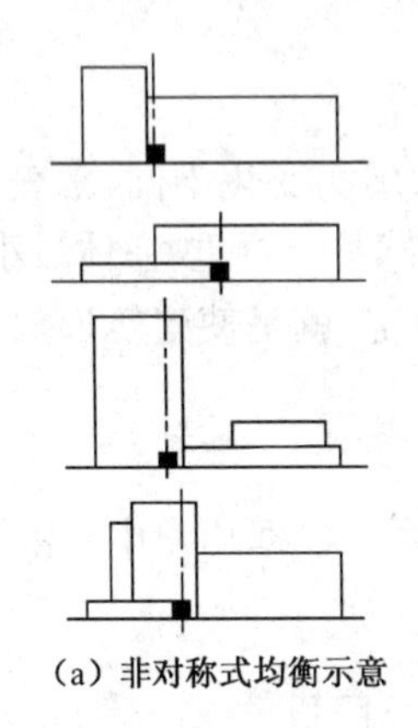

(a) 非对称式均衡示意

(b) 办公建筑

图 4.8 非对称式均衡建筑

图 4.9 动态的均衡(悉尼歌剧院)

图 4.10 常州市文化广场

## 4.2.3 对比与微差

对比是指要素之间显著的差异,微差是指不显著的差异。对比可以借彼此之间的烘托陪衬来突出各自的特点以求得变化;微差则可以借相互之间的共同性以求得和谐。没有对比会使人感到单调,过分强调对比往往又会失去相互之间的协调一致性,可能造成混乱。只有把这两者巧妙结合在一起,才能达到既有变化又和谐一致、既多样又统一的效果。对比通常主要表现在体量大小、长短、形状、方向、线条曲直横竖、虚实、色彩、质地、光影明暗等方面(如图 4.11 所示)。

图 4.11 建筑形体方向的对比(巴西国会大厦)

### 4.2.4 韵律

韵律是任何物体各要素重复或渐变出现所形成的一种特性，这种有规律的变化和有秩序的重复所形成的节奏，能产生以条理性、重复性、连续性为特征的韵律感，给人以美的享受。在建筑造型和立面设计中，常用的韵律手法可以分为连续韵律、渐变韵律、起伏韵律、交错韵律等（如图 4.12 所示）。建筑物体型和立面构成要素中有许多复杂的因素，如门窗、阳台、雨篷、檐口、墙面等，只要在构图中对其加以运用、组织、强调，就可以展现出建筑物的一种韵律美感。

（a）连续韵律

（b）渐变韵律

（c）起伏韵律

（d）交错韵律

图 4.12 采用不同韵律手法的建筑实例

### 4.2.5 比例与尺度

（1）比例

在建筑体型及立面设计中，比例是指建筑整体与细部、细部与细部之间的相对尺寸关系，如大小、长短、宽窄、高低、粗细、厚薄等都应有一种和谐的比例关系，比例失调就无法使人产生美感。在建筑立面上，矩形最为常见，建筑物的轮廓、门窗等都形成不同大小的矩形，如果这些矩形的对角线相互重合、垂直及平行，有助于形成和谐的比例关系（如图 4.13 所示）。

（2）尺度

尺度是研究建筑物整体与局部构件给人感觉上的大小与真实大小之间的关系。抽象几何形体本身并没有尺度，建筑物只有通过以人或人所习见的某些建筑物构件，如踏步、拉杆、门窗等，或其他参照物，如汽车、家具、设备等来作为尺度标准进行比较，才能体现出其整体或局部

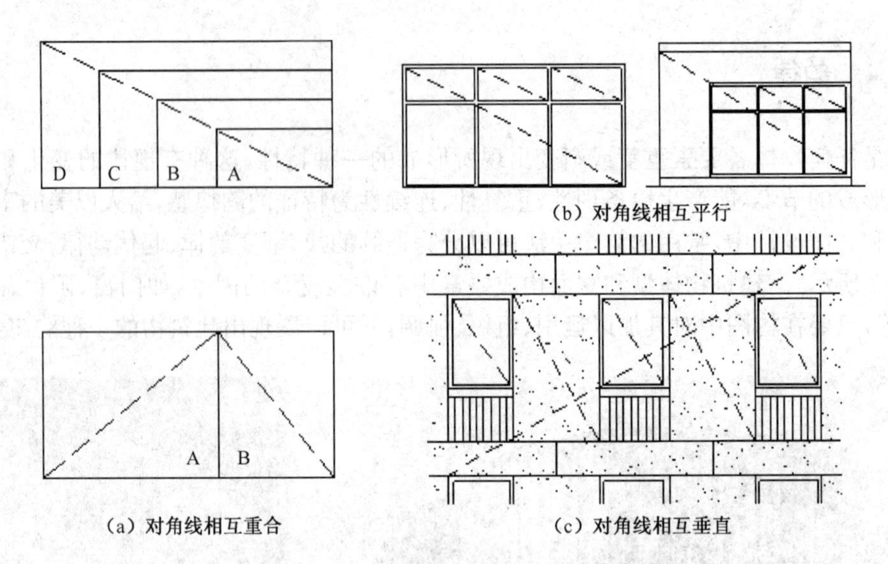


（b）对角线相互平行

（a）对角线相互重合

（c）对角线相互垂直

图 4.13　以相似比例求得和谐统一

的尺度感。

尺度按其效果一般分为三种类型：

① 自然尺度

自然尺度即以人体尺度的大小为标准，来确定建筑物的尺寸大小，给人的印象与建筑物真实大小一致，一般用于住宅、中小学、幼儿园、商店等建筑物的尺寸确定。

② 夸张尺度

夸张尺度是用夸张的手法，有意将建筑物的尺寸设计得比实际需要大些，使人感觉建筑物雄伟、壮观，一般用于纪念性建筑和大型的公共建筑。

③ 亲切尺度

亲切尺度是将建筑物的尺寸设计得比实际需要小些，使人产生亲切、舒适的感觉，在庭院建筑中采用。

总之，建筑构图不仅受美学法则的指导，还要严格地受到使用要求、结构、材料和经济条件的制约，以及自然、社会、环境因素的影响。实际设计中应把变化与统一、韵律、比例与尺度等基本构图法则加以灵活运用。

## 4.3　建筑体型与立面设计

体型是指建筑物的轮廓形状，它反映了建筑物总的体量大小、组合方式以及比例尺度等；立面是指建筑的门窗组织、比例与尺度、入口及细部处理、装饰与色彩等。体型和立面是建筑统一体的相互联系、不可分割的两个方面，体型是建筑的雏形，而立面设计则是建筑物体型的进一步深化。只有将两者作为一个有机的整体统一考虑，充分表现建筑个性，灵活运用构图法则，从体型到立面、从整体到局部完成体型和立面设计，才能使两者相互协调从而获得完美的建筑形象。

### 4.3.1 体型的组合

(1) 单一体型

单一体型是将复杂的内部空间组合到一个完整的体型中去,建筑外观上各面基本等高,平面多呈正方形、矩形、圆形、Y 形等。这类建筑的特点是不论平面采取哪种形状,外观造型统一、完整、简洁、轮廓分明,没有明显的主从关系和组合关系,给人以鲜明而强烈的印象。主要用于需要庄重、肃穆感觉的建筑,例如政府机关、法院、博物馆、纪念堂等(如图 4.14 所示)。

(2) 单元式组合体型

单元式组合体型是将几个独立体量的单元按一定方式组合起来,其广泛应用于住宅、学校、幼儿园、医院等建筑类型(如图 4.15 所示)。这种体型组合灵活,没有明显的均衡中心及体型的主从关系,而且单元连续重复,形成连续的韵律感。

图 4.14 单一体型建筑

图 4.15 单元式组合体型

(3) 复杂体型

复杂体型由两个以上的体量组合而成。这些体量之间存在着一定的关系,如何正确处理这些关系是这类体型构图的重要问题。复杂体型的组合应运用建筑构图的基本法则,将其主要部分、次要部分分别形成主体、附属结构,突出重点、主次分明,并将各部分有机地联系起来,形成完整的建筑形象。

### 4.3.2 体型的转折与转角处理

建筑体型的转折与转角处理一般是指建筑物为了适应基地形状或道路布置而形成的转折。在丁字路口、十字路口或任意角度转角地带,如果能够结合地形的变化,巧妙地进行体型处理,不仅可以扩大组合的灵活性以适应地形的变化,而且可以使建筑物显得更加完整统一。根据功能和造型的需要,转折地带的建筑体型可以采用主体、裙房相结合,以裙房衬托主体的设计;也可采用局部体量升高形成塔楼,以塔楼控制整个建筑群,突出主要出入口的设计。如图 4.16 是几种特定地形条件的体型组合示例。

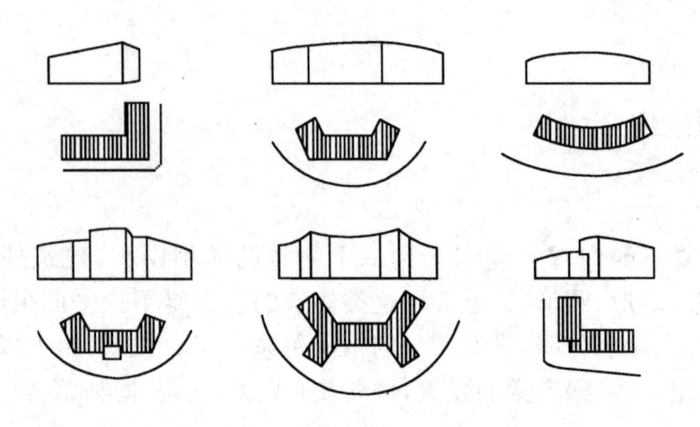

图 4.16 体型转折处理

### 4.3.3 体量的联系与交接

建筑物有几个体型组合时,应尽可能做到主次分明、交接明确,通常可以用各部分体量之间的大小、高低、宽窄形成的对比,突出出入口等手法来强调主体部分。其常用的连接方式有直接连接、咬接、以连接体连接和以走廊连接(如图 4.17 所示)。

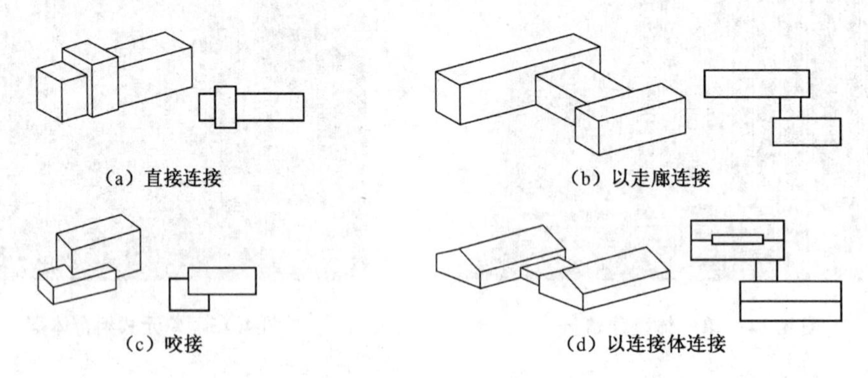

(a) 直接连接　(b) 以走廊连接　(c) 咬接　(d) 以连接体连接

图 4.17 体型的连接处理

### 4.3.4 建筑立面设计

建筑立面是指建筑物四周的外部形象,可以看成是由墙体、梁柱、门窗、阳台、勒脚、檐口等部分组成。恰当地确定立面中这些组成部分和构件的比例和尺度,运用节奏韵律、虚实对比等规律,设计出体型完整、形式与内容统一的建筑立面,是立面设计的主要任务。完整的立面设计并不只是美观的问题,其同样有使用要求、结构构造等功能和技术的要求,这里只着重叙述影响建筑美观的一些问题。

(1) 尺度和比例

尺度正确、比例协调,是使立面完整统一的重要原则。建筑立面中的一些要素,如踏步的高度、栏杆和窗台的高度等,其尺度比较固定,如果它们的尺度不符合要求,非但在使用时不方便,在视觉上也会感到不舒适。至于比例协调,既存在于整体与局部之间,也存在于各要素之间。一幢建筑物的体量、高度和出檐大小有一定的比例，这些比例除满足结构和构造的合理性之外，同时也要符合立面构图的美观要求。

(2) 立面的虚实和凸凹

建筑立面中存在着“虚”与“实”的组合搭配问题，“虚”的部分是指窗、空廊、玻璃幕墙、镂空花饰等通透体，“实”的部分是指墙、柱等不透明的实体。“虚”的部分给人轻巧、通透的感觉，“实”的部分给人封闭、厚重的感觉，因此可利用两者之间的强烈对比反差，达到特有的立面艺术效果。

建筑立面虚实处理应注意主从、整体、节奏等构图规律问题。首先是主从问题。通常别墅、纪念性建筑、博物馆、展览性建筑应以实为主、以虚为次，以产生稳定、庄严、雄伟等效果，如图 4.18(a)所示；高层建筑、商业建筑、餐厅建筑应虚多实少，以产生通透、轻巧、开朗等效果，如图 4.18(b)所示。其次是整体问题，在虚与实有主次之分的前提下，必须注意虚与实的整体安排，保持整体的秩序性，以求完整统一，如图 4.18(c)所示。最后是节奏问题，虚与实的排列组合要以造成立面的韵律感为目标，必须有一定秩序，否则会显得杂乱无章。

建筑外立面常出现一些凹凸部分，凸的部分一般有阳台、雨篷、遮阳板、挑檐、凸柱、凸出的楼梯间等，凹的部分有凹廊、门洞等。通过凹凸处理可以加强光影变化，以增强建筑物的立体感，丰富立面效果。

(a) 以实为主的建筑

(b) 以虚为主的建筑

(c) 虚实相当的建筑

**图 4.18　立面的虚实对比**

(3) 立面的线条处理

任何线条本身都具有一种特殊的表现力和多种造型的功能。建筑立面上客观存在各种各样的线条,如檐口、窗台、勒脚、窗、柱、窗间墙等。这些线条的位置、粗细、长短、方向、曲直、繁简、凹凸等不仅客观存在,也能由设计者主观上加以组织、调整,而给人不同的感受。

水平线有舒展、平静、连续、亲切感,竖直线有挺拔、庄重、高松向上的气氛(如图 4.19 所示);直线表现刚强坚定,曲线有优雅、流动、活跃、飘逸感,斜线有动态感;网格线有丰富的图案效果,给人以生动、有秩序的感觉;粗线给人以厚重、豪放、力度感,细线则有精致、轻盈感。

(a) 水平线条建筑立面

(b) 竖直线条建筑立面

**图 4.19　建筑物的线条处理**

(4) 立面的色彩与质感

色彩和质感是材料固有的特性,对于一般建筑而言,主要通过材料色彩的变化使其相互衬托来增强建筑的感染力。建筑色彩的处理包括大面积基色调的选择和墙面上不同色彩的构图两个方面的问题。立面色彩处理应注意以下几个问题:色彩处理要注意统一与变化,并掌握好尺度;色彩处理应与建筑性格特征相适应,如医院建筑宜用白色或浅色调,商业建筑常用暖色调;色彩运用应与环境相协调;色彩运用应适应所在地区的气候特点。

建筑立面设计中,材料质感的处理也极其重要,表面粗糙或光滑能使人产生不同的心理感受:粗糙的混凝土或毛石表面显得较为厚重,平整而光滑的面砖、金属、玻璃的表面感觉比较轻巧。立面设计中应充分利用材料的质感处理来丰富建筑的表现力。

(5) 重点及细部处理

建筑立面中有些部位需要重点和细部处理,这种处理具有画龙点睛的作用,会加强建筑表现力,打破单调感。立面需要重点处理的部位是建筑主要出入口、楼梯、形体转角、临街立面等(如图 4.20 所示)。这些部位常常是人们的视觉重心,要求明显突出,易于识别。重点处理常采用对比手法,使其与主体区分,如采用高低、大小、横竖、虚实、凹凸、色彩、质感等对比。建筑造型上的特点,还要重点表现有特征的部分,如商店的橱窗、车站钟楼、檐口处理等形体转角及临街立面、立面突出部分与上部结束部分。

立面设计中对于体量较小,人们接近时可能看得清的构件与部位的细部装饰等的处理称为细部处理。如飘窗、阳台、檐口、栏杆、雨篷等,这些部位虽不是重点处理部位,但由于其所处的特定位置,也需要对其进行设计,否则将使建筑产生粗糙不精细之感,而破坏建筑整体形象。立面中细部处理主要运用材料的色泽、纹理、质感等自身特性来体现艺术效果。

图 4.20 建筑出入口处理示例

## 本章小结

1. 建筑体型与立面设计受到建筑内、外两个方面的制约。

2. 建筑体型与立面设计要遵循统一与变化、均衡与稳定、比例、韵律、对比、尺度等规律。这些构图规律不是孤立的，它们之间相互渗透、相互补充。

3. 建筑体型组合的方法有简单几何形体组合、单元式组合和复杂体型组合。组合中还应注意处理好房屋的转折、转角及体型的连接。

4. 建筑立面设计要做好尺度与比例的和谐统一、节奏韵律和虚实对比的灵活运用、材料色彩和质感的搭配、重点部位和细部的处理。

## 思考题

1. 影响建筑体型和立面设计的因素有哪些？
2. 建筑体型组合有哪几种形式？并以图示进行分析，说明如何运用形式美的法则。
3. 建筑立面设计中有哪些处理手法？
4. 建筑体型的转折和转角如何处理？绘出示意图。
5. 建筑不同体量之间的连接有哪几种方式？
6. 结合建筑实例分析重点及细部的处理。
7. 试绘两个立面简图分别表示对称均衡和不对称均衡。

# 5 建筑防火设计

**内容提要**

本章介绍了建筑火灾的概念、火灾的发展与蔓延、防火分区与防烟分区、安全疏散及高层建筑防排烟问题等内容。

**学习目标**

了解建筑火灾的基本知识，建筑设计防火措施；熟悉防火分区与防烟分区及安全疏散的基本要求；掌握建筑耐火等级的划分和选定。

## 5.1 概述

### 5.1.1 建筑起火的原因和燃烧条件

建筑物起火的原因是多种多样、错综复杂的，通常引起火灾的原因有：人为明火、自燃、电气设备事故、雷击放电、静电放电起火、地震引起火灾等。

起火必须具备如下三个条件：

①存在能燃烧的物质；②有助燃的氧气或氧化剂；③有着火源。

### 5.1.2 火灾发展的过程

刚着火时，火源范围很小，火灾的燃烧状况与在开敞空间一样。随着火源范围的扩大，火焰在最初着火的材料上延烧或者蔓延到附近的可燃物，当房间的墙壁、屋面等部件开始影响燃烧的继续发展时，一般来说，就完成了一个发展阶段。若通风良好，可燃物充分，则火灾就会持续发展。建筑火灾分为以下三个阶段：

(1) 火灾初起阶段(轰燃前)

这一阶段燃烧是局部的，火势不够稳定，室内的平均温度不高，蔓延速度对建筑结构的破坏能力较低。

(2) 猛烈燃烧阶段(轰燃后)

在此期间,室内所有的可燃物全部燃烧,火焰可能充满整个空间。若门窗玻璃破碎,为燃烧提供了较充足的空气,室内温度很高,一般可达1 100℃左右,燃烧稳定,破坏力强,建筑物的可燃构件均被烧着,难以扑灭。

(3) 衰减阶段(熄灭)

经过猛烈燃烧之后,室内可燃物大都被烧尽,燃烧向着自行熄灭的方向发展。一般把火灾温度降低到最高值的80%作为猛烈阶段与衰减阶段的分界。这一阶段虽然有焰燃烧停止,但火场的余热还能维持一段时间的高温,衰减阶段温度下降速度是比较慢的。

由上所述,可知火灾发展过程与建筑防火发生关系的是第一阶段和第二阶段。火灾初起阶段的时间,根据具体条件,可在5～20 min之间。这时的燃烧是局部的,火势发展不稳定,有中断的可能。故应该设法争取及早发现,把火及时控制和消灭在起火点。为了限制火势发展,要考虑在可能起火的部位尽量少用或不用可燃材料,或在易于起火并有大量易燃物品的上空设置排烟窗,炽热的火或烟气可由上部排出,火灾发展蔓延的危险性就有可能降低。

一般把火灾的初起阶段转变为全面燃烧的瞬间,称为轰燃。轰燃经历的时间短暂,它的出现标志着火灾进入猛烈燃烧阶段。在这一阶段,建筑结构可能被毁坏,或导致建筑物局部(如木结构)或整体(如钢结构)倒塌。这阶段的延续时间主要取决于燃烧物质的数量和通风条件。为了减少火灾损失,针对第二阶段温度高、时间长的特点,建筑设计的任务就是要设置防火分隔物(如防火墙、防火门等),把火限制在起火的部位,以阻止火很快向外蔓延;并适当地选用耐火时间较长的建筑结构,使它在猛烈的火焰作用下,保持应用的强度和稳定,直到消防人员把火扑灭。应要求建筑物的主要承重构件不会遭到致命的损害而便于修复。

火灾发展到第三阶段,火势趋向熄灭。室内可供燃烧的物质减少,门窗破坏,木结构的屋面会烧穿,温度逐渐下降,直到室内外温度平衡,把全部可燃物烧光为止。

### 5.1.3 建筑火灾的蔓延途径

#### 1) 火灾蔓延的方式

火势蔓延的方式是热传播。它是指在起火的建筑物内,火由起火房间转移到其他房间的过程,主要是靠可燃构件的直接延烧而产生热的传导、热的辐射和热的对流。

(1) 热的传导

热的传导是指物体一端受热,通过物体热分子运动,把热传到另一端。通过热传导的方式蔓延扩大的火灾,有两个比较明显的特点:其一,热量必须经导热性好的建筑构件或建筑设备,如金属构件、薄壁隔墙或金属设备等的传导,能够使火灾蔓延到相邻或上下层房间;其二,蔓延的距离较近,一般只能是相邻的建筑空间。可见传导蔓延扩大的火灾,其规模是有限的。

(2) 热的辐射

热的辐射是指热由热源以电磁波的形式直接发射到周围物体上。在烧得很旺的火炉旁边,能把湿的衣服烤干,如果靠得太近,还可能把衣服烧着。在火场上,起火建筑也像火炉一样,能把距离较近的建筑物烤着燃烧,这就是热辐射的作用。热辐射是相邻建筑之间火灾蔓延的主要方式,同时也是起火房间内部燃烧蔓延的主要方式之一。建筑防火中所谓的防火间距,主要是考虑预防火焰辐射引起相邻建筑着火而设置的间隔距离。

(3) 热的对流

热的对流是指炽热的燃烧产物(烟气)与冷空气之间相互流动的现象。热对流燃是建筑物内火灾蔓延的一种主要方式。建筑火灾发展到猛烈阶段后,一般情况是窗玻璃在轰燃之际已经破坏,又经过一段时间的猛烈燃烧,内走廊的木质门户被烧穿,或门框上的高窗烧坏,导致烟火涌入内走廊。门窗的破坏,利于通风,使火燃烧更加剧烈,升温更快,耐火建筑一般可达 1 000～1 100℃左右,木结构建筑可达 1 200～1 300℃左右。除了在水平方向对流蔓延外,火灾在竖向管井也是由热对流方式蔓延的。

火场上火势发展的规律表明,浓烟流窜的方向往往就是火势蔓延的途径。例如剧院舞台起火后,若舞台与观众厅吊顶之间没有设防火隔墙,烟或火舌便从舞台上空直接进入观众厅的吊顶,使观众厅吊顶全面燃烧,然后又通过观众厅山墙上的孔洞进入门厅,把门厅的吊顶烧着,这样蔓延下去直到烧毁整个剧院。由此可见热的对流对火势蔓延的重要作用。

**2) 火灾蔓延的途径**

建筑火灾最初是发生在建筑物内的局部区域,然后蔓延到相邻区域,以至整个楼层,最后蔓延到整个建筑物。

(1) 火灾水平方向蔓延

水平方向蔓延的主要原因之一是建筑物内未设水平防火分区,没有防火墙及相应的防火门等形成控制火灾的区域空间。火势在横向主要是通过内墙门及间隔进行蔓延。如入户门为可燃物,火灾时易被烧穿;普通防火卷帘无水幕保护,导致卷帘失去隔火作用;管道穿孔处未用不燃材料密封等。另外装设吊顶的建筑,房间与房间、房间与走廊之间的分隔墙只做到吊顶底皮,吊顶上部仍为连通空间。

(2) 火灾竖直方向蔓延

大量贯穿整栋建筑的电梯、楼梯、设备管道和设备竖井等,若未做完善的防火分隔,一旦发生火灾,就可能蔓延到建筑的其他楼层。建筑空调系统未按规定设防火阀,采用的可燃材料通风管、可燃材料保温层都容易造成火灾蔓延。通风管道蔓延火灾,一是通风管道本身起火并向连通的空间蔓延;二是它可以吸进火灾房间的烟气,在远离火场的其他空间再喷冒出来。另外,从起火房间窗口喷出的烟气和火焰,往往会沿窗间墙经窗口向上逐层蔓延;若建筑物采用带形窗,火灾房间喷出的火焰被吸附在建筑物表面,甚至会卷入上层窗户内部。

### 5.1.4 建筑设计防火措施

建筑防火采用的技术措施主要包括以下几个方面:

**1) 建筑设计防火**

建筑设计防火的主要内容有:总平面防火、建筑物耐火等级、防火分区和防火隔离、防烟分区、室内装修防火、安全疏散、工业建筑防爆等。

(1) 总平面防火

在总平面设计中,根据建筑物的使用性质、火灾危险性、地形、地势和风向等因素,进行合理布局，尽量避免建筑物相互之间构成火灾威胁和发生火灾爆炸后可能造成的严重后果，并且为消防车顺利扑救火灾提供条件。

（2）建筑耐火等级划分

要求建筑物在火灾高温的持续作用下，墙、柱、梁、楼板、屋顶、吊顶等基本构件，能在一定的时间内不被破坏，不传播火灾，从而起到延缓和阻止火灾蔓延的作用，并为人员疏散、抢救物资和扑灭火灾以及为灾后结构修复创造条件。

（3）防火分区和防火隔离

在建筑物中采用耐火性较好的分隔构件将建筑物空间分隔成若干区域，一旦某一区域起火，则会把火灾控制在这一局部区域中，防止火灾扩大蔓延。

（4）防烟分区

对于某些建筑物需用挡烟构件（挡烟梁、挡烟垂壁、隔墙）划分防烟分区，将烟气控制在一定范围内，以便用排烟设施将其排出，保证人员安全疏散和便于消防扑救工作顺利进行。

（5）室内装修防火

在防火设计中应根据建筑物性质、规模，对建筑物的不同装修部位，采用相应燃烧性能的装修材料。要求室内装修材料尽量做到不燃或难燃，减少火灾的发生和降低蔓延速度。

（6）安全疏散

建筑物发生火灾时，为避免建筑物内人员由于火烧、烟熏中毒和房间倒塌而受到伤害，必须尽快将他们撤离；室内的物资财产也要尽快抢救出来，以减少火灾损失。为此要求建筑物有完善的安全疏散措施，为安全疏散创造良好条件。

（7）工业建筑防爆

在一些工业建筑中，使用和产生的可燃气体、可燃蒸气、可燃粉尘等物质能够与空气形成具有爆炸危险性的混合物，遇到火源就能引起爆炸。对于上述有爆炸危险的工业建筑，为了防止爆炸事故的发生，减少爆炸事故造成的损失，要从建筑平面和空间布置、建筑构造和建筑设施等方面采取防火防爆措施。

**2）消防给水、灭火系统**

其设计的主要内容包括：室外消防给水系统、室内消防栓给水系统、闭式自动喷水灭火系统、雨淋喷水灭火系统、水幕系统，以及二氧化碳灭火系统、卤代烷灭火系统等。根据建筑物的性质、具体情况，合理设置上述各种系统，做好各个系统的设计计算，合理选用系统的设备、配件等。

**3）采暖通风、空调系统防火、防排烟系统**

采暖、通风和空调系统防火设计应按规范要求选好设备的类型，布置好各种设备和配件，做好防火构造处理等。在设计防排烟系统时要根据建筑物性质、使用功能、规模等确定设置范围，合理采用防排烟方式，划分防烟分区，做好系统设计计算，合理选用设备类型等。

**4）电气防火、火灾报警控制系统**

根据建筑物的性质，合理确定消防供电级别，做好消防电源、配合线路、设备的防火设计，做好火灾事故照明和疏散指示标志设计，采用先进可靠的火灾报警控制系统。此外，对建筑物还要设计安全可靠的防雷装置。

## 5.2 防火分区

### 5.2.1 防火分区的重要意义

设计民用建筑必须遵循国家现行的《建筑设计防火规范》(GB 50016—2014)的规定，在设计中要根据使用性质，选定建筑物的耐火等级，设置防火分隔物，分清防火分区，保证合理的防火间距，设有安全通道及疏散口，这样有利于消防扑救，减少火灾损失。

随着国家建设事业的发展，现代建筑的规模趋向大型化、多功能化发展，如北京饭店新楼标准层面积达 2 800 $m^2$，有的单层纺织厂房占地面积 4 万多 $m^2$，有的工业厂房 9 层高达 54 m 等。这样大的范围内，若不按面积、按楼层控制火灾，一旦某处起火成灾，造成的危害是难以想象的。因此，要在建筑物内设置防火分区。

### 5.2.2 防火分区划分的原则

防火分区是指在建筑物内部采用防火墙、耐火楼板及其他防火分隔设施分隔而成，能在一定时间内防止火灾向同一建筑的其余部分蔓延的局部空间。

(1) 防火分区应包括楼板的水平防火分区和垂直防火分区两部分。所谓水平防火分区，就是用防火墙或防火门、防火卷帘等将各楼层在水平方向分隔为两个或几个防火分区；所谓垂直防火分区，就是将具有 1.5 h 或 1.0 h 耐火极限的楼板和窗间墙(两上、下窗之间的距离不小于 1.2 m)将上下层隔开。

(2) 建筑物面积过大，室内容纳人数和可燃物的数量也相应增大，火灾时燃烧面积大，燃烧时间长，辐射热强烈，对建筑结构的破坏严重，火势难控制，对消防扑救和人员、物资疏散都很不利。为了减少火灾造成的损失，对建筑防火分区的面积，按照建筑物耐火等级的不同给予相应的限制，即耐火等级高的防火分区，面积可以适当大些，耐火等级低的防火分区，面积就要小些。

一、二级耐火等级的民用建筑，耐火性能较高，规定防火分区最大允许建筑面积为 2 500 $m^2$。三级建筑防火分区面积应比一、二级小，一般不超过 1 200 $m^2$。四级耐火等级建筑防火分区面积不宜超过 600 $m^2$，地下、半地下建筑(室)不宜超过 500 $m^2$。同理，除了限制防火分区面积外，对建筑物的层数和面积也提出了限制(见表 5.1 所示)。

(3) 建筑物内如有上、下层相通的走廊、自动扶梯等开口部位时，应将上下连通作为一个防火分区，其建筑面积的允许值取决于建筑的耐火等级及使用功能(见表 5.1)。多、高层建筑设有中庭时，防火分区面积应按上、下层连通的面积叠加计算，当超过一个防火分区面积时，应查找相关防火规范使符合规定要求。

民用建筑的耐火等级、最大允许层数和防火分区最大允许建筑面积应符合表 5.1 的规定。

高层建筑的耐火等级应分为一、二级，其建筑构件的燃烧性能和耐火极限不应低于表 1.1 的规定。

高层建筑内应采用防火墙等划分防火分区，每个防火分区允许最大建筑面积不应超过表5.2的规定。

**表5.1 民用建筑的耐火等级、最大允许层数和防火分区最大允许建筑面积**

| 耐火等级 | 最多允许层数 | 防火分区的最大允许建筑面积($m^2$) | 备注 |
|---|---|---|---|
| 一、二级 | 《建筑设计防火规范》(GB 50016—2014)规定 | 2 500 | 1. 体育馆、剧院的观众厅，展览建筑的展厅，其防火分区最大允许建筑面积可适当放宽<br>2. 托儿所、幼儿园的儿童用房和儿童游乐厅等儿童活动场所，不应超过三层或设置在四层及四层以上楼层或地下、半地下建筑(室)内 |
| 三级 | 5层 | 1 200 | 1. 托儿所、幼儿园的儿童用房和儿童游乐厅等儿童活动场所、老年人建筑和医院、疗养院的住院部分，不应超过两层或设置在三层及三层以上楼层或地下、半地下建筑(室)内<br>2. 商店、学校、电影院、剧院、礼堂、食堂、菜市场不应超过两层或者设置在三层及三层以上楼层 |
| 四级 | 2层 | 600 | 学校、食堂、菜市场、托儿所、幼儿园、老年人建筑、医院等不应设置在二层 |
| 地下、半地下建筑(室) | | 500 | |

注：1. 建筑内设置自动灭火系统时，该防火分区的最大允许建筑面积可按本表的规定增加1.0倍。局部设置时，增加面积可按局部面积的1.0倍计算。
2. 当住宅建筑构件的耐火极限和燃烧性能符合现行国家标准《住宅建筑规范》(GB 50369—2005)的规定时，其最多允许层数执行该标准的规定。

**表5.2 每个防火分区的允许最大建筑面积**

| 建筑类别 | 每个防火分区允许最大建筑面积($m^2$) |
|---|---|
| 一类建筑 | 1 000 |
| 二类建筑 | 1 500 |
| 地下室 | 500 |

注：1. 设有自动灭火系统的防火分区，其允许最大建筑面积可按本表增加1.00倍；当局部设置自动灭火系统时，增加面积可按该局部面积的1.00倍计算。
2. 一类建筑的电信楼，其防火分区允许最大建筑面积可按本表增加50%。

(4) 高层建筑内的商业营业厅、展览厅等，当设有火灾自动报警系统和自动灭火系统，且采用不燃烧或难燃烧材料装修时，地上部分防火分区的允许最大建筑面积为4 000 $m^2$，地下部分防火分区的允许最大建筑面积为2 000 $m^2$。

(5) 当高层建筑与其裙房之间设有防火墙等防火分隔设施时，其裙房的防火分区允许最大建筑面积不应大于2 500 $m^2$，当设有自动喷水灭火系统时，防火分区允许最大建筑面积可增加1.00倍。

(6) 高层建筑内设有上、下层相连通的走廊、敞开楼梯、自动扶梯、传送带等开口部位时，应将上、下连通层作为一个防火分区，其允许最大建筑面积之和不应超过表5.2的规定。当上下开口部位设耐火极限大于3.00 h的防火卷帘或水幕等分隔设施时,其面积可不叠加计算。

## 5.3 安全疏散

民用建筑中设置安全疏散设施的目的,在于发生火灾时,使人员迅速而有秩序地通过安全地带疏散出去。特别是影剧院、体育馆、大型会堂、歌舞厅、大商场、超市等人流密集的公共建筑物中,疏散问题更为重要。

### 5.3.1 疏散路线

火灾时,人们疏散时的心理和行为与正常情况下的心理状态是不相同的。例如,在紧张和大火燃烧时的恐惧心理下不知所措,盲目跟随他人行动,甚至钻入死胡同等,在这些异常心理状态支配下,人们在疏散中往往造成惨痛的后果。

根据火灾事故中疏散人员的心理与行为特征,在进行高层建筑平面设计,尤其是布置疏散楼梯间时,原则上应该使疏散的路线简捷,并尽可能使建筑物内的每个房间都能两个方向疏散,避免出现袋形走道。

为了保证安全疏散,除了形成流畅的疏散路线外,还应尽量满足下列要求:

① 靠近标准层(或防火分区)的两端设置疏散楼梯,便于进行双向疏散。

② 将经常使用的路线与火灾时紧急使用的路线有机地结合起来,有利于尽快疏散人员,故靠近电梯间布置疏散楼梯较为有利。

③ 靠近外墙设置安全性最大的带开敞前室的疏散楼梯间。同时,也便于自然采光通风和消防人员进入高楼灭火救人。

④ 避免火灾时疏散人员与消防人员的流线交叉和相互干扰,有碍安全疏散和消防扑救,疏散楼梯不宜与消防电梯共用一个凹廊做前室。

⑤ 对水平疏散而言,走道是第一安全区域,它应简捷顺畅,并有事故照明、方向指示、排烟、灭火等措施。在布置疏散走道时,不要使走道平面呈“S”形或“U”形,也不要有变宽的部位,而且在行人高度即1.8 m以上不设有妨碍安全疏散的凸出物,以避免紧急疏散时发生堵塞和造成人员伤亡。

⑥ 为有利于安全疏散,应尽量布置环形走道、双向走道或无尽端房间的走道、人字形走道,其安全出口的布置应构成双向疏散。

### 5.3.2 疏散安全分区

当建筑物内某一房间发生火灾,并达到轰燃时,沿走廊的门窗被破坏,导致浓烟、火焰涌向走廊,若走廊的吊顶上或墙壁上未设有效的阻烟、排烟设施,则烟气就会继续向前室蔓延,进而流向楼梯间。另一方面,发生火灾后,人员的疏散路线也基本上和烟气的流动路线相同,即房间—走廊—前室—楼梯间。因此烟气的蔓延扩散将对火灾层人员的安全疏散形成很大的威胁。为了保障人员的疏散安全,最好能够使疏散路线上各个空间的防烟、防火性能逐步提高,从而使楼梯间的安全性能达到最高。为了阐明疏散路线的安全可靠性,需要把疏散路线上的各个空间划分为不同的区间,称为疏散安全分区,简称安全分区,并依次称为第一安全分区、第二安全分区等。走廊为第一安全分区,前室为第二安全分区,楼梯间为第三安全分区(有时也将前室和楼梯间合称为第二安全分区)。一般来说,当进入第三安全分区,即疏散楼梯间,即可认为到达了相当安全的空间。

为了保障各个安全分区在疏散过程中的防烟、防火性能,一般可采用在外走廊,或在走廊的吊顶上和墙壁上设置与感烟报警器联动的防排烟设施,设防烟前室和防烟楼梯间。同时要考虑各个安全分区的事故照明和疏散指示等,为火灾事故中的人员创造一条求生的安全路线。

### 5.3.3 疏散设施设计

**1）疏散楼梯间和楼梯**

几乎每一幢公共建筑均应设至少两个疏散楼梯(即出口)。对于使用人数少或除幼儿园、托儿所、医院以外的二、三层建筑符合表 5.3 的要求时,也可以只设一个疏散楼梯。

**表 5.3 通廊式非住宅类居住建筑可设置一个出口的条件**

| 耐火等级 | 层数 | 每层最大建筑面积($m^2$) | 人数 |
|---|---|---|---|
| 一、二级 | 3 层 | 500 | 第二层和第三层人数之和不超过 100 人 |
| 三级 | 3 层 | 200 | 第二层和第三层人数之和不超过 50 人 |
| 四级 | 2 层 | 200 | 第二层人数不超过 30 人 |

民用建筑楼梯间按其使用特点及防火要求常采用开敞式与封闭式两种。

(1) 开敞式楼梯间

对标准不高、层数不多或公共建筑门厅的室内楼梯常采用开敞式,在建筑端部的外墙上常采用设置简易的、全部开敞的室外楼梯。该类楼梯不受烟火的威胁,后者可供人员疏散使用,也能供消防人员使用。此外,侵入楼梯处的烟气能迅速被风吹走,也不受风向影响。因此,它的防烟效果和经济性都较好。

(2) 封闭式楼梯间

按照防火规范的要求,医院/疗养院、病房楼、影剧院、体育馆以及超过五层的其他公共建筑,楼梯间应为封闭式。

不带封闭前室的封闭楼梯间,当建筑标准不高且层数不多时宜采用,设置防火墙、防火门与走道分开,并保证楼梯间有良好的采光和通风。为了丰富门厅的空间艺术效果,并使交通流线清晰明确,也常将底层楼梯间敞开,此时必须对整个门厅做扩大的封闭处理,以防火墙、防火门将门厅与走道或过厅等分开,门厅内装修宜做不燃化处理。

为了使人员通行方便,楼梯间的门平时可处于开启状态,但须有相应的关闭办法,如安装自动关门器或做成单向弹簧门,以便起火后能自动或手动把门关上。如有条件可适当加大楼梯间进深，设置两道防火门而形成门斗（因门斗面积很小，与前室有所区别），可提高其防护能力。需要指出，封闭楼梯间应靠外墙设置，以便自然采光和通风。

高度超过 32 m 的高层建筑，疏散楼梯应采用能防烟火侵袭的封闭形式。这种形式常设有排烟前室，此时前室就起增强楼梯间的排烟能力和缓冲人流的作用。封闭前室也可以用阳台或凹廊代替。

**2）安全出口**

在建筑设计中，应根据使用要求，结合防火安全的需要布置门、走道和楼梯。一般要求建筑物都有两个或两个以上的安全出口。对于人员密集的大型公共建筑，如影剧院、礼堂、体育馆等，为了确保安全疏散，要控制每个安全出口的人数。影剧院、礼堂的观众厅，每个安全出口的平均疏散人数不应超过 250 人，当容纳人数超过 2 000 人时，每个安全出口的平均疏散人数不应超过 400 人；体育馆每个安全出口的平均疏散人数宜为 400～700 人，规模较小的采用下限值，规模较大的采用上限值比较合适。对于层数较低（三层及三层以下），建筑面积较小，使用人数较少且具有独立疏散能力的建筑符合下列要求时，也可以只设一个出口：

① 一个房间面积不超过 60 m²，且人数不超过 50 人时，可设一个门；位于走道尽端的房间（托儿所、幼儿园除外）内由最远一点到房间门口的直线距离不超过 14 m，且人数不超过 80 人时，也可设一个向外开启的门，但门的净宽不应小于 1.4 m。

② 二至三层的建筑（幼儿园、托儿所除外）符合表 5.3 要求的也可只设一个出口。

③ 单层公共建筑（托儿所、幼儿园除外）如面积不超过 200 m²，且人数不超过 50 人时，可设一个直通室外的安全出口。

④ 设有两个以上疏散楼梯的一、二级耐火等级的公共建筑，如顶部局部升高时，其高出部分的层数不超过两层，每层面积不超过 200 m²，人数之和不超过 50 人时，可设一个出口。但应另外设一个直通平屋面的安全出口。

⑤ 九层及九层以下，每层不超过 6 户，建筑面积不超过 400 m² 的塔式住宅，可设一个出口。

⑥ 超过六层的组合式单元住宅和宿舍，各单元楼梯间均匀通向平屋面，如户门采用乙级防火门时，可不通至屋面。

⑦ 地下室、半地下室每个防火分区的安全出口数目不应少于两个。但面积不超过 50 m²，且人数不超过 10 人时可只设一个。

地下室、半地下室有两个或两个以上防火分区时，每个防火分区可利用防火墙上一个通向相邻分区的防火门作为第二个安全出口，但每个防火分区必须有一个直通室外的安全出口。

人数不超过 30 人，且面积不超过 500 m² 的地下室、半地下室，其垂直金属梯可作为第二个出口。

疏散门应向疏散方向开启，但房间内人数不超过 60 人，且每樘门的平均通行人数不超过 30 人时，门的开启方向可以不限。疏散门不应采用专门。

为了便于疏散，人员密集的公共场所，如观众厅的入场门、太平门等，不应设置门槛，其宽度不应小于 1.4 m，靠近门口处不应设置台阶踏步，以防摔倒伤人。

人员密集的公共场所的疏散楼梯、太平门，应在室内设置明显的标志和事故照明，室外疏散通道的净宽不应小于疏散走道总宽度的要求，最小净宽不应小于 3 m。

**3）辅助设施**

为了保证建筑物内的人员在火灾时能安全可靠地进行疏散，避免造成重大伤亡事故，除了设置楼梯为主要疏散通道外，还应设置相应的安全疏散的辅助设施。辅助设施的形式很多，有避难层、屋面直升机机场、疏散阳台、避难袋等，如建筑高度超过 100 m 的民用建筑应设置避难层(间)。

**4）消防电梯**

高层建筑的垂直交通以电梯为主，其他有特殊功能要求的多层建筑，如百货商场、星级宾馆。医院等，除设置楼梯外，也需设置电梯以解决垂直交通的需要。根据我国经济技术条件和防火要求，规定：①一类公共建筑、塔式住宅、12 层及 12 层以上的单元式和通廊式住宅，以及建筑高度超过 32 m 的其他二类公共建筑均应设消防电梯；②当每层建筑面积不超过 1 500 $m^2$ 时，应设 1 台消防电梯，为 1 500～4 500 $m^2$ 时，应设 2 台，建筑面积超过 4 500 $m^2$ 时，应设 3 台，建筑高度超过 32 m 的设有电梯的厂房，应设消防电梯；③消防电梯要分设在各个防火分区内；④消防电梯可与客梯或工作电梯兼用，但应符合消防电梯的要求。还有许多其他规定请查阅有关规范。

## 5.4 建筑的防烟排烟

在民用建筑设计中，不仅需要考虑防火问题，还要重视防烟、排烟问题。其目的是为了及时排除火灾中产生的烟气，防止烟气向防烟分区以外扩散，以使人员能沿着安全通路顺利地疏散到室外。

### 5.4.1 烟的危害

国内外多次建筑火灾的统计表明，死亡人数中有 50%左右是被烟气毒死的。近一二十年来，由于各种塑料制品大量用于建筑物内，空调设备的广泛采用和无窗建筑增多等原因，烟气毒死的比例有显著增加。在某些住宅或旅馆的火灾中，烟气致死的比例甚至高达 60%～70%，烟气的危害性表现在以下两个方面：

(1) 对人体的危害

在火宅中，除直接被烧死或跳楼死亡者外，其他死亡原因大多和烟气有关。据测定分析，烟气中含有一氧化碳、二氧化碳、氟化氢、氰化氢等有毒成分，对人体极为有害。高温缺氧又会对人体造成危害，或被迫吸入高温烟气，以致引起呼吸道阻塞窒息。所有这些因素在火灾时共同影响着人体，对人体造成极大的危害。

(2) 对疏散和扑救的危害

在着火区域的房间及疏散通道内，充满了含有大量一氧化碳及各种燃烧成分的热烟。烟气会遮光，同时对眼睛、鼻、喉产生刺激，使人的能见度下降，引起中毒、窒息等，严重妨碍人的行动，影响人的视线。这对疏散和扑救会造成很大的障碍。所以防烟、排烟是安全疏散的必要手段。

### 5.4.2 防烟分区的划分

防烟设计的目的，是要把停留人员的空间内烟的浓度控制在允许极限以下。故在进行防烟、排烟设计时，首先要考虑在高层建筑中划分防烟分区，其意义是为了排除烟气或阻止烟的迅速扩散。

根据有关规定，高层民用建筑的下列部位应设排烟设施。

(1) 一类高层建筑和建筑高度超过 32 m 的二类高层建筑的下列部位应设排烟设施：

① 长度超过 20 m 的内走道。

② 面积超过 100 $m^2$，且经常有人停留或可燃物较多的房间。

③ 高层建筑的中庭和经常有人停留或可燃物较多的地下室。

我国对防烟部位的规定与防火单元的划分类似，原则上是照顾重点，兼顾一般，区别对待。

(2) 设置排烟设施的走道、净高不超过 6.00 m 的房间，应采用挡烟垂壁、隔墙或从顶棚下凸出不小于 0.50 m 的梁划分防烟分区。

每个防烟分区的建筑面积不宜超过 500 $m^2$，且防烟分区不应跨越防火分区。

### 5.4.3 防烟、排烟设施

(1) 强力加压的机械排烟方式：是采用机械送风系统向需要保护的部位，如疏散楼梯间及其封闭前室、消防电梯前室、走道或非火灾层等输送大量新鲜空气，如有排气和回风系统时，则应相应关闭，从而造成正压区域，使烟气不能袭入其间，并在非正压区内把烟气排出。主要用于防烟楼梯间及合用前室等部位。

(2) 强制减压的机械排烟方式：是在各排烟区段内设置机械排烟装置，起火后关闭各区域相应的开口部分并开动排烟机，将四处蔓延的烟气通过排烟系统排向楼外。当消防电梯前室、封闭电梯厅、疏散楼梯间及前室等部位以此法排烟时，其墙、门等构件应有密封措施，以免因负压而通过缝隙继续引入烟气。主要用于一些密封空间、中庭、地下室及疏散走道灯。

(3) 自然排烟方式：是以自然排烟竖井(排烟塔)或开口部位(含凹部、阳台及外门窗等)向上或向外排烟。竖井是利用火灾时热压产生的抽力来排除烟气的，具有很大的排烟热能力。以开口部分向外排烟时，在某些情况下室外风向风力可能产生不利的影响。所有排烟效果是不够稳定的。但相比其他排烟方式，自然排烟最为经济、简捷，故仍适宜尽量采用。

排烟方式的选择，要考虑我国当前的经济水平，应尽量用自然排烟方式，即利用可以开启的外窗进行自然排烟。少数建筑或房间由于标准高和功能上的需要，无窗或设固定窗扇可采用机械排烟。有关规定详见《建筑设计防火规范》(GB 50016—2014)。

### 5.4.4 住宅建筑的防火与疏散

(1) 住宅建筑的周围环境应为灭火救援提供外部条件。住宅建筑周围设置适当的消防水源、扑救场地以及消防车和救援车辆易达道路等灭火救援条件，有利于住宅建筑火灾的控制和救援,保护生命和财产安全。

(2) 考虑到住宅建筑的特点,从被动防火措施上,宜将每个住户作为一个防火单元处理,住宅建筑中相邻套房之间应采取防火分隔措施。

(3) 住宅建筑的耐火性能、疏散条件和消防设施的设置应满足防火安全要求。

(4) 住宅建筑设备的设置和管线敷设应满足防火安全要求。

(5) 住宅结构在规定的设计使用年限内必须具有足够的可靠性。住宅应满足防火安全性能的要求,即要满足消防车道要求,建筑间距要求,消防登高作业要求,防火分区、安全疏散、疏散楼梯间要求,安全出口要求,疏散宽度要求,疏散距离要求,建筑构造要求及其他建筑防火设施的要求。

(6) 住宅应具备在紧急事态时人员从建筑中安全撤出的功能。安全疏散方面做好楼梯间入口处理和防火门要向疏散方向开启。前室和楼梯间的门均为乙级防火门,并应向疏散方向开启。楼梯间入口处设置前室,另外在楼梯间入口处设置阳台和凹廊。高层住宅应该设置防烟楼梯间,并有两个出入口。

(7) 防火间距。住宅建筑与相邻建筑、设施之间的防火间距应根据建筑的耐火等级、外墙的防火构造、灭火救援条件及设施的性质等因素确定。此外应从满足消防扑救需要和防止火势通过“飞火”“热辐射”和“热对流”等方式向邻近建筑蔓延的要求出发,设置合理的防火间距。在满足防火安全条件的同时,尚体现节约用地和与现实情况相协调的原则。

(8) 住宅建筑的楼梯间形式、建筑层数、建筑面积以及套房户门的耐火等级等因素确定。建筑发生火灾时,楼梯间作为人员垂直疏散的唯一通道,应确保安全可靠。在楼梯间的首层应设置直接对外的出口,或将对外出口设置在距离楼梯间不超过 15m 处。住宅建筑楼梯间顶棚、墙面和地面均应采用不燃性材料。

(9) 既有住宅达到设计使用年限或遭遇重大灾害后,需要继续使用时,应委托具有相应资质的机构鉴定,并根据鉴定结论进行处理。既有住宅进行改造、改建时,应综合考虑节能、防火、抗震的要求。

## 5.5 建筑防火间距

在进行总平面设计时,应根据城市规划,合理确定高层民用建筑、其他重要公共建筑的位置。高层民用建筑、重要公共建筑不宜布置在火灾危险性为甲、乙类厂(库)房,甲、乙、丙类液体和可燃气体储罐以及可燃材料堆场附近。民用建筑之间,民用建筑与其他建筑物、构筑物之间应保持一定的防火间距。根据民用建筑的用途、重要性、规模等,按照建筑设计防火规范的规定合理设置消防车道。在高差较大的地区布置建筑物时,应充分考虑地势条件对相邻建筑物消防安全所构成的威胁。

建筑物发生火灾时,火灾除了在建筑物内部蔓延扩大外,有时还会通过一定的途径蔓延到相邻的建筑物上。为了防止火灾在建筑物、构筑物等相互之间造成蔓延,《建筑设计防火规范》等防火规范规定了各种建、构筑物的防火间距数值,在进行总平面布局时应严格执行,见表 5.4至表 5.6。

表 5.4 民用建筑之间的防火间距(m)

| 耐火等级 | 一、二级 | 三级 | 四级 |
|---|---|---|---|
| 一、二级 | 6 | 7 | 9 |
| 三级 | 7 | 8 | 10 |
| 四级 | 9 | 10 | 12 |

表 5.5 高层民用建筑之间与其他民用建筑之间的防火间距(m)

| 建筑类别 | 高层民用建筑 | 裙房 | 其他民用建筑 | | |
|---|---|---|---|---|---|
| | | | 耐火等级 | | |
| | | | 一、二级 | 三级 | 四级 |
| | 13 | 9 | 9 | 11 | 14 |
| | 9 | 6 | 6 | 7 | 9 |

表 5.6 高层民用建筑与厂房(仓库)的防火间距(m)

| 厂房(仓库) | | | 一类 | | 二类 | |
|---|---|---|---|---|---|---|
| | | | 高层民用建筑 | 裙房 | 高层民用建筑 | 裙房 |
| 丙类 | 耐火等级 | 一、二级 | 20 | 15 | 15 | 13 |
| | | 三、四级 | 25 | 20 | 20 | 15 |
| 丁类、戊类 | | 一、二级 | 15 | 10 | 13 | 10 |
| | | 三、四级 | 18 | 12 | 15 | 10 |

## 本章小结

1. 建筑物起火的原因有多种。燃烧条件有三个:存在能燃烧的物质;有助燃的氧气;有使可燃物燃烧的着火源。

2. 火灾发展的过程可分为三个阶段,即火灾初起阶段、猛烈燃烧阶段和衰减阶段。

3. 建筑火灾蔓延的方式和途径是多方面的。主要途径有四个方面:由外墙窗口向上蔓延;横向蔓延;由竖井蔓延;由通风管道蔓延。

4. 防火分区设计应从水平防火分区和垂直防火分区两个方面进行;应了解防火分区的原则。

5. 人流密集的公共建筑安全疏散更显重要,应了解安全疏散的路线、安全出口及辅助设施;掌握开敞式楼梯间与封闭楼梯间的区别。

6. 了解防烟的重要性、防烟分区的划分及防烟排烟方式。

7. 建筑防火设计要点应结合当地工程实例进行防火设计分析。

## 思考题

1. 建筑起火的原因有哪些？
2. 建筑火灾分为哪三个阶段？各阶段有何特点？
3. 火灾在建筑中是如何蔓延的？
4. 建筑火灾蔓延的途径有哪些？
5. 为什么要进行防火分区？什么叫防火分区？水平防火分区与垂直防火分区有何不同？
6. 开敞与封闭楼梯间有何区别？绘平面简图加以说明。
7. 建筑中防烟分区是如何划分的？
8. 防烟排烟的方式有哪几种？

# 第二篇 民用建筑构造

# 6 建筑构造概论

本章介绍了建筑物的组成及其作用;影响建筑构造的因素;建筑构造设计的原则等。

了解影响建筑构造的因素和建筑构造设计原则;掌握民用建筑的构造组成及其在建筑物中的作用。

建筑构造是在建筑设计后对建筑物各组成部分进行构造原理和构造方法的研究,具有很强的实践性和综合性,其内容涉及建筑材料、建筑物理、建筑力学、建筑结构、建筑施工及建筑经济等有关方面的知识。研究建筑构造的主要目的是根据建筑物的功能要求,提供适用、安全、经济、美观的构造方案,以此作为建筑设计中综合解决技术问题、进行施工图设计、绘制大样图等的依据。

## 6.1 建筑物的构造组成及作用

常见的民用建筑尽管其功能不尽相同,但通常都是由基础、墙体(柱)、楼地层、楼梯、屋顶、门和窗等主要部分组成,如图 6.1 所示。

(1) 基础

基础是建筑物最下部的承重构件,承受上部结构(柱或墙体)传来的所有荷载,并将这些荷载有效地传给地基,起到承上启下的作用,因此基础必须具有足够的强度、刚度和稳定性,并能抵抗地下各种不良因素的影响。

(2) 墙体或柱

墙体是建筑物的承重和围护构件。作为承重构件,它承受着由屋盖、楼板层和楼梯等构件传来的荷载,并把这些荷载传递给基础,作为承重构件,必须具有足够的强度、稳定性;作为围护构件,起着抵御风霜雨雪及寒暑等自然界各种因素对室内侵袭的作用,因此,墙体又该具有

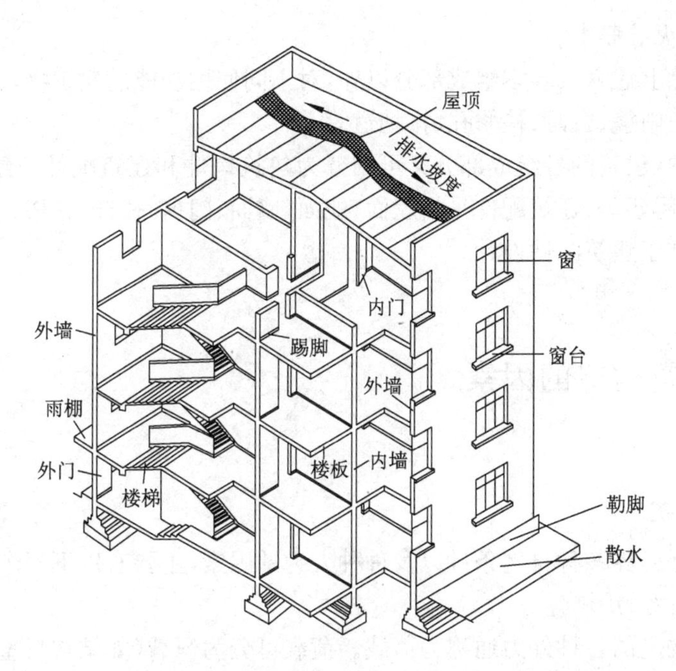


图 6.1 民用建筑的构造组成

保温、隔热、隔声、防火、防水、耐久等性能。

框架或排架结构的建筑物，柱子替代墙体承受建筑物上部构件传来的荷载，起着承重作用，而墙体仅起围护和分隔的作用。

(3) 楼地层

楼板层是建筑物中水平方向的承重构件，承受人体、家具、设备及自身荷载；同时对墙体或柱子起到水平支撑的作用，传递着风、地震等侧向水平荷载，并将上述所有荷载传递给墙或柱。楼板层应具有足够的抗弯强度和刚度，并应具备良好的防火、防水、隔声等性能。

地坪层是建筑底层房间与下部土层的分隔构件，它承担着底层房间的地面荷载。由于地坪下面往往是夯实的土壤，所以强度要求比楼板低，但仍然要具有一定的承载能力和防潮、防水、保温的性能。

无论是楼板层还是地坪层，对其表面都要求美观、耐磨、防滑等。

(4) 楼梯

楼梯是建筑中的垂直交通设施，供人们上下楼层和紧急疏散之用，在数量、位置、宽度、坡度、细部构造及防火性能等方面均应满足通行能力的要求；同时还应有足够的承载能力，并应满足坚固、耐磨、防滑等要求。

(5) 屋顶

屋顶是建筑顶部的承重和围护构件，抵抗风、雨、雪、冰雹等的作用和太阳辐射的影响，同时还承受风雪荷载及施工或检修活荷载，并将所有荷载传递给墙或柱；同时抵抗外界的侵袭和太阳辐射。因此，屋顶应具有足够的强度、刚度及防水、保温、隔热等性能。

(6) 门和窗

门和窗属于非承重构件，为围护构件。门主要供内外部或各内部空间的联系与分隔及搬运家具设备之用；窗主要起采光和通风作用，同时也是围护结构的一部分。因此门窗应具有保温、隔热、隔声、防火等要求。

一幢建筑物除上述六大基本组成部分以外，对不同使用功能的建筑物，还有许多特有的构件和配件，如阳台、雨篷、台阶、检修孔、排烟道等。

在设计工作中，建筑的各组成部分又可划分为建筑构件和建筑配件。建筑构件主要指承重的墙、柱、楼板、屋架等，建筑配件是指屋面、地面、墙面、门窗、栏杆、花格、细部装修等。建筑构造设计主要侧重于建筑配件设计。

## 6.2 影响建筑构造的因素

**1）外界的影响**

外界因素包括外界各种自然条件以及种种人为的因素，主要有以下三个方面：

(1) 外界作用力的影响

作用在建筑物上的各种外力通称为荷载。荷载可分为恒载(如结构自重)和活荷载(如人、家具和设备、雪荷载、风荷载以及地震荷载等)两大类。荷载是建筑结构设计的主要依据，无疑也与建筑构造设计密切相关。所以，在确定建筑构造方案时，必须考虑外力的影响。

(2) 气候条件的影响

我国各地区由于地理环境不同，自然气候条件多有差异。自然气候条件主要包括太阳辐射、风霜雨雪等。因此在构造设计时，需针对各地气候条件对建筑的影响，并结合建筑构件所处部位，采取相应的防范措施，如防潮防水、保温隔热等。

(3) 人为因素的影响

人们的生产和生活活动，也会形成对建筑物的诸多不利因素，如机械振动、化学腐蚀、爆炸、火灾、噪声等，均属人为因素。因此在进行建筑构造设计时，必须针对这些因素，从构造上采取防振、防腐、防火、隔声等相应的措施，以免建筑物遭受不应有的损害。

**2）建筑技术条件的影响**

建筑材料、建筑结构和施工等物质技术条件是营造建筑物的基本物质技术条件。材料是建筑物的物质基础，结构是建筑物的骨架，施工则是建造和生产建筑物的技术方法，这些都与建筑构造密切相关。

随着建筑业的不断发展，各种新型建筑材料、配套产品、新结构、新设备以及新的施工技术都在不断更新。物质技术条件的改变，必然会给构造设计带来巨大的推动。

**3）建筑标准的影响**

建筑标准一般包括造价标准、装修标准、设备标准等方面。标准高的建筑耐久等级高、装修质量好、设备齐全、档次较高、但是造价也相对较高，反之则低。建筑构造方案的选择与建筑标准密切相关。一般情况下，民用建筑属于一般标准的建筑，构造做法多为常规做法。而大型公共建筑，标准要求较高，构造做法复杂，对美观方面的考虑比较多。

**4）技术经济条件的影响**

所有建筑构造措施的具体实施，必将受到材料、设备、施工方法、经济效益等条件的制约。

## 6.3 建筑构造的设计原则

“适用、经济、在可能的条件下注意美观”是中国建筑设计的总方针，在构造设计中必须遵循。在构造设计中，设计者要全面考虑影响建筑构造的因素，对交织在一起的错综复杂的矛盾，要分清主次，权衡利弊而取得妥善处理。通常应遵循“坚固适用、技术先进、经济合理、生态环保与美观大方”的原则。

（1）满足使用要求

建筑构造设计必须最大限度地满足建筑物的使用功能，这也是整个设计的根本目的。综合分析诸多因素，设法消除或减少来自各方面的不利影响，以保证其使用方便，耐久性好。

（2）确保结构安全可靠

房屋设计不仅要对其进行必要的结构计算，在构造设计时，也要认真分析荷载的性质、大小，合理确定构件尺寸，确保强度和刚度，并保证构件间连接可靠。

（3）适应建筑工业化的需要

建筑构造应尽量采用标准化设计，采用定型通用构配件，以提高构配件间的通用性和互换性，为构配件生产工业化、施工机械化提供条件。

（4）执行行业政策和技术规范，注意环保，经济合理

建设政策是建筑业的指导方针，技术规范常常是知识和经验的结晶。从事建筑设计应时常了解这些政策，法规。对强制执行的标准，就不打折扣。另外，从材料选择到施工方法都必须注意保护环境，降低消耗，节约投资。

（5）注意美观

有时一些细部构造，如构件的连接、栏杆的形式、阳台的凹凸、外立面的装饰等，直接影响着建筑物的美观效果。所以构造方案应符合人们的审美观念。

## 本章小结

1. 建筑构造是研究组成建筑各种构、配件的组合原理和构造方法的学科，是建筑设计不可分割的一部分。学习建筑构造的目的，在于建筑设计时，能综合各种因素，正确地选择建筑材料，提出符合坚固、经济、合理要求的最佳构造方案，从而提高建筑物抵御自然界各种影响的能力，保证建筑物的使用质量，延长建筑物的寿命。

2. 一幢建筑物主要是由基础、墙或柱、楼梯、楼地层、屋顶及门窗等六大部分组成。它们处于建筑物不同的部位，发挥着不同的作用。影响建筑构造的因素主要包括外界因素、建筑技术条件、建筑标准以及技术经济条件等。

## 思考题

1. 建筑构造的研究内容是什么？
2. 建筑物的基本构造组成有哪些？它们各自的作用分别是什么？
3. 影响建筑构造的主要因素有哪些？
4. 建筑构造设计应遵循哪些原则？

# 7 基础与地下室

**内容提要**

本章介绍了地基与基础的基本概念；基础的类型和基本构造；地下室的防潮与防水等。

**学习目标**

了解影响基础埋深的因素；熟悉地基、基础的概念；掌握基础的类型、构造及适用范围，地下室的防潮、防水构造。

## 7.1 地基与基础的基本概念

### 7.1.1 基础与地基的定义

在建筑工程中，建筑物与土层直接接触的部分称为基础。支承建筑物重量的土层称为地基。基础是建筑物的组成部分，是建筑物的主要承重构件，一般位于建筑物地面以下，属于隐蔽工程，且承受着建筑物上部结构传来的全部荷载，并将其传给地基。所以基础质量的好坏，关系着整个建筑物的安全问题，一旦出现事故，几乎都是不可挽救的。

地基不属于建筑物的组成部分，它只是承受着建筑物荷载的土层。其中，具有一定的地耐力，直接支撑基础且持有一定承载能力的土层称为持力层；持力层以下的土层称为下卧层。地基土层在荷载作用下产生变形，如果基础传给地基的荷载超过地基土的承载力，地基将会出现较大的沉降变形和失稳，将直接影响建筑物的安全和正常使用。

### 7.1.2 地基的分类

地基有天然地基和人工地基两大类。

天然地基是指天然土层具有足够的承载力，不须经人工改善或加固，可直接承受建筑物荷载的地基。岩石、碎石、砂石、黏性土等，一般可做天然地基。

人工地基是指天然土层承载力较低或虽然土层较好，但因上部荷载较大，土层不能满足承受建筑物荷载的要求，必须对其进行人工加固才能在上面建造房屋的地基。工程中常用的方法有换土法、预压法、强夯法、振动法和桩基等多种方法。人工地基造价高、施工复杂，一般只在建筑物荷载大或天然土层承载力差的情况下采用。

### 7.1.3 地基与基础的设计要求

(1) 具有足够的强度、刚度和稳定性

基础是建筑物的重要承重构件，对建筑物的安全起着决定性作用，因此基础必须具有足够的强度，保证将建筑物的荷载可靠地传给地基。

地基虽不是建筑物的组成部分，但承担了建筑物的全部荷载，除必须有足够的承载能力外，还应具有良好的稳定性，以保证建筑物的均匀沉降。

(2) 应有良好的耐久性能

基础是建筑物的重要承重构件，又是埋于地下的隐蔽工程，很难加固和检修。应按照所建建筑物的耐久年限选择基础的材料和构造措施，防止基础的提前破坏，影响整个建筑物的安全。

(3) 采用经济合理的方案

基础工程约占建筑工程总造价的10%～40%，要使工程总投资降低，首先要降低基础工程的投资。一般采取选择土质好的地基场地、合理的构造方案、优质价廉的建筑材料等措施，减少基础工程的投资，达到降低工程总造价的目的。

### 7.1.4 基础的埋置深度

**1）基础埋置深度的概念**

建筑物室外地面分为自然地面和室外设计地面。自然地面是施工地段的现有地面；室外设计地面是指按工程设计要求竣工后，室外场地经开挖或起垫后的地面。基础的埋置深度，简称基础的埋深，是指室外设计地面到基础底面的垂直距离(如图7.1所示)。

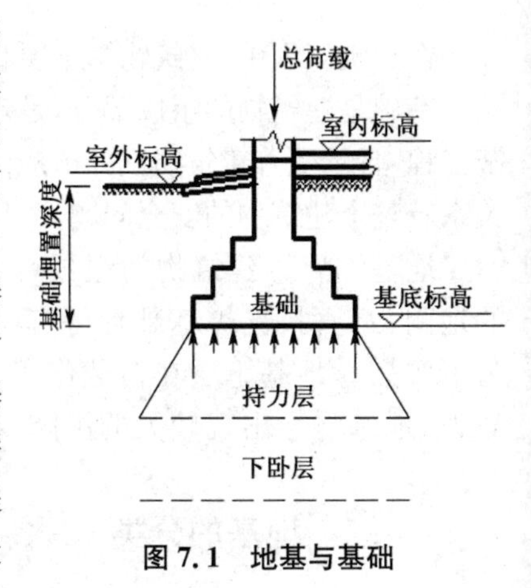

图7.1 地基与基础

根据基础埋置深度的不同，基础可分为浅基础和深基础两类。一般情况下，埋深不大于5 m或者埋深虽然大于5 m但其埋深远小于基础的宽度(筏板基础、箱形基础)的基础被称为浅基础；埋深大于5 m的基础被称为深基础；直接做在地表面上的基础被称为不埋基础。在保证安全的前提下，一般民用建筑基础应优先选用浅基础，可降低工程造价、缩短工期。但基础的埋深不宜小于0.5 m，否则，地基受到压力后可能将四周的土挤走，使基础失稳，或受各种侵蚀、雨水冲刷等而导致基础暴露，影响建筑物安全。

**2）影响基础埋深的因素**

基础埋深的大小关系到地基是否可靠、施工难易及造价的高低。影响基础埋深的因素很多，主要有以下几方面：

(1) 建筑物使用要求、荷载大小及基础形式

当建筑物设置有地下室、设备基础或地下设施时，基础埋深应满足其使用要求；多层建筑一般根据地下水位及冻土深度确定埋深尺寸；高层建筑的基础埋置深度为地面以上总高度的1/10左右。荷载大小和性质也影响基础埋深，一般荷载较大时应加大埋深；受向上拔力的基础，应有较大埋深以满足抗拔力的要求。

(2) 工程地质条件

基础底面应尽量选在常年未经扰动而且坚实平坦的土层或岩石上。避免由于地表面的土层含有大量植物根茎类腐质或垃圾，如做基础有不安全的隐患。

(3) 水文地质条件

确定地下水的常年水位和最高水位，以便选择基础的埋深。一般宜将基础埋置在最高地下水位以上不小于0.2 m处，这样可不需进行特殊防水处理，节省造价。当地下水位较高，基础不能埋置在地下水位以上时，宜将基础埋置在最低地下水位以下不少于0.2 m的深度，且同时考虑施工时基坑的排水和坑壁的支护等因素，地下水位以下的基础，选材时应考虑地下水是否对基础有腐蚀性，如果有腐蚀性，应采取防腐措施(如图7.2所示)。

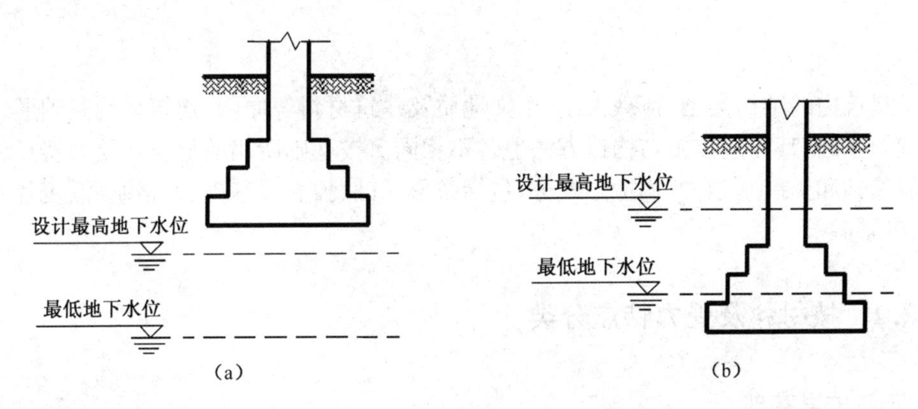


**图7.2 地下水位对基础埋深的影响**

(4) 土壤冻结深度

土壤中水分的冻结会使土体积增大，这种现象被称为土的冻胀现象，粉砂、粉土和黏性土等细粒土毛细现象显著，有明显的冻胀现象。地面以下冻结土与非冻结土之间的分界线，称为冰冻线。不同地区的气候条件决定了冻结深度，我国北方地区土的冻结深度可达2 m左右。

应根据当地的气候条件了解土层的冻结深度，一般将基础的底面置于冰冻线以下200 mm处(如图7.3所示)。否则，冬天土层的冻胀力会将房屋拱起，产生变形，天气转暖，冻土解冻时又会产生塌陷，使建筑物周期性地处于不稳定状态，可能造成建筑物墙身、屋顶等构件的开裂破坏。

对碎石、卵石、粗砂、中砂等地基，由于颗粒较粗，颗粒间空隙大，毛细现象不明显，土的冻胀现象轻微，基础的埋置深度可不考虑土地冻结深度影响。

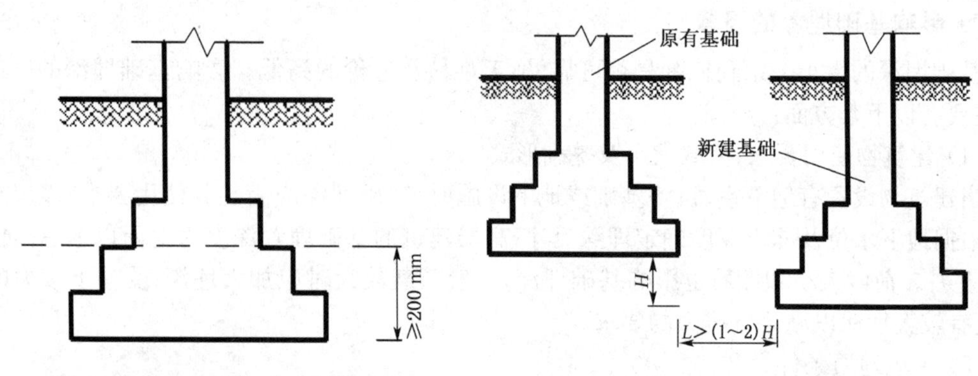


图 7.3　冰冻线对基础埋深的影响

图 7.4　基础的埋深与相邻基础的关系

(5) 相邻建筑物基础的影响

新建建筑物的基础埋深不宜深于相邻的原有建筑物的基础；当新建基础须深于原有基础时，需要采取一定的措施加以处理，以保证原有建筑物的安全和正常使用。基础间的净距离应根据荷载大小和性质等确定，一般为相邻基础底面高差的1～2倍(如图7.4所示)。

## 7.2　基础的类型及构造

由于建筑物的结构类型、荷载大小、水文地质及建筑材料等原因，建筑物的基础形式较多。不同类型的基础，其构造措施与构造方法也各不相同。按基础所用的材料及受力特点分，包括无筋扩展基础和扩展基础；按构造形式分，包括条形基础、独立式基础、井格基础、筏片基础、箱形基础、桩基础等。

### 7.2.1　按材料及受力特点分类

**1) 无筋扩展基础**

无筋扩展基础是指由砖石、毛石、素混凝土、灰土等刚性材料制作的墙下条形基础或柱下独立基础，过去习惯称为“刚性基础”，又俗称“大放脚”，适用于多层民用建筑和轻型厂房。因为无筋扩展基础抗压强度较高，而抗拉、抗剪强度较低，为满足地基允许承载力的要求，需要加大基础底面积，但基础底面尺寸放大到一定范围，基础因受弯或剪切会发生折裂破坏(如图7.5所示)。破坏的方向与垂直面的夹角$\alpha$称为刚性角。刚性基础放大角度不应超过刚性角。为设计施工方便将刚性角换算成$\alpha$的正切值$b/H$，即宽高比。

**2) 扩展基础**

当建筑物的荷载较大而地基承载力较小时，基础底面必须加宽。对刚性基础，其基础底面宽度受刚性角限制，如增大底面宽度，势必要增加基础的高度，这样就会增加土方工程量和基础材料用量，对工期和造价都是不利的。此时，考虑采用钢筋混凝土材料筑造的基础，利用钢筋来抵抗拉应力，可使基础底部承受较大的弯矩。这种基础的宽度不受刚性角的限制，而是以

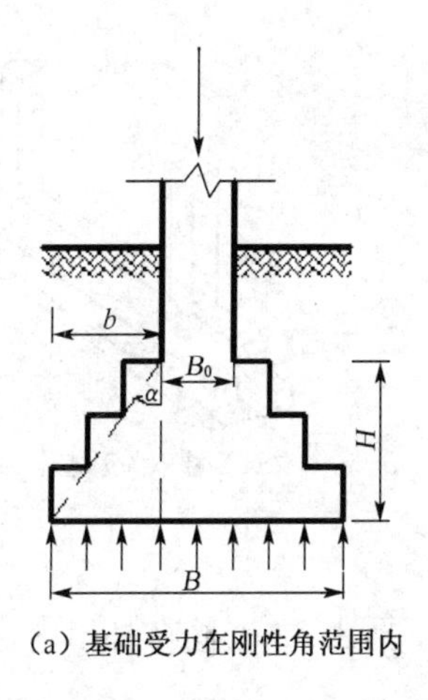

（a）基础受力在刚性角范围内

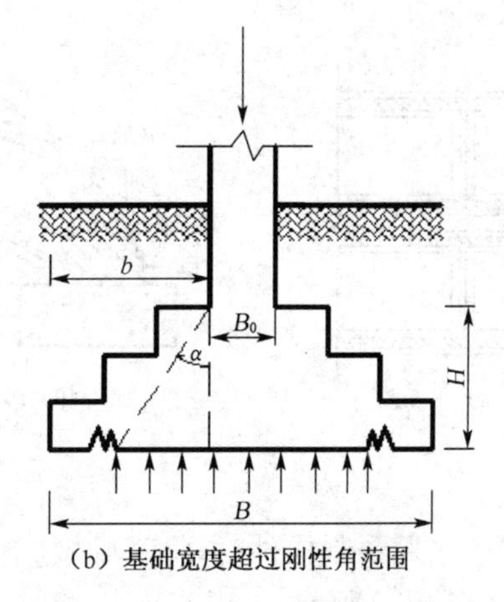

（b）基础宽度超过刚性角范围

图 7.5　无筋扩展基础构造示意图

钢筋受拉、混凝土受压为特点的结构，相对于“刚性基础”(无筋扩展基础)而言，也被称为柔性基础(如图 7.6 所示)。钢筋混凝土基础的适用范围广泛，尤其适用于有软弱土层的地基。

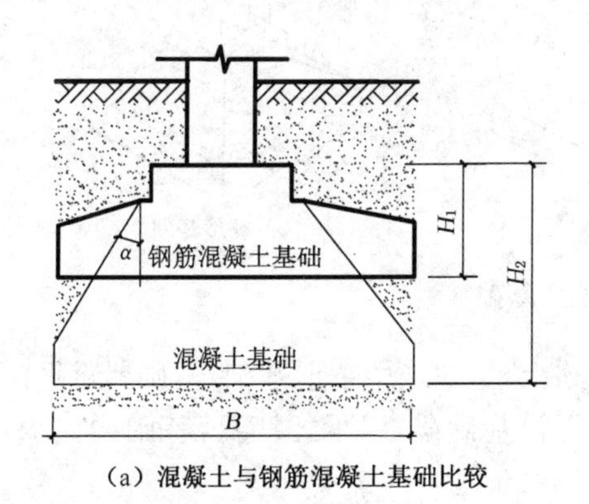

（a）混凝土与钢筋混凝土基础比较

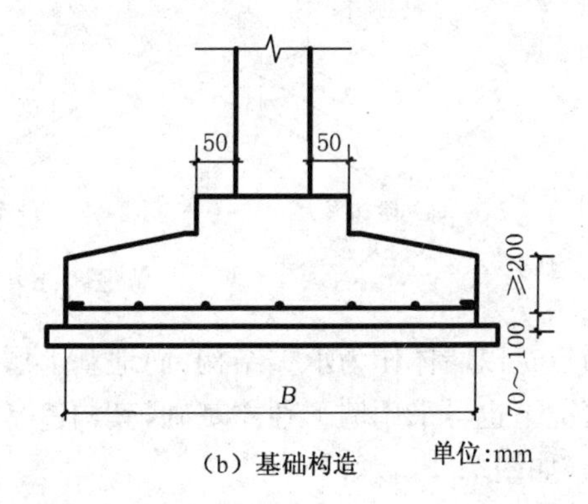

（b）基础构造　单位:mm

图 7.6　钢筋混凝土基础

## 7.2.2　按构造形式分类

基础构造的形式随建筑物上部结构形式、荷载大小及地基土性质的不同而不同。一般，上部结构形式直接影响基础的形式，基础按构造形式可以分为以下几种基本类型。

**1）条形基础**

当建筑物上部结构采用墙承重时，基础沿墙身设置，做成与墙形式相同的长条形，这种基础被称为条形基础，简称条基(如图 7.7 所示)。当地基土分布不均匀时，常做成柱下条形基础，这种基础有较好的整体性，可减缓局部不均匀沉降。六层及以下的中小型砖混结构常采用此种形式，选用材料可以是砖、石、混凝土、灰土、三合土等刚性材料。

**2）独立式基础**

当建筑物的承重体系采用框架结构或单层排架及刚架结构时，其基础常采用方形或矩形的独立式基础(如图 7.8 所示)。一般适用于土质均匀、荷载均匀的骨架结构建筑。

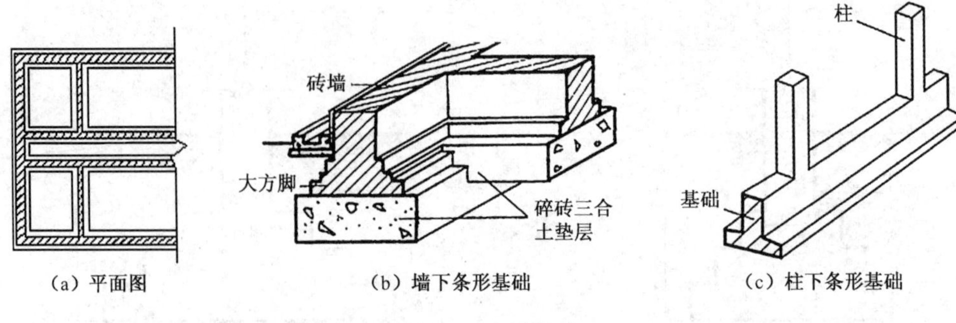


(a) 平面图　(b) 墙下条形基础　(c) 柱下条形基础

图 7.7　条形基础

当柱子采用预制构件时，将基础做成杯口形，然后将柱子插入，并嵌固在杯口内，又称杯形基础，如图 7.8(c)所示。

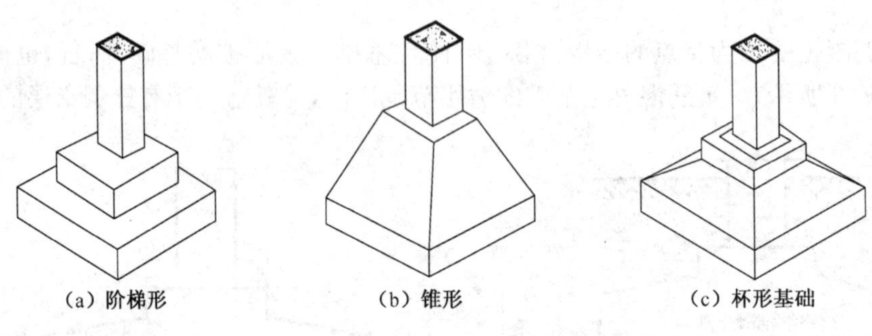

(a) 阶梯形　(b) 锥形　(c) 杯形基础

图 7.8　独立式基础

当建筑以墙体作为承重结构，而地基上层为软土时，如采用条形基础，基础要求埋深较大，这种情况下也可采用墙下独立基础，其构造是墙下设基础梁，以承托墙身，基础梁支承在独立基础上(如图 7.9 所示)。

### 3) 井格基础

当地基条件较差，或上部荷载不均匀时，为了提高建筑物的整体性，防止柱子之间产生不均匀沉降，常将柱下基础沿纵横两个方向扩展并连接起来，做成十字交叉的井格基础(如图 7.10 所示)。

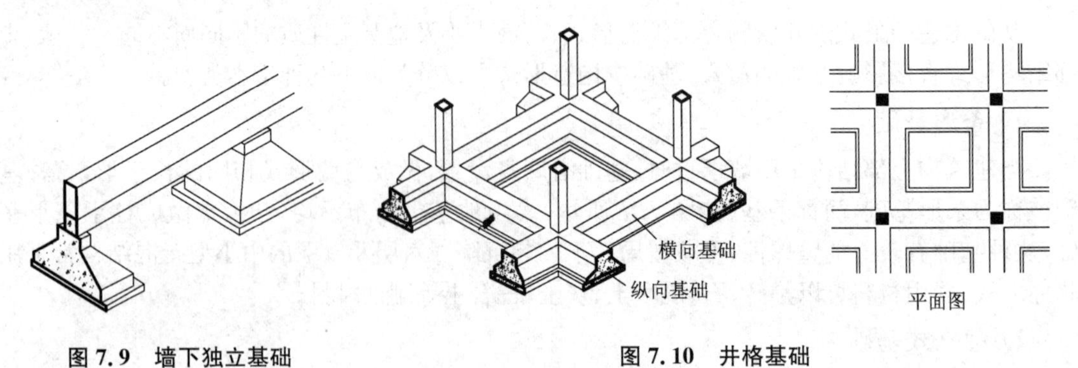


图 7.9　墙下独立基础　　图 7.10　井格基础

**4）筏片基础**

当建筑物荷载较大且地基软弱时，采用井格基础也不能满足要求时，将基础做成一个钢筋混凝土板，由成片的钢筋混凝土板支承着整个建筑，这种基础被称为筏片基础，俗称“满堂红”。筏片基础由于底面积大，故可减小基底压力，并能有效地增强基础的整体性。

筏片基础有梁板式和平板式两种，前者板的厚度大，构造简单；后者板的厚度较小，但增加了双向梁，构造复杂。这种基础大大减少了土方工程量，且适宜于软弱地基，特别适宜于5～6层整体刚度较好的居住建筑，但在冻土深度较大地区不宜采用，故多用于南方。图7.11为梁板式筏片基础。

**5）箱形基础**

当筏式基础埋深较大时，为了增加建筑物的整体刚度，有效抵抗地基的不均匀沉降，常采用由钢筋混凝土底板、顶板和若干纵横墙组成的空心箱体结构，即箱形基础（如图7.12所示）。箱形基础刚度大、整体性好，能抵抗地基的不均匀沉降，较适用于高层建筑或在软弱地基上建造的重型建筑物。

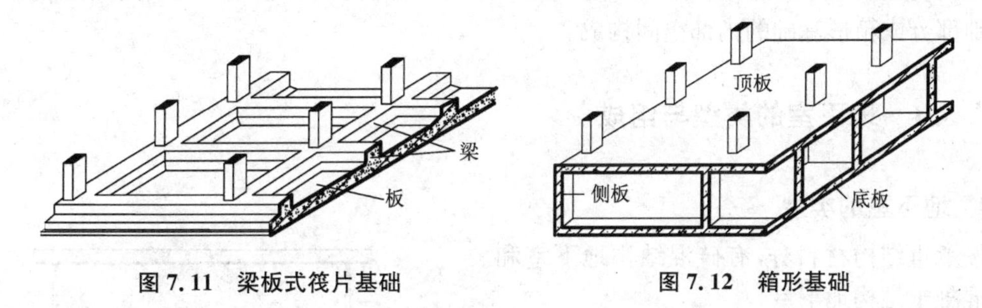


图7.11　梁板式筏片基础　　图7.12　箱形基础

**6）桩基础**

桩基础是常用的一种基础形式，是深基础的一种。当建筑物荷载较大，地基软弱土层的厚度在5 m以上，基础不能埋在软弱土层内，或对软弱土层进行人工处理较困难或不经济时，常采用桩基础。桩基础由桩身和承台组成，桩身深入土中，承受上部荷载；承台用来连接上部结构和桩身（如图7.13所示）。

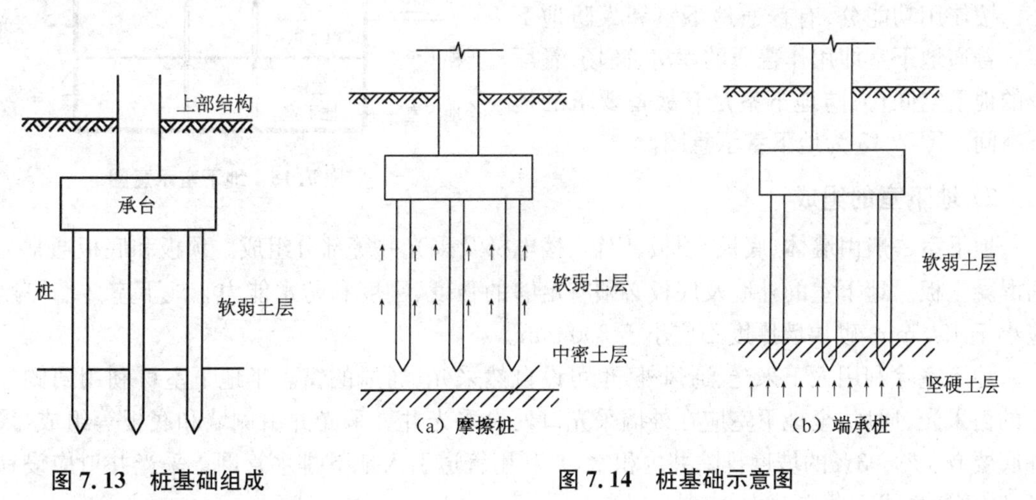


图7.13　桩基础组成　　图7.14　桩基础示意图

桩基础的类型很多。按桩的形状和竖向受力情况可分为摩擦桩和端承桩(如图 7.14 所示)。摩擦桩的桩顶竖向荷载主要由桩侧壁摩擦阻力承受。端承桩的桩顶竖向荷载主要由桩端阻力承受。按桩的材料分为木桩、钢筋混凝土桩、钢桩等。按桩的入土方法不同,有打入桩、振入桩、压入桩和灌注桩等。采用桩基础可以减少挖填土方量,改善工人的劳动条件,缩短工期,节省材料,因此近年来桩基础的应用较为广泛。

以上仅对常见的几种基础类型做了介绍,除此之外还有正圆锥形及其组合形式构成的壳体基础,可用于一般工业与民用建筑柱基和筒形的构筑物(如烟囱、水塔、料仓、中小型高炉等)基础。

## 7.3 地下室的构造

建筑物底层以下的房间称为地下室。地下室可以专门设置,也可以利用高层建筑物深埋的基础部分或箱形基础的内部空间构成。

### 7.3.1 地下室的类型与组成

#### 1) 地下室的类型

按承重结构材料分,有砖混结构地下室和钢筋混凝土结构地下室。

按埋入深度可分,有全地下室和半地下室。当地下室地坪与室外地坪面的高差超过该地下室净高一半时称为全地下室;地下室地坪与室外地坪面高差超过该地下室净高 1/3,但不超过 1/2 的称为半地下室。

按使用功能分,有普通地下室和人防地下室。普通地下室即用作普通的库房、商场、餐厅等的地下空间;人防地下室是有战备要求的地下空间。图 7.15 为地下室示意图。

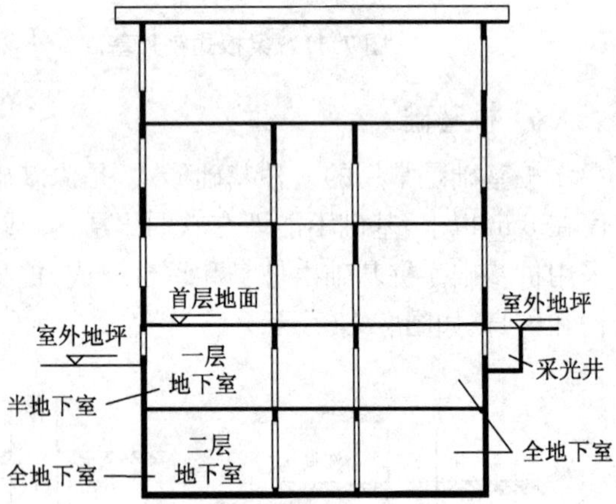

图 7.15 地下室示意图

#### 2) 地下室的组成

地下室一般由墙体、底板、顶板、门窗、楼电梯及采光井等部分组成。顶板和底板通常为钢筋混凝土板。地下室的外墙及底板必须有足够的强度、刚度和防水能力。地下室砖墙厚度不应小于 490 mm,砌块墙厚度不应小于 300 mm。

地下室除利用人工采光、通风外,也可设自然采光、通风的窗。半地下室可利用两侧外墙上的窗采光、通风;全地下室应在外墙采光口处设采光井。采光井由侧墙和底板等组成,采光井底要有 1%~3%的坡度排除井内积水,并利用管道引入地下排水管网。采光井口应设铁篦子,防止杂物或人掉入井内。

### 7.3.2 地下室防潮与防水构造

地下室处于地表以下的位置，会受到地潮或地下水的作用。地潮指地层中的毛细管水和地面水下渗造成的无压力水。地下水是地下水位以下的水，它具有一定的压力。因而防潮和防水是地下室构造处理的重要问题。

**1）地下室的防潮**

当地下水的常年水位和最高水位均在地下室地坪标高之下，而且地下室周围土层透水性好，无形成上层滞水的可能时，地下水不能直接侵入地下室，地下室外墙和地坪仅受地层中的地潮影响，此时，地下室只需做防潮处理。

若地下室外墙为钢筋混凝土结构，可利用混凝土结构的自防潮作用，不必再做防潮处理。对砖砌体结构，要求砌体必须用水泥砂浆砌筑，灰缝要饱满，并做防潮处理。对防潮要求高的工程，宜按照防水做法考虑。

地下室外墙的防潮处理构造做法是：首先在地下室墙体外表面抹 20 mm 厚 1∶2 防水砂浆找平层，并涂刷冷底子油一道和热沥青两道，形成外侧防潮层，防潮层须刷至室外散水坡处。防潮层外侧用黏土、灰土等低渗透性土回填，土层宽约 500 mm。地下室外所有的墙都必须设上、下两道水平防潮层，一道设在室外地面散水坡以上 150～200 mm 的位置，一道设在地下室地坪的结构层之间，使整个地下室防潮层连成整体，以防地潮沿地下墙身或勒脚处进入室内。同时，地下室地坪也应做防潮处理。地下室外墙及地坪的防潮构造如图 7.16 所示。

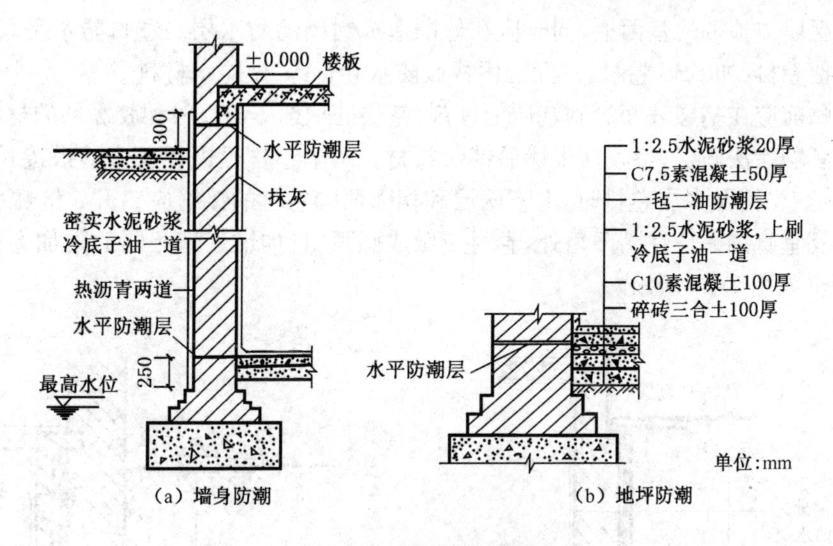


图 7.16 地下室防潮构造

**2）地下室的防水**

当设计最高地下水位高于地下室底板标高，或有上层滞水存在时，应对地下室进行防水构造处理。地下室防水遵循以防为主、以排为辅的原则。

地下室的防水构造做法主要是采用防水卷材来隔离地下水。按照建筑物的状况及所用防水材料的不同，可分为结构自防水和材料防水两大类。结构自防水是用防水混凝土做外墙和底板,使承重、围护、防水三种功能合而为一,这种防水措施施工较为简便。材料防水是在外墙和底板表面敷设防水材料,如卷材、涂料、防水砂浆等,阻止地下水渗入。地下室的防水等级标准可参照表 7.1。

**表 7.1　地下工程防水等级标准**

| 防水等级 | 标　准 |
| --- | --- |
| 1 级 | 不允许渗水,结构表面无湿渍 |
| 2 级 | 不允许漏水,结构表面可有少量湿渍;<br>工业与民用建筑:湿渍总面积不大于总防水面积的 1%,单个湿渍面积不大于 0.1 $m^2$,任意 100 $m^2$ 防水面积不超过 1 处;<br>其他地下工程:湿渍总面积不大于防水面积的 6%,单个湿渍面积不大于 0.2 $m^2$,任意 100 $m^2$ 防水面积不超过 4 处 |
| 3 级 | 有少量漏水点,不得有线流和漏泥砂;<br>单个湿渍面积不大于 0.3 $m^2$,单个漏水点的漏水量不大于 2.5 L/d;任意 100 $m^2$ 防水面积不超过 7 处 |
| 4 级 | 有漏水点,不得有线流和漏泥砂;<br>整个工程平均漏水量不大于 2 L/($m^2$·d),任意 100 $m^2$ 防水面积的平均漏水量不大于 4 L/($m^2$·d) |

(1) 卷材防水构造

卷材防水构造适用于受侵蚀性介质或受振动作用的地下工程。卷材应采用高聚物改性沥青防水卷材和合成高分子防水卷材,铺设在地下室混凝土结构主体的迎水面上。铺设位置是自底板垫层至墙体顶端的基面上,同时应在外围形成封闭的防水层。卷材防水是用沥青系防水卷材或其他卷材(如 SBS 卷材、三元乙丙橡胶防水卷材等)做防水材料。

卷材铺贴前应在基层表面涂刷基层处理剂,基层处理剂应与卷材和胶黏剂的材料相容,可采用喷涂或者刷涂法施工,待表面干燥后铺贴卷材。两幅卷材短边和长边的搭接长度均不应小于 100 mm。当铺贴多层卷材时,上下两层和相邻两幅卷材的接缝应错开 1/3 幅宽,且两层卷材不得相互垂直铺贴。在阴阳角处,卷材应做成圆弧,且加铺一道相同的附加卷材,宽度不少于 500 mm(如图 7.17 所示)。

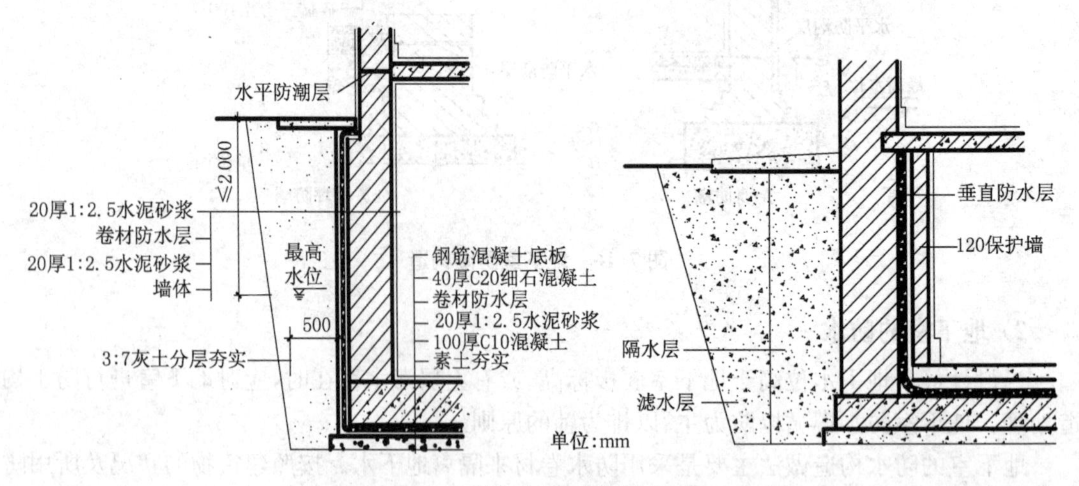


图 7.17　地下室卷材防水构造

防水卷材粘贴在墙体外侧称外防水，这种方法防水效果好，但维修困难，多用于新建工程。卷材粘贴于结构内表面时称内防水，这种方法防水较差，但施工简单，一般在补救或修缮工程中应用。

(2) 砂浆防水构造

砂浆防水构造适用于混凝土或砌体结构的基层上，不适用于环境有侵蚀性、持续振动或温度高于80℃的地下工程。所用砂浆应为水泥砂浆或高聚物水泥砂浆、掺外加剂或掺和料的防水砂浆，施工应采用多层抹压法。

防水砂浆可以做在结构主体的迎水面或背水面，在迎水面基层的防水层一般采用“五层抹面法”，背水面基层的防水层一般采用“四层抹面法”。其中水泥砂浆的配比应在1∶1.5～1∶2，单层厚度同普通粉刷。高聚物水泥砂浆单层厚度为6～8 mm；双层厚度为10～12 mm。掺外加剂或掺和料的砂浆防水层厚度为18～20 mm。

(3) 防水混凝土结构防水

当地下室地坪、墙体均为钢筋混凝土结构时，可采用抗渗性好的防水混凝土材料。混凝土结构自防水是指因混凝土自身的密实性而具有一定防水能力的混凝土或钢筋混凝土结构。它兼具承重、围护功能，且可满足一定的耐冻融和耐侵蚀要求。混凝土结构自防水不适用于以下情况：允许裂缝开展宽度大于0.2 mm的结构、遭受剧烈振动或冲击的结构、环境温度高于80℃的结构，以及可致耐蚀系数小于0.8的侵蚀性介质中使用的结构。要求结构厚度不小于250 mm，防水混凝土结构底板的混凝土垫层，强度等级不应小于C15，厚度不小于100 mm；受冻融作用时，应优先选用普通硅酸盐水泥，不宜采用火山灰硅酸盐水泥和粉煤灰硅酸盐水泥。遇施工缝处应采用止水带。

(4) 涂料防水构造

涂料防水构造适用于受侵蚀性介质或受振动作用的地下工程的迎水面或背水面的涂刷。

防水涂料可分为有机防水涂料和无机防水涂料。有机防水涂料主要包括合成橡胶类、合成树脂类和橡胶沥青类，适宜做在主体结构的迎水面。其中如氯丁橡胶防水涂料、SBS改性沥青防水涂料等聚合物乳液防水涂料，属挥发固化型；聚氨酯防水涂料等属反应固化型。另有聚合物水泥涂料，国外称之为弹性水泥防水涂料。无机防水涂料主要包括聚合物改性水泥基防水涂料和水泥基渗透结晶型防水涂料，应认为是刚性防水材料，所以不适用于变形较大或受振动部位，适宜做在主体结构的背水面。其做法参照图7.17中防水卷材的做法，阴阳角处节点做法相同。

## 本章小结

1. 基础是建筑物重要的承重结构，设计中需要满足强度、刚度和稳定性的结构要求。地基不属于建筑物的组成构件，可以分为人工地基、天然地基两大类。

2. 基础按材料和受力特点可以分为无筋扩展基础、扩展基础；按构造形式可分为条形基础、独立基础、井格式基础、筏片基础、箱形基础、桩基础、壳体基础等。基础的埋置深度与地基状况、地下水及冻土深度、相邻基础的位置以及设备布置等各方面因素有关。

3. 地下室按埋深不同可分为全地下室、半地下室；按使用功能不同可分为普通地下室、人防地下室。

4. 地下室经常受到下渗地表水、土壤中的潮气和地下水的侵蚀，应妥善处理地下室的防潮和防水构造。当最高地下水位低于地下室地坪且无泄水可能时,地下室一般只做防潮处理。当最高地下水位高于地下室地坪时,对地下室必须采取防水处理。根据防水材料的不同,地下室防水可以采用沥青卷材防水、防水混凝土防水、弹性材料防水等措施。

## 思考题

1. 什么叫地基?什么叫基础?天然地基有哪些?
2. 简述常用基础的分类。
3. 简述刚性基础和柔性基础的特点。
4. 简述地下室防潮要求和防水要求。
5. 常用的地下室防水措施有哪些?

# 8 墙　　体

**内容提要**

本章介绍了墙体作用、分类和承重方案，以及砖砌体墙构造、幕墙构造、隔墙构造，墙面装饰种类与常用墙面装饰做法等内容。

**学习目标** 

了解隔墙与隔断的构造、幕墙的构造、墙面的装修；熟悉墙体作用、分类和功能要求；掌握砖墙的砌筑方式、构造要求，以及其他细部构造设计要点。

## 8.1　概述

墙体是建筑物的重要组成部分之一，主要起承重、围护和分隔的作用。其质量约占建筑物总质量的30%～45%，造价约占建筑物总造价的30%。因此，在工程设计中，合理选择墙体的材料、结构方案及构造做法十分重要。

**1) 墙体的类型**

墙体根据其在建筑物中所处的位置、受力情况、材料选择、构造型式及施工方式的不同，其类型也不同。

(1) 按墙体所处位置不同分类

墙体按所处位置可以分为外墙和内墙。外墙位于房屋的四周，故又称为外围护墙，它起着挡风、阻雨，使建筑物内部空间免受自然界各种因素侵袭并且丰富建筑物立面的作用，因此要求其具有保温、隔热、美观等要求。内墙位于房屋内部，主要起分隔内部空间的作用，有一定的隔声、防火等要求。

(2) 根据墙体布置方向不同分类

墙体按布置方向不同又可以分为纵墙和横墙。沿建筑物长轴方向布置的墙称为纵墙，沿建筑物短轴方向布置的墙称为横墙，外横墙又称山墙。另外，根据墙体与门窗的位置关系，在同一道墙上门窗洞口之间的墙体称为窗间墙，门窗洞口上下的墙体分别被称为窗上墙、窗下墙。不同位置的墙体名称如图8.1所示。

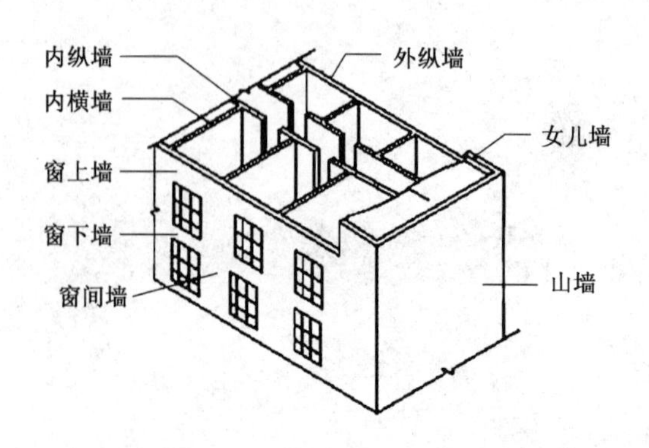


图 8.1　不同位置的墙体名称

(3) 按墙体的受力情况不同分类

据墙体受力情况的不同可分为承重墙和非承重墙。凡直接承受屋顶和楼板(梁)等构件传来荷载的墙称为承重墙。不承受外来荷载的墙称为非承重墙,非承重墙包括自承重墙、隔墙、填充墙、幕墙等。自承重墙仅承受自身重力并将其传至基础;隔墙仅起分隔空间作用,自身重力由楼板或梁来承担。在框架结构中,填充在柱子之间的墙称为填充墙;悬挂在建筑物外部的轻质墙称为幕墙,幕墙有金属和玻璃幕墙等。

(4) 根据墙体所用材料不同分类

墙体按使用材料的不同,可分为砖墙、石墙、土墙、混凝土墙及各种工业废料制作的砌块墙等。

(5) 根据墙体施工方法不同分类

按施工方法的不同,墙体可以分为块材墙、板筑墙及板材墙三种。块材墙是用砂浆等胶结材料将砖、石、砌块等组砌而成,例如实砌砖墙、石墙及各种砌块墙等。板筑墙是在现场立模板,现场浇筑而成的墙体,例如现浇钢筋混凝土墙等。板材墙是预先制成墙体,在施工现场拼装而成的墙体,如预制混凝土大板墙。

**2) 墙体的作用**

民用建筑中的墙一般有三个作用:(1)它具有承重作用;(2)墙体起保温、隔热、隔声、防水等作用,称为围护作用;(3)墙把房屋划分为若干房间和使用空间,称为分隔作用。

**3) 墙体的设计要求**

(1) 应具有足够的强度和稳定性

墙体的强度是指墙体承受荷载的能力。在确定墙体材料的基础上应通过结构计算来确定墙体的厚度,以满足强度的要求。墙体的稳定性与墙体的长度、高度、厚度有关,在墙体的长度和高度确定之后,一般可以采用增加墙体厚度,如加设圈梁、壁柱、墙垛的方法增强墙体稳定性。

(2) 满足热工方面的要求

《民用建筑热工设计规范》(GB 50176—2016)将我国划为五个建筑热工分区,具体划分和要求见表 8.1。热工主要考虑墙体的保温与隔热性。

表 8.1　建筑热工设计分区和设计要求

| 分区名称 | 分区指标 | | 设计要求 |
|---|---|---|---|
| | 主要指标 | 辅助指标 | |
| 严寒地区 | 最冷月平均温度≤－10℃ | 日平均温度≤5℃的天数≥145 d | 必须充分满足冬季保温要求，一般可不考虑夏季防热 |
| 寒冷地区 | 最冷月平均温度 0～－10℃ | 日平均温度≤5℃的天数为 90～145 d | 应满足冬季保温要求，部分地区兼顾夏季防热 |
| 夏热冬冷地区 | 最冷月平均温度 0～10℃，最热月平均温度 25～30℃ | 日平均温度≤5℃的天数为 0～90 d，日平均温度≥25℃的天数为 40～110 d | 必须满足夏季防热要求，适当兼顾冬季保温 |
| 夏热冬暖地区 | 最冷月平均温度>10℃，最热月平均温度 25～29℃ | 日平均温度≥25℃的天数为 100～200 d | 必须充分满足夏季防热要求，一般可不考虑冬季保温 |
| 温和地区 | 最冷月平均温度 0～13℃，最热月平均温度 18～25℃ | 日平均温度≤5℃的天数为 0～90 d | 部分地区应当考虑冬季保温，一般可不考虑夏季防热 |

(3) 满足隔声的要求

为了使人们获得安静的工作和生活环境，提高私密性，避免相互干扰，墙体必须要有足够的隔声能力，并应符合国家有关隔声标准的要求。

(4) 满足防火的要求

作为建筑墙体的材料及其厚度，应满足防火规范中对燃烧性能和耐火极限的规定。当建筑的面积或长度较大时，应划分防火分区，以防止火灾蔓延。

(5) 满足防水、防潮要求

对卫生间、厨房、实验室等用水房间及地下室的墙体应采取防水、防潮措施，可选用良好的防水材料及恰当的构造做法，以提高墙体的耐久性，保证室内有良好的卫生环境。

此外，墙体还应考虑建筑机械化施工和经济等方面的要求。

**4）墙体的承重方案**

墙体的承重方案有：横墙承重、纵墙承重、纵横墙混合承重和内框架承重。

(1) 横墙承重

横墙承重是将建筑物的水平承重构件(楼板、屋面板等)搁置在横墙上，即由横墙承担楼面及屋面荷载，纵墙仅起自承重和纵向稳定及拉结作用，如图 8.2(a)。这种方案，建筑的横墙间距要小于纵墙间距，因此搁置在横墙上的水平承重构件的跨度小，其截面高度也小，可以节省钢材和混凝土，增加室内的净空高度。由于横墙是承重墙，具有足够的厚度，而且间距不大，所以能有效地增加建筑物的刚度，提高抵抗水平荷载的能力。另外，内纵墙与上部水平承重构件之间没有传力的关系，可以自由布置，在纵墙中开设门窗洞口比较灵活。但横墙承重方案由于横墙间距受到水平承重构件跨度和规格的限制，建筑开间尺寸变化不灵活，不易形成较大的室内空间，而且墙体所占的面积较大。

横墙承重方案适用于房间开间不大、尺寸变化不多的建筑，如宿舍、住宅、旅馆等。

(2) 纵墙承重

纵墙承重是将建筑的水平承重构件搁置在纵墙上，即由纵墙承担楼面及屋面荷载，横墙仅起分隔空间和连接纵墙的作用，如图 8.2(b)。这种方案，建筑的进深方向尺寸变化较小，因此搁置在纵墙上的水平承重构件的规格少，有利于施工，可以提高施工效率。另外，横墙与上部水平承重构件之间没有传力关系，可以灵活布置，易于形成较大的房间。但纵墙承重方案由于水平承重构件的跨度较大，其自重和截面高度也较大，强度要求高，占用空间较多。由于横墙不承重，自身的强度和刚度较低，起不到抵抗水平荷载的作用，因此建筑的刚度较差。为了保证纵墙的强度，在纵墙中开设门窗洞口就受到了一定的限制，不够灵活。

纵墙承重方案适用于进深方向尺寸变化较少、内部房间较大的建筑，如办公楼、商场等。

(3) 纵横墙混合承重

纵横墙混合承重简称混合承重，这种方案即由纵墙和横墙共同承受楼板和屋面等荷载，如图 8.2(c)。混合承重综合了横墙承重和纵墙承重的优点，建筑平面组合自由灵活、空间刚度较好。

纵横墙混合承重方案适用于开间和进深尺寸较大、平面复杂的建筑，如教学楼、医院、托幼建筑等。

(4) 内框架承重

内框架承重，即房屋内部采用柱、梁组成的内框架承重，四周采用墙承重，由墙和柱共同承受水平构件传来的荷载，如图 8.2(d)。

内框架承重方案适用于室内布置有较大空间的建筑，如餐厅、商场、综合楼等。

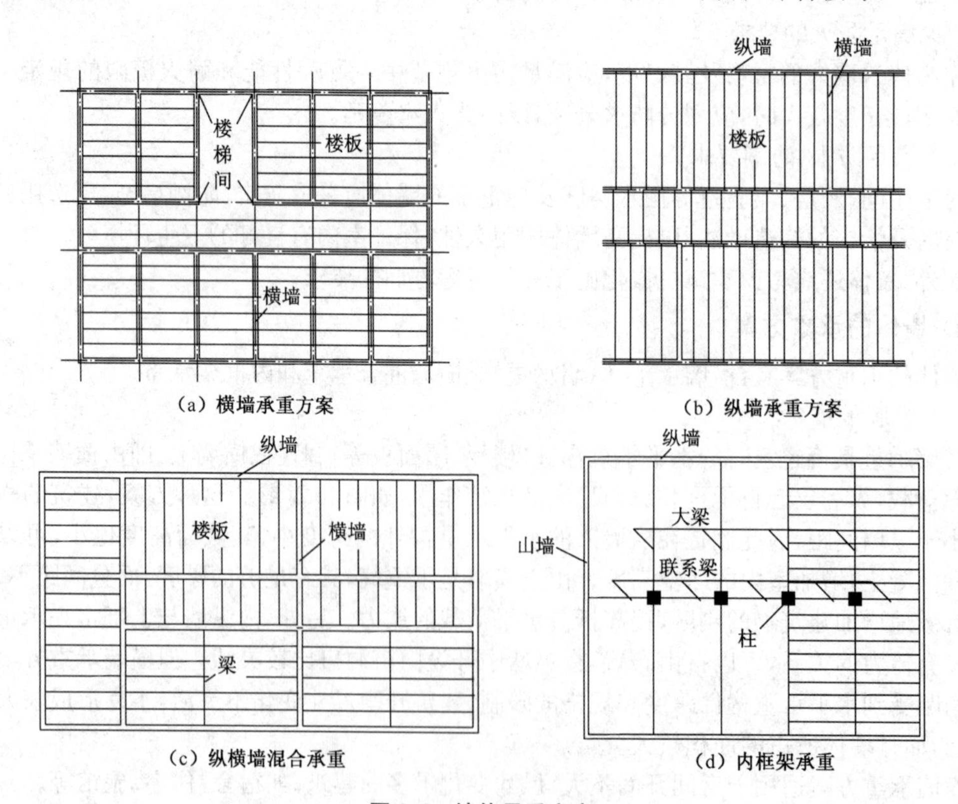


图 8.2　墙体承重方案

# 8.2 砌体墙的基本构造

## 8.2.1 砌体墙材料

砌体墙指用块体和砂浆通过一定的砌筑方法砌筑而成的墙体。块体一般包括砖和砌块。砂浆一般包括混合砂浆、水泥砂浆。砌体墙一般分为砖墙和砌块墙。

**1）砖**

(1) 砖的类型

砖按材料不同，有黏土砖、粉煤灰砖、灰砂砖、炉渣砖、页岩砖等。

按照砖的外观形状不同，又可分为普通实心砖、多孔砖和空心砖。多孔砖是指以黏土、页岩、粉煤灰为主要原料，经成型、焙烧而成，孔洞率不小于15%～30%，孔型为圆孔或非圆孔，孔的尺寸小而数量多，可以用于承重部位。空心砖由黏土、煤矸石或粉煤灰为主要材料，孔洞率大于35%，孔的尺寸大、数量少，常用于围护结构。

(2) 砖的类型规格

标准黏土砖的规格为：240 mm×115 mm×53 mm。其基本特征是(砖厚＋灰缝)、(砖宽＋灰缝)以及(砖长＋灰缝)的比例为1∶2∶4，如图8.3所示。

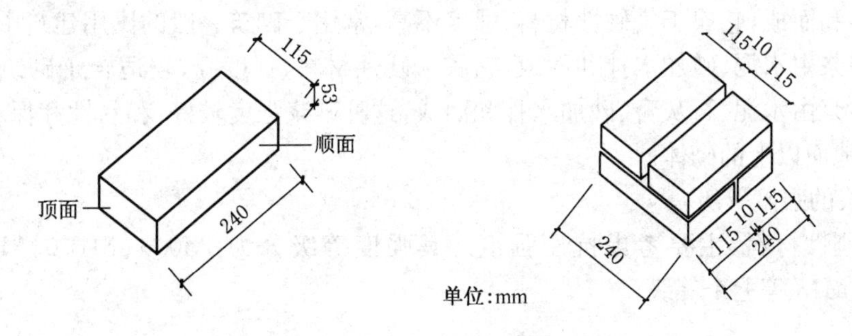


**图8.3　标准砖的尺寸关系**

除标准砖外，目前各地还根据制作工艺、施工条件以及利用工业废料制作了各种满足热工要求、减轻自重的其他规格的砖。

P型多孔砖一般是指$KP_1$，它的尺寸接近原来的标准砖，现在还在广泛地应用。M型多孔砖的特点是：由主砖及少量配砖构成砌墙不砍砖，基本墙厚为190 mm，墙厚可根据结构抗震和热工要求按半模级差变化，这在节省墙体材料上无疑比实心砖和P型多孔砖更加合理；其缺点是给施工带来不便(如图8.4所示)。烧结多孔砖主要用于承重部位。

(3) 砖的强度等级由其抗压强度和抗折强度确定，分为$MU_{30}$、$MU_{25}$、$MU_{20}$、$MU_{15}$、$MU_{10}$、$MU_{7.5}$六个级别。

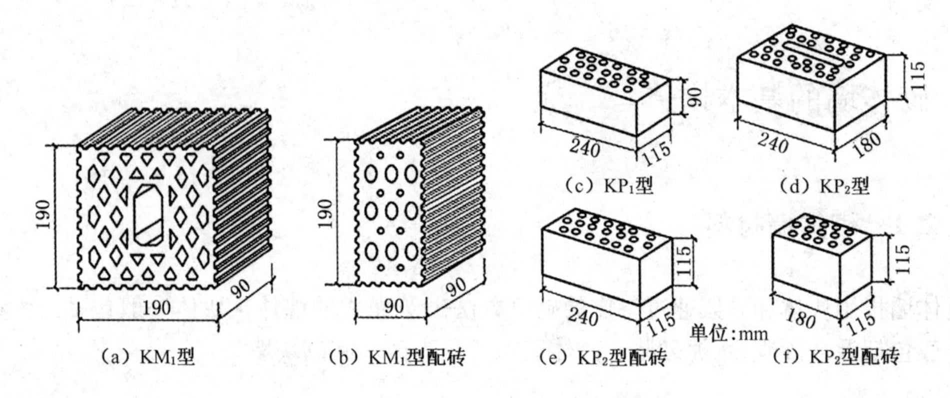


(a) $KM_1$型　(b) $KM_1$型配砖　(c) $KP_1$型　(d) $KP_2$型　(e) $KP_2$型配砖　(f) $KP_2$型配砖

**图 8.4　几种多孔砖的规格和孔洞形式**

**2）砂浆**

砂浆是砌体墙的胶结材料。它将砖块胶结为整体,并将砖块之间的空隙填平,使上层砖块所承受的荷载逐层均匀地传至下层砖块,以保证砌体的强度。砂浆是由胶结材料、细骨料及水三种材料所组成的混合物。胶结材料有水泥、石灰、石膏等,细骨料以用天然砂的最多,有时也用细炉渣等代替。砂浆按其作用有砌筑砂浆与抹面砂浆之分。砌筑砂浆必须具有一定强度、适当的稠度和较好的保水性。

(1) 砌筑砂浆的种类

砌筑砂浆按其胶结材料不同,有水泥砂浆、石灰砂浆和混合砂浆三种。石灰砂浆由石灰膏、砂加水拌和而成,它属于气硬性材料,强度不高,常用于砌筑一般的民用建筑中地面以上的砌体;水泥砂浆由水泥、砂加水拌和而成,它属水硬性材料,强度高,较适合于砌筑潮湿环境的砌体;混合砂浆由水泥、石灰膏、砂加水拌和而成,这种砂浆强度较好,和易性和保水性也较好,常用于砌筑地面以上的砌体。

(2) 砂浆的强度等级

砂浆为刚性材料,主要考虑抗压强度。其强度等级分为:M0.4、M1.0、M2.5、M5.0、M7.5、M10、M15 等七个等级。

**3）砌块**

(1) 砌块的类型

砌块是利用工业废料(煤渣、矿渣等)和地方材料制成的人造块材,用以替代普通黏土砖作为砌墙材料。按材料分为混凝土、轻集料混凝土、加气混凝土砌块墙体,及利用各种工业废渣、粉煤灰、煤矸石等制成的无熟料水泥煤渣混凝土砌块墙体和蒸汽养护粉煤灰硅酸盐砌块等(如图 8.5 所示)。

(2) 砌块的规格

砌块根据重量和尺寸分为小型砌块、中型砌块和大型砌块。小型砌块单块质量不超过 20 kg,尺寸较小,高度为 115～380 mm,常用尺寸是 190 mm×190 mm×390 mm,辅助块为 190 mm×190 mm×190 mm 和 190 mm×190 mm×90 mm 等。小型砌块使用较灵活,适应面广,但多为手工砌筑,施工劳动量较大。中型砌块单块质量 20～350 kg,高度 380～980 mm,常见尺寸为 240 mm×280 mm×380 mm 和 240 mm×580 mm×380 mm。大型砌块高度大于

(a) 混凝土空心砌块

(b) 加气混凝土砌块

图 8.5 砌块

980 mm,重量大于 350 kg。中、大型砌块的尺寸较大,重量较重,适于机械起吊和安装,可提高劳动生产率,但型号不多,不如小型砌块灵活。

(3) 混凝土砌块的强度等级分为 MU3.5,MU5、MU7.5、MU10、MU15 五级。

### 8.2.2 砌体墙的组砌

#### 1) 砖墙的组砌

砖墙的组砌是指砖块在砌体中的排列方式。

(1) 组砌的原则

为了保证墙体的强度,砖砌体的砖缝必须横平竖直、灰浆饱满、内外搭接、避免通缝,以保证墙体的整体稳定性。砖与砖之间搭接和错缝的距离一般不小于 60 mm。

(2) 组砌的方式

在砖墙的组砌中,我们把砖的长边垂直于墙面砌筑的砖称为丁砖,把砖的长边平行于墙面砌筑的砖称为顺砖。每排列一层砖则称为一皮砖。上下层之间的水平灰缝称横缝,左右两块砖之间的垂直缝称竖缝(如图 8.6 所示)。砖墙横缝和竖缝的宽度宜为 10 mm,可以在8～12 mm之间调节。横缝的砂浆饱满度不得小于 80%。砌砖时操作方法可采用铺浆法或"三一"砌筑法:采用铺浆法砌筑时,铺浆长度不得超过 750 mm;气温超过 30℃时,铺浆长度不得超过 500 mm。"三一"砌筑法即"一铲灰、一块砖、一挤揉"的操作方法。砖墙的组砌方式很多,常见的组砌方式有全顺式、一顺一丁式、每皮一顺一丁式(又称十字式或称梅花丁)、多顺一丁式等(如图 8.7 所示)。

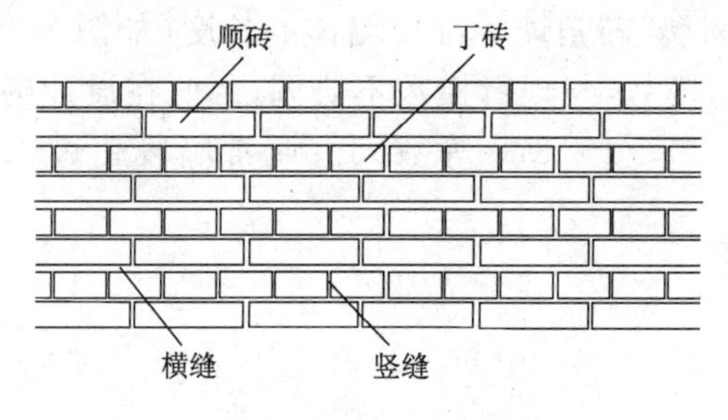


图 8.6 砖墙组砌名称

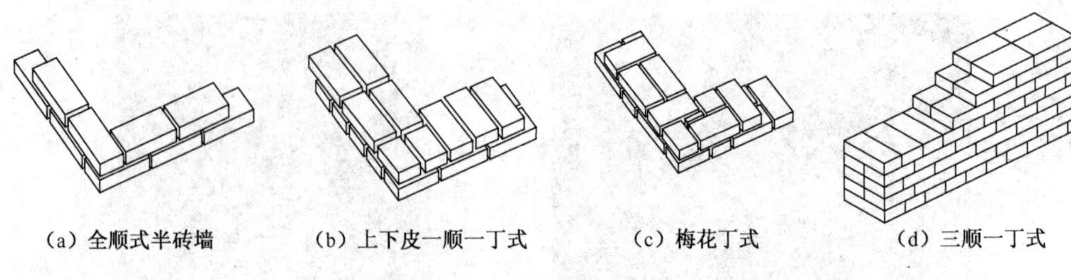


图 8.7 砖墙组砌方式

(3) 砖墙的尺度

① 砖墙的厚度

墙体的厚度应符合砖的规格，满足结构的要求和保温、隔热、防火、隔音等要求。习惯上以砖长为基数来称呼，如四分之三砖墙、一砖墙、半砖墙等。在工程中常以它们的标志尺寸来称呼，如 12 墙、24 墙等。砖墙的厚度尺寸见图 8.8、表 8.2。

表 8.2 砖墙的厚度尺寸(mm)

| 工程称谓 | 二分之一砖墙 | 四分之三砖 | 一砖墙 | 一砖半墙 | 两砖墙 |
|---|---|---|---|---|---|
| 构造尺寸 | 115 | 178 | 240 | 365 | 490 |
| 标志尺寸 | 120 | 180 | 240 | 370 | 490 |
| 习惯称呼 | 12 墙<br>半砖墙 | 18 墙<br>3/4 砖墙 | 24 墙<br>一砖墙 | 37 墙<br>一砖半墙 | 49 墙<br>两砖墙 |
| 尺寸组成 | 115×1 | 115×1+53+10 | 115×2+10 | 115×3+20 | 115×4+30 |

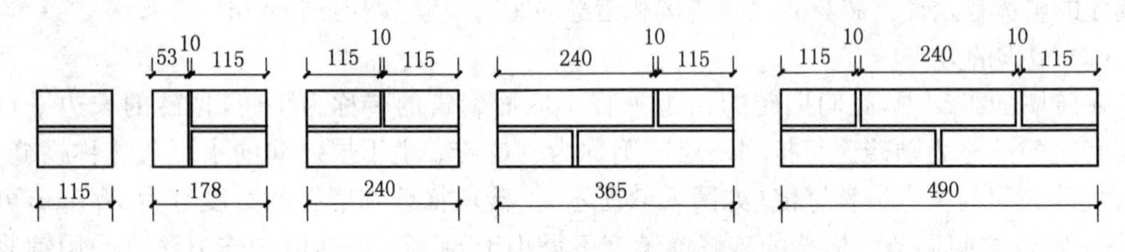


图 8.8 墙厚与砖规格的关系

② 砖墙洞口与墙段尺寸

国家及各地区的门窗通用图集都是按照扩大模数 3M 的倍数，因此一般门窗洞口的宽、高的尺寸采用 300 mm 的倍数，但在 1 000 mm 以内的小洞口可以采用基本模数 100 mm 的倍数。墙段尺寸是指窗间墙、转角墙等部位墙体的长度(如图 8.9 所示)。由于砖墙砌筑 115+10(灰缝)=125 为模数，与现行模数不协调，因此在设计砌筑较短的墙段时应符合砖模，如 240、370、490、620、740、870 等数列。通常墙段超过 1.5 m 时，可不考虑砖的模数。

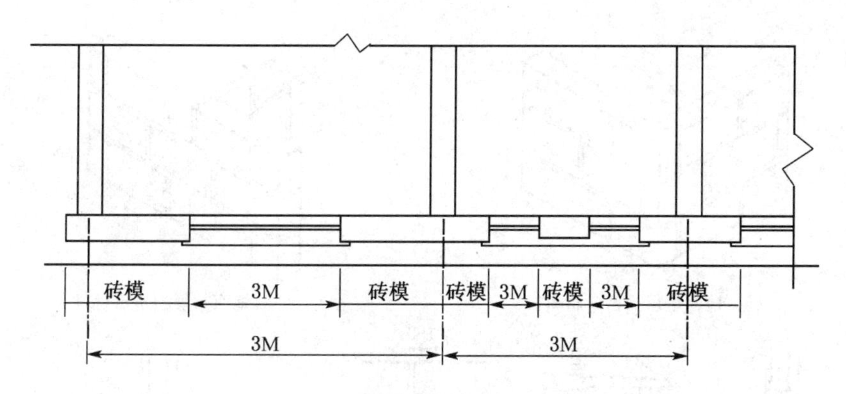


图 8.9 墙段的长度与洞口宽度

**2）砌块的组砌**

砌块墙的排列与组合在设计时，应给出砌块排列组合图，施工时按图进料和安装。砌块排列组合图一般有各层平面、内外墙立面分块图(如图 8.10 所示)。

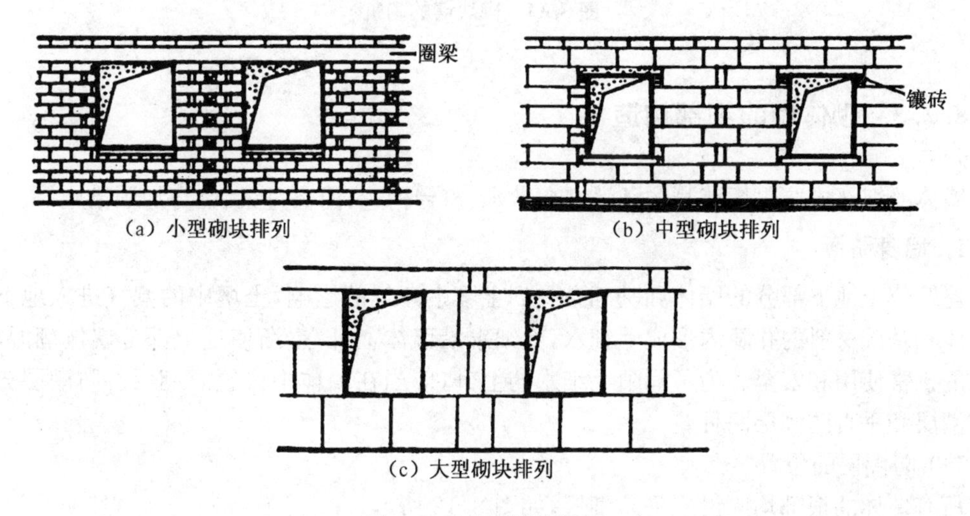


(a) 小型砌块排列　(b) 中型砌块排列

(c) 大型砌块排列

图 8.10 砌块墙的组合

砌块墙的组合要求：①排列整齐划一，上下避免通缝；②上层砌块至少盖住下层砌块的1/4；③尽可能少镶砖；④减少砌块种类。

砌筑要求：必须竖缝填灌密实、水平缝砌筑饱满，采用 M5 级砂浆，上下皮搭接长度超过150 mm；在中型砌块两端设有封闭式灌浆槽，水平、竖直灰缝一般为 15～20 mm；搭接长度不足时增设钢筋网片(如图 8.11 所示)。一般六层以下的住宅、学校、办公楼以及单层厂房等都可以采用砌块代替砖使用。六层及六层以上房屋的外墙、潮湿房间的墙，受振动或层高大于6 m的墙柱所用砌块等级不得小于 MU5。

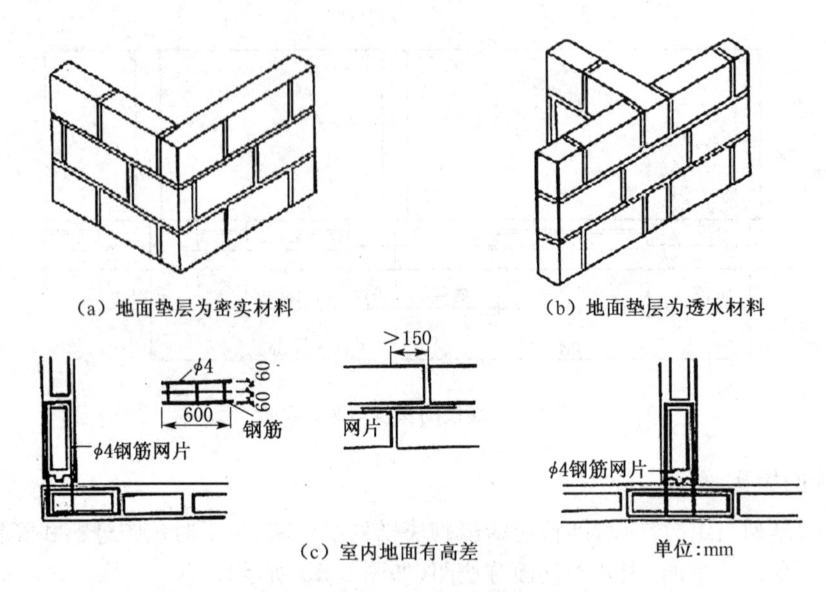


图 8.11　砌块墙的砌筑

## 8.2.3　砌体墙的细部构造

墙体的细部构造包括墙身防潮、勒脚、散水、窗台构造、门窗过梁、墙身加固措施等。

**1）墙身防潮**

建筑位于地下部分的墙体和基础会受到土壤中潮气的影响，土壤中的潮气进入地下部分的墙体和基础材料的孔隙内形成毛细水，毛细水沿墙体上升，逐渐使地上部分墙体潮湿，影响建筑的正常使用和安全。为了隔阻毛细水的上升，应当在墙体中设置防潮层。防潮层分为水平防潮层和垂直防潮层两种。

(1) 防潮层的位置

所有墙体的根部均应设水平防潮层，如图 8.12 所示。

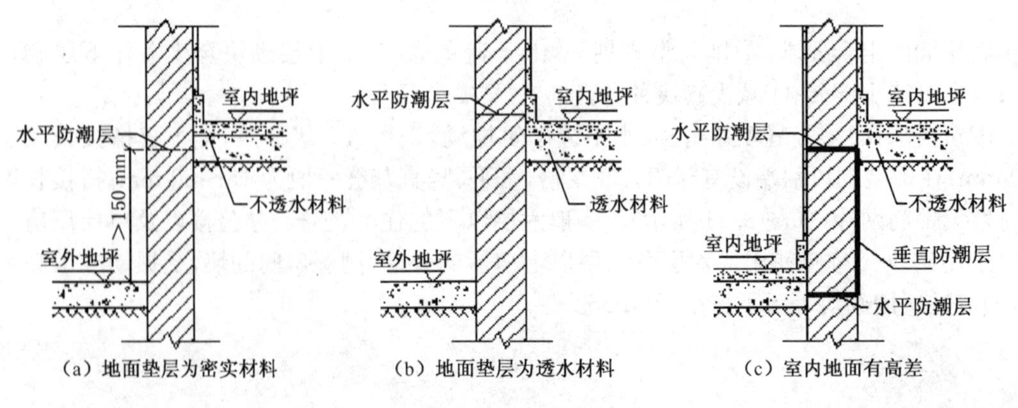


(a) 地面垫层为密实材料　(b) 地面垫层为透水材料　(c) 室内地面有高差

图 8.12　墙身防潮层的位置

①当室内垫层为混凝土等密实材料时，防潮层的位置应设在垫层范围内，一般低于室内地

坪 60 mm 处，同时至少高于室外地坪 150 mm，防止雨水溅湿地面。

②当垫层材料为透水材料(炉渣、碎石等)时，水平防潮层的位置应平齐或高于室内地面 60 mm。

③当两相邻房间之间室内地面有高差时，应在墙身内设置高低两道水平防潮层，并在靠土壤一侧设垂直防潮层，以避免回填土中的潮气侵入墙身。

(2) 防潮层构造做法(图 8.13)

① 卷材防潮层：卷材防潮层的防潮性能较好，并具有一定的韧性。但由于卷材防潮层会把上下墙体分隔开，从而破坏建筑的整体性，对抗震不利，同时，卷材的使用寿命往往低于建筑的耐久年限，失效后将无法起到防潮的作用，因此，卷材防潮层在建筑中已很少使用。

卷材防潮层多采用沥青油毡，分为干铺和粘贴两种做法。干铺法是在防潮层部位的墙体上用 20 mm 厚 1∶3 水泥砂浆找平，然后干铺一层油毡；粘贴法是在找平层上做一毡二油防潮层。卷材的宽度应比墙宽 20 mm，搭接长度不小于 100mm。

② 砂浆防潮层。砂浆防潮层克服了卷材防潮层的缺点，目前应用较多。由于砂浆属于刚性材料，易产生裂缝，在基础沉降量大或有较大振动的建筑中应慎重使用。

砂浆防潮层的做法：在防潮层部位抹 25 mm 厚 1∶2 水泥砂浆掺 5%防水剂配制而成的水泥砂浆；也可以在防潮层部位用防水砂浆砌 4～6 皮砖。

③ 细石混凝土防潮层。细石混凝土防潮层的优点较多，它不破坏建筑的整体性，抗裂性能好，防潮效果也好，但施工略显复杂。

细石混凝土防潮层做法：在防潮层部位铺设 60 mm 厚与墙体宽度相同的细石混凝土带，强度等级为 C20，内配 3ϕ6 或 3ϕ8 钢筋。由于混凝土密实性好，有一定的防水性能，并与砌体结合紧密，适用于整体刚度要求较高的建筑。

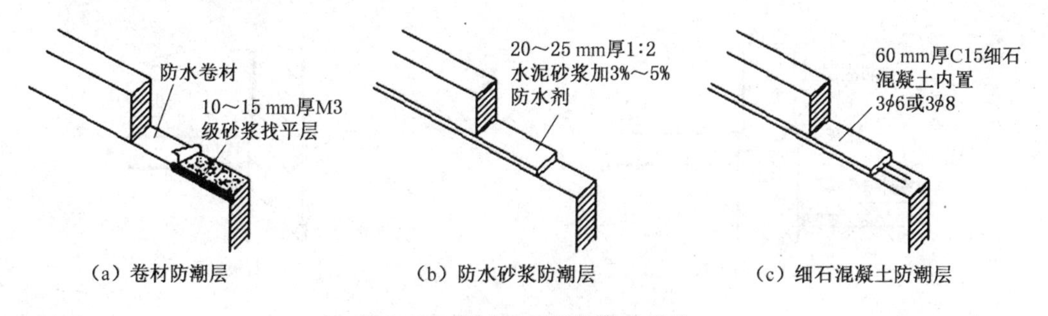


(a) 卷材防潮层　(b) 防水砂浆防潮层　(c) 细石混凝土防潮层

**图 8.13　墙身水平防潮层的做法**

当室内地面出现高差或室内地面低于室外地面时，由于地面较低的一侧房间下部一定范围内的墙体一侧外邻潮湿土壤，为了保证这部分墙的干燥，除了要分别按高差不同在墙内设置两道水平防潮层之外，还要对两道水平防潮层之间的墙体做防潮处理，即垂直防潮层(如图 8.14 所示)。

垂直防潮层做法：在墙体靠回填土一侧用 20 mm 厚 1∶3 水泥砂浆抹灰，涂冷底子油一道，再刷两遍热沥青防潮，也可以抹 25 mm 厚防水砂浆。在另一侧墙面，最好用水泥砂浆抹灰。

**2）勒脚**

勒脚是外墙接近室外地面或散水的垂直部分。其作用是防止外界碰撞和地表水对墙脚的

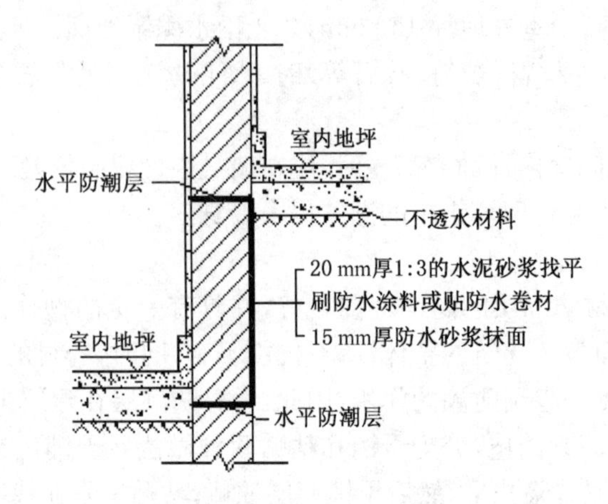


图 8.14　垂直防潮层的做法

侵蚀,同时可增加建筑物的立面美观,因此要求勒脚坚固、防水、防冻和美观。勒脚的高度一般应在 500 mm 以上,通常为室内地面与室外地面的高差,有时为了建筑立面形象的要求,可以把勒脚顶部提高至首层窗台处。

勒脚的常见做法(图 8.15)有:

① 勒脚表面抹灰,可采用 20 mm 厚 1∶3 水泥砂浆抹面,1∶2 水泥白石子浆水刷石或斩假石抹面。此法多用于一般建筑。

② 勒脚贴面,可用天然石材或人工石材贴面,如花岗石、水磨石板等。此法耐久性强、装饰效果好,用于高标准建筑。

③ 采用条石、混凝土等坚固耐久的材料作为墙体材料代替砖勒脚。

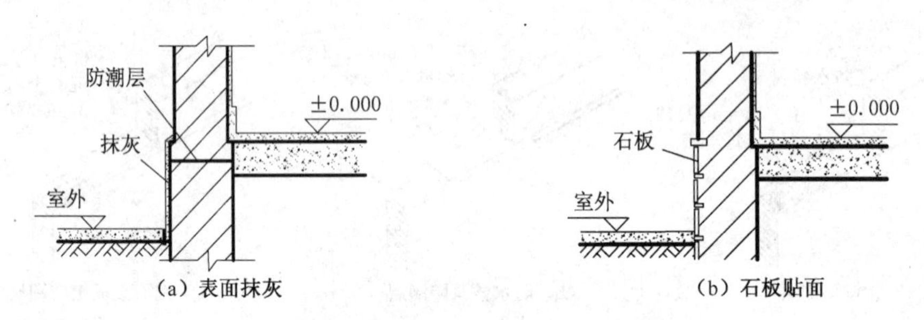


图 8.15　勒脚做法

### 3) 散水和明沟

散水又称护坡,是沿建筑物外墙四周靠墙根设置的排水倾斜坡面。其作用是将雨水散至远处,防止雨水对建筑物墙基的侵蚀,往往适用于雨水较少的地区。散水可用水泥砂浆、混凝土、砖、块石等材料做面层,其宽度一般为 600～1 000 mm,当屋面为自由落水时,散水宽度应比屋檐挑出宽度大 200 mm,坡度一般为 3%～5%。由于建筑物的沉降和勒脚与散水施工时间的差异,在勒脚与散水交接处应留有缝隙,缝内填粗砂或碎石子,上嵌沥青胶盖缝,以防渗水。散水整体面层纵向距离每隔 6～12 m 做一道伸缩缝,缝内处理与勒脚与散水交接处的构造做法相同。季节性冰冻地区的散水还需在垫层下加设防冻胀层,做法为选用砂石、炉渣石灰土等非冻胀材料,厚度可结合当地经验采用。如图 8.16 所示,图中 $B$ 表示散水宽度。

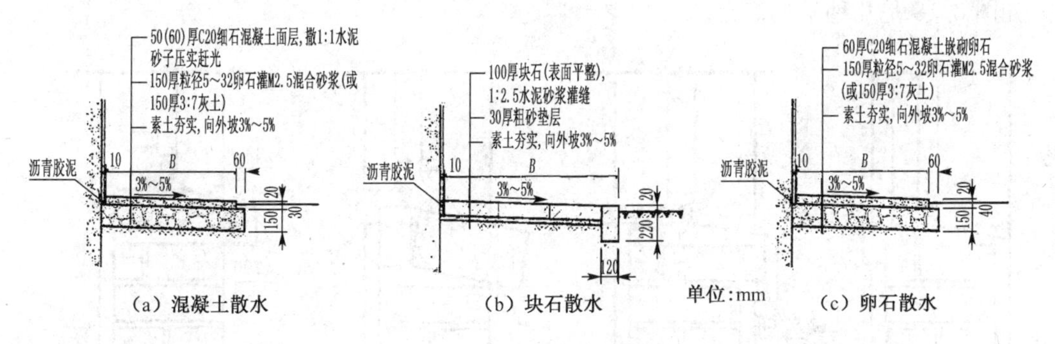


(a) 混凝土散水　(b) 块石散水　(c) 卵石散水

图 8.16　散水的构造

明沟一般在降雨量较大的地区采用,布置在建筑物的四周。其作用是把屋面下落的雨水引导至集水井,进入排水管道。明沟一般采用素混凝土浇筑,也可以用砖、石砌筑成 180 mm 宽、150 mm 深的沟槽,然后用水泥砂浆抹面。沟底应有不小于 1%的纵向坡度,以保证排水通畅(如图 8.17 所示)。

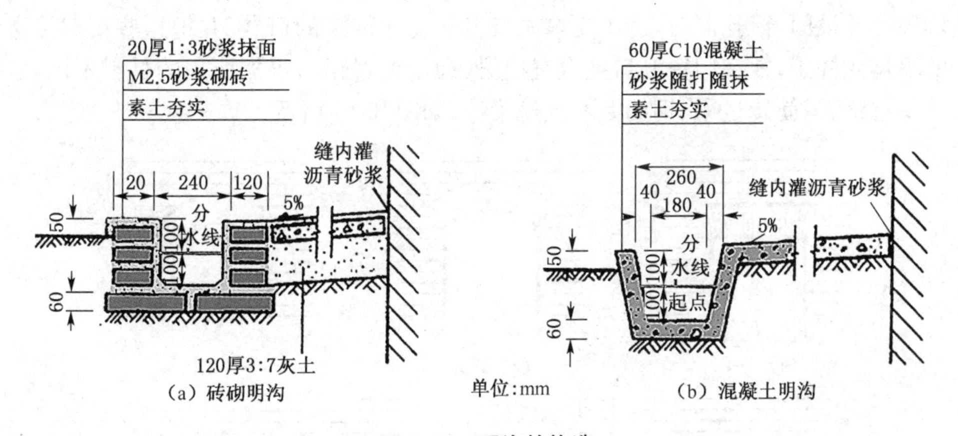


(a) 砖砌明沟　(b) 混凝土明沟

图 8.17　明沟的构造

#### 4) 窗台

窗台是位于窗洞口下部的排水构件,其作用是排除沿窗面流下的雨水,防止其渗入墙身和室内,同时避免雨水污染外墙面;还可以丰富建筑物立面形象。根据与墙体的关系,窗台可分为外窗台、内窗台和内外窗台。

外窗台的作用主要是排水,有时也为满足建筑立面要求而做相应变化。外窗台应设不小于 20%的坡度(向外),以利于排水;坡度可以利用斜砌的砖形成,也可以由砖面抹灰形成。外窗台有悬挑和不悬挑两种。悬挑窗台常用砖砌或采用预制钢筋混凝土,挑出的尺寸应不小于 60 mm。砖砌外窗台有平砌和侧砌两种。悬挑外窗台应在下边缘做滴水,一般做宽度和深度均不小于 10 mm 的滴水线或滴水槽,以免排水时雨水沿窗台底面流至下部墙体。

内窗台一般为水平放置,采用预制水磨石板或预制混凝土板制作,也可结合室内装修做成各种形式。在寒冷地区室内如设暗装暖气,窗台下应预留凹龛,上部做内窗台。为了使暖气散发的热量形成向上的热风幕,阻隔室外冷空气的进入,通常在窗台板上设置长形散热孔。

内外窗台结合两者的优点,满足排水和内部空间的双重要求。

如图 8.18 是几种常见窗台。

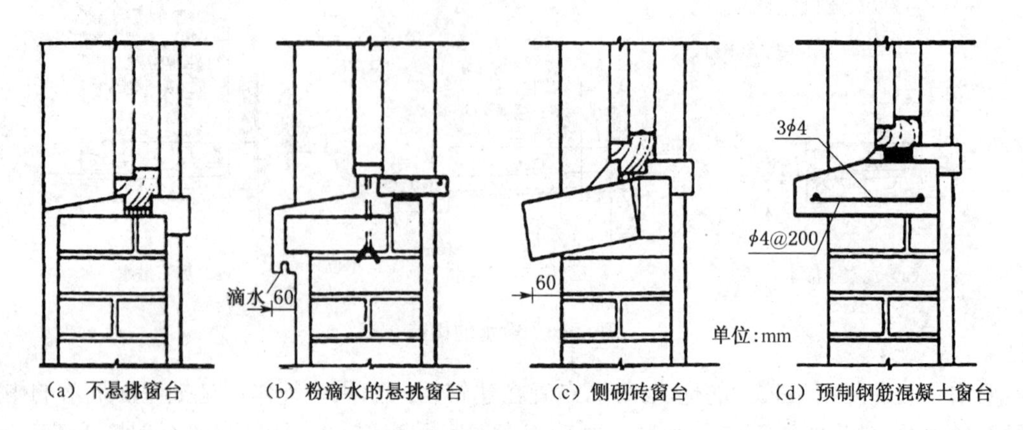


**图 8.18 窗台做法**

### 5) 门窗过梁

当墙体上开设门、窗孔洞时,为了支撑洞口上部砌体传来的荷载,并把这些荷载传递给洞口两侧的墙体或柱子,常在门窗洞口上设置横梁,即门窗过梁。根据所用的材料不同,常见的过梁有砖拱过梁、钢筋砖过梁、钢筋混凝土过梁等,如图 8.19 所示。

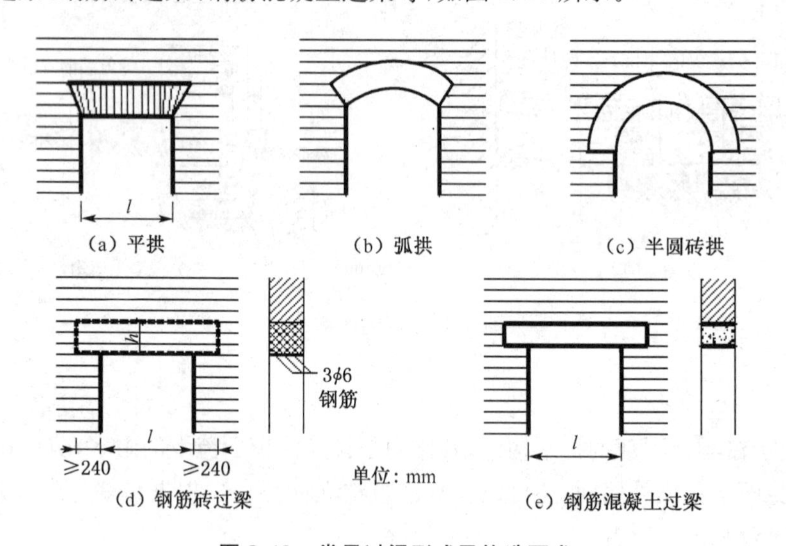


**图 8.19 常见过梁形式及构造要求**

(1) 砖砌平拱

由于砖受压性能较高而受拉性能较差,用砖作为过梁材料,过梁应采用竖砌成拱形,有平拱、弧拱、半圆拱之分。砖拱过梁虽节约钢材和水泥,但施工麻烦,整体性能不好,不适用于有集中荷载、震动较大、基地承载力不均匀及地震地区的建筑。

(2) 钢筋砖过梁

钢筋砖过梁是在洞口顶部砖缝内配筋的砖砌平过梁。通常每半砖厚的墙应配置 φ6 钢筋 2 根,当墙厚每增加半砖则再增加钢筋 1 根。钢筋放在洞口上第一皮和第二皮砖之间,也可放在第一皮砖下面的砂浆层内,砂浆厚 30 mm。钢筋每端伸入支座长度应不小于 240 mm,并加弯钩。钢筋砖过梁适合于跨度不大于 2 m,上部无集中荷载的洞口上。

(3) 钢筋混凝土过梁

当门窗洞口较大或上部有集中荷载时,门窗洞口上应使用钢筋混凝土过梁。按照施工方式的不同,钢筋混凝土过梁分为现浇和预制两种。过梁高度及配筋由计算确定。为施工方便,梁高应与砖的皮数相适应。通常情况下,梁高取 60 mm 的整数倍;梁两端支承在墙上的长度不少于 240 mm,以保证足够的承压面积(如图 8.20 所示)。

钢筋混凝土过梁的截面形式有矩形和 L 形两种。矩形截面的过梁,多用于内墙或混水墙;L 形截面的过梁,多用于外墙与清水墙。尤其在寒冷地区,采用钢筋混凝土过梁可防止过梁内壁产生冷凝水。

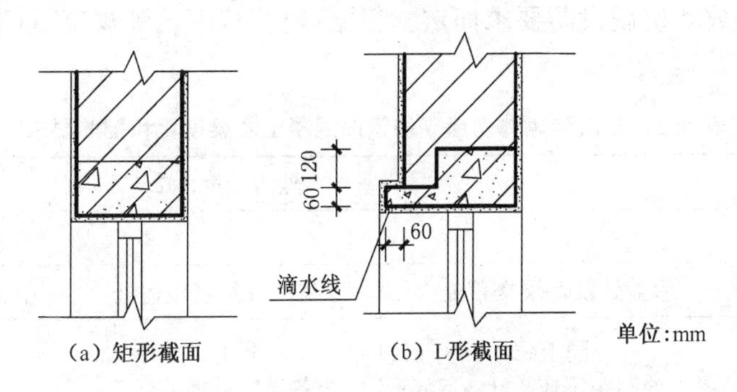


**图 8.20　钢筋混凝土过梁的构造形式**

**6) 墙体的加固措施**

由于墙体可能受到集中荷载、开洞口、墙体过长或过高及地震等因素的影响,而使得其强度、稳定性下降,因此对墙体采取加固措施。常见的加固措施有:设置门垛和壁柱、圈梁和构造柱。

(1) 设置壁柱和门垛

当墙体的窗间墙上出现集中荷载,而墙厚又不足以承受其荷载;或当墙体的长度和高度超过一定限度并影响墙体稳定性时,常在墙身局部适当位置增设凸出墙面的壁柱以提高墙体刚度,壁柱突出墙面的尺寸一般为:120 mm×370 mm、240 mm×370 mm、240 mm×490 mm。当在墙上开设门洞且门洞开在两墙转角处或丁字墙交接处时,为了便于门框的安置和保证墙体的稳定性,须在门靠墙的转角部位或丁字交接的一边设置门垛。门垛凸出墙面不小于 120 mm,厚度同墙厚。壁柱和门垛如图 8.21 所示。

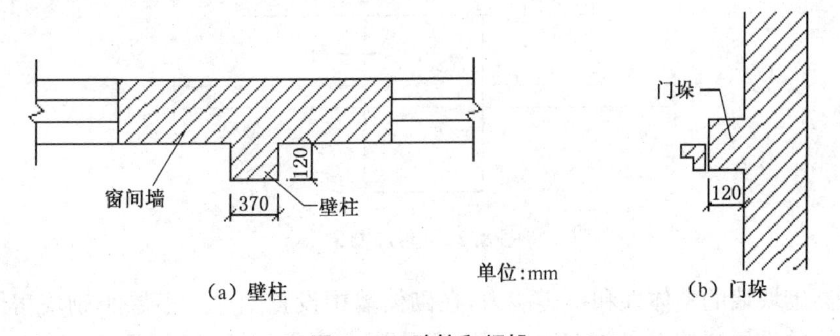


**图 8.21　壁柱和门垛**

(2) 圈梁

圈梁是沿外墙四周及部分内墙水平设置的连续闭合的梁。圈梁可以增强建筑的空间刚度和整体性,对建筑起到腰箍的作用;防止由于地基不均匀沉降、振动及地震引起的墙体开裂,提高房屋的抗震能力。

圈梁有钢筋砖圈梁和钢筋混凝土圈梁两种,但多采用钢筋混凝土圈梁。钢筋混凝土圈梁的宽度宜与墙体厚度相同,当墙厚大于 240 mm 时,圈梁的宽度可以比墙体厚度小,但不应小于墙厚的 2/3;圈梁的高度一般不小于 120 mm,通常与砖的皮数尺寸相配合。由于梁的受力较复杂,而且不易事先估计,因此圈梁一般按构造要求配置钢筋,纵向钢筋不应少于 4ϕ10,箍筋间距不应大于 300 mm。圈梁在建筑中往往不止设置一道,其数量应视墙体位置、建筑的高度、层数和抗震设防要求而定。根据《建筑抗震设计规范》(GB 50011—2010),具体要求见表 8.3。

**表 8.3 多层砖砌体房屋现浇钢筋混凝土圈梁设置和配筋要求**

| 墙类 | 烈度 | | |
|---|---|---|---|
| | 6、7 | 8 | 9 |
| 外墙和内纵墙 | 屋盖处及每层楼盖处 | 屋盖处及每层楼盖处 | 屋盖处及每层楼盖处 |
| 内横墙 | 同上;<br>屋盖处间距不应大于 4.5 m;<br>楼盖处间距不应大于 7.2 m;<br>构造柱对应部位 | 同上;<br>各层所有横墙,<br>且间距不应大于 4.5 m;<br>构造柱对应部位 | 同上;<br>各层所有横墙 |
| 最小纵筋 | 4ϕ10 | 4ϕ12 | 4ϕ14 |
| 箍筋最大间距(mm) | 250 | 200 | 150 |

圈梁通常设置在基础墙处、檐口处和楼板处,宜与预制板设在同一标高处或紧靠板底;当屋面板、楼板与窗洞口间距较小,而且抗震设防等级较低时,也可以把圈梁设在窗洞口上皮,兼做过梁使用。按照要求,圈梁应当连续、封闭地设置在同一水平面上。当圈梁被门窗洞口(如楼梯间窗洞口)截断时,应在洞口上方或下方设置附加圈梁。附加圈梁与圈梁的搭接长度不应小于两者垂直净距的两倍,且不应小于 1 m(如图 8.22 所示)。抗震设防地区,圈梁应当完全封闭,不宜被洞口截断。

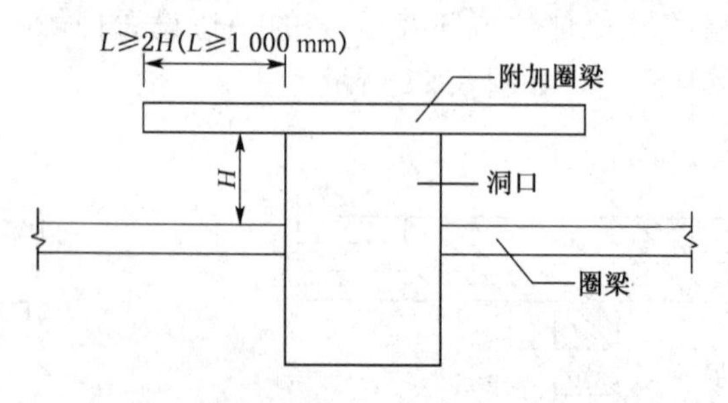


图 8.22 附加圈梁

为了提高砌块墙的整体性和抗震能力,在砌体墙中设置圈梁。多层小砌块房屋的现浇钢筋混凝土圈梁的设置应按多层砖砌体房屋圈梁的要求执行,圈梁宽度不应小于 190 mm,配筋不应少于 4ϕ12，箍筋间距不应大于 200 mm。砌块墙圈梁也可采用预制与现浇形式结合的方式，先搭放预制件，然后布置钢筋浇筑混凝土，构造如图 8.23 所示。

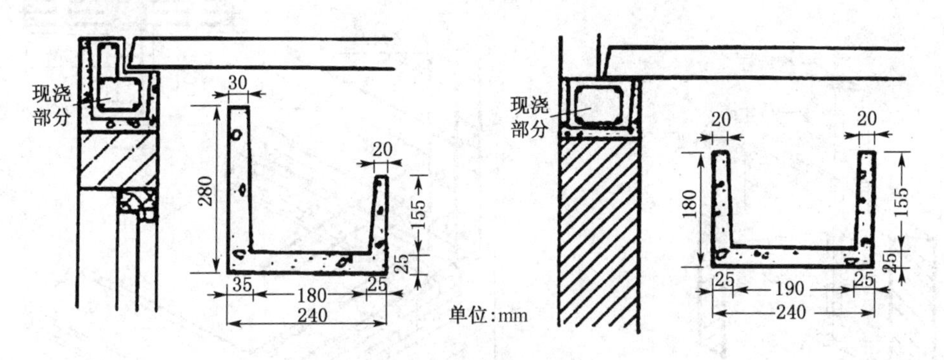


图 8.23 砌块墙预制圈梁构造

(3) 构造柱

在抗震设防地区，为了增加建筑物的整体刚度和稳定性，在多层砖混结构房屋的墙体中，还需设置钢筋混凝土构造柱，使之与各层圈梁连接，形成空间骨架，加强墙体抗弯、抗剪能力。构造柱是防止房屋倒塌的一种有效措施。多层砖混结构的建筑物其构造柱一般设置在建筑物的四角，内外墙交接处、楼梯间、电梯间及部分较长墙体的中部。表 8.4 是构造柱的设置要求。

表 8.4 多层砖砌体房屋构造柱设置要求

<table>
<tr><th colspan="4">房屋层数</th><th colspan="2" rowspan="2">设置部位</th></tr>
<tr><th>6 度</th><th>7 度</th><th>8 度</th><th>9 度</th></tr>
<tr><td>四、五</td><td>三、四</td><td>二、三</td><td></td><td rowspan="3">楼、电梯间四角，楼梯斜梯段上下端对应的墙体处；<br>外墙四角和对应转角；<br>错层部位横墙与外纵墙交接处；<br>大房间内外墙交接处；<br>较大洞口两侧</td><td>隔 12 m 或单元横墙与外纵墙交接处；<br>楼梯间对应的另一侧内横墙与外纵墙交接处</td></tr>
<tr><td>六</td><td>五</td><td>四</td><td>二</td><td>隔开间横墙(轴线)与外墙交接处；<br>山墙与内纵墙交接处</td></tr>
<tr><td>七</td><td>≥六</td><td>≥五</td><td>≥三</td><td>内墙(轴线)与外墙交接处；<br>内墙的局部较小墙垛处；<br>内纵墙与横墙(轴线)交接处</td></tr>
</table>

多层砖砌体房屋的构造柱应符合下列构造要求：

① 构造柱最小截面可采用 180 mm×240 mm(墙厚 190 mm 时为 180 mm×190 mm)，纵向钢筋宜采用 4ϕ12，箍筋间距不宜大于 250 mm，且在柱上下端应适当加密；6、7 度时超过六层，8 度时超过五层，9 度时，构造柱纵向钢筋宜采用 4ϕ14，箍筋间距不应大于 200 mm；房屋四角的构造柱应适当加大截面及配筋。

② 构造柱与墙连接处应砌成马牙槎，沿墙高每隔 500 mm 设 2ϕ6 水平钢筋和 ϕ4 分布短筋平面内点焊组成的拉结网片或 ϕ4 点焊钢筋网片，每边伸入墙内不宜小于 1 m。6、7 度时底部 1/3 楼层，8 度时底部 1/2 楼层，9 度时全部楼层，上述拉结钢筋网片应沿墙体水平通长设置(如图 8.24 所示)。

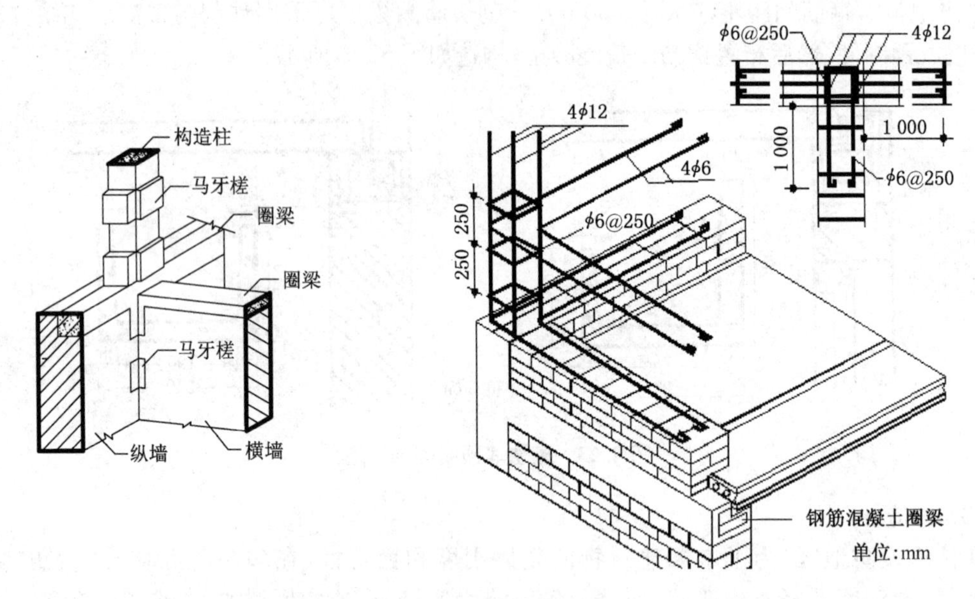


图 8.24　构造柱做法

③ 构造柱与圈梁连接处，构造柱的纵筋应在圈梁纵筋内侧穿过，保证构造柱纵筋上下贯通。

④ 构造柱可不单独设置基础，但应伸入室外地面下 500 mm，或与埋深小于 500 mm 的基础圈梁相连。构造柱上部与楼层圈梁连接。如圈梁为隔层设置时，应在无圈梁的楼层设置配筋砖带。由于女儿墙的上部是自由端而且位于建筑的顶部，易受地震破坏，一般情况下构造柱应当通至女儿墙顶部，并与钢筋混凝土压顶相连，而且女儿墙中的构造柱间距应当加密。

砌块墙钢筋混凝土构造柱应符合下列构造要求：

① 构造柱截面不宜小于 190 mm×190 mm，纵向钢筋宜采用 4ϕ12，箍筋间距不宜大于 250 mm，且在柱上下端应适当加密；6、7 度时超过五层、8 度时超过四层，9 度时，构造柱纵向钢筋宜采用 4ϕ14，箍筋间距不应大于 200 mm；外墙转角的构造柱可适当加大截面及配筋。

② 构造柱与砌块墙连接处应砌成马牙槎，与构造柱相邻的砌块孔洞，6 度时宜填实，7 度时应填实，8、9 度时应填实并插筋。构造柱与砌块墙之间沿墙高每隔 600 mm 设置 ϕ4 点焊拉结钢筋网片，并应沿墙体水平通长设置。6、7 度时底部 1/3 楼层，8 度时底部 1/2 楼层，9 度全部楼层，上述拉结钢筋网片沿墙高间距不大于 400 mm。

③ 构造柱与圈梁连接处，构造柱的纵筋应在圈梁纵筋内侧穿过，保证构造柱纵筋上下贯通。

④ 构造柱可不单独设置基础，但应伸入室外地面下 500 mm，或与埋深小于 500 mm 的基础圈梁相连。

当墙体材料选用空心混凝土砌块时，将钢筋插入上下贯通的砌块孔洞中，浇入混凝土就形成构造柱，如图 8.25 所示。

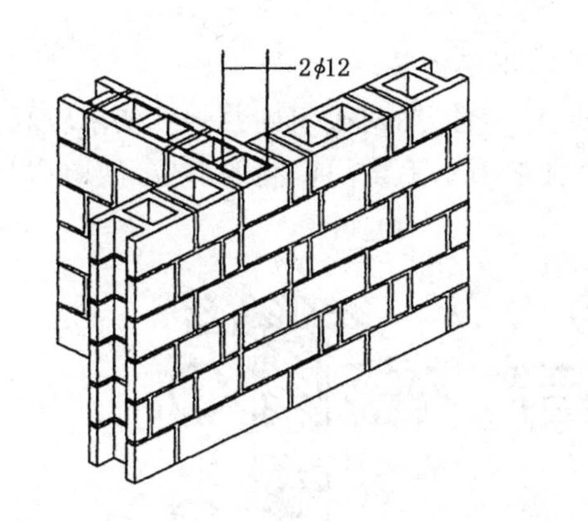


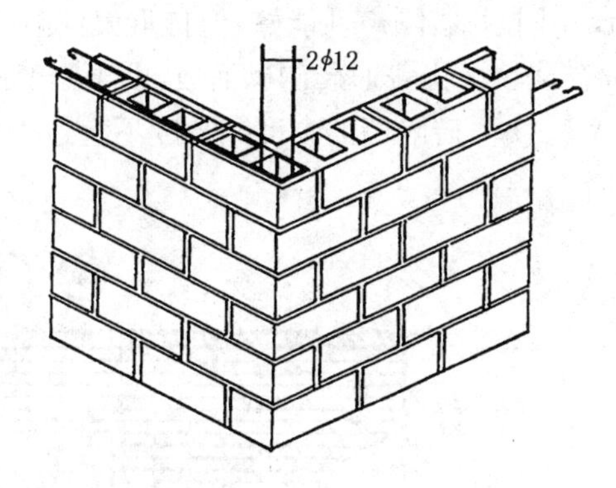


**图 8.25　空心混凝土砌块墙构造柱**

## 8.3　隔墙与隔断构造

建筑物内分隔房间的非承重墙统称为隔墙。隔墙的重量由楼地层或小梁承担,其作用在于分隔室内空间,提高建筑平面布局的灵活性和适应建筑功能变化的要求。隔断不完全分隔空间,但可局部遮挡视线或组织交通路线。常用的隔断有屏风式、镂空式、玻璃墙式、移动式以及家具式等。

隔墙的构造应满足以下几个方面的要求:

(1) 自重轻,有利于减轻楼板的荷载。

(2) 为增加室内的有效使用面积,在满足一定的强度和稳定性的情况下。隔墙的厚度应当尽量薄些。

(3) 根据使用要求的不同,隔墙应具有良好的隔声能力及相当的耐火能力。对潮湿、多水的房间,隔墙应具有良好的防潮、防水性能。

(4) 由于在建筑使用过程中可能会对室内空间进行调整和重新划分,隔墙应便于拆卸。

隔墙根据构造形式可分为块材隔墙、骨架隔墙、板材隔墙。

**1) 块材隔墙**

块材隔墙是用普通砖、空心砖、加气混凝土等块材砌筑而成的,常用的有普通砖隔墙和砌块隔墙。

(1) 普通砖隔墙

普通砖隔墙有半砖(120 mm)和 1/4 砖(60 mm)两种。

半砖隔墙用普通砖顺砌,砌筑砂浆采用 M2.5 或 M5。当砌筑砂浆为 M2.5 时,墙的高度不宜超过 3.6 m,长度不宜超过 5 m;当采用 M5 砂浆砌筑时,高度不宜超过 4 m,长度不宜超过 6 m。由于隔墙的厚度较薄,稳定性较差,构造上要求隔墙与承重墙或柱间须连接牢固,一般沿高度每隔 500 mm 砌入 2ϕ6 钢筋,且沿高度每隔 1 200 mm 设一道 30 mm 厚水泥砂浆层(内配 2ϕ6 钢筋),内外墙之间不留直槎(如图 8.26 所示)。为保证隔墙不承重,顶部与楼板相接处应将砖斜砌一皮,倾斜度应为 60°左右,或留 30 mm 的空隙塞木楔打紧,然后用砂浆填缝。

半砖隔墙坚固耐久，隔声性能好，但自重大且湿作业，不易拆装。

1/4 砖隔墙是由普通砖侧砌而成，由于厚度薄、稳定性差，对砌筑砂浆强度要求较高，一般不低于 M5。1/4 砖隔墙的高度和长度不宜过大，且常用于不设门窗洞的部位，如厨房与卫生间的隔墙。

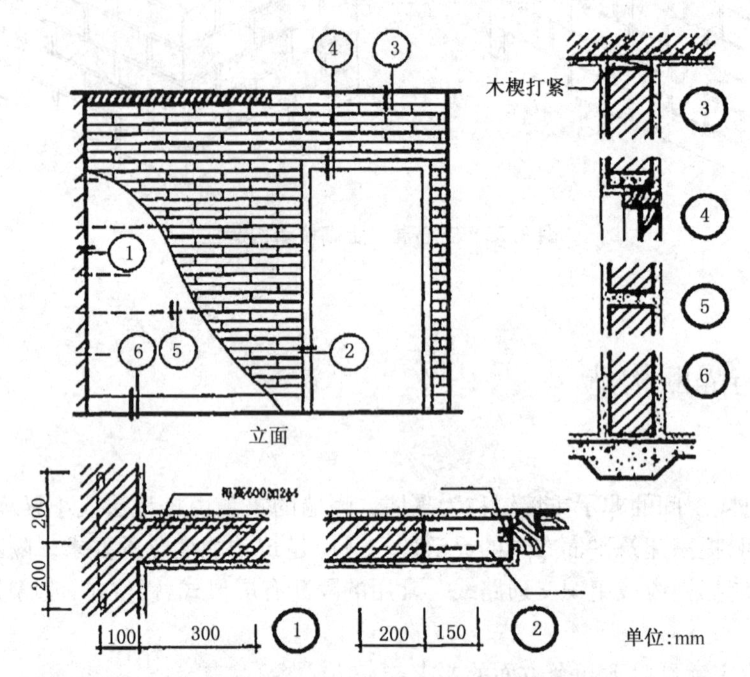


① 隔墙与承重墙或柱之间设置拉结钢筋 ②门框安装 ③隔墙顶部木楔打紧 ④门框安装 ⑤水泥砂浆层内设钢筋 ⑥半砖隔墙基础

**图 8.26 半砖隔墙**

(2) 砌块隔墙

为了减轻隔墙的重量，可采用质轻块大的各种砌块。目前最常用的是加气混凝土块、粉煤灰硅酸盐砌块及水泥炉渣空心砖等砌筑的隔墙。隔墙厚度由砌块尺寸而定，一般为 90～120 mm。砌块大多具有质轻、孔隙率大、隔热性能好等优点，但它们的吸水性较强。因此，砌筑时应在墙下先砌 3～5 皮黏土空心砖。

砌块隔墙厚度较薄，需采取加强稳定性措施，其方法与砖隔墙类似，如图 8.27 所示。

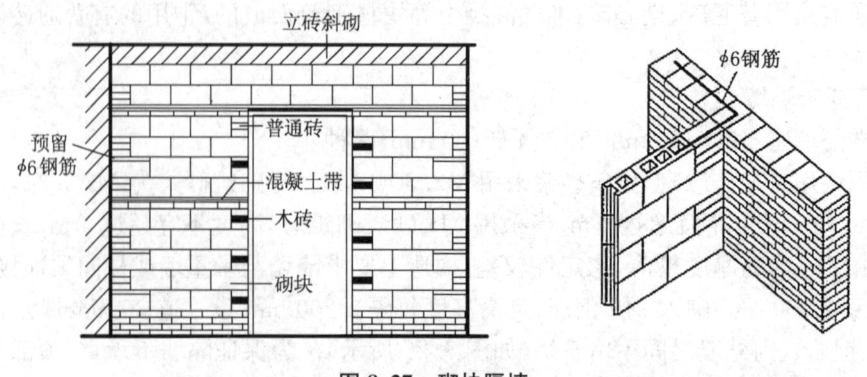


**图 8.27 砌块隔墙**

**2）立筋式隔墙**

立筋式隔墙也称骨架隔墙，是采用木材、金属材料等做骨架，各类饰面板做罩面的隔墙。这种隔墙具有自重轻、占地小、表面装饰较方便的特点，是建筑中应用较多的一种隔墙。

（1）木骨架隔墙

① 骨架：由上槛、下槛、主柱（墙筋）、斜撑或横撑等构件组成。上下槛与边立柱组成边框，中间每隔 400 mm 或 600 mm 架立柱，立柱截面为 50 mm×50 mm 或 50 mm×100 mm，沿高度方向每隔 1 500 mm 左右设一斜撑或横撑以增加骨架刚度。斜撑或横撑截面尺寸等于或小于立柱尺寸。骨架钉在两侧预埋的防腐木砖上。

上下槛、立柱可以榫接，也可以钉接，但必须保证平整。木材必须干燥，避免翘曲。为了节约木材，也可以用工业废料和地方材料制成骨架，如石棉水泥骨架、纸面石膏板及水泥刨花骨架等。

② 饰面材料

饰面材料是铺钉在骨架上的面层，有灰板条饰面、纸面石膏板、水泥石膏板等形式。

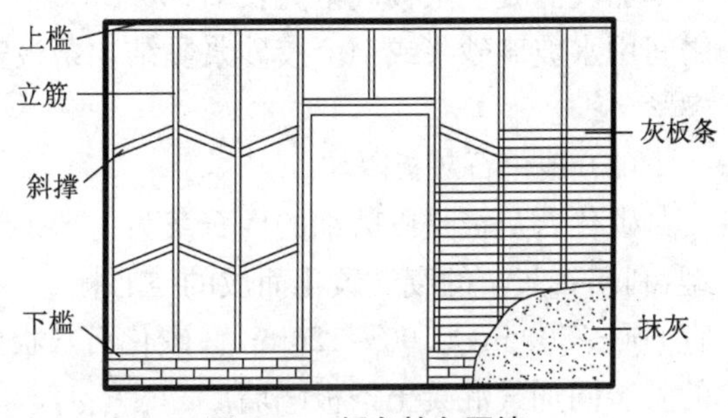

**图 8.28 板条抹灰隔墙**

灰板条抹灰饰面是在墙筋上钉 6 mm×30 mm×1 200 mm 灰板条，间隙 9 mm 左右，以便抹灰时衬灰挤入板隙，增加与灰板的握裹力。钉板条时，一般每根板条跨接三个立筋间距，板条接缝错开，避免通缝出现，以防抹灰开裂脱落。抹灰砂浆中可加入纸筋或麻刀，隔墙底部一般砌 150～200 mm 高黏土砖做踢脚。图 8.28 为板条抹灰隔墙。

（2）金属骨架隔墙

金属骨架隔墙是在金属骨架两侧铺钉各种面板构成的隔墙。骨架可由各种形式的型钢加工而成，具有自重轻、强度高、刚度大和整体性好的特点，金属骨架也称轻钢龙骨。金属骨架一般由上下槛、主柱和横撑组成，面板为胶合板、纤维板、石膏板等薄型难燃或不燃材料制成的饰面板（如图 8.29 所示）。

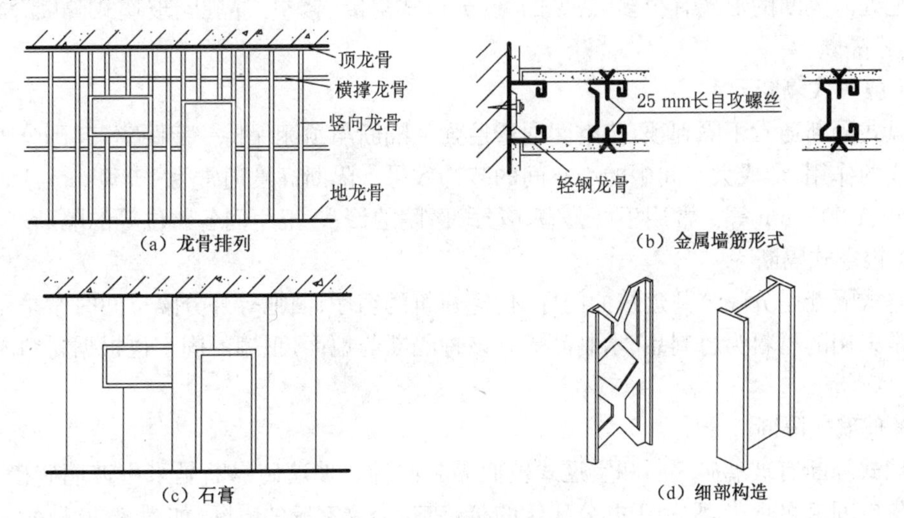

**图 8.29 轻钢龙骨石膏板隔墙**

### 3）板材隔墙

板材隔墙也称条板隔墙，是指单板高度相当于房间净高，面积较大，且不依赖骨架，直接装配而成的隔墙。这种隔墙装配性好，属于作业施工，施工速度快，防火性能好，但价格偏高。目前条板隔墙的材料及种类较多，常见的主要有石膏条板、水泥玻璃纤维空心条板、泰柏板等。板材隔墙中的板材不依附于骨架，可直接拼装。安装时下部留出 20～30 mm 缝隙，用木楔将条板楔紧，左右面板缝用砂浆或黏结剂胶结，然后再在表面进行装饰。

(1) 加气混凝土条板隔墙

加气混凝土由水泥、石灰、砂、矿渣等加发泡剂(铝粉)，经原料处理、配料浇注、切割、蒸压养护工序制成。加气混凝土条板具有自重轻、节省水泥、运输方便、施工简单、可锯、可刨、可钉等优点。但加气混凝土吸水性较大、耐腐蚀性差、强度较低，运输、施工过程中易损坏。

加气混凝土条板规格为长 2 700～3 000 mm，宽 600～800 mm，厚 80～100 mm。隔板墙之间用水玻璃砂浆或 107 胶砂浆黏结。条板安装一般是在地面上用一对对口木楔在板底将板楔紧。

(2) 碳化石灰板隔墙

碳化石灰板是以磨细的生石灰为主要原料掺 3%～4%的短玻璃纤维，加水搅拌，振动成型，利用石灰窑的废气碳化而成的空心板。一般的碳化石灰板的规格为长 2 700～3 000 mm，宽 500～800 m，厚 90～120mm。碳化石灰板的隔音能力较好，适用于隔音要求高的房间。板的安装同加气混凝土条板隔墙。

(3) 增强石膏空心板

增强石膏空心板分为普通条板、钢木窗框条板及防水条板三种，在建筑中按各种功能要求配合使用。石膏空心板规格为 600 mm 宽，60 mm 厚，2 400～3 000 mm 长，9 个孔，孔径 38 mm，能满足防火、隔音及抗撞击的能力。

### 4）隔断

隔断也是起分隔空间、变化空间、遮挡视线的作用。与隔墙相比，它们有很多相同之处，也有不同之处。隔断的形式有很多，常见的有：屏风式隔断、镂空式隔断、玻璃式隔断、移动式隔断、家具式隔断。

(1) 屏风式隔断

屏风式隔断通常不隔到顶，使空间通透性强。隔断与顶棚保持一定距离，起到分隔空间和遮挡视线的作用，形成大空间中的小空间的装饰效果。隔断高度通常为 1 050 mm、1 350 mm、1 500 mm、1 800 mm 等。常用于办公室、餐厅、医院的诊室、卫生间各蹲位等的隔断。

(2) 镂空式隔断

镂空式隔断是分隔公共建筑的门厅、住宅建筑的客厅、酒吧等外分隔空间时常采用的一种形式。常采用的材料为竹制品、木制品等。该种隔断与地面、顶棚的固定也根据材料不同而不一样。

(3) 玻璃式隔断

玻璃式隔断有玻璃砖隔断和空透式玻璃隔断两种。玻璃砖隔断是采用玻璃砖砌筑而成，既可分隔空间又可透光，常用于办公建筑的接待室、会议室等的隔断(如图 8.30 所示)。

空透式玻璃隔断常采用普通平板玻璃、磨砂玻璃、刻花玻璃、雕花玻璃、彩色有机玻璃等嵌

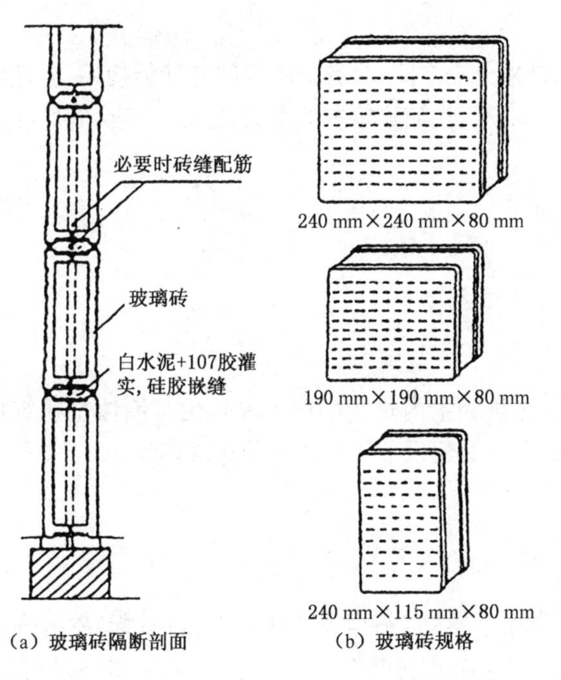


（a）玻璃砖隔断剖面　（b）玻璃砖规格

（c）玻璃砖隔断实例

图 8.30　玻璃砖隔断

入木框或金属框的内架中,具有很强的透光性。当采用普通平板玻璃时,具有可视性,常用于幼儿园、精密仪器生产车间的走廊。当采用彩色有机玻璃、压花玻璃、雕花玻璃时,除遮挡视线外,还有很强的装饰性,可用于会议室、会客室,住宅建筑中的厨房与餐厅、卫生间等的隔断。

(4) 移动式隔断

移动式隔断可以根据使用的需要灵活开启和闭合,是大空间变小空间、小空间变大空间时灵活采用的一种隔断方式。移动式隔断分为拼装式、滑动式、折叠式、悬吊式、卷帘式等,多用于餐厅的各个包间、宾馆活动室、会堂中的隔断(如图 8.31 所示)。

（a）移动式玻璃隔断

（b）移动式竹编隔断

图 8.31　移动式隔断

(5) 家具式隔断

家具式隔断是指利用室内的各种家具来分隔空间,具有分隔空间与功能使用、合理巧妙使用家具的特点,既节省费用又节省面积。多用于住宅建筑中的玄关处、办公室会客区与办公区的隔断。

## 8.4 墙体的保温构造

对墙体进行保温,主要就是阻止外界热量和室内热量的传入和输出。墙体是建筑物重要的围护构件之一,因此做好墙体中外墙的保温是建设节能型建筑的重要体现。

### 8.4.1 墙体保温材料

建筑工程中常用的墙体保温材料有保温砂浆、聚苯乙烯泡沫塑料板、岩棉(玻璃棉)板、保温涂料、有机硅墙体保温材料等。

(1) 保温砂浆

保温砂浆是以各种轻质材料为骨料,以水泥为胶凝料,掺和一些改性添加剂,经生产企业搅拌混合而制成的一种预拌干粉砂浆。具有施工方便、耐久性好等优点。

目前市面上的保温砂浆主要为两种:无机保温砂浆(玻化微珠防火保温砂浆,复合硅酸铝保温砂浆);有机保温砂浆(胶粉聚苯颗粒保温砂浆)。胶粉聚苯颗粒保温砂浆是由聚苯颗粒和保温胶粉料按配比包装组成。胶粉料采用预混干拌技术在工厂将水泥与高分子材料、引气剂等各种添加剂混匀后包装,使用时按配比加水在搅拌机中搅拌成浆体后再加渗入渗出聚苯颗粒,充分搅拌后形成塑性良好的膏状体,将其抹于墙体,干燥后便形成保温性能优良的隔暖层。此种材料施工方便,保温性能良好。但此种保温材料吸水率较其他材料为高,使用时必须加做抗裂防水层。抗裂防水保护层材料由抗裂水泥砂浆复合玻纤网组成,可长期有效控制防护层裂缝的产生。

(2) 膨胀聚苯乙烯泡沫塑料板

膨胀聚苯乙烯泡沫塑料板的简称为 EPS。EPS 板是由特种聚合物胶泥、EPS 板、玻璃纤维网格布和面涂聚合物胶泥组成的集墙体保温和装饰于一体的新型构造材料。它适合于新旧房屋节能改造时各种外墙的保温。

(3) 保温涂料

保温涂料是一种新型的保温材料,通过低导热系数和高热阻来实现隔热保温的一种涂料。该产品由优质天然矿物质添加化学添加剂和高温黏剂,经过制浆、入模、定型、烘干、成品、包装等工艺制造而成。保温涂料可替代水泥、砂浆或苯板用于建筑物的外墙主体、封闭的晾台内,具有良好的保温、降噪、防火、防结露等优点。

### 8.4.2 外墙的保温构造

**1）建筑外墙面的保温层构造应该能够满足的要求：**

(1) 适应基层的正常变形而不产生裂缝及空鼓；
(2) 长期承受自重而不产生有害的变形；
(3) 承受风荷载的作用而不产生破坏；
(4) 在室外气候的长期反复作用下不产生破坏；
(5) 罕遇地震时不从基层上脱落；
(6) 防火性能符合国家有关规定；
(7) 具有防止水渗透的功能；
(8) 各组成部分具有物理—化学稳定性，所有的组成材料彼此相容，并具有防腐性。

**2）外墙的保温构造**

外墙面保温构造的做法有：外墙内保温、外墙外保温、外墙中保温。其保温层设置位置如图 8.32 所示。

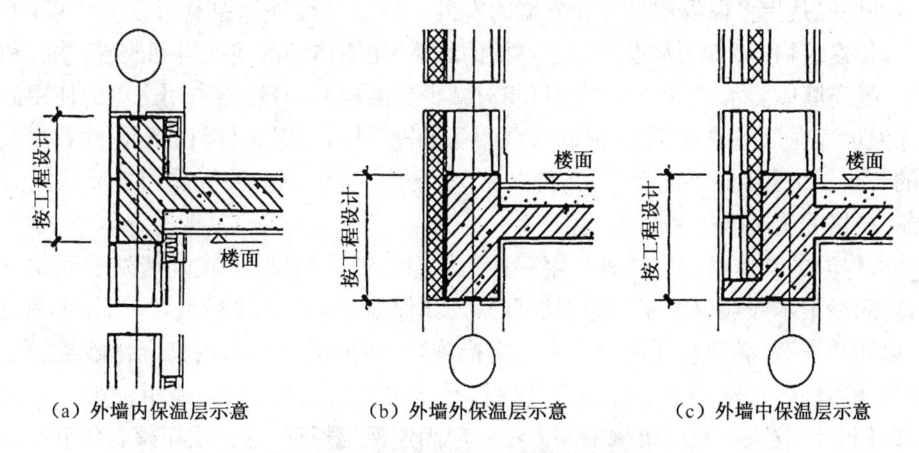


**图 8.32 外墙保温层设置位置示意图**

(1) 外墙内保温

外墙内保温是指将保温层设置在外墙室内的一侧。外墙内保温具有施工安全方便、造价相对较低、在夏季的晚间墙内表面温度随空气温度的下降而迅速下降因而减少闷热感、增加使用寿命、有利于安全防火等优点。但外墙内保温也存在以下缺点：①占用室内一定使用面积，不便于住户二次装饰和重物吊挂；②在有关结构上会出现较多的热桥，降低室内应有热量，甚至出现贯通热桥，其内表面(在冬季)普遍结露、长霉、变黄、发黑，结露形成滴水、流水；③结露水浸润热桥附近的保温材料，使其受潮、吸水、由于水的传热性能远大于空气，大大降低了保温材料原有的保温性能。

外墙内保温的具体做法有两种。一种是硬质保温制品内贴，即在外墙内侧用黏结剂粘贴增强石膏聚苯复合保温板等硬质建筑保温制品，然后在其表面粉刷石膏，并在里面压入中碱玻纤涂塑网格布(满铺)，最后用腻子嵌平，做涂料，具体构造如图 8.33(a)所示。另一种是保温层挂装——先在外墙内侧固定衬有保温材料的保温龙骨，在龙骨的间隙中填入岩棉等保温材料，然后在龙骨表面安装纸面石膏板，具体构造如图 8.33(b)所示。

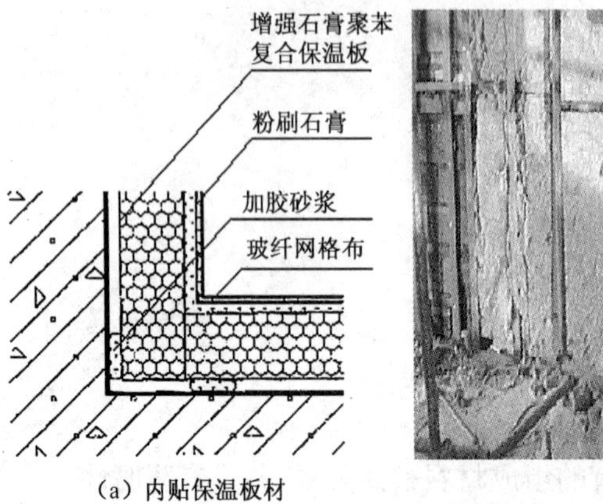


(a) 内贴保温板材

(b) 保温材料挂装

**图 8.33　外墙内保温**

(2) 外墙外保温

外墙外保温是指将保温层设置在外墙的室外一侧。外墙外保温具有以下优点：①保护主体结构，延长建筑物寿命；②基本消除了热桥的影响，使墙体潮湿情况得到改善；③有利于室温保持稳定，提高墙体防水性、气密性；④可相对减少保温材料用量，不占用房屋的使用面积。但外墙外保温也存在以下缺点：①对保温材料的要求较严格，对保温材料的耐候性和耐久性提出了较高的要求；②材料要求配套，对系统的抗裂、防水、拒水、透气、抗震和抗风压能力要求较高；③要有严格的施工队伍和技术支持。

外墙外保温的具体做法有三种。第一种是保温浆料外粉刷，即在外墙外表面做一道界面砂浆后，粉胶粉聚苯颗粒保温浆料等保温砂浆。如保温砂浆的厚度较大，应当在里面钉入镀锌钢丝网，以防止开裂(满铺金属网时应有防雷措施)。保护层及饰面用聚合物砂浆加上耐碱玻纤布，最后用柔性耐水腻子嵌平，涂表面涂料，具体构造如图 8.34(a)所示。第二种是外贴保温板材，即用黏结胶浆与辅助机械锚固方法一起固定保温板材，保护层用聚合物砂浆加上耐碱玻纤布，饰面用柔性耐水腻子嵌平，涂表面涂料(出于高层建筑进一步的防火需要，在高层建筑

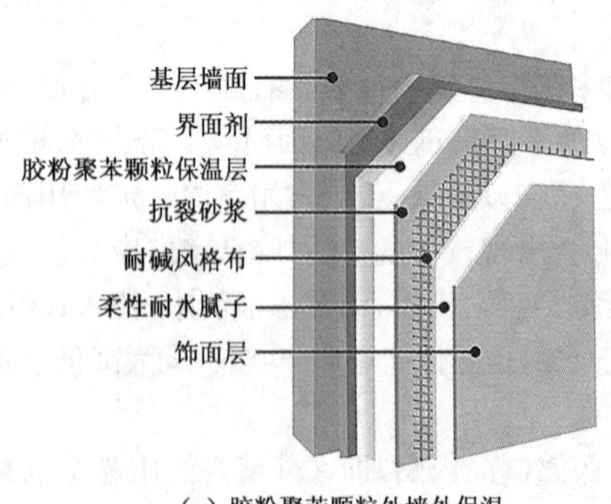


(a) 胶粉聚苯颗粒外墙外保温

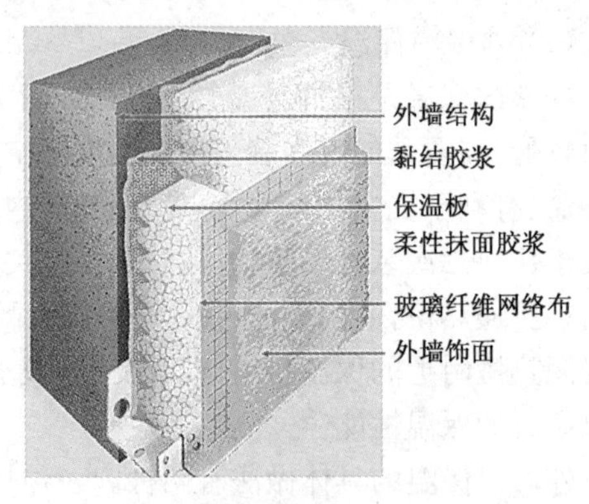


(b) 外贴保温板材

**图 8.34　外墙外保温**

60 m 以上高度的墙面上,窗口以上的一截保温应采用矿棉板),具体构造如图 8.34(b)所示。第三种是外加保温砌块墙,即选用保温性能较好的材料,如加气混凝土砌块、陶粒混凝土砌块等,全部或局部在结构外墙的外面再贴砌一道墙。

(3) 外墙中保温

外墙中保温是指在多道墙板或双层砌体墙的夹层中放置保温材料,或者并不放置保温材料,只是封闭夹层空间形成静止的空气间层,并在里面放置具有较强反射功能的铝箔等,具体构造如图 8.35 所示。

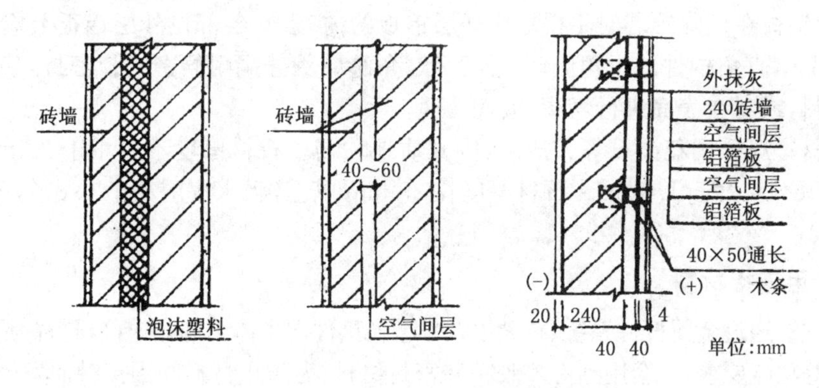


图 8.35 外墙中保温示意图

## 8.5 幕墙

幕墙是建筑物的外墙护围,不承重,像幕布一样挂上去,故又被称为悬挂墙,是现代大型和高层建筑常用的带有装饰效果的轻质墙体;是由结构框架与镶嵌板材组成,不承担主体结构载荷与作用的建筑围护结构。幕墙将建筑外围护墙的防风、遮雨、保温、隔热、防噪音等使用功能与建筑装饰功能有机地融合为一体。

### 8.5.1 幕墙的材料

**1) 幕墙面材**

幕墙面板多使用玻璃、金属层板和石材等材料,可单一使用,也可混合使用。玻璃幕墙常用的玻璃有吸热玻璃、夹层玻璃、夹丝玻璃、浮法透明玻璃、中空玻璃、钢化玻璃等。墙体有单层和双层玻璃两种。双层玻璃保温、隔音效果较好。各种玻璃的特点如下:

① 浮法玻璃具有两面平整、光洁的特点,比一般平板玻璃光学性能优良;

② 热反射玻璃(镜面玻璃)能通过反射掉太阳光中的辐射热而达到隔热目的;

③ 镜面玻璃能映照附近的景物和天空,可产生丰富的立面效果;

④ 吸热玻璃特点是能使可见光透过而限制带热量的红外线通过,价格适中,应用较多;

⑤ 中空玻璃具有隔音和保温的功能效果;

⑥ 钢化玻璃强度是普通玻璃的 3～4 倍，破碎时分裂成很多小的没有锐角的碎片，不伤人，故为安全玻璃；

⑦ 夹层玻璃为中间放置一层或多层聚乙烯醇缩丁醛(PVB)胶片，当遭受外力破坏后只产生裂痕但不会碎落，具有良好的隔音和防紫外线的功能。

幕墙所用的金属面板多为铝合金和钢材。铝合金可做成单层的、复合型的、蜂窝铝板等，表面可用氟碳树脂涂料进行防腐处理。幕墙用单层铝板厚度不应小于 2.5 mm；铝塑复合板在切割内层铝板和聚乙烯塑料时，应保留不小于 0.3 mm 厚的聚乙烯塑料并不得划伤铝板的内表面；蜂窝铝板在切除铝芯时不得划伤外层铝板的内表面，各部位外层铝板上应保留0.3～0.5 mm 的铝芯，直角构件的折角应弯成圆弧状，角缝应用硅酮耐候密封胶密封。钢材可采用高耐候性材料，或者在表面进行烤漆、镀锌处理。

幕墙石材一般采用花岗石等火成岩，因其质地均匀。石材厚度不应小于 25 mm，单块花岗石石板面积不宜大于 1.5 $m^2$。石材厚度在 25 mm 以上，吸水率应小于 0.8%，弯曲强度不小于 8.0 MPa。

**2）幕墙用连接材料**

幕墙通常会通过金属杆件系统、拉索以及小型连接件与主体结构相连接，同时为了满足防水及适应变形等功能要求，还会用到许多胶粘和密封材料，为防止材料间因接触而发生化学反应，胶粘和密封材料与幕墙其他材料间必须先进行相容性的试验，经试验合格方能够配伍使用。

### 8.5.2 幕墙的类型与构造

幕墙与建筑物主体结构之间的连接按照连接杆件系统的类型以及与幕墙面板的相对位置关系，可以分为有框式幕墙、点式幕墙和全玻式幕墙。

**1）有框式幕墙**

幕墙与主体建筑之间的连接杆件系统通常会做成框格的形式。根据框格与玻璃的关系可分为明框幕墙、半隐框幕墙(包括竖框式和横框式)、隐框幕墙(如图 8.36 所示)。

（a）明框玻璃幕墙

（b）半隐框玻璃及铝板幕墙

（c）隐框式玻璃幕墙+横向装饰带

**图 8.36　框式玻璃幕墙**

(1) 明框玻璃幕墙

明框玻璃幕墙是金属框架构件显露在外表面的玻璃幕墙(如图 8.37 所示)。

它以特殊断面的铝合金型材为框架，玻璃面板全嵌入型材的凹槽内。其特点在于铝合金型材本身兼有骨架结构和固定玻璃的双重作用。其基本构造如图8.38所示。

图8.37　明框玻璃幕墙

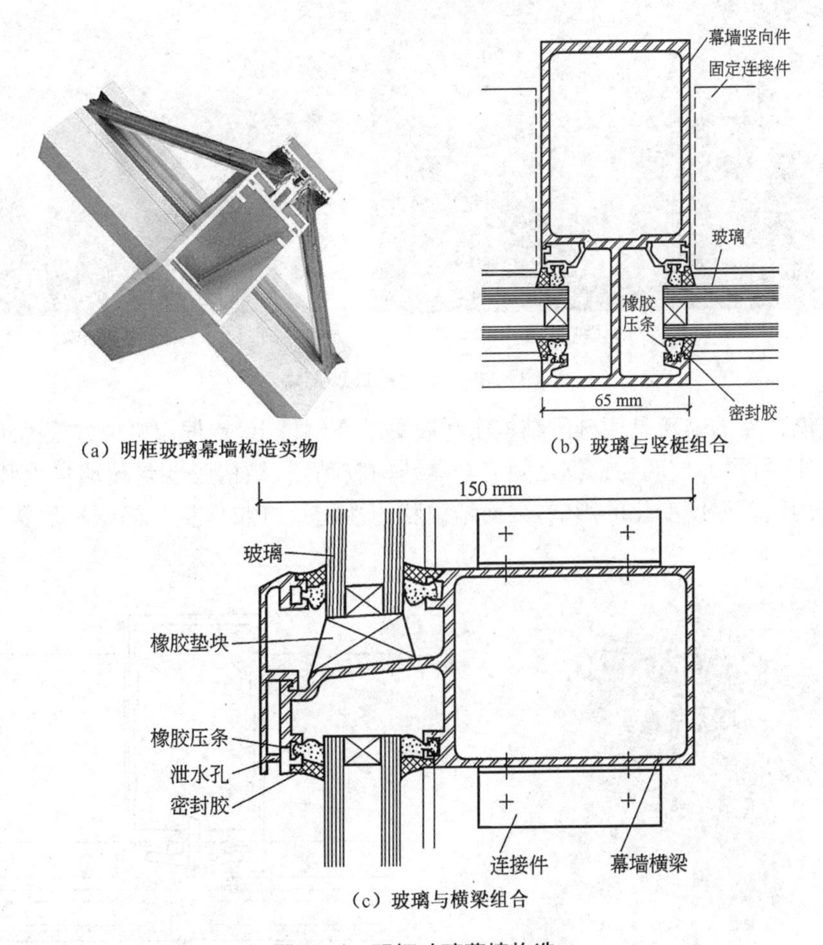


(a) 明框玻璃幕墙构造实物　(b) 玻璃与竖梃组合

(c) 玻璃与横梁组合

图8.38　明框玻璃幕墙构造

(2) 隐框玻璃幕墙

隐框玻璃幕墙的金属框隐蔽在玻璃的背面，室外看不见金属框。隐框玻璃幕墙又可分为全隐框玻璃幕墙(如图 8.39 所示)和半隐框玻璃幕墙两种。半隐框玻璃幕墙可以是横明竖隐,如图 8.40(a),也可以是竖明横隐,如图 8.40(b)。

图 8.39 全隐框玻璃幕墙建筑

(a) 横明竖隐

(b) 竖明横隐

图 8.40 半隐框玻璃幕墙

隐框玻璃幕墙的玻璃是用硅酮结构密封胶黏结在铝框上,铝框用机械方式固定在骨料上,构造如图 8.41 所示。玻璃与铝框之间完全靠结构胶黏结,结构胶要受玻璃自重和风荷载、地震等外力作用以及温度变化的影响,因而结构胶的性能及打胶质量是隐框玻璃幕墙安全性的关键环节。

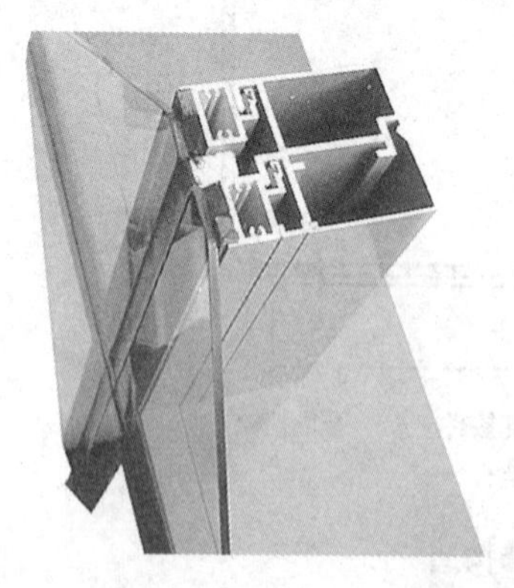

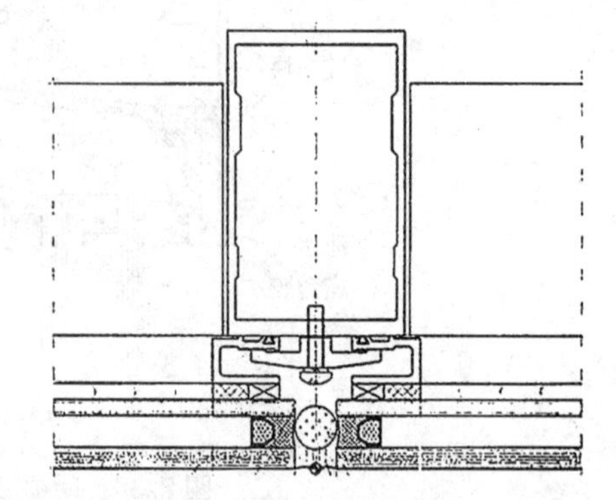

图 8.41 隐框玻璃幕墙的构造

有框式玻璃幕墙按照施工方法可以分为单元式玻璃幕墙和构件式玻璃幕墙。

(1) 单元式玻璃幕墙是将面板和金属框架在工厂组装为幕墙单元,以幕墙单元形式在现场完成安装施工,如图 8.42(a)。

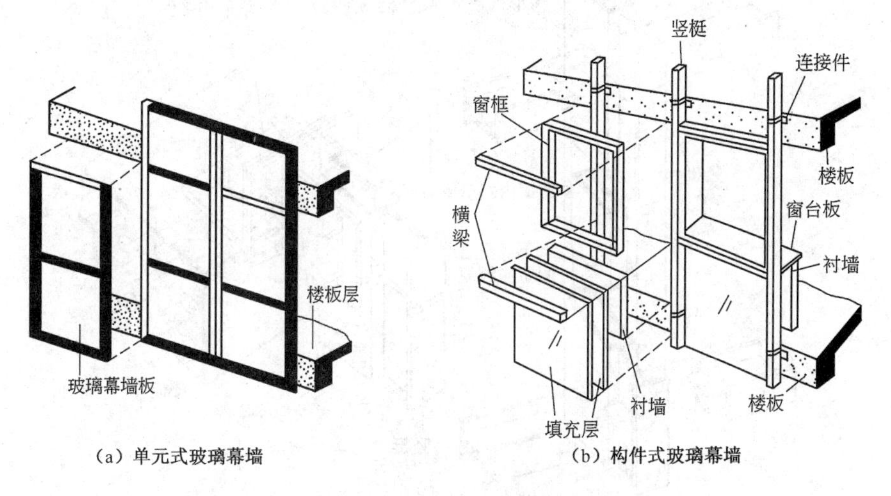


(a) 单元式玻璃幕墙　　(b) 构件式玻璃幕墙

图 8.42 有框式玻璃幕墙

(2) 构件式玻璃幕墙是在现场依次安装竖梃、横梁和玻璃面板,如图 8.42(b)所示。

有框式玻璃幕墙的构造连接主要指玻璃与金属型材的连接、竖梃与竖梃和竖梃与横档的连接、竖梃与主体的连接三方面,具体构造做法如图 8.43~8.45 所示。

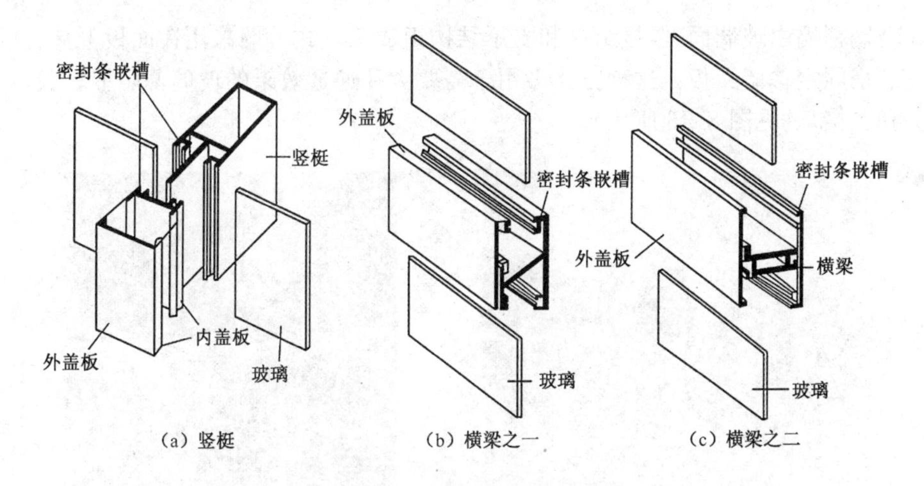


(a) 竖梃　　(b) 横梁之一　　(c) 横梁之二

图 8.43 玻璃与金属框的组合

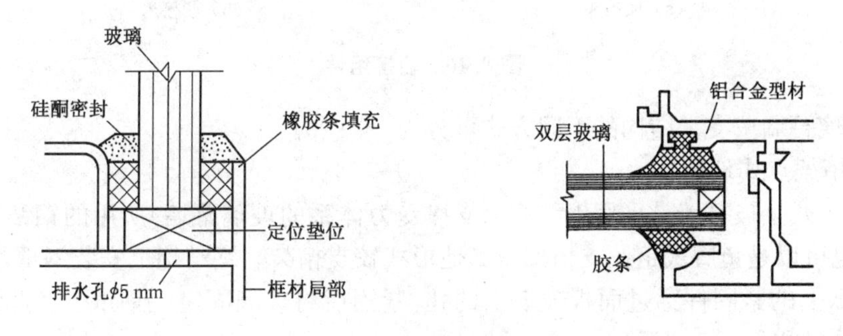


图 8.44 玻璃的固定

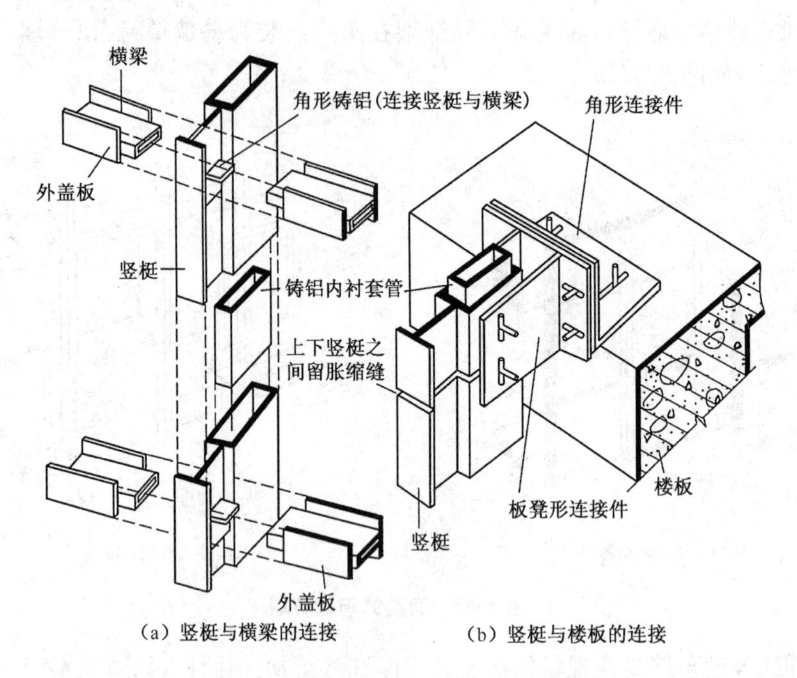


(a) 竖梃与横梁的连接　　(b) 竖梃与楼板的连接

**图 8.45　竖梃与竖梃、横梁、主体的连接**

### 2) 点式幕墙

点式玻璃幕墙由玻璃面、驳接组件和支承结构组成。点式幕墙采用在面板上穿孔的方法，用金属“爪”来固定幕墙面板。这种方法多用于需要大片通透效果的玻璃幕墙上。驳接组件包括驳接头和驳接爪(见图 8.46 所示)。

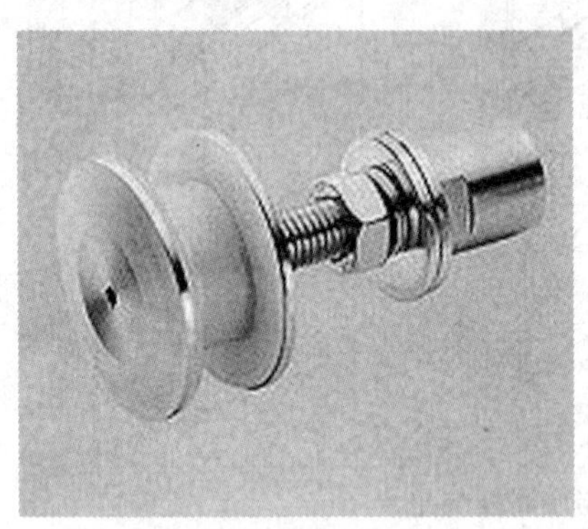

(a) 驳接头

(b) 驳接爪

**图 8.46　驳接组件**

点式玻璃幕墙按支承结构的不同方式可分为：

(1) 钢桁架点式玻璃幕墙

钢桁架点式全玻幕墙是采用钢结构为支撑受力体系的玻璃幕墙，所用的钢结构可以是圆钢管钢杠，也可以是鱼腹式钢铰支桁架或其他形式铰支桁架。钢结构上安装钢爪，面板玻璃四角开孔，钢爪上的紧固件穿过面板玻璃上的孔，紧固后将玻璃固定在钢爪上。此结构选材灵活、施工简单(如图 8.47 所示)。

图 8.47　钢桁架点式玻璃幕墙

(2) 拉杆点式玻璃幕墙

拉杆式点接驳全玻璃幕墙用不锈钢拉杠柔性支承结构代替刚性桁架结构，采用预应力双层拉杆结构(如图 8.48 所示)。玻璃通过金属连接件与其固定。在建筑中充分运用机械加工的精度，使构件均为受拉杆件，因此，施工时要加以预应力，这种柔接可降低震动时玻璃的破损率。

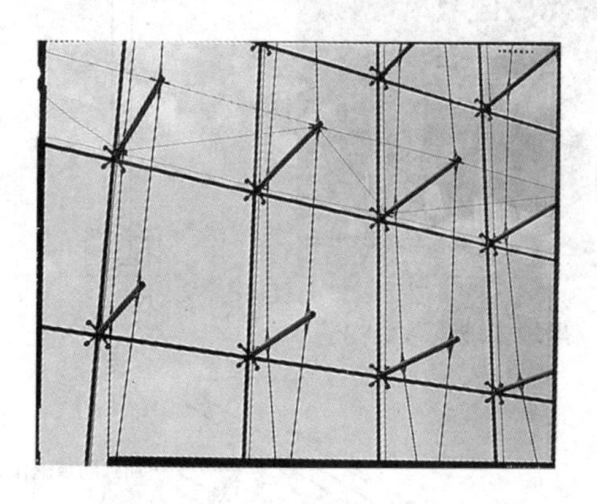

图 8.48　拉杆点式玻璃幕墙

(3) 拉索点式玻璃幕墙

拉索点式玻璃幕墙用不锈钢索柔性支承结构代替刚性桁架结构，基本构造如图 8.49 所示。

图 8.49　拉索点式玻璃幕墙接驳组件连接构造

### 3）全玻式幕墙

全玻式玻璃幕墙主要由玻璃肋和玻璃面板构成，是大片玻璃与支承框架均为玻璃的幕墙，又称玻璃框架玻璃幕墙，是一种全透明、全视野的玻璃幕墙。全玻式幕墙的面板以及与建筑物主体结构的连接构件都由玻璃构成。连接构件通常做成肋的形式，并且悬挂在主体结构的受力构件上——特别是较高大的全玻式幕墙——目的是不让玻璃肋受压。一般有坐地式（落地式）和吊挂式两类。玻璃肋全玻幕墙的大片玻璃与玻璃框架在层高较低时，玻璃安装在下部的镶嵌槽内，上部镶嵌槽槽底与玻璃之间留有伸缩的空隙，即为坐地式玻璃幕墙（如图 8.50 所示）。但落地时应该与楼地面以及楼地面的装修材料之间留有缝隙，以确保玻璃肋不成为受压构件。当层高较高时，由于玻璃较高、长细比较大，如玻璃安装在下部的镶嵌槽内，玻璃自重会使玻璃变形，导致玻璃破坏。在大片玻璃与玻璃框架上部设置专用夹具，将玻璃吊挂起来，下部镶嵌槽槽底与玻璃之间留有伸缩的空隙，这就是吊挂式玻璃幕墙（如图 8.51 所示）。全玻璃幕墙多用于建筑物的裙楼、橱窗、走廊并适用于展示室内陈设或游览观景。

图 8.50　坐地式玻璃幕墙构造

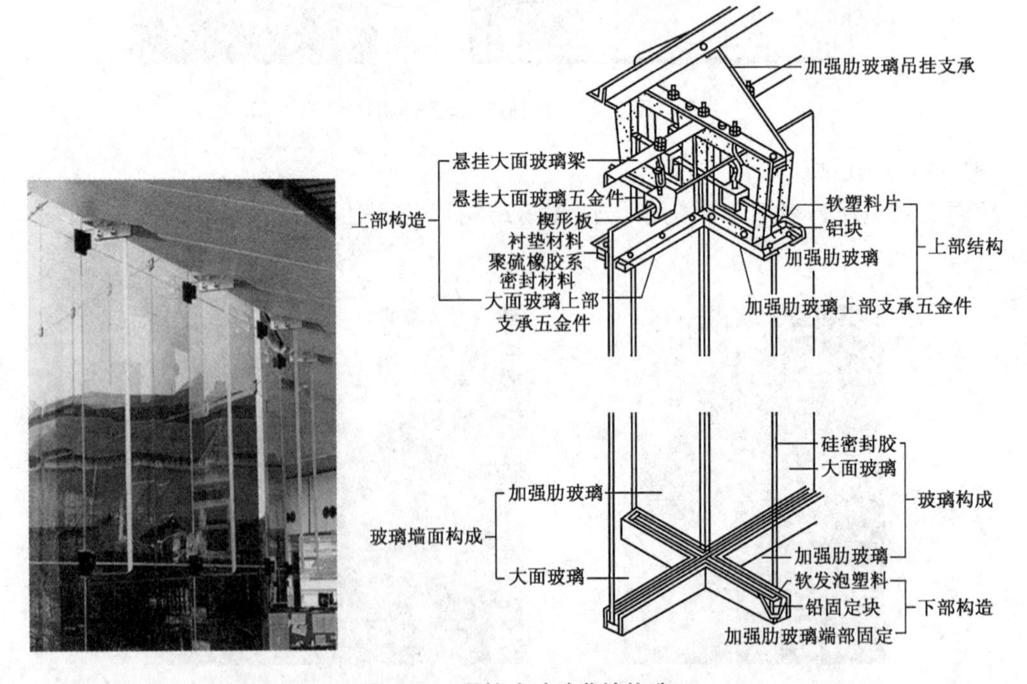


图 8.51　吊挂式玻璃幕墙构造

大片玻璃支承在玻璃框架上的形式有后置式、骑缝式、平齐式、突出式等。

后置式：玻璃翼（脊）置于大片玻璃的后部，用密封胶与大片玻璃粘结成一个整体，如图 8.52(a)所示。

骑缝式：玻璃翼部位于大片玻璃的接缝处，用密封胶将三块玻璃连接在一起，并将两块大玻璃之间的缝隙密封，如图 8.52(b)所示。

平齐式：玻璃翼（脊）位于两块大玻璃之间，玻璃翼的一侧与大片玻璃表面平齐，玻璃翼与两块大玻璃之间用密封胶黏结并密封，如图 8.52(c)所示。

突出式：玻璃翼（脊）位于两块大玻璃之间，两侧均凸出大片玻璃表面，玻璃翼与大片玻璃之间用密封胶黏结并密封，如图 8.52(d)所示。

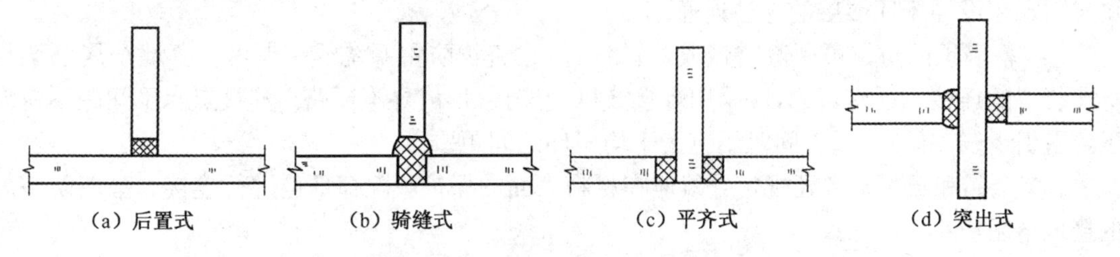


**图 8.52　大片玻璃与玻璃框架的连接**

吊挂式玻璃幕墙上部玻璃夹具如图 8.53 所示。

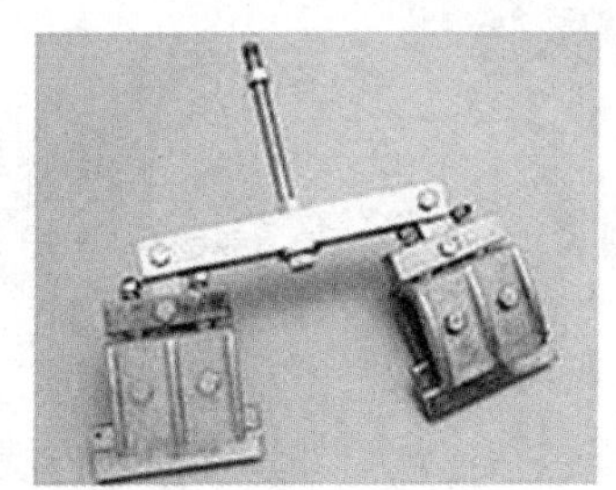

**图 8.53　玻璃夹具**

## 8.5.3　建筑幕墙防火、防雷构造以及透气和通风功能控制

**1）建筑幕墙的防火**

幕墙与主体建筑的楼板、内隔墙交接处的空隙，必须采用岩棉、矿棉、玻璃棉等难燃材料填缝，并采用厚度在 1.5 mm 以上的镀锌耐热钢板（不能用铝板）封口。接缝处与螺丝口应该另用防火密封胶封堵。对于幕墙在窗间墙、窗槛墙处的填充材料应该采用不燃材料，除非外墙面采用耐火极限不小于 1.0 h 的不燃烧体时，该材料才可改为难燃。如果幕墙不设窗间墙和窗槛墙，则必须在每层楼板外沿设置高度不小于 0.80 m 的不燃烧实体墙裙，其耐火极限应不小于 1.0 h。

**2）建筑幕墙的防雷构造**

建筑幕墙的金属骨架是良导体，幕墙的防雷措施不当，可能会遭到雷电的侧击破坏，严重的可能招致火灾,所以幕墙的防雷必须严格按照有关规范进行设计和施工。

(1) 幕墙应形成自身的防雷网,并与主体结构的防雷体系有可靠的连接。幕墙自身的防雷网不宜大于 100 $m^2$。

(2) 建筑物每隔三层要装设均压环,环间垂直距离不应大于 12 m,均压环内的纵向钢筋必须采用焊接连接并与接地装置连通。所有引下线、建筑物的金属结构和金属设备均应连到环上。

(3) 幕墙防侧雷做法:幕墙位于均压环处的预埋件的锚筋必须与均压环处的梁的纵向钢筋连通,固定在设均压环楼层上的立柱必须与均压环连通,位于均压环处与梁纵筋连通的立柱上的横梁必须与立柱连通。幕墙立面上,水平方向每 8 m 以内位于未设均压环楼层的立柱,必须与固定在设均压环楼层的立柱连通。

(4) 幕墙顶的防雷可用避雷带或避雷针,由建筑物防雷系统统一考虑。幕墙金属框架与防雷装置的连接应紧密可靠,应采用焊接或机械连接,形成导电通路。连接点水平间距不应大于防雷引下线的间距,垂直间距不应大于均压环的间距。

(5) 金属和石材幕墙还规定导线应在材料表面的保护膜除掉部位进行连接。幕墙防雷处的接地电阻应小于 10 Ω。

**3) 建筑幕墙的透气和通风功能控制**

为了保证幕墙的安全性和密闭性,幕墙的开窗面积较少,而且规定采用上悬窗,并应设有限位滑撑构件。

## 8.6 墙面装修

墙体装饰工程包括建筑物外墙饰面和内墙饰面两大部分。不同的墙面有不同的使用和装饰要求,应根据不同的使用和装饰要求选择相应的材料、构造方法和施工工艺,以达到设计的实用性、经济性和装饰性。

### 8.6.1 墙面装修的作用与分类

**1) 墙体装修的作用**

(1) 保护墙体,提高墙体的耐久性;

(2) 改善和提高墙体的使用功能;

(3) 美化环境,丰富建筑的艺术形象。

**2) 墙体装修的分类**

按装修部位的不同,墙体装修可分为室外装修和室内装修两类。室外装修用于外墙表面,对建筑物起保护和美化作用。外墙面要经受风、霜、雨、雪等的侵蚀,因而外装修要选用强度高、耐久性好、抗冻性及抗腐蚀性好的材料。室内装修的选用根据使用要求综合考虑。

墙体装修按施工方式的不同可分为抹灰类、贴面类、铺钉类、涂料类和裱糊类等。

## 8.6.2　墙体装修构造

### 1）抹灰类

为保证抹灰平整、牢固，避免龟裂、脱落，抹灰应分层进行，每层不宜太厚。各种抹灰层的厚度应视基层材料的性质、所选用的砂浆种类和抹灰质量的要求而定。抹灰类饰面一般应由底层、中间层、面层三部分组成（如图 8.54 所示）。

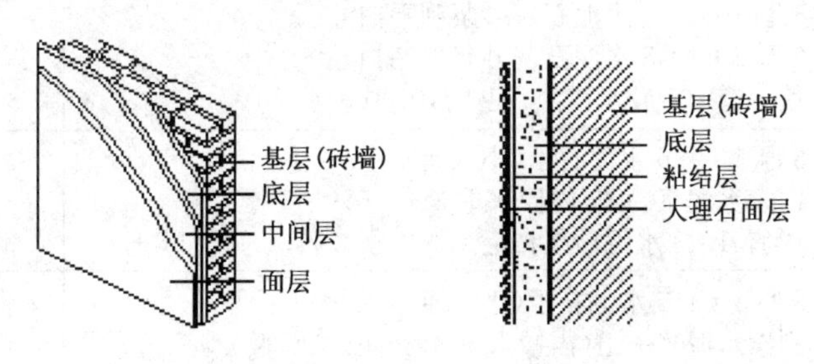


图 8.54　墙面抹灰构造

底层抹灰：其作用是保证饰面层与墙体连接牢固及初步找平，厚度为 5～15 mm。墙体基层的材料不同，底层处理的方法亦不相同。普通砖墙常用石灰砂浆和混合砂浆；混凝土墙采用混合砂浆和水泥砂浆；板条墙用麻刀石灰浆或纸筋石灰砂浆；另外，对温度较大的房间或有防水、防潮要求的墙体，底灰选用水泥砂浆或水泥混合砂浆。

中间层抹灰：其作用主要为找平与黏结，还可弥补底层砂浆的干缩裂缝。根据墙体平整度与饰面质量要求，中间层可以一次抹成，也可以分多次抹成，用料一般与底层相同。厚度一般为 5～10 mm。

面层：主要起装饰作用，要求表面平整、色彩均匀、无裂纹，可以做成光滑或粗糙等不同质感的表面。根据面层所用材料的不同，抹灰装修的类型较多，常见抹灰的具体构造做法见表 8.5。

表 8.5　墙面抹灰做法举例

| 抹灰名称 | 做法说明(mm) | 适用范围 |
| --- | --- | --- |
| 纸筋灰(麻刀灰)墙面(一) | 喷(刷)内墙涂料<br>2 厚纸筋灰罩面<br>8 厚 1∶3 石灰砂浆<br>13 厚 1∶3 石灰砂浆打底 | 砖基层的内墙 |
| 纸筋灰(麻刀灰)墙面(二) | 喷(刷)内墙涂料<br>2 厚纸筋灰罩面<br>8 厚 1∶3 石灰砂浆<br>6 厚 TG 砂浆打底扫毛，配比<br>水泥∶砂∶TG 胶∶水=1∶6∶0.2∶适量<br>涂刷 TG 胶浆一道，配比 TG 胶∶水∶水泥=1∶4∶1.5 | 加气混凝土基层的内墙 |

续表 8.5

| 抹灰名称 | 做法说明 | 适用范围 |
| --- | --- | --- |
| 混合砂浆墙面 | 喷内墙涂料<br>5 厚 1∶0.3∶3 水泥石灰混合砂浆面层<br>15 厚 1∶1∶6 水泥石灰混合砂浆打底找平 | 内墙 |
| 水泥砂浆墙面(一) | 6 厚 1∶2.5 水泥砂浆罩面<br>9 厚 1∶3 水泥砂浆刮平扫毛<br>10 厚 1∶3 水泥砂浆打底扫毛或划出纹道 | 砖基层的外墙或有防水要求的内墙 |
| 水泥砂浆墙面(二) | 6 厚 1∶2.5 水泥砂浆罩面<br>6 厚 1∶1∶6 水泥石灰砂浆刮平扫毛<br>6 厚 2∶1∶8 水泥石灰砂浆打底扫毛<br>喷一道 107 胶水溶液,配比:107 胶∶水＝1∶4 | 加气混凝土基层的外墙 |
| 水刷石墙面(一) | 8 厚 1∶1.5 水泥石子(小八厘)<br>刷素水泥浆一道(内掺水重 3%～5%107 胶)<br>12 厚 1∶3 水泥砂浆扫毛 | 砖基层外墙 |
| 水刷石墙面(二) | 8 厚 1∶1.5 水泥石子(小八厘)<br>刷素水泥浆一道(内掺水重 3%～5%107 胶)<br>6 厚 1∶1∶6 水泥石灰砂浆刮平扫毛<br>6 厚 2∶1∶8 水泥石灰砂浆打底扫毛 | 加气混凝土基层的外墙 |
| 水磨石墙面 | 10 厚 1∶1.25 水泥石子罩面<br>刷素水泥浆一道(内掺水重 3%～5%107 胶)<br>12 厚 1∶3 水泥砂浆打底扫毛 | 墙裙、踢脚等处 |

为防止墙体下段遭碰撞或在有防水要求的内墙下段,须做墙裙对墙身进行保护(如图 8.55 所示)。常用的做法有水泥砂浆抹灰、贴瓷砖、水磨石、油漆等。墙裙高度一般为 1.5 cm。另外,对室内墙面、柱面和门窗洞口的阳角处,须作 2 cm 高 1∶2 水泥砂浆护角(如图 8.56 所示)。

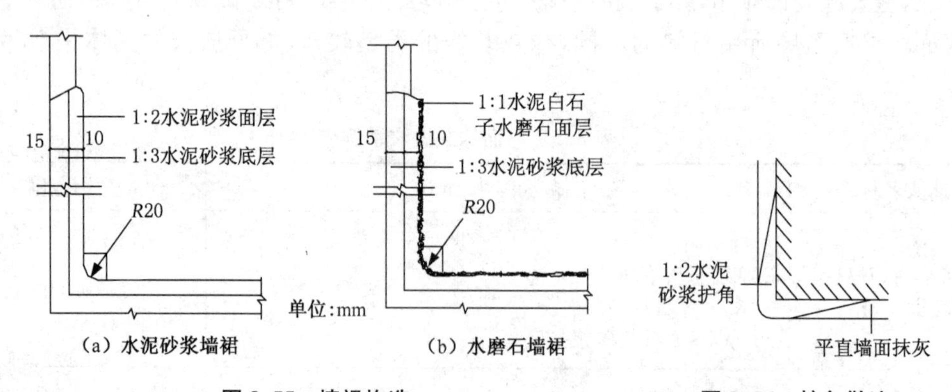


(a) 水泥砂浆墙裙　(b) 水磨石墙裙

图 8.55　墙裙构造

图 8.56　护角做法

室外墙面抹灰面积较大,饰面材料易因干缩或冷缩而开裂产生裂缝,常在抹灰面层做分格(即分格缝),这既是构造上的需要,也有利于日后的维修工作,且可使建筑物获得良好的尺度感。分块的大小应与建筑立面处理相结合,分格缝设置不宜太窄或太浅,缝宽以不小于20 mm 为宜。抹灰面设缝的方式有凸线、凹线、嵌线三种,其形式如图 8.57 所示。

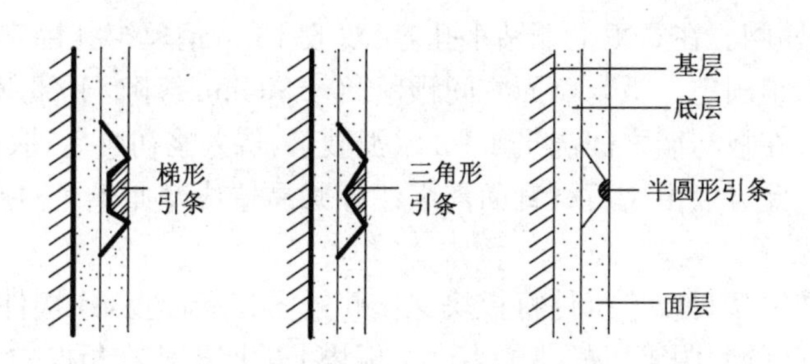


图 8.57 墙面引条线脚做法

**2）贴面类**

贴面类饰面指将用各种人造板或天然石板直接粘贴于墙面或通过构造连接固定于墙面的一种饰面装修。贴面类装修具有坚固耐用、色泽稳定、易清洗、耐腐蚀、防水、装饰效果丰富等优点，可用于室内、外墙体。常见的贴面材料有面砖、瓷砖、陶瓷锦砖、水磨石板、水刷石板等人造板材以及大理石板、花岗岩板等天然板材。但这类饰面铺贴技术要求高，有的品种存在块材色差和尺寸误差大的缺点，质量较低的釉面砖还存在釉层易脱落等缺点。

(1) 面砖、瓷砖、陶瓷锦砖墙面装修

面砖多数是以陶土为原料，压制成型后经 1 100℃左右高温煅烧而成的。面砖一般用于装饰等级要求较高的工程。常见面砖有釉面砖、无釉面砖、仿花岗岩瓷砖等。无釉面砖俗称外墙面砖，具有质地坚硬、强度高、吸水率低的优点；主要用于高标准建筑外墙饰用。釉面砖有白色、彩色、带图案、印花及各种装饰釉面砖等，具有表面光滑、容易擦洗、美观耐用、吸水率低等特点，主要用于高标准建筑的内、外墙面，厨房、卫生间的墙裙贴面及室内需经常擦洗的部位。面砖不仅用于墙饰面也可用于地面，又称为地砖。面砖的规格、色彩品种繁多，常采用75 mm×150 mm、150 mm×150 mm、145 mm×113 mm、233 mm×113 mm、265 mm×113 mm 等几种规格，厚度约为 5～17 mm；陶土无釉面砖较厚，为 13～17 mm；瓷土釉面砖较薄，为5～7 mm。一般面砖背面留有凹凸纹路，以有利于面砖粘贴牢固。

面砖饰面的构造做法：面砖安装前，先将墙面清洗干净，然后将面砖放入水中浸泡，贴前取出晾干或擦干。面砖安装时，先抹 15 mm 厚 1∶3 水泥砂浆打底找平，再抹 5 mm 厚 1∶1 水泥细砂砂浆粘贴面层制品。镶贴面砖需留出缝隙，面砖的排列方式和接缝大小对立面有一定影响，通常有横铺、竖铺、错开排列等几种方式。

锦砖一般按设计图纸要求在工厂反粘在标准尺寸为 325 mm×325 mm 的牛皮纸上，施工时将纸面朝外整块粘贴在 1∶1 水泥细砂砂浆上，用木板压平，待砂浆硬结后，洗去牛皮纸即可。

(2) 天然石材和人造石材饰面

常见的天然石材有花岗岩板、大理石板两类，具有强度高、结构密实、不易污染、装修效果好等优点。但由于其加工复杂、价格昂贵，多用于高级墙面装修。

人造石板一般由白水泥、彩色石子、颜料等配制而成，具有天然石材的花纹和质感，同时有质量轻、表面光洁、色彩多样、造价较低等优点，常见的有水磨石、仿大理石板等。

天然石材和人造石材的安装方法相同，有湿作业法和干挂法两种。

湿作业法是先在墙内或柱内预埋 ϕ6 钢筋或 U 型构件，中距 500 mm 左右，上绑 ϕ6～ϕ10

纵横向钢筋，形成钢筋网。在石板上下钻小孔，用双股16号钢丝绑扎固定在钢筋网上。上下两块石板用不锈钢卡销固定。板与墙面之间预留20～30 mm缝隙，上部用定位活动木楔做临时固定，校正无误后，在板与墙之间浇筑1∶3水泥砂浆，待砂浆初凝后，取掉定位活动木楔，继续上层石板的安装。此方法由于石材背面需灌注砂浆易造成基底透色、板缝砂浆污染等。图8.58为天然石板安装图。

干挂法是用不锈钢型材或连接件将板块支托并锚固在墙面上，连接件用膨胀螺栓固定在墙面上，上下两层之间的间距等于板块的高度。板块上的凹槽应在板厚中心线上，且应和连接件的位置相吻合(如图8.59所示)。

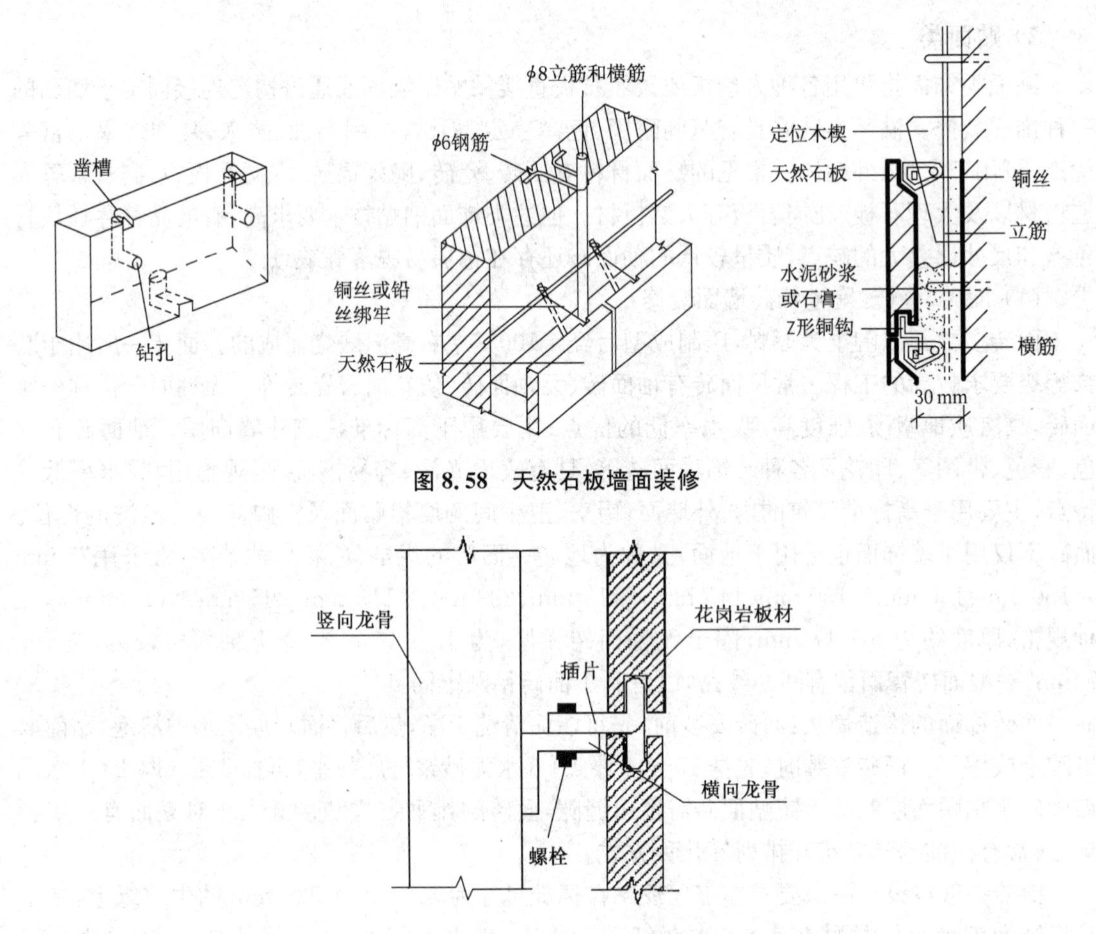


图8.58　天然石板墙面装修

图8.59　开槽式干挂石材墙面

### 3）铺钉类

罩面板类饰面是指用木板、木条、竹条、胶合板、纤维板、石膏板、石棉水泥板、玻璃和金属薄板等材料制成的各类饰面板，通过镶、钉、拼贴等方法构成的墙面装修。这类饰面是一种传统做法，但也是新发展起来的饰面工艺方法。它具有湿作业量少、饰面耐久性好、装饰效果丰富的优点，目前在装饰行业得到广泛采用。

构造做法：在墙体或结构主体上首先固定龙骨骨架，形成饰面板的结构层，然后利用粘贴、紧固件连接、嵌条定位等手段，将饰面板安装在骨架上，形成各类饰面板的装饰面层。有的饰面板还需要在骨架上先设垫层板(如纤维板、胶合板等),再装饰面板,具体构造如图 8.60 所示。

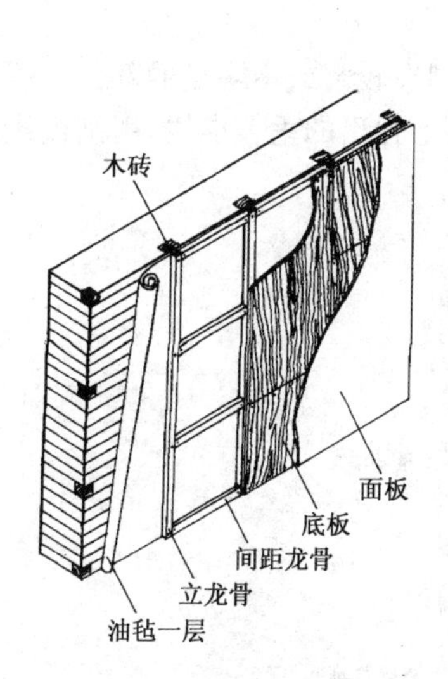


图 8.60 铺钉类墙面装修

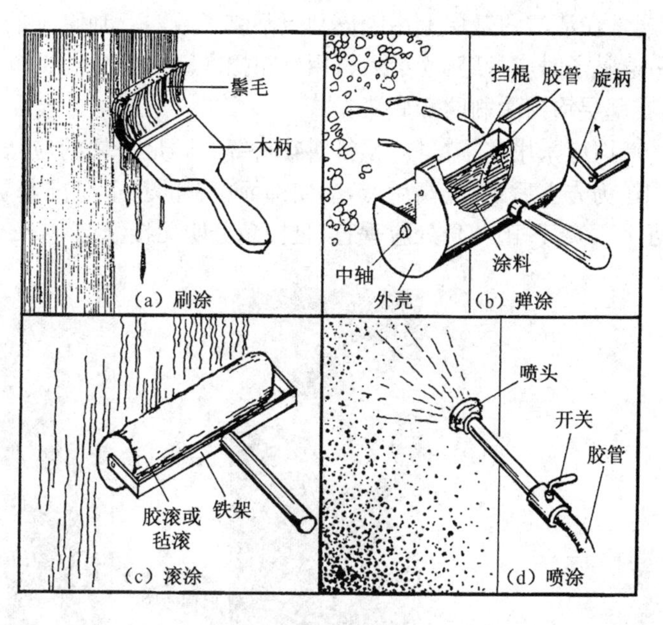


图 8.61 墙面涂料的施工方法

**4) 涂料类**

涂料类墙面装修是将各种涂料敷于基层表面而制成牢固的膜层,从而起到保护和装饰墙面的作用。涂刷墙面可直接涂刷在基层上,也可以涂刷在抹灰层上。其施工方式有刷涂、弹涂、喷涂、滚涂等,可形成不同的质感效果(如图 8.61 所示)。

涂料按其成膜物的不同,可分为无机涂料和有机涂料两大类。

无机涂料:常用的无机涂料有石灰浆、大白浆、水泥浆等。近年来无机高分子建筑涂料不断出现,已成功地运用于内、外墙面的装修中。

有机涂料:依其成膜物质和稀释剂的不同,分为溶剂型涂料、水溶性涂料和乳胶涂料。溶剂型涂料是以高分子合成树脂为主要成膜物质,有机溶剂为稀释剂,加入一定量的颜料、配料和辅料配制而成的一种挥发性涂料;具有较好的耐水性和耐候性,但施工时会挥发出有害气体,污染环境。水溶性涂料无毒无味,具有一定的透气性,但耐久性差,多用作内墙涂料。乳胶涂料又称乳胶漆,多用于外墙饰面,具有无毒无味、不易燃烧和不污染等特点。

**5) 裱糊类**

裱糊类装修是将各种装饰性的壁纸、墙布、织锦等卷材类装饰材料裱糊在墙面上的一种装修饰面,材料和花色品种繁多。常用的装饰材料有 PVC 塑料壁纸、复合壁纸、玻璃纤维墙布等。

裱糊类面层常用的施工工艺分为打底、下料以及裱糊等三个步骤(如图 8.62 所示)。

(1) 打底层——施工方法及要求同粉刷类面层中的打底及找平工艺;基底平整后用腻子嵌平,按要求弹线;

(2) 壁纸或壁布下料并润湿——注意对花的需要;

(3) 裱糊壁纸或壁布——自上而下令其自然悬垂并用干净湿毛巾或刮板推赶气泡。

在裱糊工程中，基层涂抹的腻子应坚实牢固，不会粉化、起皮和裂缝。为取得基层平整效果，通常在清洁的基层上用胶皮刮板刮腻子数遍。刮腻子的遍数视基层的情况而定。抹完最后一遍腻子时应打磨，光滑后再用软布擦净。对有防潮或防水要求的墙体，应对基层做防潮处理，在基层均匀涂刷防潮底漆。

墙面应采用整幅裱糊，预排对花拼缝。不足一幅的应裱糊在较暗或不明显的部位。裱糊的顺序为先上后下、先高后低，应使饰面材料的长边对准基层上弹出的垂直准线，用刮板或胶辊赶平压实，阴阳转角处应垂直，且棱角分明无接缝。

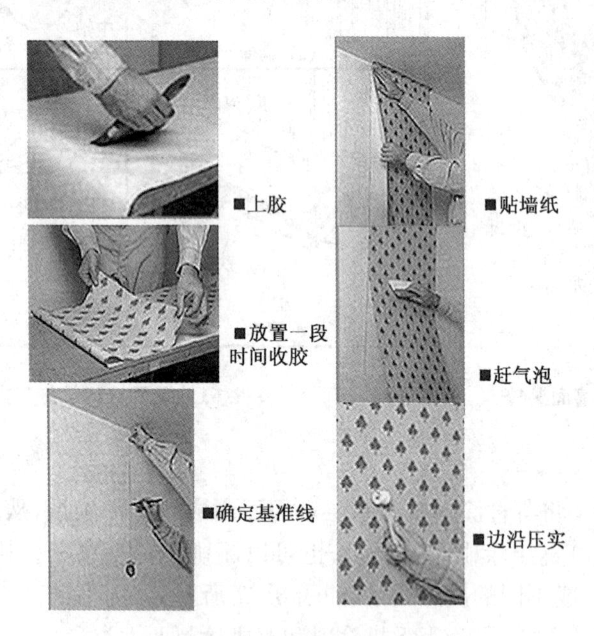


图 8.62　裱糊类基本工艺

## 本章小结

1. 墙是建筑物重要的承重结构，设计中需要满足强度、刚度和稳定性的结构要求。同时墙体也是建筑物重要的围护结构，设计中需要满足不同的使用功能和热工要求。墙体按不同的分类方式有多种类型，目前使用最广泛的是砖墙，它既可以是承重墙，也可以是非承重墙。砖墙和砌块墙都是块材墙，都是由砌块和胶结材料组成。墙身的构造组成包括墙脚构造、门窗洞口构造和墙身加固措施等。

2. 隔墙是非承重墙，有轻骨架隔墙、块材隔墙和板材隔墙。轻骨架隔墙多与室内装修相结合；块材隔墙属于重质隔墙，一般要求在结构上考虑支承关系；板材隔墙施工安装方便，可结合墙体热工要求预制加工，是建筑工业化发展所提倡的隔墙类型。

3. 墙面装修分外墙装修和内墙装修。大量民用建筑的墙面装修可分为抹灰类、涂料类、铺贴类和裱糊类，其中裱糊类墙面装修适用于内墙面。墙面装修的构造层次主要由基层和饰面层两大部分组成，基层要保证饰面材料附着牢固，同时对于有特殊使用要求的场所要有针对性地进行处理；饰面层应保证房屋的美观、清洁和使用要求。

## 思考题

1. 简述墙体类型的分类方式及类别。
2. 简述砖混结构的几种结构布置方案及特点。
3. 提高外墙的保温能力有哪些措施?
4. 墙体设计在使用功能上应考虑哪些设计要求?
5. 砖墙组砌的要点是什么?
6. 简述墙脚水平防潮层的设置位置、方式及特点。
7. 墙身加固措施有哪些?有何设计要求?
8. 砌块墙的组砌要求有哪些?
9. 试比较几种常用隔墙的特点。
10. 简述墙面装修的种类及特点。

# 9 楼地层

**内容提要**

本章介绍了楼地层的基本组成及设计要求；钢筋混凝土楼板层构造；楼地面构造；顶棚构造和阳台与雨篷构造等内容。

**学习目标**

了解顶棚构造和阳台与雨篷构造；熟悉楼地层的基本组成及设计要求；掌握钢筋混凝土楼板构造和楼地面构造。

楼地层包括楼板层与地坪层。楼板层是建筑物中水平分隔空间的结构构件，它承受自重和楼面使用荷载，并将其传递给墙或柱，而且对墙体也起着水平支撑的作用。此外，建筑物中的各种水平管线，也可敷设在楼板层内。地坪层直接承受着作用在底层地面上的全部荷载，并将荷载传给地基。楼地层不仅有承受荷载的作用，还有一定的隔音、防火、防水、防潮的功能。

## 9.1 楼地层的基本构造及设计要求

### 9.1.1 楼板层的基本组成

为了满足楼板层使用功能的要求，楼板层一般由多个构造层组成，各层所起的作用不同，通常的楼板层的构成部分如图 9.1 所示。

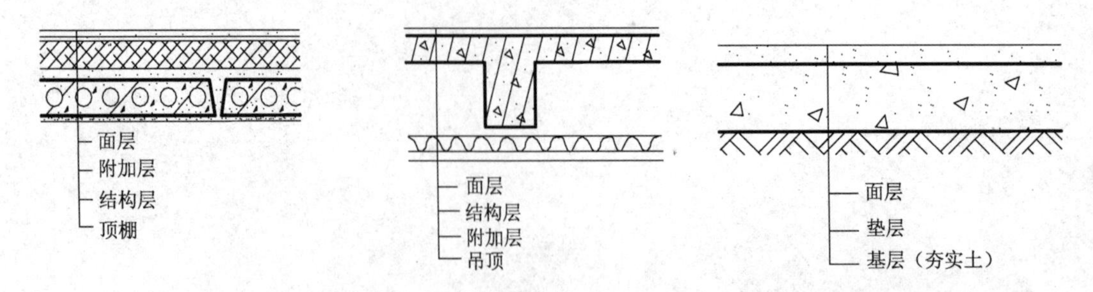


图 9.1 楼板层的基本组成

图 9.2 地坪层的基本组成

(1) 楼板面层:又称楼面或地面,是楼板层中与家具和设备直接接触的部分,起着保护楼板、室内装饰及绝缘等作用,同时对室内也有重要的清洁和装饰作用。根据室内使用要求不同,楼板面层有多种做法。

(2) 结构层:它是楼板层的承重部分,承受整个楼板上的各种荷载,并传递给墙或柱,同时对墙身起水平支撑作用。

(3) 顶棚层:又称天花板,是楼板层最下面的部分,起着保护楼板、安装灯具、遮掩各种水平管线设备及室内装修的作用。在构造上有直接式顶棚和吊顶棚等多种形式。

(4) 附加层:当楼板层的基本功能不能满足使用或构造要求时,可增设结合层、隔离层、填充层、找平层等其他附加层。附加层又称功能层,根据使用功能的不同可设置在结构层的上部或下部,主要起隔音、隔热、防水、保温及绝缘等作用。

### 9.1.2　地坪层的基本组成

地坪层一般由面层、垫层(结构层)和基层等组成,对有特殊要求的地坪,常在面层和垫层间增设一些附加层(如图 9.2 所示)。地坪层的构造要求与楼板类似。由于地坪接近地基,特别要注意防潮和保温,在地坪处于地下水位以下时,必须做防水。

(1) 面层:面层也称地面,是地坪的最上层部分,是人们直接接触的地面层,同时也对室内起装饰作用。根据使用和装修的要求,面层有着不同的做法。

(2) 垫层:垫层是地坪的结构层,起着支承荷载和传递力的作用。通常由混凝土、三合土、灰土、碎砖等构成,其厚度一般为 80～100 mm。

(3) 基层:基层多为垫层与地基之间的找平层或填充层,主要起加强地基、辅助结构层、传递荷载的作用。

(4) 附加层:主要是为了满足某些特殊使用功能要求而设的一些构造层,如结合层、保温层、防水层、防潮层及埋管线层等。

### 9.1.3　楼板的类型

楼板据使用材料的不同,可分为以下几种类型(如图 9.3 所示):

(1) 木楼板:木楼板具体做法是在由墙或梁支撑的木格栅上铺钉木板,木格栅之间设置增强稳定性的剪刀撑,下面做板条抹灰顶棚。具有自重轻、保温隔热性好、舒适有弹性、构造简单等优点,但其耐火性、耐久性、隔声能力较差,现已很少使用。

(2) 砖拱楼板:可节约钢材、水泥及木材,但自重大、抗震性能差,且占用的空间较多,施工复杂,现已很少使用。

(3) 钢筋混凝土楼板:强度高,整体性好,有较强的耐久性和防火性能,并便于工业化生产和机械化施工,是目前应用最为广泛的一种楼板。

(4) 组合楼板:应用较多的组合楼板为钢与混凝土组合的楼板,这种组合体系是利用凹凸相间的压型薄钢板做衬板与现浇混凝土浇筑在一起而形成的钢衬板组合楼板,主要用于大空间、高层民用建筑和大跨度工业厂房中。

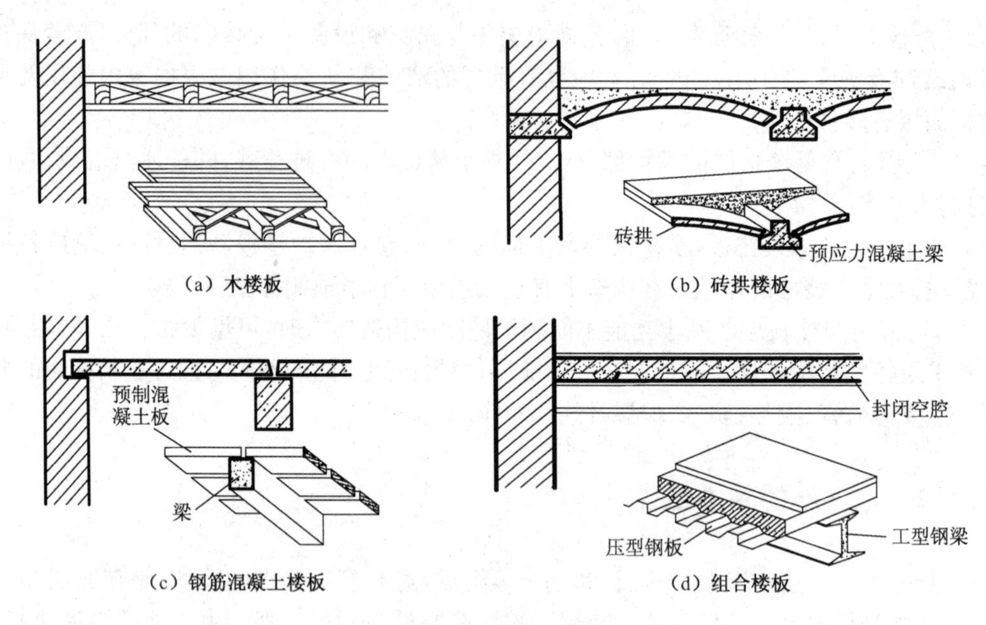


（a）木楼板　（b）砖拱楼板

（c）钢筋混凝土楼板　（d）组合楼板

图 9.3　楼板的类型

### 9.1.4　楼板层的设计要求

(1) 满足强度和刚度要求

强度要求是指楼板应保证在荷载作用下安全可靠，不发生任何破坏，主要通过结构设计来满足。刚度要求是指楼板层在一定荷载作用下不发生过大变形，保证正常使用。

(2) 具有一定的隔声能力

为避免上下楼层间的相互影响，楼板层应具有一定的隔声能力。楼板传声的途径有空气传声和固体传声。楼板主要是隔绝固体传声，如人的脚步声、拖动家具声、敲击楼板声等都属于固体传声。防止固体传声可采取以下措施：

① 在楼板表面铺设地毯、橡胶、塑料毡等柔性材料，或在面层镶软木砖，从而减弱撞击楼板的声能，减弱楼板本身的振动，隔声效果好，便于工业化和机械化施工。

② 在楼板层和面层之间加弹性垫层以降低楼板的振动，即“浮筑式楼板”，也是一种有效的隔声措施。

③ 在楼板上加设吊顶，使固体噪声不直接传入下层空间，而用隔绝空气声的办法来降低固体传声。吊顶的面层应很密实，不留缝隙，以免降低隔声效果。

(3) 具有一定的防火能力

楼板层应根据建筑物的等级及其对防火的要求进行设计。在火灾发生时，一定时间内不至于由于楼板塌陷而给生命和财产带来损失。

(4) 满足防潮、防水要求

对有水侵袭的楼板层，须具有防潮防水能力，一些房间如厨房、厕所和卫生间等，地面潮湿、易积水，应处理好楼板层的防渗漏问题。

(5) 满足经济要求

在多层房屋中楼板层的造价占总造价的 20%～30%，因此在进行结构选型、结构布置和确定构造方案时，应与建筑物的质量标准和房间使用要求相适应，减少材料消耗，降低工程造价，满足建筑经济的要求。

## 9.2 钢筋混凝土楼板

钢筋混凝土楼板按其施工方法的不同，可分为预制装配式、现浇整体式和装配整体式钢筋混凝土楼板。

### 9.2.1 预制装配式钢筋混凝土楼板

预制装配式钢筋混凝土楼板是把预制构件厂或现场制作的钢筋混凝土板安装拼合而成的楼板。这种楼板不在施工现场浇筑混凝土，可大大节省模板，缩短工期，而且施工不受季节限制，有利于实现建筑工业化，但整体性较差，在有较高抗震设防要求的地区应当慎用。

预制装配式钢筋混凝土楼板按构件应力状况可分为预应力钢筋混凝土楼板和非预应力钢筋混凝土楼板两种。与非预应力钢筋混凝土楼板相比，预应力钢筋混凝土楼板可推迟裂缝的出现并限制裂缝的开展，节省钢材 30%～50%、混凝土 10%～30%。

**1) 板的类型**

预制钢筋混凝土板一般有实心平板、空心板和槽形板三种类型。

(1) 实心平板

预制实心平板跨度较小，上下表面平整、制作简单，但隔声效果较差，一般用于跨度较小的房间或走廊。实心平板的两端支承在墙或梁上，跨度一般在 2.4 m 以内；板宽约为 500～900 mm；板厚可取跨度的 1/30，常用 50～80 mm(如图 9.4 所示)。

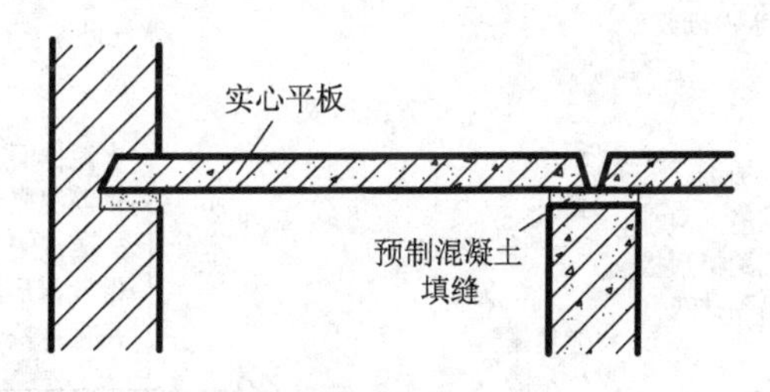


**图 9.4 预制实心平板**

(2) 空心板

楼板属受弯构件，当其受力时，截面上部受压、下部受拉，中性轴附近内力较小，因此，为节省材料、减轻自重，可将楼板中部沿纵向抽孔而形成空心板。空心板孔洞形状有圆形、椭圆形、方形和长方形等(如图 9.5 所示)。由于圆形孔制作时抽芯脱模方便且刚度好，因而目前应用较为广泛。空心板有预应力和非预应力之分，一般多采用预应力空心板。

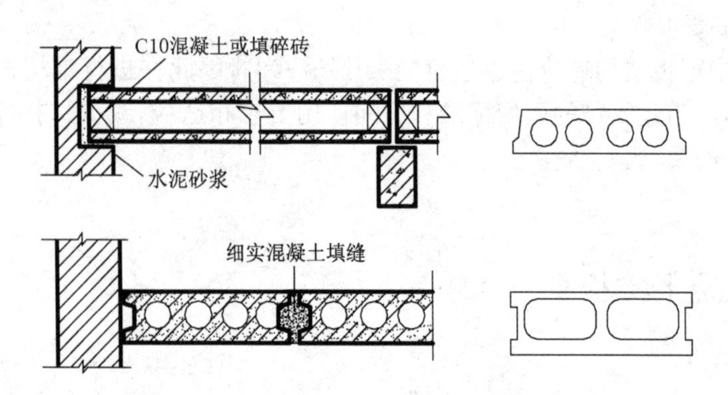


图 9.5　预制空心板

空心板有中型和大型板。中型板跨度多在 4.5 m 以下，板宽 500～1 500 mm，常见的有 500 mm、600 mm、900 mm、1 200 mm 等，板厚约 90～120 mm。大型空心板跨度为 4.5～7.2 m，板厚 180～240 mm。空心板优点是上下表面平整，隔声效果较实心板和槽形板好，但空心板不宜任意开洞。为避免板端孔壁被压坏并避免灌注端缝时漏浆，可将空心板端深入墙内部分用混凝土或砖块填实。

(3) 槽形板

为了减轻板的自重，当板的跨度尺寸较大时，可以根据板的受力状况，将板做成由肋和板构成的槽形板。槽形板的优点是自重较轻，用料省，便于在楼板上开洞。槽形板常被制成大型屋面板，用在单层大跨度的工业厂房建筑中。

槽形板的放置有槽口向下的正置和槽口向上的倒置两种方式，如图 9.6 所示。正置时肋向下，受力合理，但底板不平，有碍观瞻，需做吊顶处理。倒置时肋向上，板底平整，但受力不甚合理，且需做面板。有时为提高保温、隔声等要求，可在槽内填充轻质多孔材料。

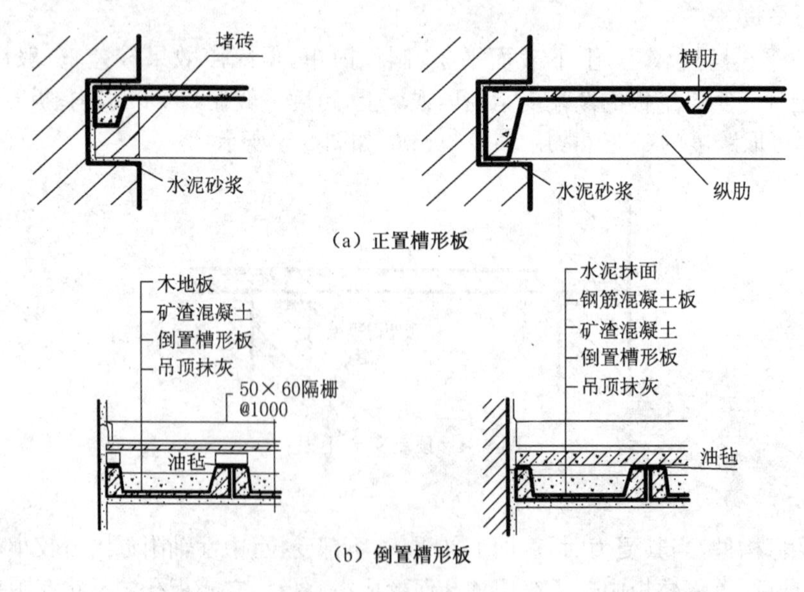


图 9.6　槽形板构造

**2）板的结构布置方式**

在进行楼板结构布置时，应根据房间的开间和进深尺寸确定构件的支承方式，选择板规格，合理安排板的布置。板的支承方式有板式和梁板式两种。当预制板直接搁置在墙上称为板式结构布置；楼板先搁在梁上然后将荷载传给墙体称为梁板式结构布置（如图 9.7 所示）。前者多用于横墙间距较密的宿舍、住宅及病房等建筑中，而后者多用于教学楼等开间、进深都较大的建筑中。楼板的结构布置应注意以下几个原则：

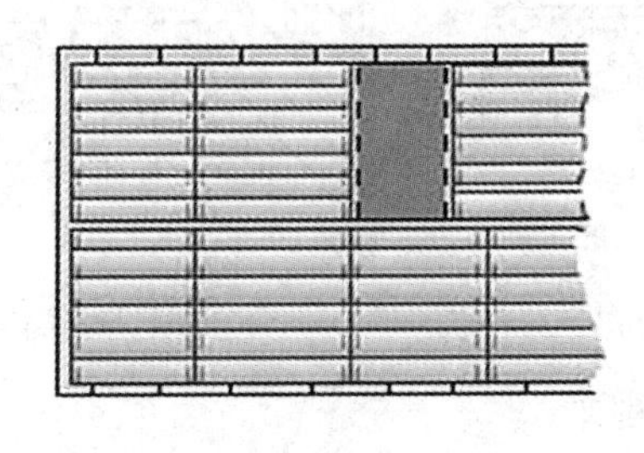

（a）板式结构布置

梁

（b）梁板式结构布置

图 9.7　预制楼板的结构布置

（1）尽量减少板的规格、类型。过多的规格和类型，会给施工带来麻烦。

（2）为减少板缝的现浇混凝土量，应优先选用宽板，窄板可作为调剂使用。

（3）遇有上下水管线、烟道、通风道穿过楼板时，为防止空心板开洞过多，应尽量制成现浇钢筋混凝土板或局部现浇。

（4）在板的布置时，空心板应避免三边简支，即板的长边不得搁置在墙体或梁上，否则会引起板的开裂。

**3）板的搁置构造**

为保证楼板与墙体或楼板有可靠的连接，板端必须有足够的支承长度。板支承在墙上时的搁置长度不应小于 100 mm；板支承在梁上时的搁置长度不应小于 80 mm。板在搁置前应在墙或梁上铺厚度为 20 mm 的 M5 水泥砂浆，即坐浆，其作用是保证板的平稳和受力均匀。

**4）板缝处理构造**

（1）板侧缝：板的侧缝起着协调板与板之间共同工作的作用。一般有 V 形缝、U 形缝和凹形缝。V 形缝和 U 形缝容易灌浆，适用于厚度较薄的板；凹形缝连接牢固，整体性好，但灌封捣实困难（如图 9.8 所示）。

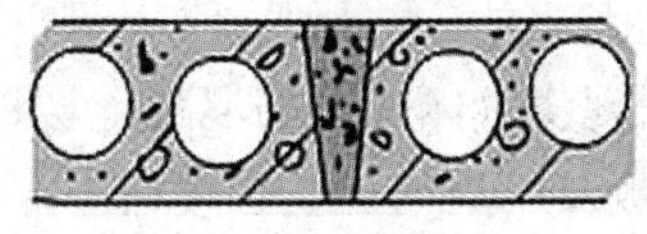

（a）V形缝

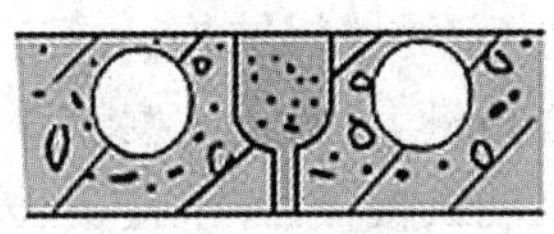

（b）U形缝

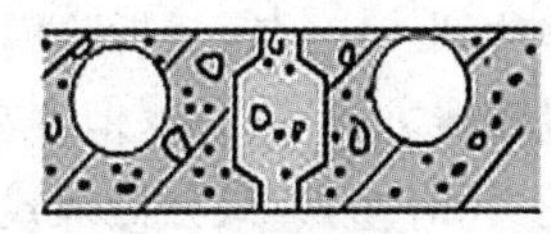

（c）凹形缝

图 9.8　楼板侧缝连接形式

（2）板缝差：板的排列受到板宽规格的限制，以及由于实际尺寸小于标准尺寸的缘故，常出现缝隙。根据排版数和缝隙的大小，可考虑采用调整板缝的方式解决。当缝隙小于 60 mm

时，用细石混凝土灌实即可；当板缝大于 60 mm 时，应在缝中加钢筋网片，再灌以细石混凝土；当板缝为 120 mm 时，可将缝留在靠墙处，沿墙挑砖填缝；当板缝大于 120 mm 时，可采用钢筋骨架现浇板处理，如楼板为空心板，可将需穿越的管道设在现浇板处；当板缝大于 200 mm 时，需重新选择板的规格（如图 9.9 所示）。

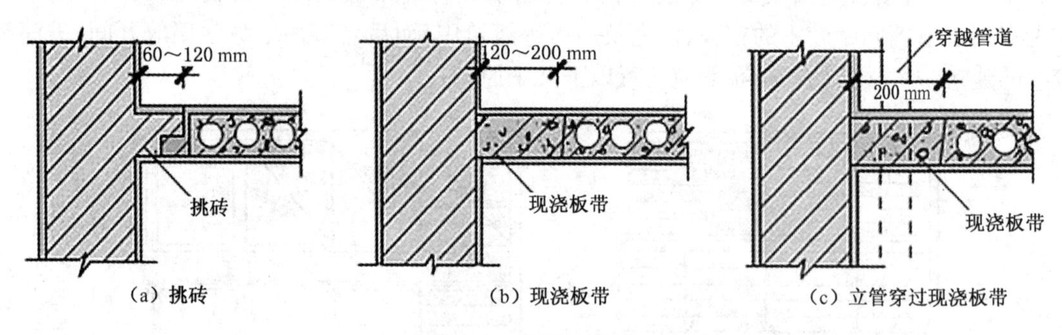


图 9.9　板缝的处理

**5）板上隔墙构造**

在装配式楼板上采用轻质材料做隔墙时，可将隔墙直接设置在楼板上。若采用自重较大的材料做隔墙，在确定隔墙位置时，不宜将隔墙直接搁置在楼板上，而应采取一些构造措施。如在隔墙下部设置钢筋混凝土小梁；当楼板结构层为预制槽形板时，可将隔墙设置在槽形板的纵肋上；当楼板结构层为空心板时，可将板缝拉开，在板缝内配置钢筋后浇 C20 细石混凝土形成钢筋混凝土小梁，再在其上设置隔墙，如图 9.10 所示。

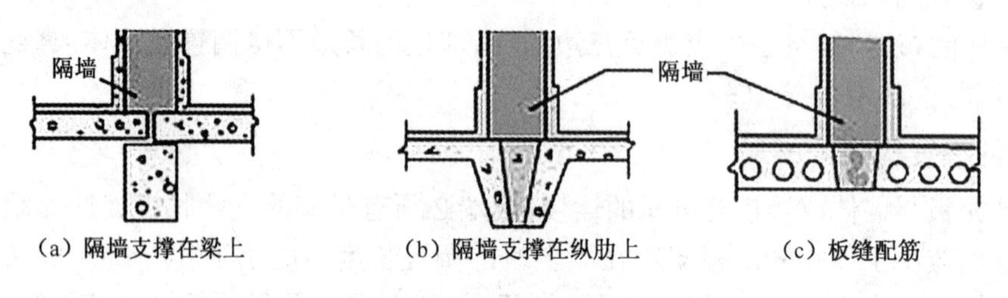


图 9.10　隔墙与楼板的关系

## 9.2.2　现浇整体式钢筋混凝土楼板

现浇整体式钢筋混凝土楼板是在施工现场经支模、绑扎钢筋、浇筑混凝土等施工工序，经养护达到一定强度后拆除模板而成型的楼板结构。具有整体性好、抗震能力强、便于留空间、布置管线方便等优点，但存在着模板量大、施工速度慢等缺点。现浇整体式钢筋混凝土楼板根据受力和传力方式分为板式楼板、肋梁楼板、井字楼板、无梁楼板及压型钢板组合楼板等。

**1）板式楼板**

在墙体承重建筑中，当房间较小时，楼面荷载可直接通过楼板传给墙体，而不需要另设梁，这种楼板称为板式楼板，多用于较小的空间，如厨房、卫生间、走廊等。楼板据受力特点和支承情况，分为单向板和双向板。为满足施工要求和经济要求，对各种板式楼板的板厚做了如下规定：

单向板(即板的长边与短边之比大于 2):屋面板厚 60～80 mm;民用建筑楼板厚 70～100 mm;工业建筑楼板厚 80～180 mm。

双向板(即板的长边与短边之比小于等于 2):板厚为 80～160 mm。

另外,板的支承长度规定:当板支承在砖石墙体上,支承长度不小于 120 mm;当板支承在钢筋混凝土梁上时,支承长度不小于 60 mm;当支承在钢梁或钢屋架上时,支承长度不小于50 mm。

**2) 梁板式楼板(也称肋梁楼板)**

当房间的跨度较大时,为了使楼板结构的受力和传力合理,常在楼板下设梁以增加板的支撑,减小板的厚度和板内配筋,此时选用梁板式楼板。

梁板式楼板一般由板、次梁、主梁组成,如图 9.11 所示。

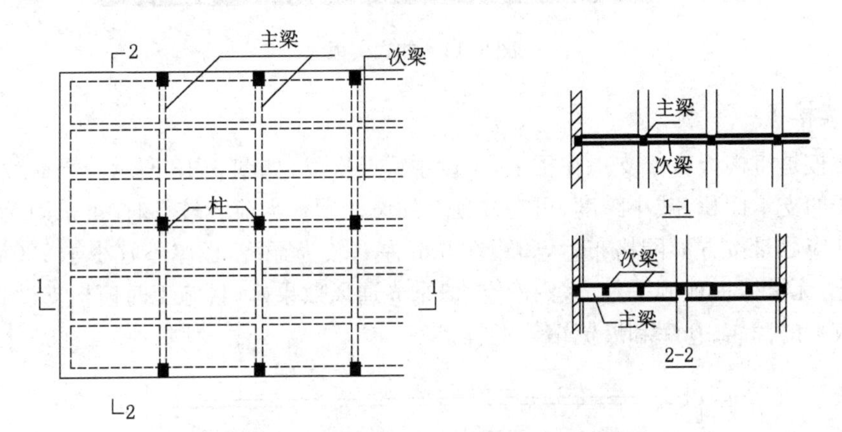


**图 9.11 现浇单向板肋梁楼板的组成**

主梁可沿房间的横向或纵向布置,次梁通常垂直于主梁布置。主梁搁置在墙或柱上,次梁搁置在主梁上,板搁置在次梁上,次梁的间距即为板的跨度。当房间横向跨度不大时,也可只沿房间的横向布置梁。梁应避免搁置在门窗洞口上。当上层设置隔墙或承重墙时,其下楼板中应设置一道梁。除了考虑承重要求外,梁的布置还应考虑经济合理性。表 9.1 为梁板的经济尺度,供设计时参考。

**表 9.1 梁板式楼板的经济尺寸**

| 构件名称 | 经济尺度 | | |
|---|---|---|---|
| | 跨度 $L$(m) | 梁高、板厚 $h$ | 梁宽 $b$ |
| 主梁 | 5～8 | $(1/14\sim1/8)L$ | $(1/3\sim1/2)h$ |
| 次梁 | 4～6 | $(1/18\sim1/12)L$ | $(1/3\sim1/2)h$ |
| 板 | 1.5～3 | 简支板 $\frac{1}{35}L$<br>连续板 $\frac{1}{40}L$ (60～80 mm) | |

**3) 井式楼板**

井式楼板是梁板式楼板的一种特殊布置形式。当房间尺寸较大,且接近正方形时,常将两个方向的梁等距离布置，不分主次梁，如图 9.12 所示，形成井格式楼板。井格式楼板的梁通常采用正交正放或正交斜放的布置方式。由于井式楼板可以用于较大的无柱空间，而且楼板底部的井格整齐，很有韵律，稍加处理就可形成艺术效果很好的顶棚，故其一般多用于公共建筑的门厅、大厅会议室、餐厅等处。也有的将井式楼板中的板去掉，将井格设在中庭的顶棚上，采光和通风效果很好，也很美观。

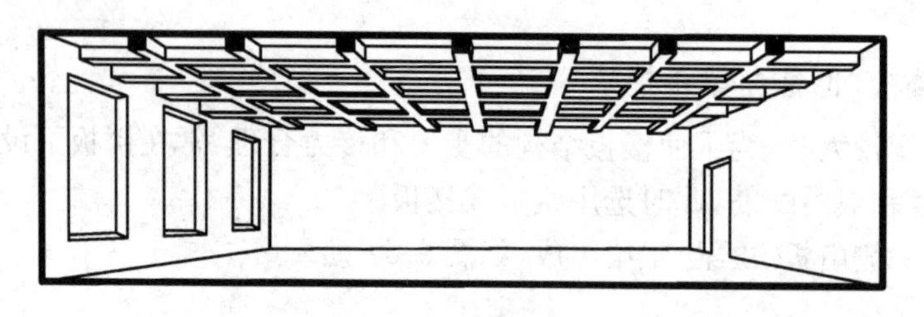

图 9.12　井式楼板

**4）无梁楼板**

无梁楼板是将楼板直接支承在柱上，不设主梁或次梁，如图 9.13 所示。当荷载较大时，为了增大柱子的支承面积，减小跨度，可在柱顶上加设柱帽。当荷载较小时，可采用无柱帽楼板。楼板下的柱应尽量按方形网格布置，间距在 6 m 左右较为经济，板厚不宜小于 120 mm。与其他楼板相比，无梁楼板顶棚平整、室内净空大、采光通风效果好，且施工时模板支设简单。适用于活荷载较大的商店、仓库和展览馆等建筑。

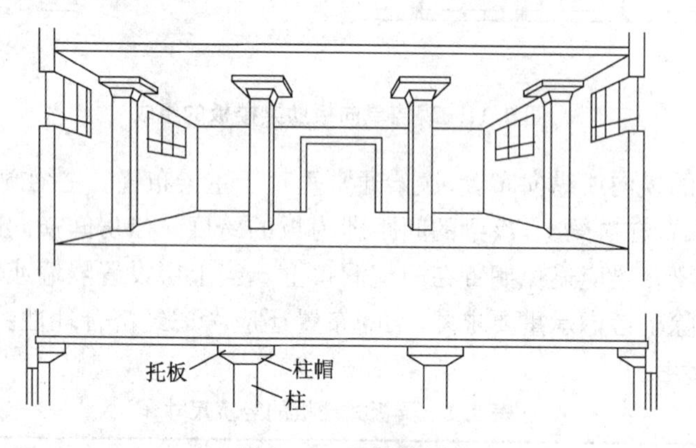


图 9.13　无梁楼板

**5）压型钢板组合楼板**

压型钢板组合楼板是在钢筋混凝土楼板基础上发展起来的，利用截面为凹凸相间的压型钢板做钢衬板，与现浇混凝土面层浇筑在一起支承在钢梁上，是整体性很好的一种楼板。主要适用于大空间、高层民用建筑及大跨度工业厂房中，目前在国际上已普遍采用。钢衬板组合楼板主要由面层、组合板和钢梁三部分所构成，组合板包括现浇混凝土和钢衬板，此外可根据需要设吊顶。

由于混凝土、钢衬板共同受力，即混凝土承受剪力与压力，钢衬板承受下部的压弯应力，因此，压型钢衬板起着模板和受拉钢筋的双重作用，这样组合楼板受正弯矩部分不需要放置或绑扎受力钢筋，仅需部分构造钢筋即可。此外，还可利用压型钢板肋间的空隙敷设室内电力管线，亦可在钢衬板底部焊接架设悬吊管道、通风管和吊顶棚的支柱，从而充分利用楼板结构中的空间，如图 9.14 所示。

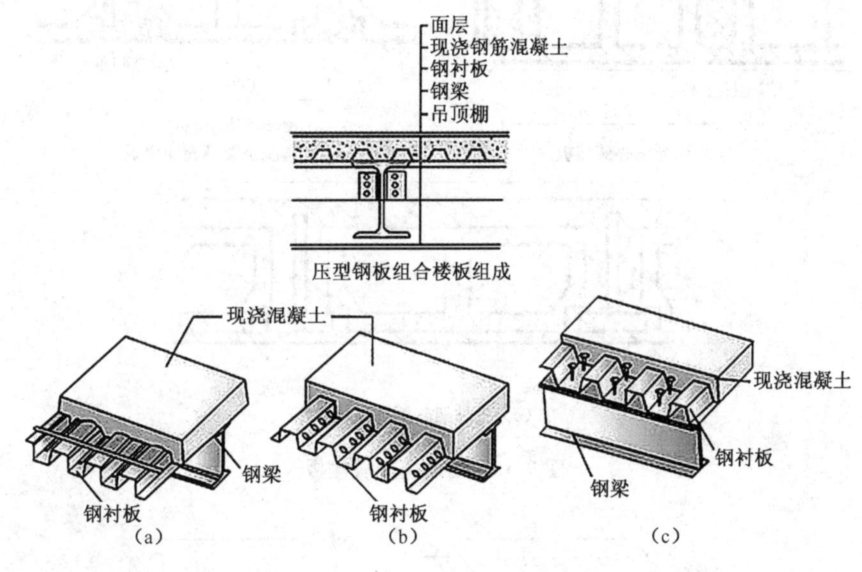


图 9.14 单层钢衬板组合楼板

### 9.2.3 装配整体式钢筋混凝土楼板

装配整体式钢筋混凝土楼板是将楼板中的部分构件预制，然后现场安装并整体浇筑其余部分而形成的楼板。它兼有现浇和预制楼板的优点，主要有叠合楼板和密肋填充块楼板。

**1）密肋填充块楼板**

密肋填充块楼板是采用间距较小的密肋小梁做楼板的承重构件，梁间填充轻质混凝土砌块，并浇筑成整体的装配整体式楼板。密肋小梁可以预制也可现浇。现浇密肋填充块楼板是以陶土空心砖、炉渣空心砖等作为肋间填充块来现浇密肋和面板而成。预制小梁填充块楼板是在预制小梁之间填充陶土空心砖、矿渣混凝土空心砖、加气混凝土块等，上面现浇面层而成。密肋填充块楼板板底平整，有较好的隔声、保温、隔热效果，在施工中空心砖还可起到模板作用，如图 9.15 所示。

**2）叠合楼板**

叠合楼板是由预制板和现浇钢筋混凝土层叠合而成的装配整体式楼板。预制板既是楼板结构的组成部分之一，又是现浇钢筋混凝土叠合层永久性模板，现浇结合层内可敷设水平设备管线。预制薄板底面平整，可直接喷浆或贴其他装饰材料作为顶棚。

叠合楼板有预应力混凝土薄板和普通钢筋混凝土薄板之分。楼板的跨度一般为 4～6 m，预应力薄板可达 9 m；楼板的宽度一般为 1.1～1.8 m；厚度一般为 50～70 mm，现浇叠合层厚度一般为 100～120 mm，以大于或等于薄板厚度的两倍为宜。叠合楼板的总厚度一般为 150～250 mm。为保证预制薄板与现浇叠合层之间有较好的连接，可在预制薄板的上表面刻槽，或在薄板上表面露出较规则的三角形状的结合钢筋，如图 9.16 所示。

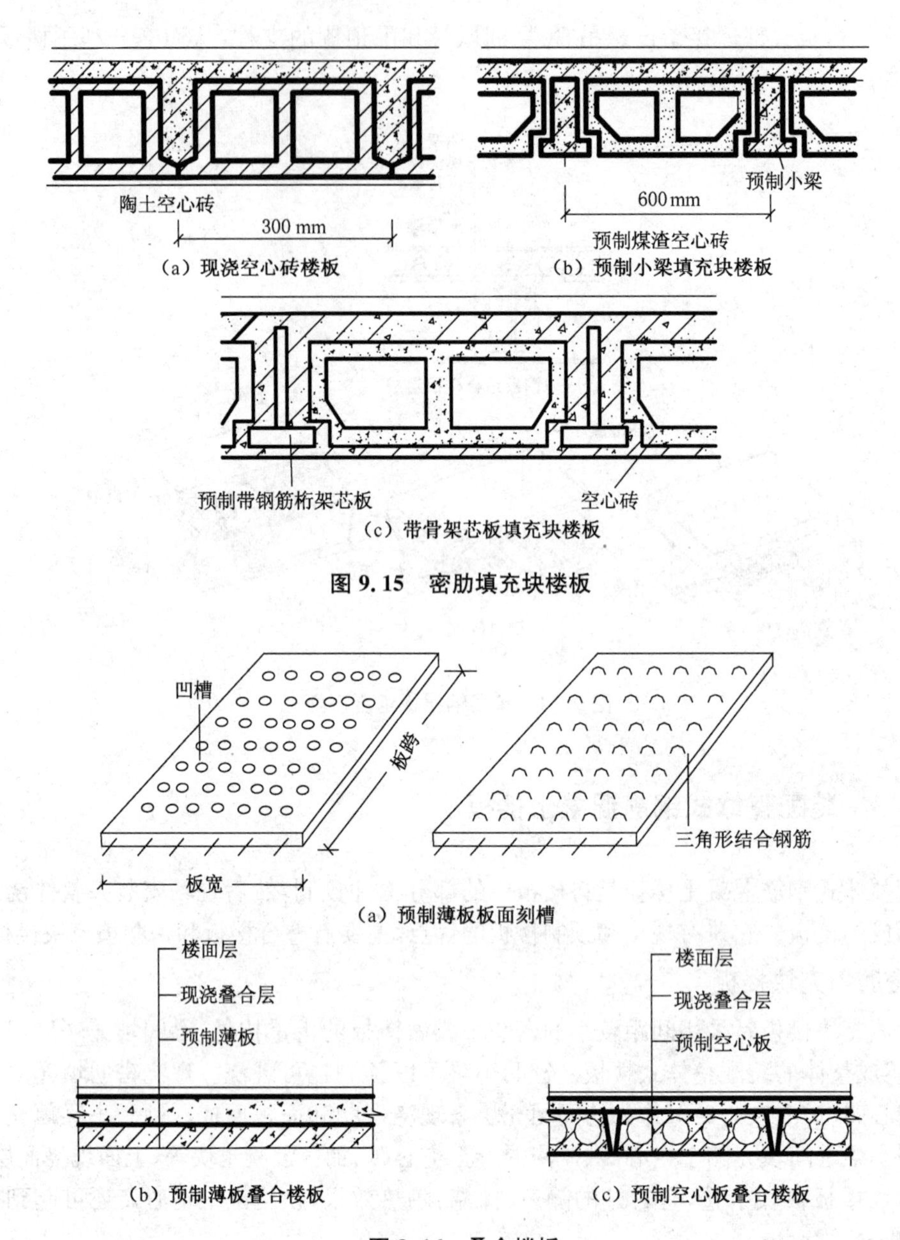


图 9.15　密肋填充块楼板



图 9.16　叠合楼板

## 9.3　顶棚构造

顶棚也称天花板，是位于建筑物室内屋顶的结构层下面的装饰构件。顶棚要求表面光洁、美观，能通过反射光来改善室内采光。顶棚还应有隔声、防水、保温、隔热、隐蔽管线等功能。顶棚按构造方式的不同有直接式顶棚和悬吊式顶棚两种类型。

## 9.3.1 直接式顶棚

直接式顶棚是在屋面板、楼板等的底面直接进行喷浆、抹灰、粘贴壁纸、粘贴面砖、粘贴或钉接石膏板条以及其他板材等饰面材料等操作。这种顶棚构造简单,施工方便,造价较低。

(1) 直接喷刷顶棚

当楼板底面平整,室内装饰要求不高时,可直接在顶棚的基层上刷大白浆、石灰浆、106涂料或乳胶漆等涂料,如图9.17所示。

(2) 直接抹灰顶棚

当楼板的底面不够平整或室内装修要求较高时,可在楼板底抹灰后再喷刷涂料。水泥砂浆抹灰的做法是:先将板底清洗干净,扫毛或刷素水泥浆一道,然后可用水泥砂浆或混合砂浆打底,最后再抹灰饰面。干燥后喷刷涂料。

(3) 贴面顶棚

贴面顶棚是在楼板底面用胶粘剂直接粘贴墙纸等装饰材料;对有保温、隔热、吸声等要求的建筑物,可在楼板底面粘贴泡沫塑料板、铝塑板、岩棉板或装饰吸音板等,如图9.18所示。

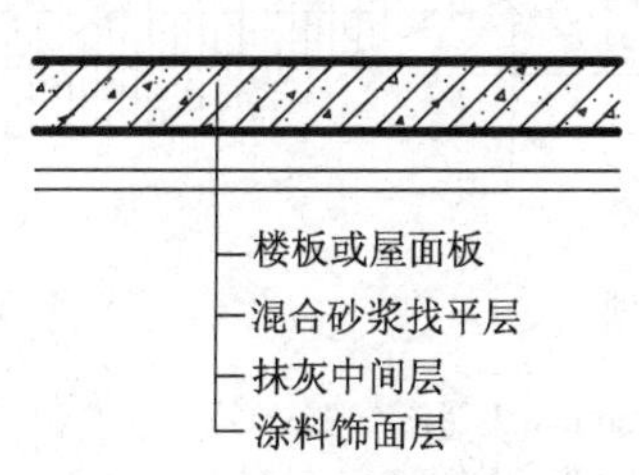


图9.17 喷刷类顶棚构造层次

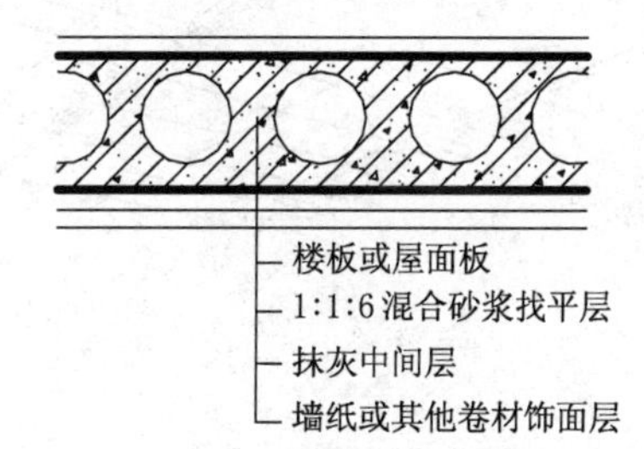


图9.18 贴面顶棚构造层次

## 9.3.2 悬吊顶棚

悬吊式顶棚也称吊顶,是指悬挂在屋顶或楼板下,由骨料和面板组成的顶棚。这种顶棚的空间内,通常要布置各种管道或安装设备,如灯具、空调、灭火器、烟感器等。一般来说,悬吊式顶棚的装饰效果较好,形式变化丰富,适于中、高档次的建筑顶棚装饰。

吊顶一般由吊筋、龙骨和面板组成。吊筋与楼板层相连,固定方法有预埋件锚固、膨胀螺栓锚固和射钉锚固等,如图9.19所示。

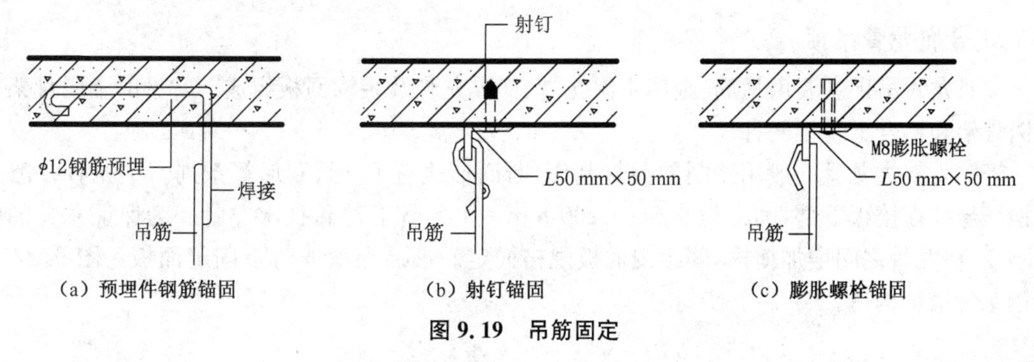


图9.19 吊筋固定

吊顶的龙骨由主龙骨和次龙骨组成，主龙骨与吊筋相连，吊筋与楼板相连。主龙骨一般单向布置；次龙骨固定在主龙骨上，其布置方式和间距依据面层材料和顶棚的外形而定；在次龙骨下做面层。主龙骨按所用材料不同可分为木龙骨和金属龙骨两类。目前多采用金属龙骨。面板有木质板、石膏板和铝合金板等。

**1）木龙骨吊顶**

木龙骨吊顶由主龙骨、次龙骨组成，如图 9.20 所示。其中，主龙骨截面为 50 mm×70 mm 方木，间距一般为 1.2～1.5 m，用钢筋固定在钢筋混凝土楼板下部。次龙骨截面为 40 mm×50 mm，间距视面板规格而定，一般为 400～500 mm，通过吊木钉牢在主龙骨的底部。

木骨架的耐火性能较差，但加工较方便，图 9.21 所示为板条抹灰吊顶。

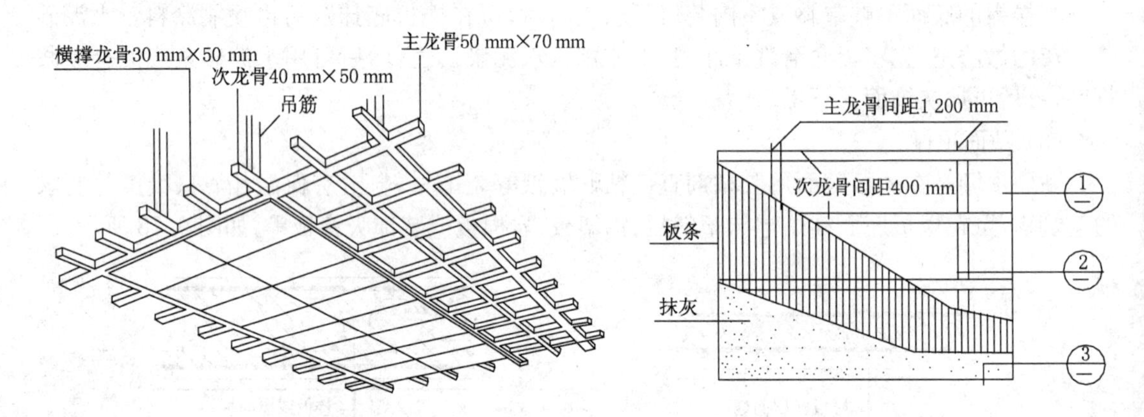


**图 9.20　木质吊顶**

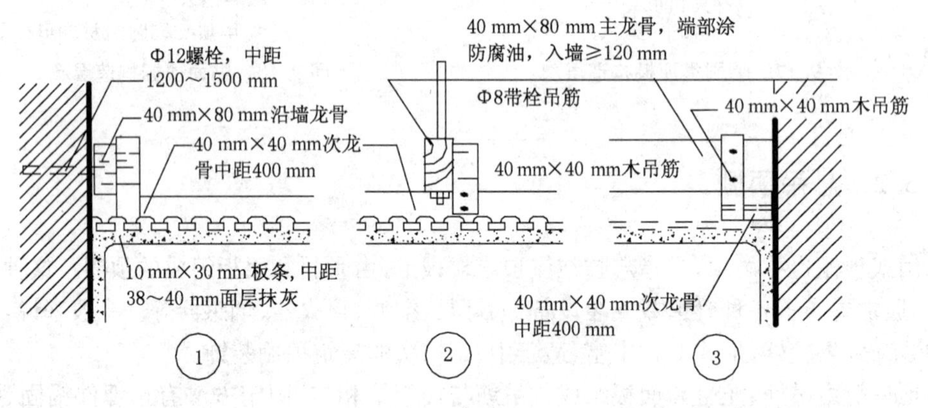


**图 9.21　板条抹灰吊顶**

**2）金属龙骨吊顶**

金属龙骨吊顶主要由吊筋、金属主次龙骨、横撑龙骨及装饰面板组成。常见的金属骨架有轻钢骨架和铝合金骨架两种。

轻钢骨架主龙骨一般用特制的型材制作，断面形式有 U 形、T 形等系列。主龙骨一般通过钢筋悬挂在楼板下部，间距为 900～1 200 mm。主龙骨下部悬挂次龙骨。为保证龙骨的整体刚度，在龙骨之间增加横撑，间距视面板规格而定。最后在次龙骨上固定面板。图 9.22 为轻钢龙骨吊顶构造。

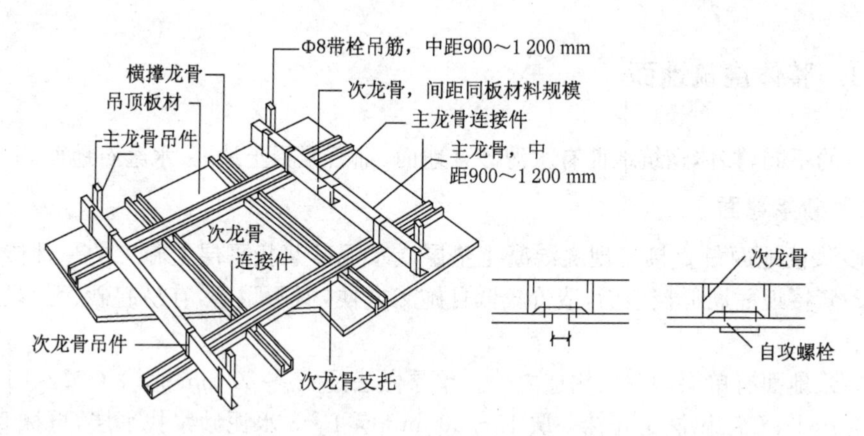


图 9.22　轻钢龙骨吊顶

铝合金龙骨是在轻钢龙骨的基础上发展生产的产品。常用的有⊥形、U 形、凹形以及嵌条式构造的各种特制龙骨。其构造与轻钢龙骨吊顶相似，具有耐锈蚀、轻质美观，安装方便等优点，目前在民用建筑中应用较广。但当顶棚的荷载较大，或者悬吊点间距较大以及在特殊环境下使用时，须采用普通型钢做基层，如角钢、槽钢、工字钢等。图 9.23 为铝合金龙骨吊顶构造。

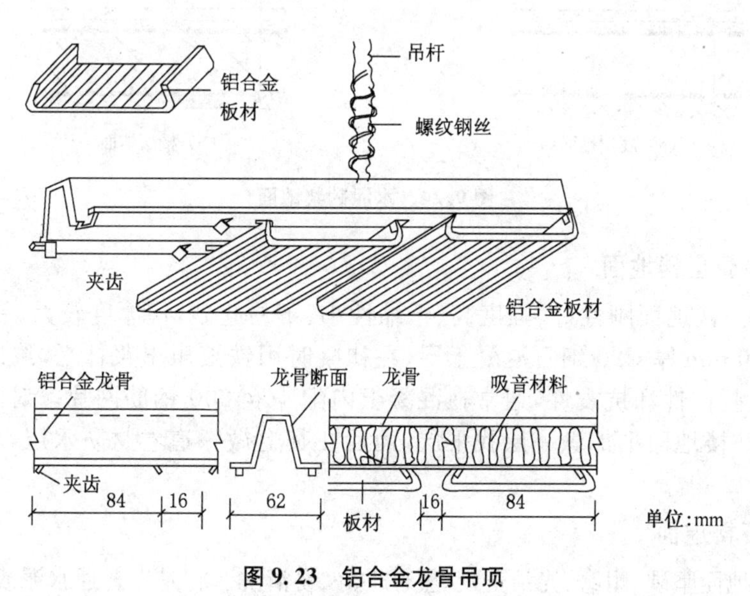


图 9.23　铝合金龙骨吊顶

## 9.4　地面构造

对室内地面装修而言，楼板层的面层(楼面)及地面面层通称地面，构造要求及做法基本相同。地面依据面层所用材料及施工方法的不同，可分为整体浇筑地面、块材地面、卷材地面和涂料地面等。

### 9.4.1 整体浇筑地面

按材料的不同,整体浇筑地面有水泥砂浆地面、细石混凝土地面、水磨石地面等。

**1）水泥砂浆地面**

水泥砂浆楼地面是直接在现浇混凝土垫层或水泥砂浆找平层上施工的一种传统整体地面。水泥砂浆楼地面属低档地面,造价较低且施工方便,但不耐磨,有易起砂、无弹性、热传导性高等缺点。

水泥砂浆地面有单层和双层构造之分。单层做法是 15～20 mm 厚(1∶2)～(1∶2.5)水泥砂浆抹光压平;双层做法是先抹一层 15～20 mm 厚 1∶3 水泥砂浆找平层,再抹 5～10 mm 厚的 1∶1.5 或 1∶2 的水泥砂浆面层。有防滑要求的水泥地面,可将水泥砂浆面层做成各种纹样,增大摩擦力,如图 9.24 所示。

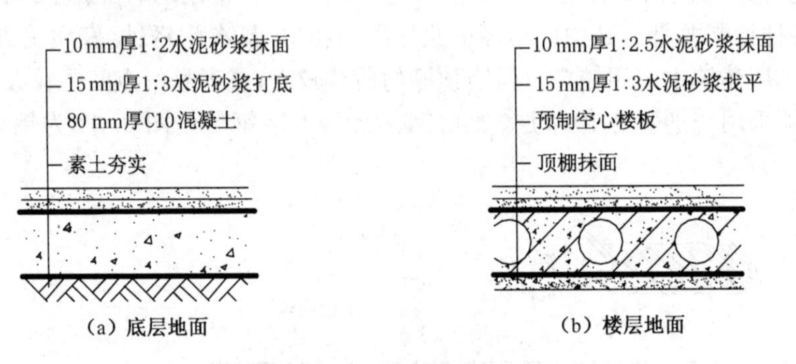


图 9.24 水泥砂浆地面

**2）细石混凝土楼地面**

细石混凝土楼地面刚性好、强度高、干缩性小、不易起砂,但厚度较大,一般为35 mm。它是用 30～40 mm 厚 C20 细石混凝土层,在初凝时用铁滚压出浆抹平,终凝前用铁板压光。为增强其整体性和抗震性,通常在混凝土内配 ϕ4@200 钢筋网片。对防水要求高的房间,还可以在楼地面中加做一层找平层,而后在其上做一道卷材防水层,再做细石混凝土面层。

**3）水磨石楼地面**

水磨石楼地面坚硬、耐磨、光洁美观、整体性好、易清洗。它是以普通水泥或白水泥为胶结材料,用大理石、方解石等中等硬度的石子做骨料,并据需求掺入适量的颜料粉拌和,浇抹硬结后磨光打蜡而成的面层。多用于公共建筑的大厅、走廊、卫生间和楼梯等地面。

现浇水磨石地面的构造做法是先在结构层上用 10～20 mm 厚 1∶3 水泥砂浆打底找平,然后用 12 mm 厚(1∶1.5)～(1∶2.5)的水泥石渣浆铺入设计好的图案中压实,经浇水养护后磨光、补浆、打蜡、养护。为防止面层因温度变化等引起开裂及达到增强美观的作用,可用铜条或玻璃条分成约 1 m×1 m 方格或做成各种图案。水磨石地面构造做法如图 9.25 所示。

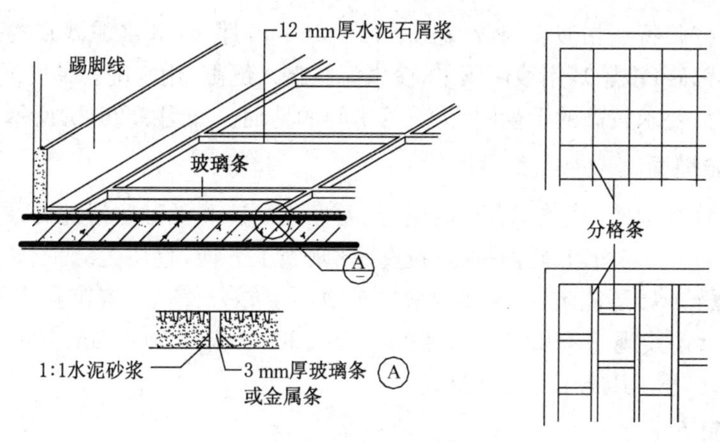


图 9.25 水磨石地面

## 9.4.2 块材地面

块材地面,是指由各种不同形状的块状材料做成的地面。按面层材料不同有水泥砖、缸砖、陶瓷锦砖、陶瓷地砖、大理石、花岗岩、木地面等。

### 1) 水泥砖地面

水泥砖地面常用的有水泥砂浆砖,常见的尺寸为 150～200 mm 见方,厚 10～20 mm。水泥砖地面与基层黏结有两种方式:当预制块尺寸较大且较厚时,常在板下干铺一层 20～40 mm厚细砂或细炉渣,待校正平整后,板缝用砂浆嵌填。这种做法施工简单、造价低,便于维修更换,但不易平整。城市人行道常按此方法施工。当预制块小而薄时,则采用 10～20 mm 厚 1∶3 水泥砂浆做结合层,铺好后再用 1∶1 水泥砂浆嵌缝。这种做法坚实、平整,但施工较复杂,造价也较高。

### 2) 缸砖及陶瓷锦砖地面

缸砖是用陶土焙烧而成的一种无釉砖块。形状有正方形(尺寸为 100 mm×100 mm 和 150 mm×150 mm,厚 10～19 mm)、六边形、八角形等。颜色也有多种,但以红棕色和深米黄色居多。缸砖背面有凹槽,使砖块和基层黏结牢固,铺贴时一般用 15～20 mm 厚 1∶3 水泥砂浆做结合材料,3～4 mm 厚水泥胶粘贴缸砖,素水泥浆擦缝。缸砖具有质地细密坚硬、耐磨、耐水、耐油、耐酸碱、易清洁等特点。如图 9.26(a)所示。

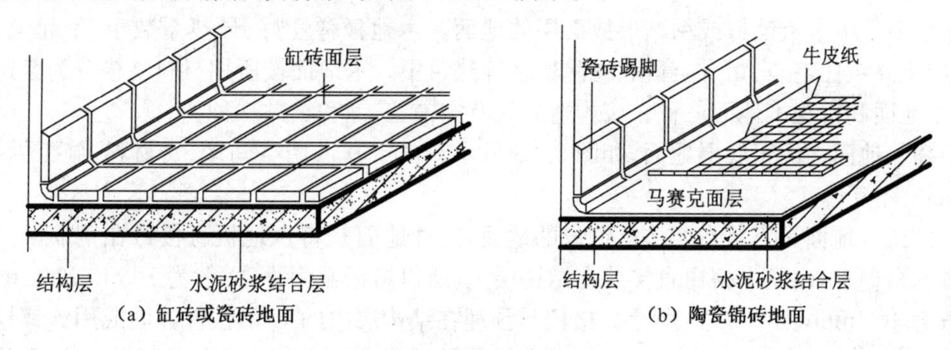


(a) 缸砖或瓷砖地面　　(b) 陶瓷锦砖地面

图 9.26 陶瓷类板块地面

陶瓷锦砖与缸砖特点相似。构造做法为15～20 mm厚1∶3水泥砂浆找平，3～4 mm厚水泥胶粘贴陶瓷锦砖(纸胎)，用滚筒压平，使水泥胶挤入缝隙，用水洗去牛皮纸，用白水泥浆擦缝。主要用于防滑要求较高的卫生间、浴室等房间的地面。如图9.26(b)所示。

**3）陶瓷地砖地面**

陶瓷地砖又称墙地砖，其类型有釉面地砖、无光釉面砖和无釉防滑地砖及抛光同质地砖。陶瓷地砖颜色多样、色调均匀、砖面平整、抗腐耐磨、施工方便，且块大缝少、装饰效果好，特别是防滑地砖和抛光地砖还能防滑，因而越来越多地用于办公、商店、旅馆和住宅中。陶瓷地砖一般厚6～10 mm，其规格有200 mm×200 mm、300 mm×300 mm、400 mm×400 mm、500 mm×500 mm等。其施工方法同缸砖。

**4）石材地面**

大理石、花岗岩是从天然岩体中开采出来的，经过加工制成块材或板材，再经打磨、抛光、打蜡等工序，加工成各种不同质感的高级装饰材料，一般用于公共建筑的门厅、大厅、休息厅、营业厅或要求高的卫生间等房间的楼地面。

大理石板、花岗岩板厚约20～30 mm，规格一般为500 mm×500 mm或600 mm×600 mm等。其构造做法是：先用20～30 mm厚1∶3干硬性水泥砂浆找平，再用5～10 mm厚1∶1水泥砂浆做结合层铺贴石板，板缝不大于1 mm，然后用干水泥擦缝，如图9.27所示。

人造石板有人造大理石板、预制水磨石板等，其构造做法与天然石板地面基本相同。

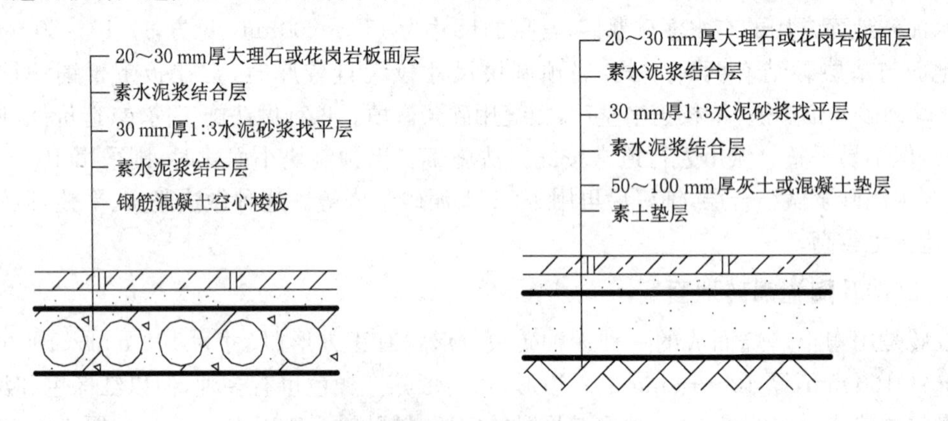


图9.27　石材地面

**5）木地面**

木地面是由木板铺钉或粘贴形成面层的地面。木地板弹性好、导热系数小、不起尘、易清扫，常用于高级住宅、宾馆、体育馆、剧院舞台等建筑中。木地面按所用材料规格分为普通木地面、硬木地面和拼花木地面三种。按构造方式有空铺、实铺和粘贴三种。

空铺木地面常用于底层地面，如图9.28所示。由于其占用空间多、费材料、施工繁杂，目前采用较少。

实铺式木地面是直接在实体上铺设的地面，这种地面是将木地板直接钉在钢筋混凝土基层上的木格栅上，由于木格栅直接放在结构层上，所以格栅截面小，一般为50 mm×50 mm，中距一般为400 mm，如图9.29所示。格栅与预埋在结构层内的U形铁件嵌固或用镀锌铁丝扎牢。为了防止木材变潮而产生膨胀，须在基层和木格栅底面和侧面上涂刷冷底子油和热沥青

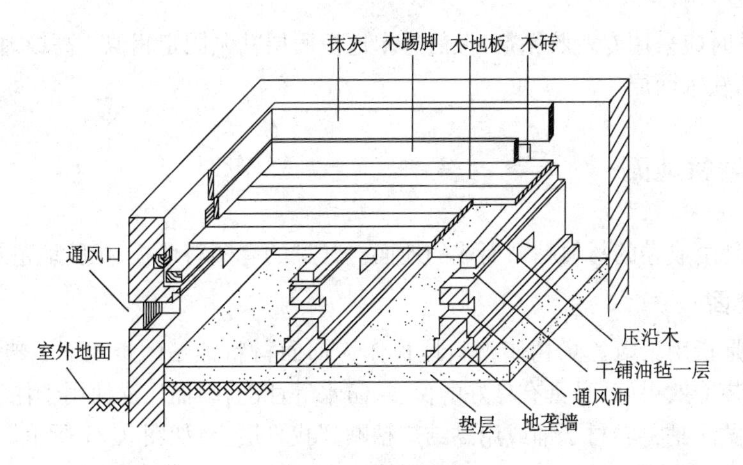


图 9.28 空铺木地面

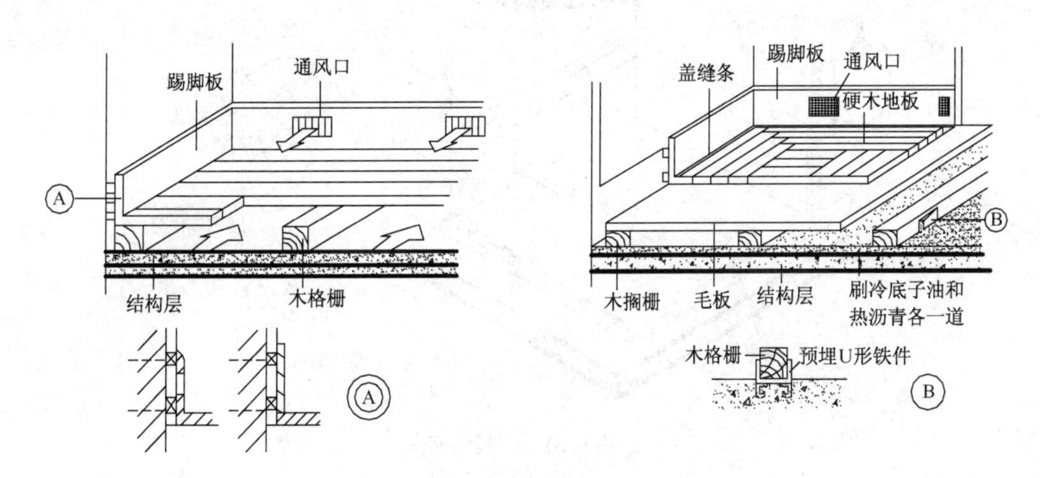


图 9.29 实铺式木地面

各一道。同时为方便潮气散发，通常在本地板与墙面之间留有 10～20 mm 的空隙，踢脚板或木地板上，也可设通风洞。

粘贴式木地面通常做法是：先在混凝土结构层上用 15～20 mm 厚 1∶3 水泥砂浆找平，上面刷冷底子油一道用于防潮，然后用石油沥青、环氧树脂、乳胶等胶粘材料将木地板粘贴在找平层上。常用木地板为拼花小木块板，长度不大于 450 mm，构造做法如图 9.30 所示。如果是

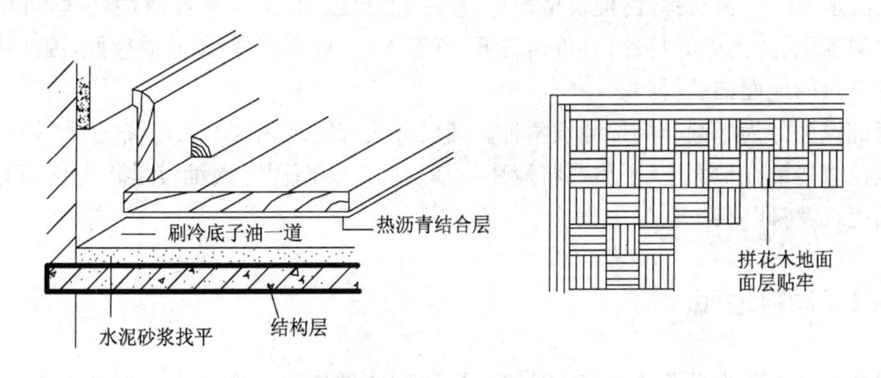


图 9.30 粘贴木地面

软木地面，粘贴时应采用专业胶粘剂，做法与木地板面层粘贴固定相似。高级地面可先铺钉一层夹板，再粘贴软木面层。

### 9.4.3 卷材地面

卷材地面是由成卷的材料粘贴而成的地面。常见的有塑料地板、橡胶地毡及各种地毯等。

**1）塑料地面**

塑料地面是指用聚氯乙烯树脂塑料地板作为饰面材料铺贴的楼地面。塑料地板色泽显眼、花纹美观、装饰效果好，且具有良好的保温、防水等性能，因而广泛使用于住宅、旅店客房及办公场所。其做法是将卷材干铺或用黏结剂粘贴到找平层上，如图 9.31 所示。

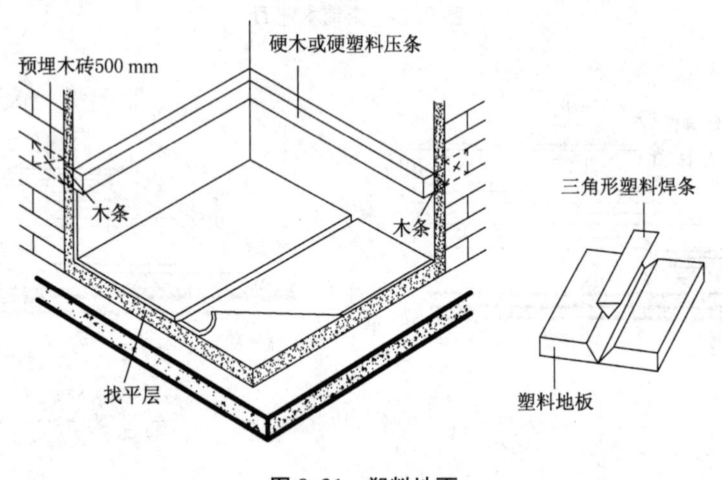


**图 9.31 塑料地面**

**2）橡胶地毡**

橡胶地毡是以橡胶粉为基料，加入其他填充料制成的卷材。它耐磨、防滑、绝缘并富有弹性。橡胶地毡可以干铺，也可以用黏结剂粘贴在水泥砂浆找平层上。

**3）地毯地面**

地毯是一种高级地面装饰材料。它分为纯毛地毯、化纤地毯、棉织地毯等。纯毛地毯柔软、温暖、舒适、豪华、富有弹性，但价格昂贵，易虫蛀霉变。化纤地毯经改性处理，可得到与纯毛相近的耐老化、防污染等特性，且价格较低、资源丰富、色彩多样、柔软质感好，因此化纤地毯已成为较普及的地面铺装材料。

地毯铺设可分为满铺与局部铺设两种。铺设方式有固定式与不固定式之分。不固定式铺设是将地毯直接铺在地面上，不需要将地毯与基层固定。而固定式铺设是将地毯用黏结剂粘贴在地面上，或将四周钉牢。

### 9.4.4 涂料地面

涂料地面是在水泥砂浆或混凝土地面上涂刷溶剂性涂料或聚合物涂料形成面层的地面。

涂料地面具有耐磨、防水、易清洁、干燥迅速的特点。涂层可制成各种色彩的图案，对改善水泥砂浆地面效果有较好的作用。涂料类地面按施工方法可分为涂刷式地面和涂布地面。

涂刷式地面涂层较薄。构造做法为将原料按配比制成地面涂料后，用刷子涂刷若干层。常见的地面涂料有过氯乙烯地面涂料、苯乙烯焦油涂料等。

涂布地面根据胶凝材料可以分为两大类：一类是以单纯的合成树脂为胶凝材料的溶剂型合成树脂涂布材料，如环氧树脂涂布地面、不饱和聚酯涂布地面、聚氨酯涂布地面等。另一类是以水溶性树脂或乳液与水泥复合组成胶凝材料的聚合物水泥涂布地面，如聚醋酸乙烯乳液涂布地面、聚乙烯醇甲醛胶涂布地面等。溶剂型涂布材料具有良好的耐磨性、耐腐蚀性、抗渗性、弹韧性及整体性，但造价偏高、施工较复杂，适用于卫生间或耐腐蚀要求较高的地方，如实验室、医院手术室、食品加工厂等。水溶性涂布地面的耐水性优于单纯的同类聚合物涂布地面，同时黏结性、抗冲击性也优于水泥涂料，且价格便宜、施工方便，适用于一般要求的地面，如教室、办公室等。

涂布地面一般采用涂刮方式施工，对基层要求较高，基层必须平整、光洁、充分干燥。

## 9.5 阳台与雨篷

阳台和雨篷都属于建筑物上的悬挑构件。

阳台是连接室内的室外平台，悬挑于每一层的外墙上，它不仅向人们提供舒适的室外活动空间，而且可以改变单元式住宅带给人们的封闭感和压抑感，对建筑的立面处理也会产生一定的作用。

雨篷位于建筑物出入口的上方，主要目的是遮挡雨雪，给人们提供一个从室外到室内的过渡空间，同时还起到丰富建筑立面的作用。

### 9.5.1 阳台

**1）阳台的类型**

阳台按其与外墙面的相对关系分为凸(挑)阳台、凹阳台、半凸半凹阳台及转角阳台，如图9.32所示；按使用功能不同可分为生活阳台(靠近卧室或客厅)和服务阳台(靠近厨房)。

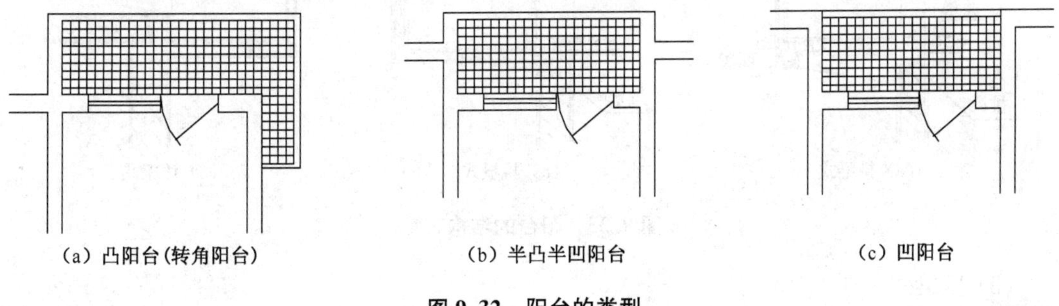

(a) 凸阳台(转角阳台)　(b) 半凸半凹阳台　(c) 凹阳台

图9.32 阳台的类型

**2）阳台的设计要求**

阳台是由承重梁、板、栏杆组成。设计时应满足下列要求：

(1) 安全适用

悬挑阳台的挑出长度不宜过大，应保证在荷载作用下不发生倾覆现象，以1～1.5 m为宜，过小不便使用，过大增加结构自重。低层、多层住宅阳台栏杆净高不低于1.05 m，中高层住宅阳台栏杆净高不低于1.1 m，但也不大于1.2 m。阳台栏杆形式应防坠落(垂直栏杆间净距离不应大于110 mm)，防攀爬(不设水平栏杆)，以免造成恶果。放置花盆处，也应采取防坠落措施。

(2) 坚固耐久

阳台所用材料和构造措施应经久耐用，承重结构宜采用钢筋混凝土，金属构件应做防锈处理，表面装修应注意色彩的耐久性和抗污染性。

(3) 排水顺畅

为防止阳台上的雨水流入室内，设计时要求阳台地面标高低于室内地面标高0.60 m左右，并将地面抹出5‰的排水坡将水导入排水孔，使雨水能顺利排出。

阳台设计还应考虑地区气候特点。南方地区宜采用有助于空气流通的空透式栏杆，而北方寒冷地区和中高层住宅应采用实体栏杆，并满足立面美观的要求，为建筑物的形象增添风采。

**3）阳台的结构布置**

(1) 挑梁式

挑梁式即由横墙向外伸出挑梁，梁上搁置楼板，阳台荷载通过挑梁传给纵横墙，由压在挑梁上的墙体和楼板抵抗阳台的倾覆力矩。挑梁可与阳台一起现浇，也可预制，如图9.33(a)所示。挑梁压入墙内的长度一般为悬挑长度的1.5倍左右。为美观起见，可在梁端部设面梁以遮挡挑梁头。

(2) 挑板式

挑板式是将楼板延伸挑出墙外，形成阳台板。由于阳台板与楼板是一整体，楼板的重量和墙的重量构成阳台板的抗倾覆力矩，保证阳台的稳定。挑板式阳台板底平整美观，如施工采用现浇工艺，还可将阳台平面制成多种形式，增加建筑形体美观。如图9.33(b)所示。

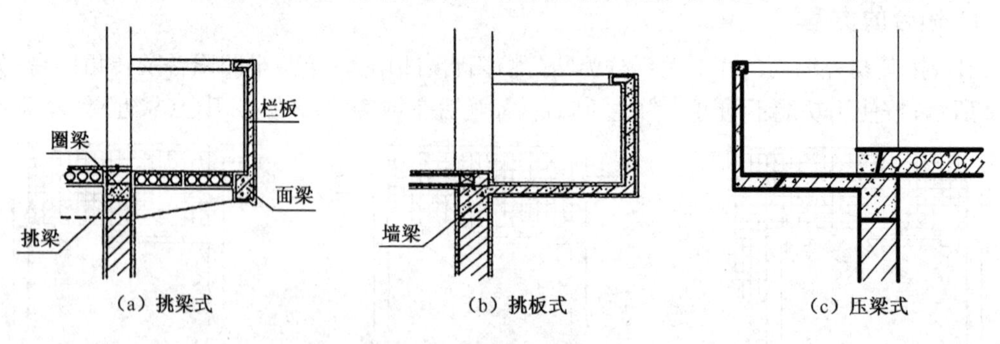


**图9.33　阳台的结构布置**

(3) 压梁式

压梁式是将凸阳台板与墙梁整浇在一起，墙梁可用加大的圈梁代替。由于墙梁受扭，阳台悬挑长度一般在 1.2 m 以内。当梁上部的墙开洞较大时，可将梁向两侧延伸至不开洞部分，以确保安全。如图 9.33(c)所示。

(4) 搁板式

在凹阳台中，将阳台板搁置于阳台两侧凸出来的墙上，即形成搁板式阳台。阳台板型和尺寸与楼板一致，施工较方便。

**4）阳台的细部构造**

(1) 阳台栏杆和栏板

阳台的栏杆和栏板是设置在阳台外围的垂直构件，主要供人们倚扶之用，以保障人身安全，同时栏杆对建筑物还起装饰作用。阳台的栏杆和栏板要有一定的安全高度，通常高于人体的重心，即净高不低于 1.05 m，高层建筑不低于 1.1 m；对空花栏杆要求其垂直之间的净距离不大于 130 mm。

阳台栏杆和栏板从材料上分，有金属栏杆、钢筋混凝土栏杆和栏板、砖砌栏板等；从形式上分，有空花式、实心式及二者组合三种形式，如图 9.34 所示。

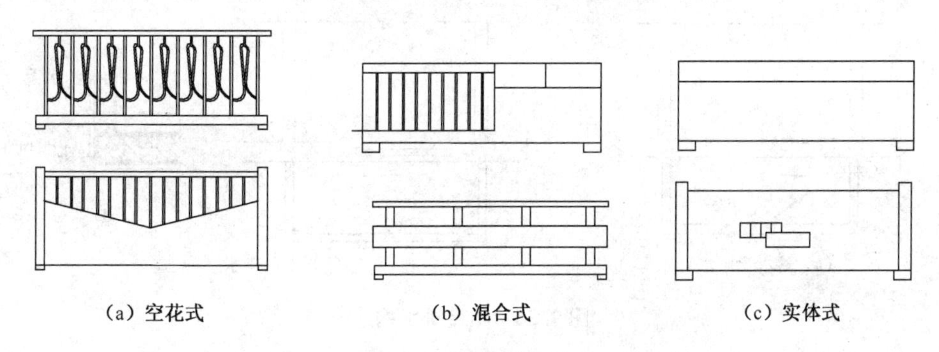


**图 9.34　阳台栏杆形式**

砖砌体栏板的厚度一般为 120 mm，在栏板上部的压顶中加入 2ϕ6 通长钢筋，并与砌入墙内的预留钢筋绑扎或焊接在一起，如图 9.35(a)所示。扶手应现浇，亦可设置构造小柱与现浇扶手拉接，以增加砌体与栏板的整体性。

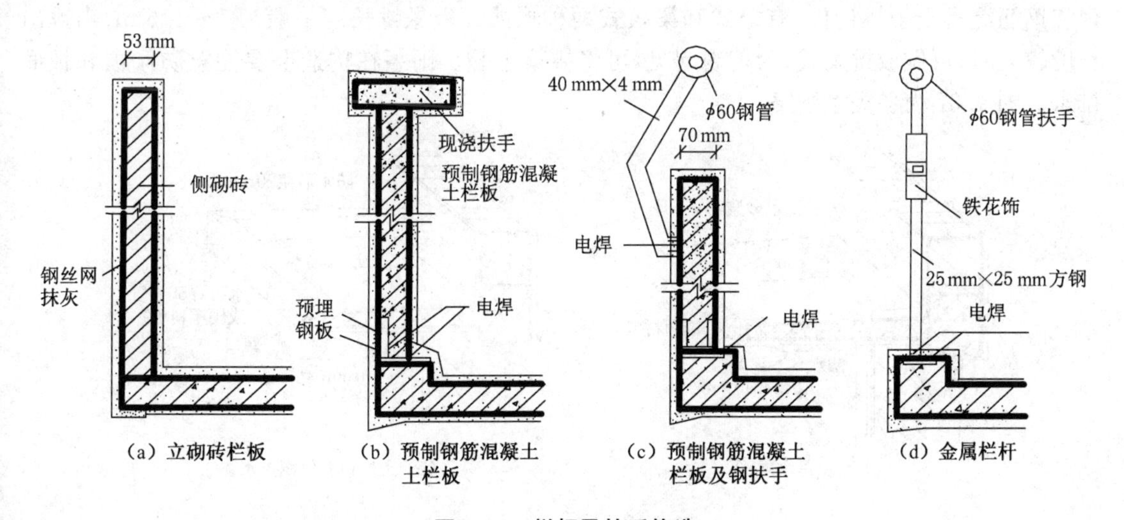


**图 9.35　栏杆及扶手构造**

混凝土栏杆或栏板可预留钢筋与阳台板的预留钢筋及砌入墙内的锚固钢筋绑扎或焊接在一起；预制混凝土栏板也可顶埋铁件再与阳台板预埋钢板焊接，如图 9.35(b)(c)所示。

金属栏杆一般用方钢、圆钢、扁钢和钢管等制成，通常需做防锈处理。金属栏杆与阳台板的连接可采用在阳台板上预留孔洞，将栏杆插入，再用水泥砂浆浇筑的方法；也可采用阳台板顶面预埋通长扁钢与金属栏杆焊接的办法，如图 9.35(d)所示。

阳台的扶手宽一般至少为 120 mm，当上面放花盆时，不应小于 250 mm，且外侧应有挡板。

(2) 阳台的排水

为防止雨水流入室内，阳台地面的设计标高应比室内地面低 30～50 mm。阳台地面向排水口做 1%～2%的坡度，防止雨水倒灌室内。阳台排水有外排水和内排水两种。外排水是在阳台外侧设置泄水管(俗称水舌)将水排出。泄水管为 ϕ40～ϕ50 的镀锌钢管或塑料管，挑出阳台栏板外面至少为 80 mm，以防落水溅到下面阳台。内排水适用于高层建筑或某些有特殊要求的建筑，其做法为在阳台内侧设置地漏和排水立管，将积水引入地下管网。如图 9.36 所示。

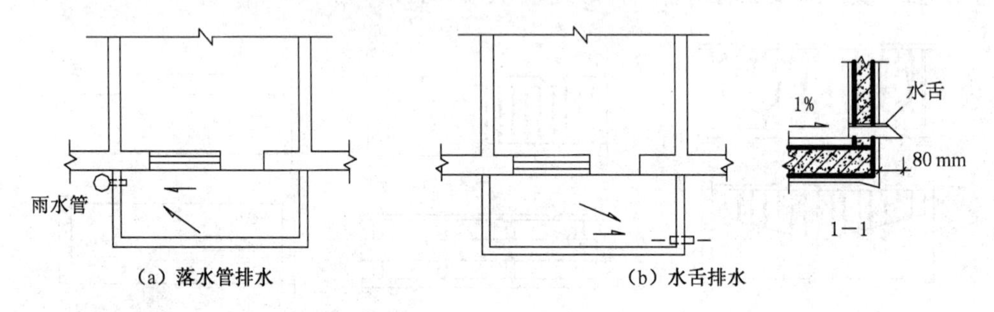


图 9.36 阳台排水构造

## 9.5.2 雨篷

雨篷是建筑物入口处外门上部用于遮挡雨水、保护外门不受雨水侵害的构件。雨篷多为现浇钢筋混凝土悬挑构件，有板式和梁板式两种形式。板悬挑长度一般为 1～1.5 m；当挑出长度较大时，可做成挑梁式，为美观起见，可将挑梁上翻。雨篷在构造上要注意防倾覆和板面排水。图 9.37 为各类型雨篷。

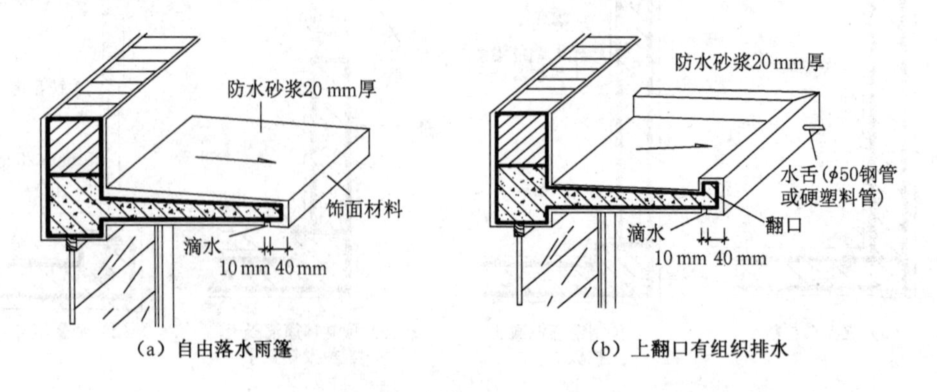

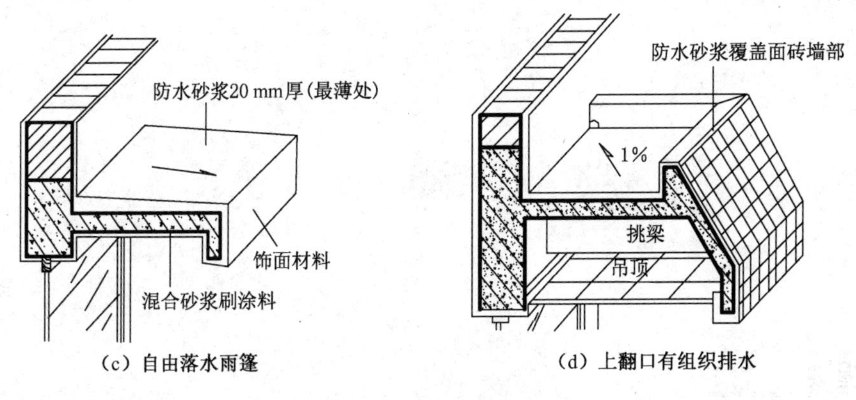


(c) 自由落水雨篷　　(d) 上翻口有组织排水

图 9.37 雨棚构造

## 本章小结

1. 楼板是建筑物中重要的竖向分隔和水平承重构件。它由楼面、楼板和顶棚等部分组成。

2. 楼板按施工方法不同有现浇钢筋混凝土楼板、预制装配式钢筋混凝土楼板和装配整体式钢筋混凝土楼板，不同形式的楼板具有不同的结构特点和构造特征。

3. 地面是楼板层和地坪层的面层，是建筑物内部空间的重要组成部分。地面按材料和施工方法不同有整体浇筑地面、板块地面、卷材地面和涂料地面。

4. 顶棚在建筑内部空间中具有显著的装饰作用。顶棚有直接顶棚和吊顶顶棚。

5. 阳台是建筑物中室内外的过渡空间，有挑阳台、凹阳台、半挑半凹阳台和转角阳台等形式。

6. 雨篷具有挡雨和建筑装饰作用，雨篷的构造要保证雨篷稳定不倾覆，并做好排水防水。

## 思考题

1. 楼板层和地坪层的设计要求是什么？
2. 楼板层的基本组成及各组成部分的作用是什么？
3. 地坪层的基本组成及各组成部分的作用是什么？
4. 现浇钢筋混凝土楼板的类型及其特点是什么？
5. 预制装配式钢筋混凝土楼板有什么特点？常用的预制楼板有哪几种形式？
6. 当隔墙搁置在楼板上时，应采取什么构造措施保证楼板的可靠性？
7. 简述水磨石地面的构造要点。
8. 顶棚的作用是什么？有哪两种基本形式？
9. 简述阳台的类型及其结构布置形式。
10. 简述雨篷的作用及其构造要点。

# 10 楼　梯

**内容提要**

本章介绍了楼梯的组成、类型和设计要求；现浇、装配式钢筋混凝土楼梯，以及台阶、栏杆等细部构造；台阶与坡道、有高差处的无障碍设计构造，电梯与自动扶梯等内容。

**学习目标**

了解电梯与自动扶梯的设计及构造要求；熟悉室外台阶与坡道、无障碍设计与构造；掌握钢筋混凝土楼梯的设计。

建筑物的垂直交通设施主要有楼梯、电梯、自动扶梯及坡道等。其位置、数量、形式应符合有关规范和标准的规定，以满足人们垂直交通及紧急安全疏散的要求。楼梯与电梯的结构比较复杂，细小部位较多。在建筑剖面图中一般都画出其结构，但因比例较小，一些细部结构、尺寸、工艺要求等需要用详图来补充表达。

## 10.1　楼梯的组成、类型和设计要求

### 10.1.1　楼梯的组成

楼梯一般由楼梯梯段、楼梯平台、栏杆(板)和扶手三部分组成。如图 10.1 所示。

(1) 楼梯梯段

楼梯梯段是指楼层之间上下通行的通道，是由若干个踏步构成的。踏步又分为踏面和踢面。为避免人们行走楼梯段时过于疲劳，每一楼梯段的级数一般不应超过 18 级；而级数太少则不易为人们察觉，容易摔倒。所以考虑人们行走的习惯性，楼梯段的级数最少不小于 3 级为宜。公共建筑中的装饰性弧形楼梯可略超过 18 级。

(2) 楼梯平台

平台是连接两个楼梯段的水平构件，可以使人们在上楼时得到短暂的休息，故又称休息平台。平台有楼层平台和中间平台之分。位于两个楼层之间的平台称为中间平台。与楼层标高一致的平台称为楼层平台，可以分配从楼梯到达各层的人流，解决楼梯段转折的问题。

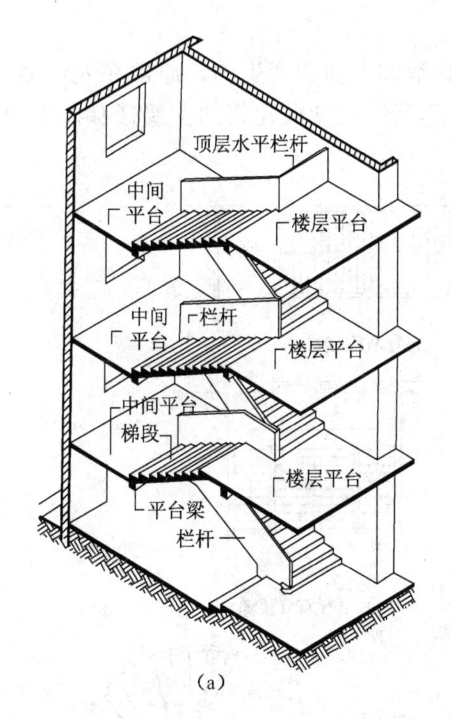


(a)

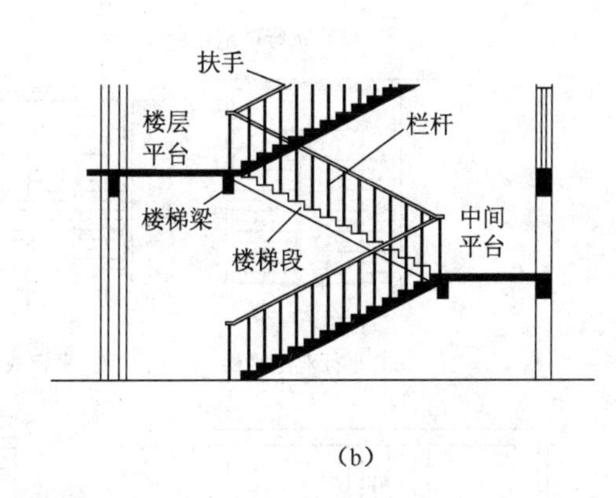


(b)

**图 10.1　楼梯的组成**

(3) 栏杆(板)和扶手

为了保障在楼梯上行走的安全,在楼梯和平台的临空边缘应设栏杆(板)和扶手。要求栏杆和扶手必须坚固可靠,并具有保证安全的高度。当梯段宽度不大时,可只在梯段临空面设置扶手;当梯段宽度较大时,非临空面也应加设靠墙扶手;当梯段宽度很大时,还需在楼梯中间加设中间扶手。

### 10.1.2　楼梯的类型

楼梯有多种形式,在选择时应根据建筑物及使用功能的不同进行选择与分类。

(1) 按照楼梯的材料,可将其分为钢筋混凝土楼梯、钢楼梯、木楼梯及组合材料楼梯。

(2) 按照楼梯的使用性质,可分成主要楼梯、辅助楼梯、疏散楼梯及消防楼梯等。

(3) 按照楼梯的平面形式,可将其分为直行单跑楼梯、直行双跑楼梯、平行双跑楼梯、三跑楼梯、平行双合楼梯、平行双分楼梯、弧线楼梯、螺旋楼梯、转角楼梯、双分转角楼梯、交叉楼梯、剪刀楼梯等,如图 10.2 所示。

① 直行单跑楼梯:是无楼梯平台、直达上一层楼面标高的楼梯。一般梯段平面呈直线状,在使用中不改变行进方向。构造很简单,适合于层高较低的建筑,如图 10.2(a)所示。

② 直行双跑楼梯:在使用中不改变行进方向,两梯段间设一楼梯平台,导向性强,交通路线明确,给人以直接、顺畅的感觉,但其会增加交通面积并加长人流行走距离,适用于层高较高或人流量大的公共活动场所,如影剧院、体育建筑、百货商场等,如图 10.2(b)所示。

③ 平行双跑楼梯:在使用中改变行进方向,是一种最为常见的、适用面广的楼梯形式。一般两个梯段做成等长,但底层为了能在平台下过人,常把下梯段加长,上梯段缩短。如图 10.2

(c)所示。

④ 平行双分和平行双合楼梯：是在平行双跑楼梯的基础上演变产生的。通常在人流多、梯段宽度较大时采用。其造型对称严谨，常用作办公类建筑和纪念性建筑的主要楼梯。如图10.2(d)(e)所示。

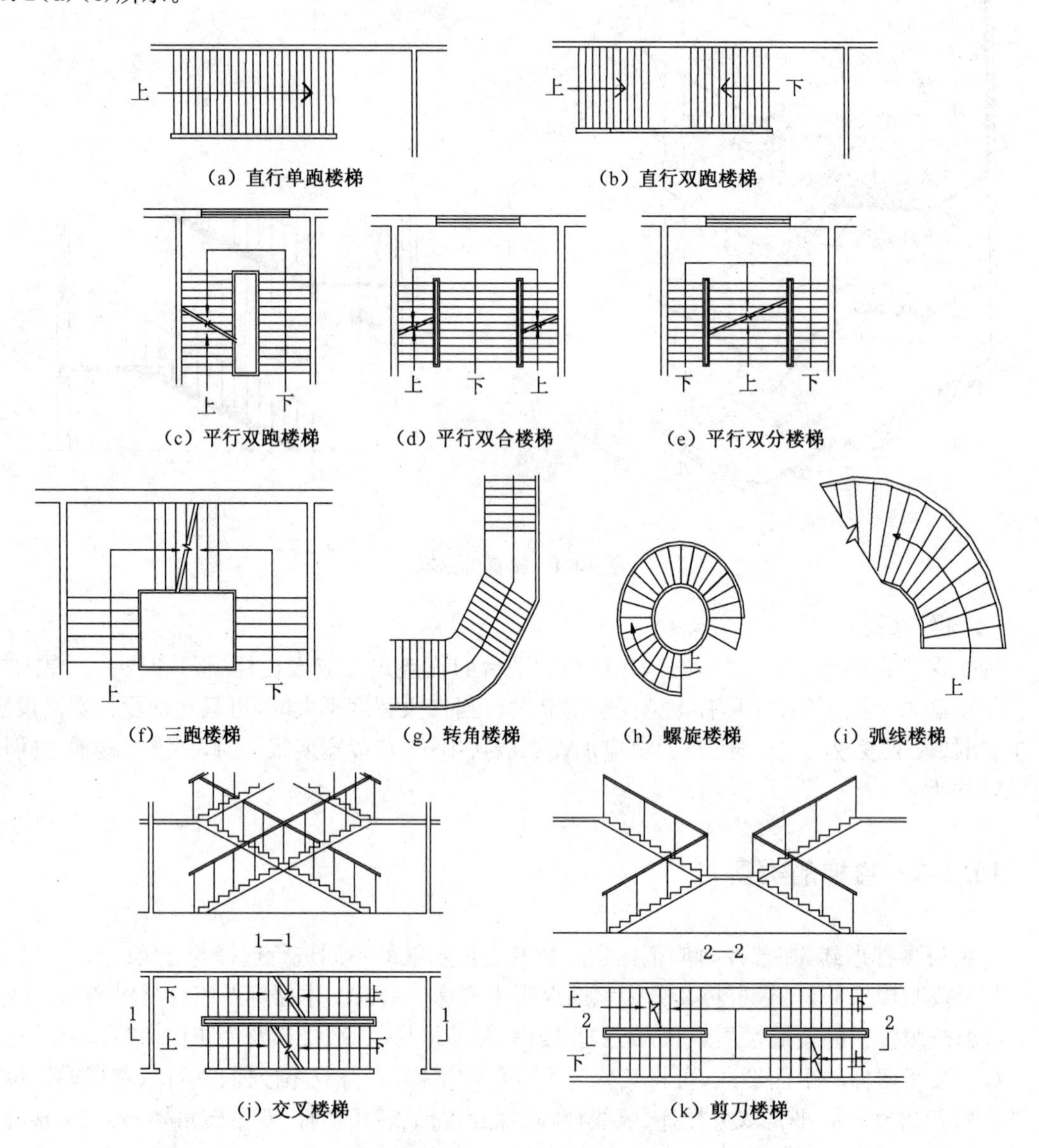


(a) 直行单跑楼梯　(b) 直行双跑楼梯

(c) 平行双跑楼梯　(d) 平行双合楼梯　(e) 平行双分楼梯

(f) 三跑楼梯　(g) 转角楼梯　(h) 螺旋楼梯　(i) 弧线楼梯

(j) 交叉楼梯　(k) 剪刀楼梯

**图 10.2　楼梯的平面形式**

⑤ 折行楼梯：分为折行双跑楼梯和折行三跑楼梯。

折行双跑楼梯人流导向较自由，折角一般为 90°，根据具体情况也可大于或小于 90°。

折行三跑楼梯中部形成较大梯井，可利用楼梯梯井作为电梯井位置，但对视线有遮挡。当楼梯井未作为电梯井时，不安全，因此不能用在少年儿童使用的建筑中。折行三跑楼梯常用于层高较高的公共建筑中，如图 10.2(f)所示

⑥ 螺旋楼梯：平面呈圆形，其平台和踏步均为扇形平面，围绕一根单柱布置，踏步内侧宽

度很小，并形成较陡的坡度，构造较复杂。这种楼梯不能作为主要人流交通和疏散楼梯，但由于其流线型造型美观，常作为建筑小品布置在庭院或在跃层住宅内使用，如图 10.2(h)所示。

⑦ 弧形楼梯：是折行楼梯的演变形式，把折行变为一段弧形，并且曲率半径较大。其扇形踏步的内侧宽度也较大(大于 220 mm)，使坡度不至于过陡，可通行较多的人流。弧形楼梯布置在公共建筑的门厅时，具有明显的导向性造型，优美轻盈。但其结构和施工难度较大，通常采用现浇钢筋混凝土结构，如图 10.2(i)所示

⑧ 交叉楼梯：是由两个直行单跑楼梯交叉并列布置而成，通行的人流量较大，且为上下楼层的人流提供了两个方向，对于空间开敞、楼层人流多方向进出的场所有利。但仅适合层高较小的建筑，如图 10.2(j)所示。

⑨ 剪刀式楼梯：在交叉楼梯中设置中间平台，人流可在中间平台处变换行走方向，适用于层高较高的公共建筑，如商场、多层食堂等，如图 10.2(k)所示

(4) 按照楼梯间的平面形式，可以分为封闭式楼梯间、开敞楼梯间、防烟楼梯间等，如图 10.3 所示。

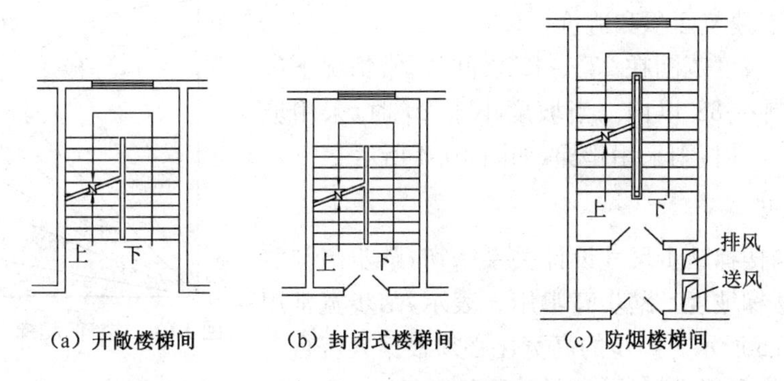


(a) 开敞楼梯间　(b) 封闭式楼梯间　(c) 防烟楼梯间

**图 10.3　楼梯间平面图**

楼梯形式的选择主要取决于楼梯所处的位置、楼梯间的平面形状与大小、楼层的高低与层数、人流大小与缓急等因素，设计时需综合权衡。目前在建筑中采用较多的是平行双跑楼梯，其他如三跑楼梯、平行双分楼梯、平行双合楼梯等均是在平行双跑楼梯的基础上变化而成的。

### 10.1.3　楼梯的设计要求

楼梯作为建筑物的竖向交通设施，主要起联系上下层空间和紧急之用。因而楼梯的设计必须满足以下要求：

(1) 保证楼梯有足够的强度、刚度和整体稳定性。

(2) 主要楼梯应与主要出入口邻近，且位置明显；同时楼梯要有足够的宽度、合适的坡度，保证通行顺畅、行走舒适。

(3) 必须满足防火要求，楼梯间除允许直接对外开窗采光外，不得向室内任何房间开窗；楼梯间四周墙壁必须为防火墙；对防火要求高的建筑物特别是高层建筑，应设计成封闭式楼梯或防烟楼梯。

(4) 楼梯间必须有良好的自然采光。

## 10.2 楼梯的尺度和设计

### 10.2.1 楼梯的尺度

楼梯的尺度涉及梯段尺寸、踏步尺寸、平台宽度、梯井宽度、栏杆扶手高度、净空高度等，各尺寸相互影响、相互制约，设计时应统一协调各部分尺寸，使之符合相关规范的规定。

**1）楼梯的坡度**

楼梯的坡度指梯段的斜率，一般用斜面与水平面的夹角表示，也可以用斜面在垂直面上的投影高和在水平面上的投影宽之比来表示。楼梯的坡度小，踏步相对就平缓，则行走较舒适，但这样却扩大了楼梯间的进深，增加了建筑面积和造价。

楼梯梯段的坡度范围在23°～45°之间，通常情况下应将楼梯坡度控制在38°以内。当坡度小于20°时，采用坡道；当坡度大于45°时，则采用爬梯，如图10.4所示。

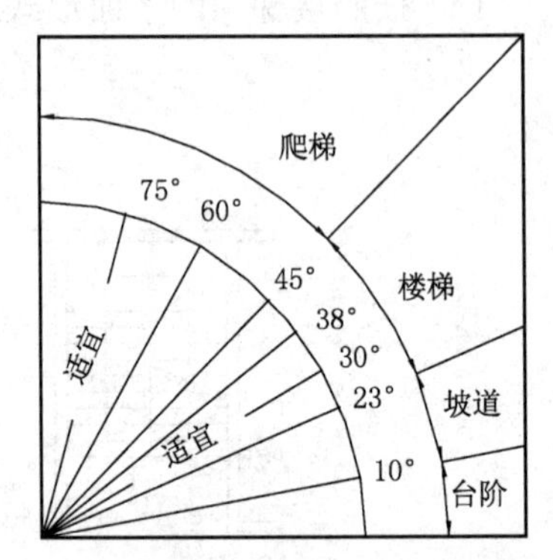

图10.4 楼梯、爬梯、坡道的坡度范围

**2）踏步尺寸**

楼梯坡度与楼梯踏步尺寸设计关系密切，踏步高与宽之比即可构成楼梯坡度。踏步高常用 $h$ 表示，踏步宽常用 $b$ 表示，如图10.5所示。踏步的高宽比必须根据人流行走的舒适性、安全性和楼梯间的尺度等因素进行综合权衡。常用的坡度为1∶2左右。踏步尺寸与人行步距有关，其经验公式为：

$$2h + b = s = 600 \sim 620\ \text{mm} \quad 或 \quad h + b = 450\ \text{mm}$$

式中：$h$——踏步高度，成人以150 mm左右为宜，一般不应大于175 mm；

$b$——踏步宽度（水平投影宽度），以300 mm左右为宜，不宜窄于260 mm；

$s$——跨步长度，600～620 mm为人的平均步距，室内楼梯宜选用低值，室外台阶宜选用高值。

建筑中楼梯踏步宽度与高度的常用值，见表10.1。

表10.1 常用适宜踏步尺寸(mm)

| 名称 | 住宅 | 学校、办公楼 | 剧院、食堂 | 医院 | 幼儿园 |
|---|---|---|---|---|---|
| 踏步宽 | 250～300 | 280～340 | 300～350 | 300 | 260～300 |
| 踏步高 | 156～175 | 140～160 | 120～150 | 150 | 120～150 |

在设计踏步宽度时，当楼梯间深度受到限制，踏面宽度不能满足最小尺寸要求时，为保证踏面宽有足够尺寸而又不增加总进深，可采用出挑踏口或将踢面向外倾斜的方法（增加凸缘）。一般踏口挑出长度不超过20～25 mm。如图10.5所示。

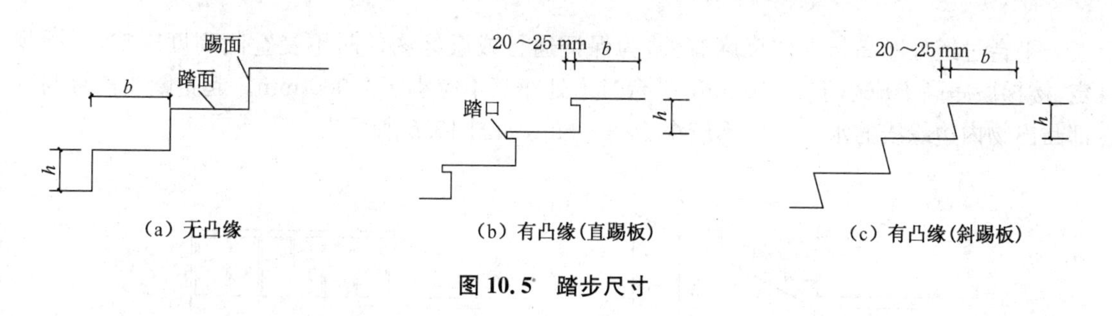


(a) 无凸缘　　(b) 有凸缘(直踢板)　　(c) 有凸缘(斜踢板)

图 10.5　踏步尺寸

**3）梯段的尺寸**

梯段尺寸分为梯段宽度和梯段长度。梯段净宽一般指墙面至扶手中心之间的水平距离或扶手中心之间的水平距离，梯段宽应根据通行人流的股数、搬运家具及建筑的防火要求确定。

通常情况下，作为通行用的楼梯，供单人通行时，其梯段的宽度应不小于 900 mm；两股以上人流通过时，梯段的宽度按每增加一股人流增加 550＋(0～150)mm 计算，其中 0～150 mm 为人在行进中的摆幅。双人通行时为 1 000～1 200 mm，三人通行时为 1 500～1 800 mm，其余类推，同时应满足各类建筑设计规范。

梯段长度即踏面宽度的总和，其值为 $L=b(N-1)$，其中 $b$ 为踏面水平投影宽度，$N$ 为梯段踏步数。

**4）平台宽度**

平台宽度分为中间平台(休息平台)$D_1$ 和楼层平台 $D_2$。为确保梯段的人流和货物能顺利地在楼梯平台上通过，中间平台宽度应不小于梯段宽度，并不得小于 1 200 mm。对于特殊建筑如医院建筑应保证担架在平台处能转向通行，其中间平台宽度应大于等于 1 800 mm。而直行多跑楼梯，其中间平台宽度可等于梯段宽，或者大于等于 1 000 mm。楼层平台宽度，一般比中间平台更宽松一些，以利人流分配和停留。

**5）梯井宽度**

梯井是指梯段之间形成的空隙，此空隙从顶层到底层贯通。梯井宽度应以 60～200 mm 为宜，若大于 200 mm，则栏杆扶手应考虑安全措施。小学、幼儿园等的楼梯为安全起见不宜做大梯井。

**6）栏杆扶手的高度**

楼梯栏杆扶手的高度指踏面前缘至扶手顶面的垂直距离。楼梯扶手的高度与楼梯的坡度、楼梯的使用要求有关。坡度很陡的楼梯，扶手的高度矮些，坡度平缓时高度可稍大。在 30°左右的坡度下，栏杆扶手高度常采用 900 mm；儿童使用的楼梯，栏杆扶手高度一般为 600 mm。对于一般室内楼梯栏杆扶手高度不小于 900 mm，靠梯井一侧水平栏杆长度大于 500 mm 时，其高度不小于 1 000 mm，室外楼梯栏杆高度不小于 1 050 mm。

栏杆扶手的数量应根据梯段的宽度而定，当梯段宽度大于 1 400 mm 时，应加设靠墙扶手；当梯段宽度大于 2 200 mm 时，应在梯段中间加设扶手。

**7）楼梯净空高度**

楼梯的净空高度包括楼梯段的净高和平台过道处的净高。楼梯段的净高是指梯段空间的最小高度，即踏步前缘至上方梯段下表面的垂直距离。平台过道处的净高是指平台过道地面至上部结构最低点(平台梁下表面)的垂直距离。

平台过道处净高与人体尺度有关，为保证通行或搬运物件时不受空间高度影响，我国规定，楼梯段净高不应小于 2 200 mm，平台过道处净高不应小于 2 000 mm。起止踏步前缘与顶部凸出物内边缘线的水平距离不应小于 300 mm，如图 10.6 所示。

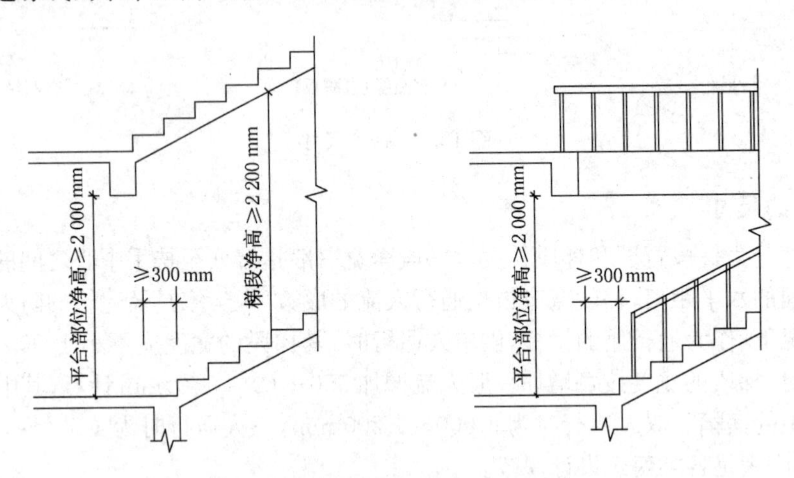


**图 10.6　梯段及平台部位净高要求**

在住宅建筑中，房屋的层高往往较低，且常利用楼梯间作为出入口，因而平台下通道净高的设计非常重要。当楼梯底层中间平台下做通道时，为实现下部净高≥2 000 mm 的要求，如图 10.7 所示，通常采用以下几种方法：

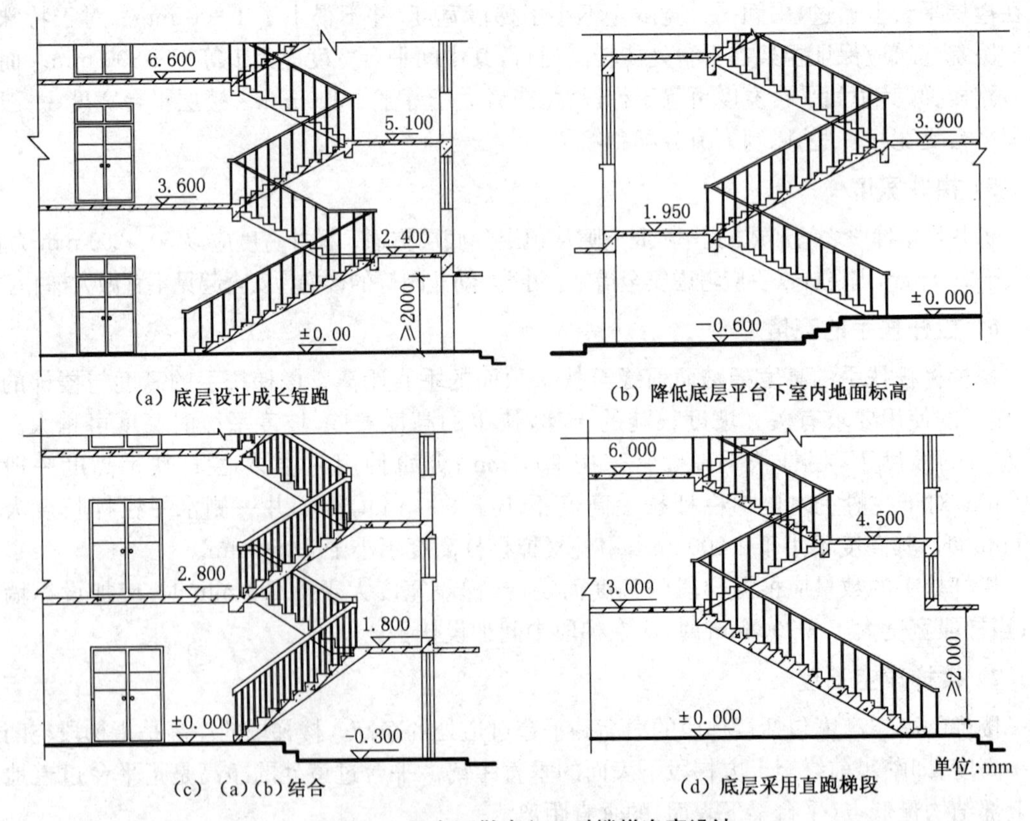


**图 10.7　平台下做出入口时楼梯净高设计**

① 增加第一段楼梯的踏步数，将一层楼梯设计成长短跑，以提高中间平台标高，如图10.7(a)所示。

② 降低底层中间平台下的地面标高，即将部分室外台阶移至室内。但应注意降低后的室内地面标高至少比室外地面高出一个台阶的高度(150 mm)，以免雨水内溢。另外移至室内的踏步前缘线与上方平台梁的内缘线间的水平距离应≥500 mm。这种处理方式可保持等跑梯段，使构件统一。但中间平台下地坪标高的降低，常依靠底层室内地坪±0.000标高绝对值的提高来实现，可能增加填埋土方量，如图10.7(b)所示。

③ 将以上两种方法结合，即增加第一梯段的踏步数又降低首层中间平台下的地面标高，这种处理方法可兼有两种方式的优点，如图10.7(c)所示。

④ 将首层楼梯设计成直跑楼梯，直接从室外上二层，如图10.7(d)所示。这种方式常用于住宅建筑，设计时需注意入口处雨篷底面标高的位置，保证净空高度在2 000 mm以上要求，还应注意楼梯间的保温与防冻。

### 10.2.2　楼梯的设计与实例

#### 1）楼梯的设计

楼梯的设计必须符合建筑性质、建筑等级及防火规范等一系列设计规范的规定，同时应对楼梯各细部尺寸及净空高度进行详细计算。其中最主要的是解决楼梯梯段的设计，而梯段的尺寸和楼梯间的开间、进深与建筑物的层高有关。现以平行双跑楼梯为例，说明楼梯的设计计算方法，如图10.8所示。

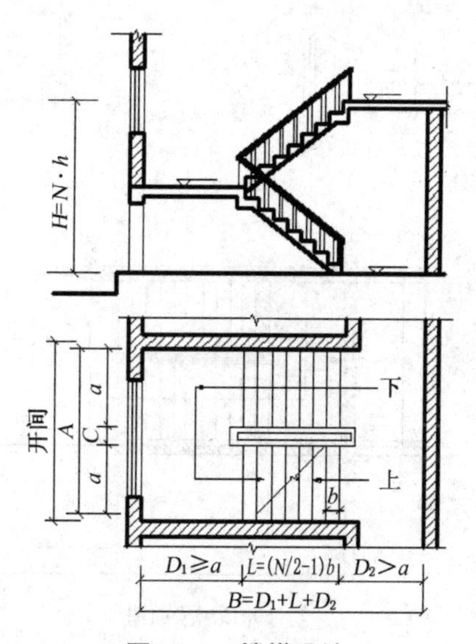


**图10.8　楼梯设计**

$A$——楼梯间开间净宽；$B$——楼梯间进深净宽度；
$C$——梯井宽度；$D_1$、$D_2$——楼梯平台宽度；
$H$——层高；$L$——楼梯段水平投影长度；$N$——踏步级数；
$h$——踏步高；$b$——踏步宽；$a$——梯段宽度

(1) 踏步尺寸与踏步数的计算。根据层高 $H$ 和初选踏步高 $h$ 确定每层踏步数 $N$，$N = H/h$。一般应尽量采用等跑梯段，$N$ 宜为偶数，以减少构件规格。如所求出的 $N$ 为奇数或非整数,可在允许范围内调整 $h$。

(2) 梯段长度($L$)计算。初选踏步宽 $b$,梯段水平投影长度 $L=(0.5N—1)b$。

(3) 确定是否设梯井。如楼梯间宽度较富余,可在两梯段之间设梯井。供少年儿童使用的楼梯梯井宽度($C$)不应大于 120 mm,以利安全。

(4) 梯段宽度($a$)。由式 $a=(A—C)/2$ 确定梯段宽度,同时检验其是否满足紧急疏散时人流股数要求,如不满足,则应对梯井宽 $C$ 或楼梯间开间净宽 $A$ 进行调整。

(5) 根据初选中间平台宽 $D_1$($D_1\geqslant a$)和楼层平台宽 $D_2$($D_2>a$)以及梯段水平投影长度 $L$ 检验楼梯间进深净长度 $B$,$D_1+L+D_2=B$。如不能满足,可对 $L$ 值进行调整(即调整 $b$ 值)。必要时,则需调整 $B$ 值。在 $B$ 值一定的情况下,如尺寸有富裕,一般可加宽 $b$ 值以减缓坡度或加宽 $D_2$ 值以利于楼层平台分配人流。

在装配式楼梯中,$D_1$ 和 $D_2$ 值的确定尚需注意使其符合预制板安放尺寸,并减少异性规格板数量。当楼梯间设门时,门阀边与起始踏步间应留有适当距离,一般要大于或等于 1/2 踏步宽;当楼梯间与走廊连通时,起始踏步后退距离要大于或等于踏步宽。图 10.9 为楼梯各层平面图示。

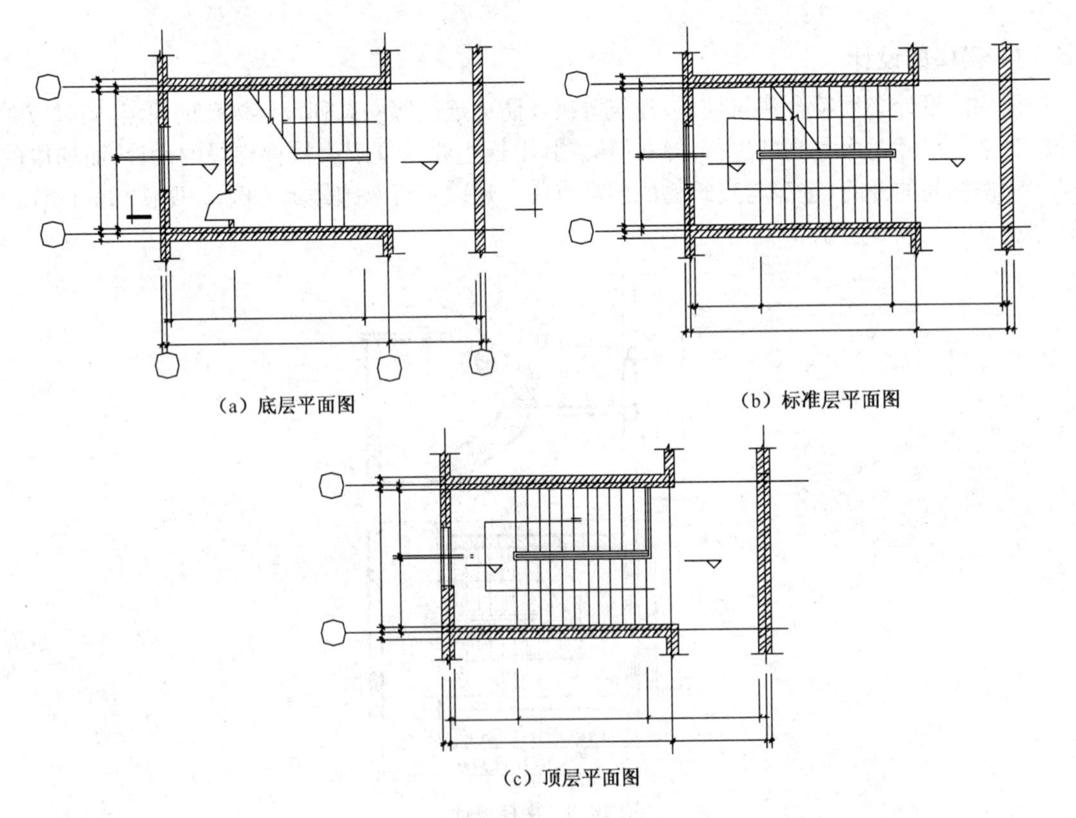


图 10.9 楼梯各层平面图

**2) 楼梯计算实例**

普通多层住宅楼梯间开间 2 700 mm,进深 5 100 mm,层高 2 800 mm;内墙厚 240 mm(轴线居中),外墙厚 360 mm(轴线内侧为 120 mm,轴线外侧为 240 mm),平台梁高 300 mm;室内外高差 750 mm。试设计一双跑楼梯，要求出入口设在楼梯平台下，门高 2 000 mm。

解：由于已经给定楼梯间的开间、进深尺寸，现需计算并确定踏步的高度、宽度及平台深度，并解决楼梯入口的净高问题。

(1) 踏步尺寸试算：层高为 2 800 mm，初步确定踏步数为 18 步，标准层采用等跑楼梯。

① 踏步高 $h$：$h = 2800/18 = 155.56$ mm

② 初选踏步宽 $b$：$b = 260$ mm

③ 校核：$b + 2h = 260 + 2 \times 155.56 = 571$ mm

$b + h = 260 + 155.56 = 415.56$ mm

不满足经验公式，故调整踏步数为 16 步。标准层采用等跑楼梯，每一跑为 7 个踏面、8 个踏步高。

④ 重新计算：$h = 2800/16 = 175$ mm，踏步宽 $b$ 调整为 270 mm

⑤ 再校核：$b + 2h = 270 + 2 \times 175 = 620$ mm

$b + h = 270 + 175 = 445$ mm

满足经验公式。

最终选定楼梯踏步尺寸：$b = 270$ mm，$h = 175$ mm。

(2) 计算梯段长度 $L$ 和宽度 $a$：设梯井宽度为 100 mm，则

梯段长度：$L = (0.5 \times 16 — 1) \times 270 = 1\,890$ mm

梯段宽度：$a = (2\,700 — 120 \times 2 — 100)/2 = 1\,180$ mm

(3) 验证楼梯进深净长度：选中间平台深度为 $D_1 = 1\,230\ \text{mm} \geqslant (a = 1\,180\ \text{mm})$（中间平台深度不应小于梯段宽度，同时满足中间平台最小尺寸要求）。

根据式 $D_1 + L + D_2 \leqslant B$，计算楼层平台深为 $D_2 = 1\,740\ \text{mm} > (a = 1\,180\ \text{mm})$（楼层平台深度应大于梯段宽度）。

(4) 楼梯平台下出入口问题的处理：楼梯间底层采用长短跑解决楼梯平台下出入口问题，底层第一跑为长跑，并增加室内外高差。

第一跑设为 9 个踏步面，对应有 10 个踏步高度，中间平台标高为：

$175 \times 10 = 1\,750\ \text{mm} = 1.75\ \text{m}$

平台梁下净高为：$1\,750 - 300 = 1\,450\ \text{mm} = 1.45\ \text{m}$

室内外高差 750 mm，其中 650 mm 用于室内，100 mm 用于室外。梁底净空高度 $1.45 + 0.65 = 2.10\ \text{m} > 2.0\ \text{m}$，满足开门及梁下通行的净空要求。

(5) 验算底层中间平台上部的净空高度：由于标准层为等跑楼梯，二层以上为等跑，二层中间平台标高为：

$$2\,800 + 2\,800/2 = 4\,200\ \text{mm} = 4.20\ \text{m}$$

底层平台上部的净空高度：

$$4\,200 - 1\,750 - 300 = 2\,150\ \text{mm} = 2.15\ \text{m} > 2.0\ \text{m}$$

(6) 绘制楼梯各层平面图及剖面图（略）。

## 10.3 钢筋混凝土楼梯构造

在大量的民用建筑中,钢筋混凝土楼梯得到广泛应用。钢筋混凝土楼梯按施工方式可分为现浇式和预制装配式两类。

### 10.3.1 现浇钢筋混凝土楼梯

现浇式楼梯整体性好、刚度大、尺寸灵活、形式多样、对抗震较为有利,但模板耗费较多,且施工速度缓慢。它适用于结构复杂或对抗震设防要求较高的建筑中。

现浇钢筋混凝土楼梯根据楼梯段的传力与结构形式的不同,有板式和梁式两种。

**1)板式楼梯**

板式楼梯是将楼梯段作为一块整板,斜搁在楼梯的平台梁上,如图 10.10(a)所示;也有带平台板的板式楼梯,即把两个或一个平台板和一个梯段组合成一块折形板,平台下的净空增大,形式简洁,如图 10.10(b)所示。

对于板式楼梯,楼梯段相当于是一块斜放的现浇板,平台梁是支座,其作用是将楼梯段和平台上的荷载同时传给平台梁,再由平台梁传到承重横墙或柱上。这种楼梯构造简单、施工方便、底面平整,但楼板厚、自重大、材料消耗多、稳定性差,适用于荷载较小、楼梯跨度不大的房屋。

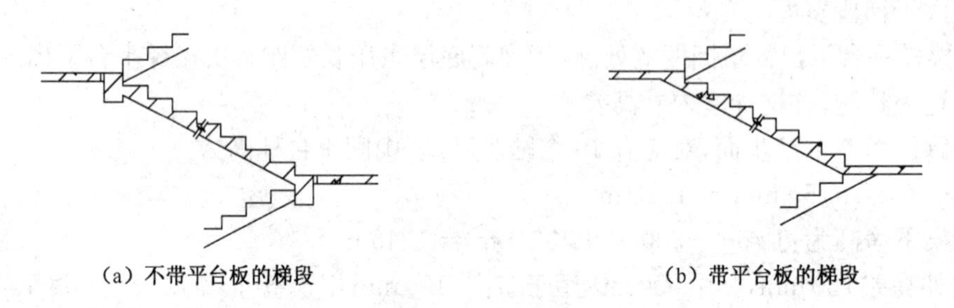

(a) 不带平台板的梯段　　(b) 带平台板的梯段

**图 10.10 现浇钢筋混凝土板式楼梯(一)**

悬臂板式楼梯的特点是梯段和平台均无支承,完全靠上、下梯段与平台组成的空间板式结构与上下层楼板结构共同来受力,因而造型新颖、空间感好,多用于公共建筑和庭院建筑中的外部楼梯,如图 10.11(a)所示;现浇扭板式弧形或圆形钢筋混凝土楼梯的梯段是受扭的厚板,造型美观,多用于公共建筑大厅中,如图 10.11(b)所示。为了使梯段边沿线条轻盈,常在靠近边沿处局部减薄出挑。

**2)梁式楼梯**

梁式楼梯是指在板式楼梯的梯段板边缘处设有斜梁,斜梁由上下两端平台梁支承的楼梯。楼梯梯段又分踏步板和梯段梁两部分,作用在楼梯段上的荷载通过楼梯段斜梁传至平台梁,再传到墙或柱上。梁式楼梯的特点是传力较复杂、底面不平整、支模施工难度大、不易清扫,但可

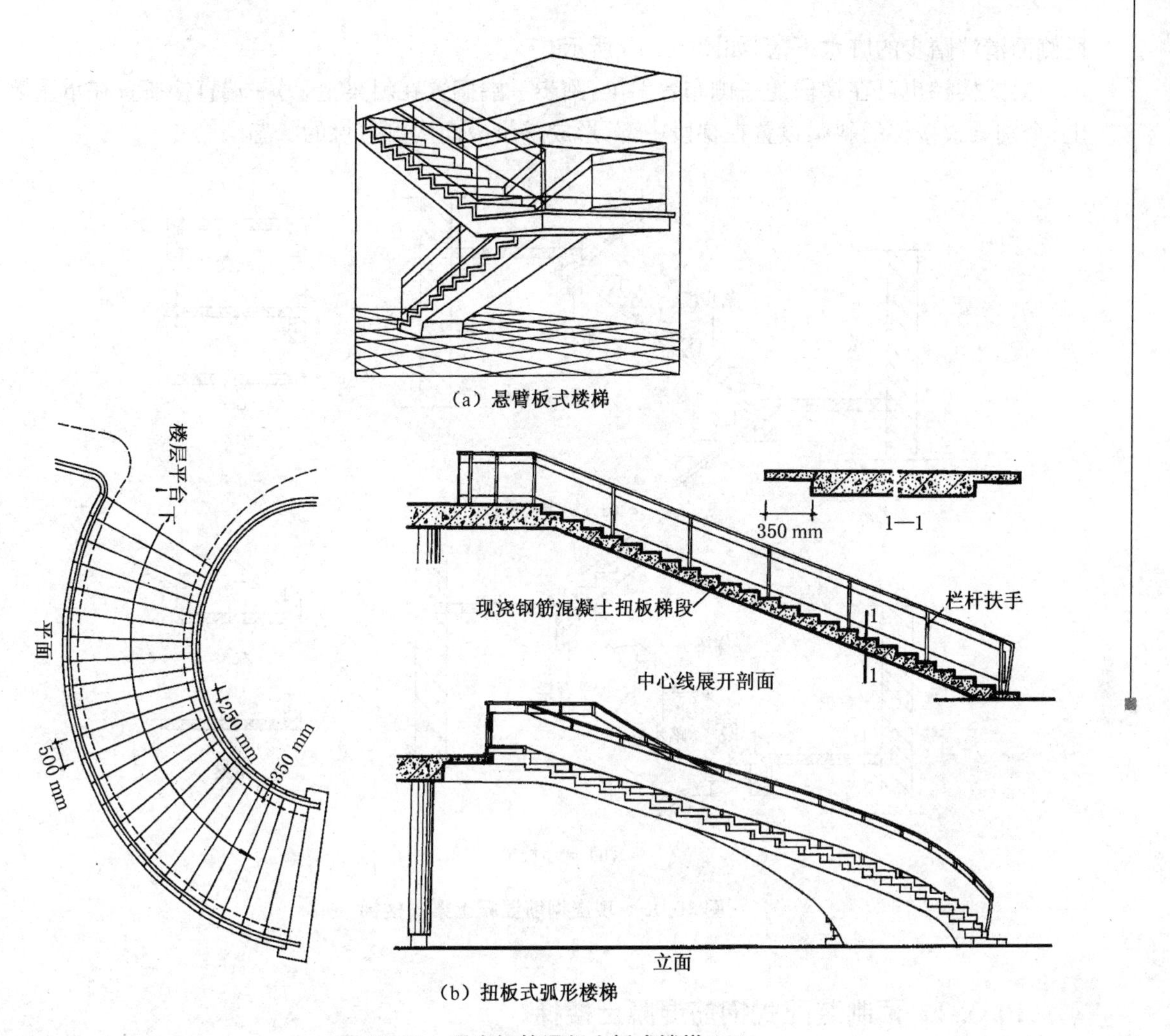


(a) 悬臂板式楼梯

(b) 扭板式弧形楼梯

图 10.11　现浇钢筋混凝土板式楼梯(二)

节约材料、减轻自重。所以它适用于荷载较大、梯段跨度较大的情况,如商场、教学楼等公共建筑,如图 10.12 所示。

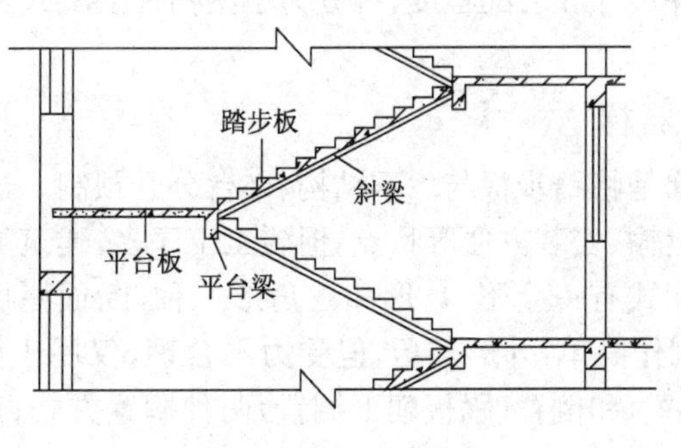


图 10.12　梁式楼梯

梁式楼梯的斜梁做法有明步和暗步。从梯段侧面能看见踏步的称为明步,采用斜梁翻上到踏步板上面的做法的称为暗步。暗步楼梯应用较广,因为这种做法易清除物品且能阻挡梯段侧面清洗踏步的脏水下落，如图 10.13 所示。

梁式楼梯也可在梯段的一侧布置斜梁，踏步一端搁置在斜梁上，另一端直接搁置在承重墙上；个别梁式楼梯的斜梁设置在梯段中部，形成踏步板向两侧悬挑的状态。

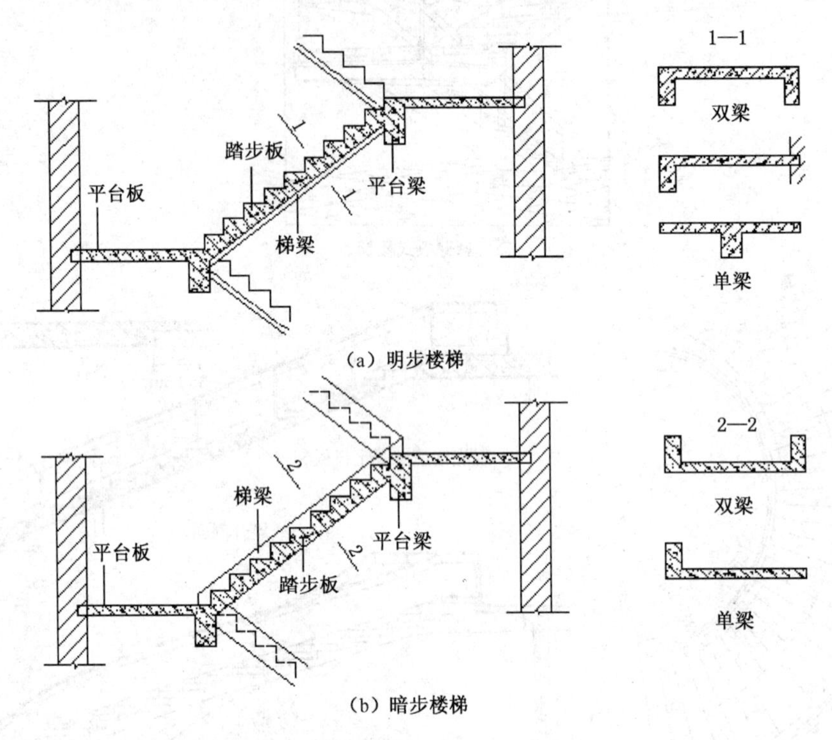


图 10.13 现浇钢筋混凝土梁式楼梯

### 10.3.2 预制装配式钢筋混凝土楼梯

预制装配式钢筋混凝土楼梯是指构件在工厂预制生产，然后在工地安装组合而成的楼梯。其特点是施工速度快、节约模板、建筑工业化程度高，但有钢材用量较大、起重能力要求高的缺点。按照组成楼梯的构件尺寸和装配程度，可分为小型构件装配式、中型构件装配式和大型构件装配式等形式。

#### 1）小型构件装配式楼梯

小型构件装配式楼梯是将踏步板与承重结构、平台分开预制。这种楼梯具有构件尺寸小、重量轻、加工容易，以及运输、安装方便等特点，但施工工序多，建筑工业化水平低。

预制踏步板的断面形式有一字形、L 形和三角形三种，断面厚度根据受力情况约为40～80 mm。一字形踏步板制作简单，外形轻巧，但受力不合理，仅用于简易梯、室外梯等；L 形踏步板有正置(踢板朝上搁置)和倒置(踢板朝下搁置)两种搁置方式；三角形踏步板拼装后底面平整，实心踏步自重较大，为减轻自重，可将踏步内抽孔，形成空心构件。如图 10.14 所示。

按照预制踏步板的支承方式，其分为梁承式、墙承式和墙悬臂式等类型。

(1) 梁承式

梁承式预制装配钢筋混凝土楼梯是指梯段由平台梁支承的楼梯构造方式。由于在楼梯平

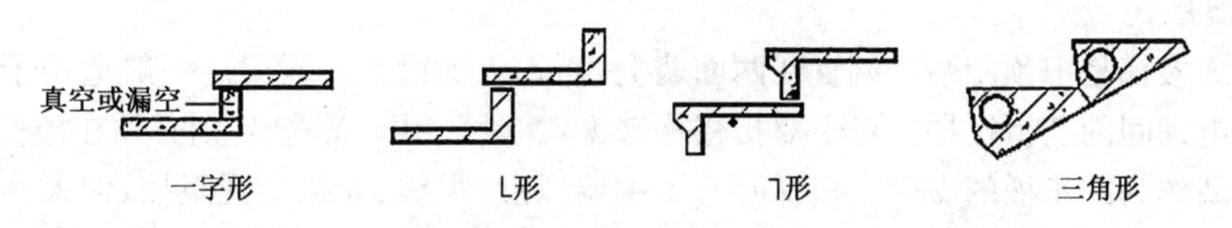


图 10.14　预制踏步板断面形式

台与斜向楼梯段交汇处设置了平台梁，避免了构件转折处受力不合理和节点处理困难。图 10.15 为梁承式楼梯平面图，构件可按梯段(板式或梁板式梯段)、平台梁、平台板三部分进行划分。如图 10.16 所示。

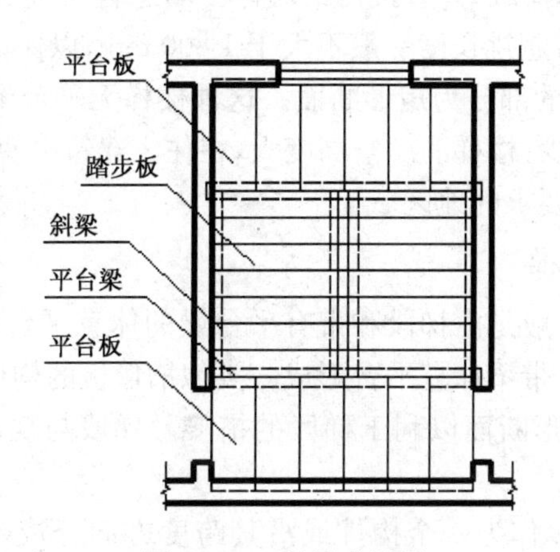


图 10.15　梁承式楼梯

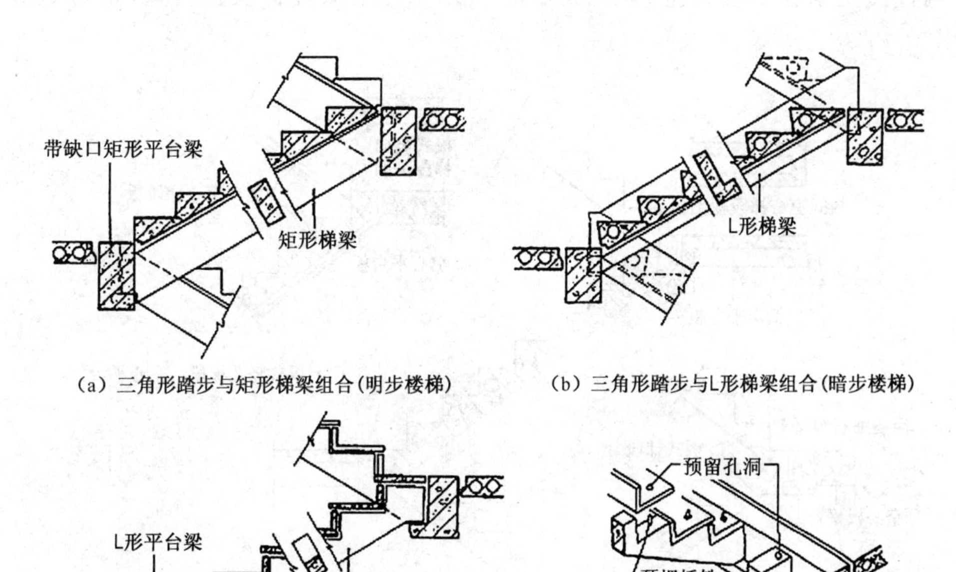


图 10.16　预制梁承式楼梯构造

(2) 墙承式

墙承式楼梯是把预制踏步搁置在两面墙上，而省去梯段上的斜梁。一般适用于单向楼梯或中间有电梯间的三折楼梯。对于双折楼梯来说，梯段采用两面隔墙，则必须在楼梯间的中间加一道中墙作为踏步板的支座。楼梯间有了中墙以后，视线、光线受到阻挡，使人感到空间狭窄，对搬运家具及较多人流的上下均有不便。为了采光和扩大视野，可在中间墙上的适当部分留洞口，墙上最好装有扶手。

(3) 墙悬臂式

墙悬臂式楼梯是将每一踏步板一端嵌固于楼梯间的侧墙上，另一端悬挑而形成的梯段；由悬挑的踏步板承受梯段全部荷载，并直接传给墙体。墙悬臂式楼梯用于嵌固踏步板的墙体厚度不应小于 240 mm，踏步板悬挑长度一般不大于 1 800 mm，以保证嵌固端牢固。踏步板挑出多为 L 形断面，压在墙体内的部分为矩形断面。这种楼梯无平台梁和梯梁，也无中介墙，只设有平台板，因而结构占空间少，楼梯的净空高度大，在住宅建筑中使用较多，但楼梯间整体刚度极差，不能用于有抗震设防要求的地区。

**2）中型构件装配式楼梯**

中型构件装配式楼梯一般是由梯段和带有平台梁的休息平台板两大构件组合而成，梯段直接与楼梯休息平台连接。带梁休息平台形成一类似槽形板的构件，在支承梯段的一侧，平台板肋断面加大，并设计成 L 形断面以利于梯段的搭接。梯段与现浇钢筋混凝土楼梯类似，有梁式和板式两种。

板式梯段是将整个梯段作为一个构件或沿其跨度方向分成数块带踏步条板进行预制，其上下端直接支承在平台梁上，如图 10.17 所示。为了减轻梯段板自重，也可做成空心构件。

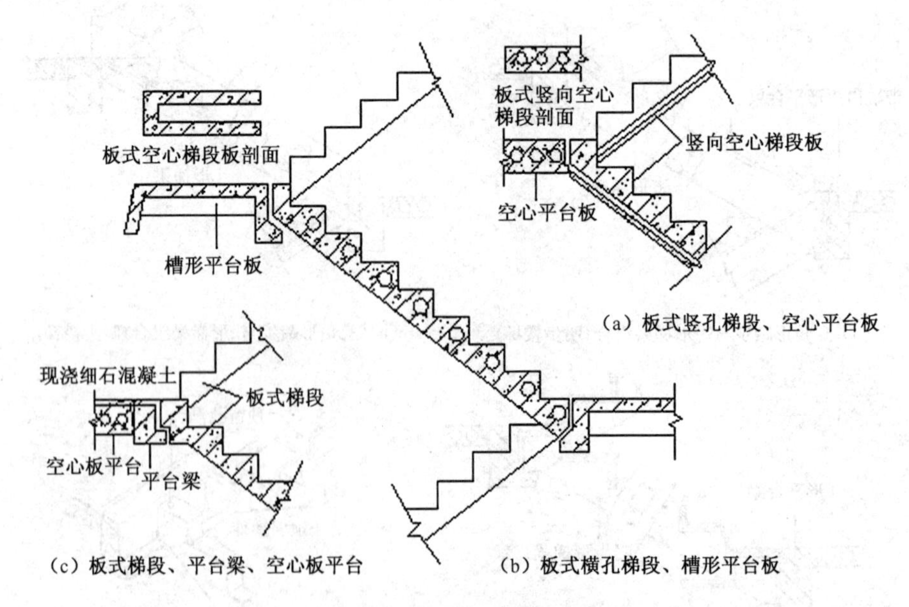


**图 10.17　预制板式楼梯**

梁式梯段是将踏步和梯梁预制成一整体构件放在平台梁上。一般采用暗步，形成槽板式梯段，梯段形式有空心、实心和折板式三种。空心梁式梯段只能横向抽孔，如图 10.18 所示。

平台板和平台梁通常一起预制成一个构件，形成带梁的平台板。平台板通常采用槽形板，与梯段连接处的板做成 L 形梁，以便连接。

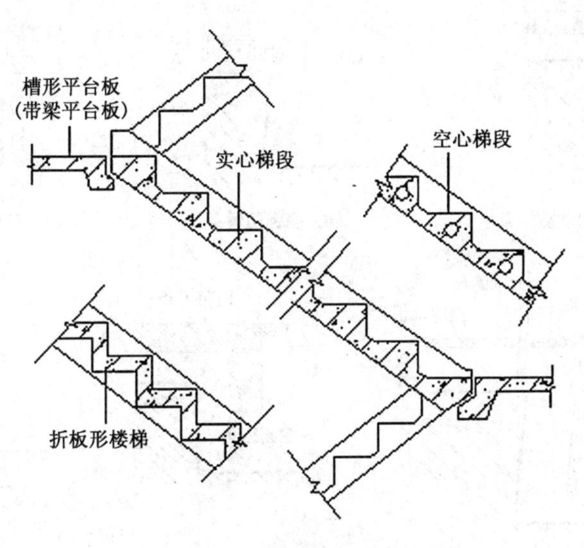


图 10.18　预制梁式楼梯

**3）大型构件装配式楼梯**

大型构件装配式楼梯，是将梯段与平台预制成一个构件。这种楼梯构件数量少、装配化程度高、施工速度快，但对起重和运输设备要求较高，主要用于大型装配式建筑，或有特殊需要的场所。按构造形式，有板式楼梯和梁式楼梯，如图 10.19 所示。

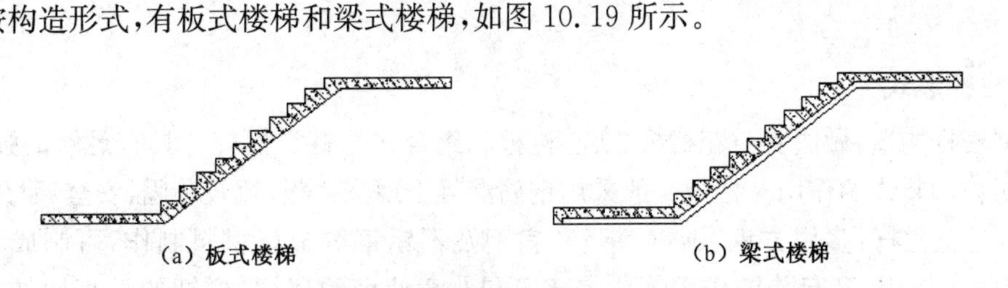

(a) 板式楼梯　　(b) 梁式楼梯

图 10.19　大型构件装配式楼梯形式

## 10.4　楼梯的细部构造

### 10.4.1　踏步面层

楼梯踏面应平整耐磨、易于清扫及美观。踏面材料常采用水泥砂浆、水磨石、天然石材及铺地面砖等。通常情况下，公共建筑楼梯的踏步面层与走廊地面面层采用相同的材料。

为防止踏步面层光滑而造成行人跌滑，特别是在水磨石及天然石材等类光滑面层易造成危险，常常须在踏步接近踏口处做出略高于踏面的防滑条。防滑条的材料有多种，如水泥铁屑、金刚砂、金属条、马赛克等。构造如图 10.20 所示。

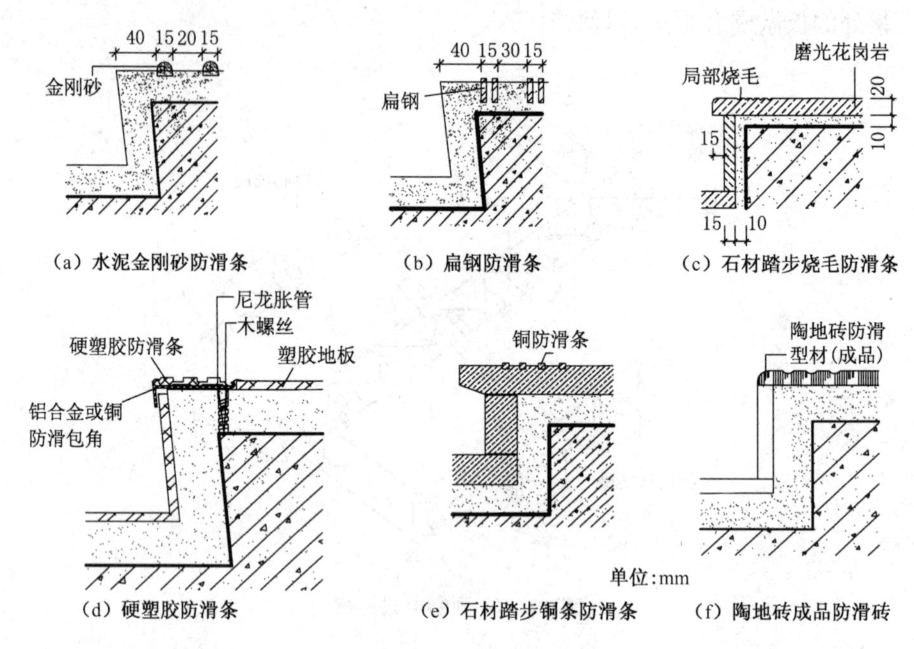


**图 10.20　踏步防滑构造**

## 10.4.2　栏杆与扶手构造

### 1) 栏杆形式

根据栏杆构造,做法有空花栏杆、实心栏板和组合式栏杆。栏杆应具有足够的强度,并起到安全防护和装饰的作用。栏板一般采用钢筋混凝土现浇栏板,比较坚固、安全、耐久。

(1) 空花栏杆:多用方钢、圆钢、钢管、扁钢及不锈钢等金属材料制作,可制成不同的图案,既起防护作用,又起装饰作用。住宅建筑和儿童使用的楼梯,栏杆的垂直构件之间的净间距不应大于 110 mm,并不宜设横向花格,以防儿童攀爬。常见栏杆的形式如图 10.21 所示。

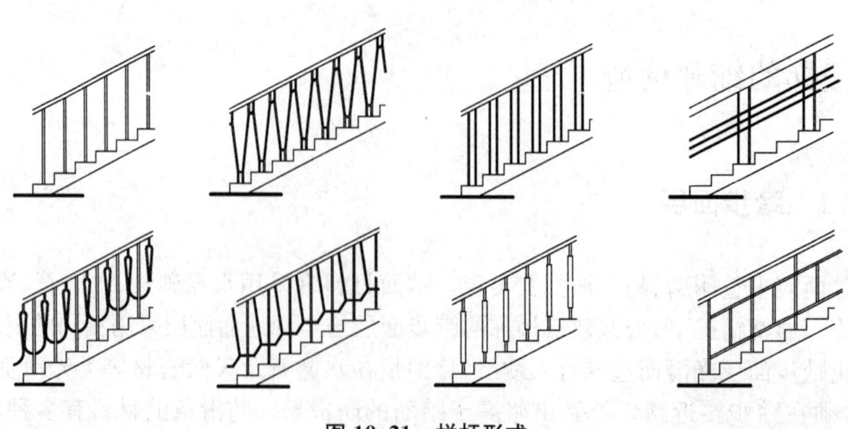

**图 10.21　栏杆形式**

(2) 栏板:多用钢筋混凝土板、砖砌体、有机玻璃、钢丝网等制作。钢筋混凝土及砖砌栏板多用于室外。砖砌栏板用普通砖立砌,为保证其稳定性,在栏板内每隔一段距离设构造柱,并与现浇混凝土扶手浇成整体。图 10.22 为常见的栏板构造。

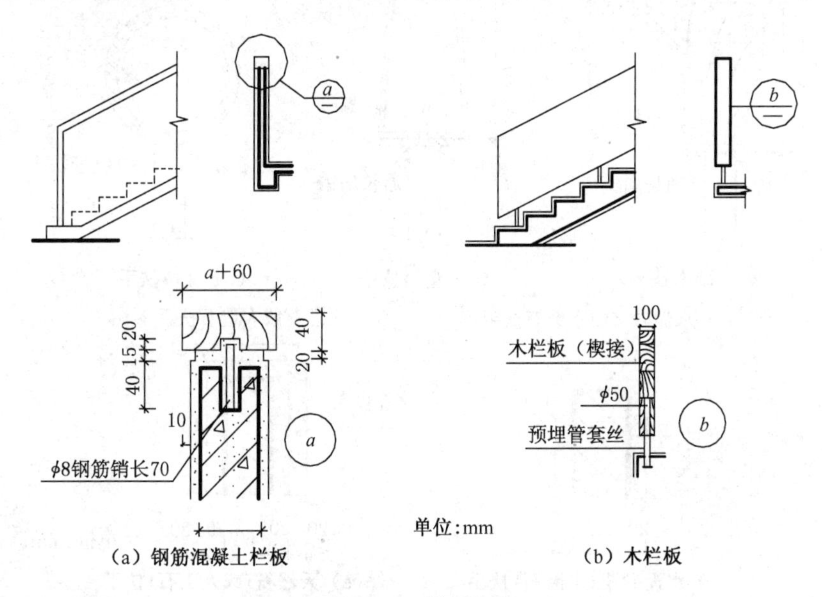


(a) 钢筋混凝土栏板　(b) 木栏板

图 10.22　栏板构造

(3) 组合式栏杆:是以上两种栏杆形式的组合。空花部分一般用金属,栏板部分采用钢筋混凝土、砖、有机玻璃等。

**2) 栏杆与梯段和平台的连接**

栏杆与梯段和平台的连接主要有以下三种方式:一是钢制栏杆与梯段中预埋的铁件焊接;二是将栏杆插入梯段上的预留孔中,然后用细石混凝土或砂浆捣实;三是先用电钻孔,然后用膨胀螺栓与栏杆固定,如图 10.23 所示。

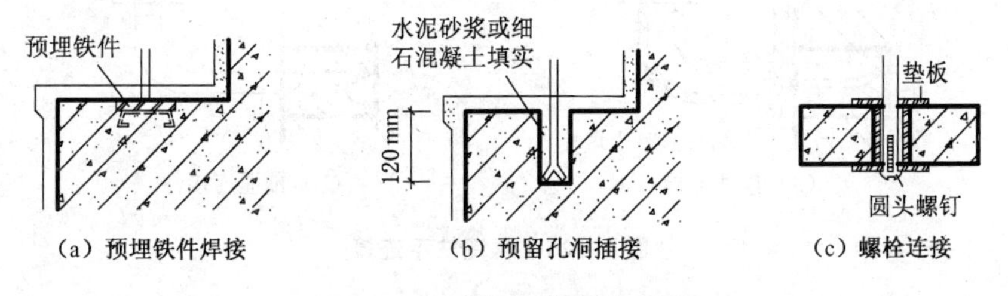


(a) 预埋铁件焊接　(b) 预留孔洞插接　(c) 螺栓连接

图 10.23　栏杆与梯段的连接

**3) 扶手**

楼梯扶手位于栏杆顶部或中部,其目的是供人们上下楼梯倚扶之用。扶手可以用优质硬木、金属型材、工程塑料及水泥砂浆抹灰、水磨石、天然石材等材料制作,室外楼梯不宜使用木扶手,以免淋雨后变形和开裂。不论何种材料的扶手,其表面必须光滑、圆顺,以方便手握,如图 10.24 所示。

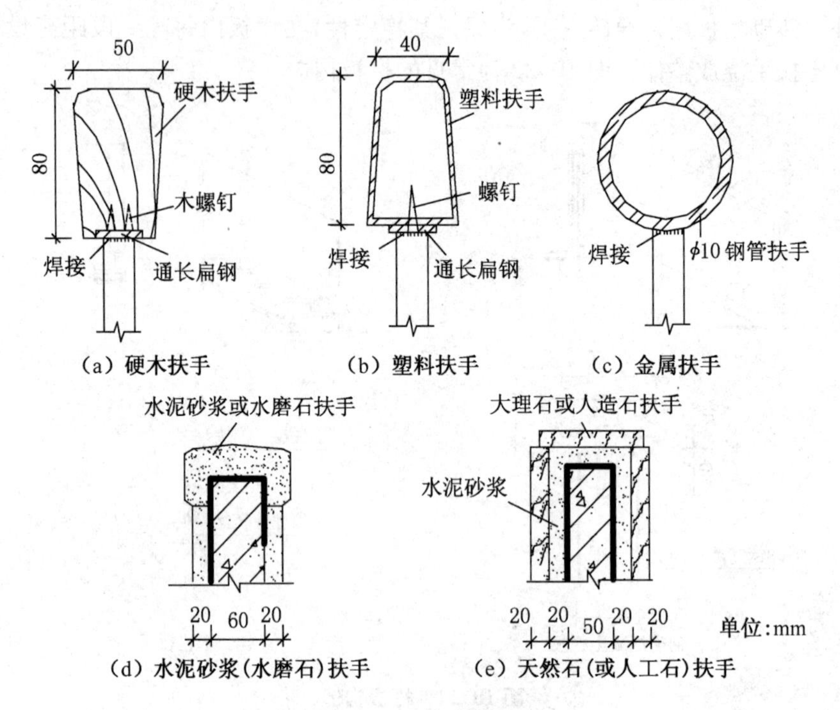


图 10.24 扶手的形式

通常情况下,木扶手用木螺丝通过扁铁与栏杆连接;塑料扶手和金属扶手通过焊接或螺钉连接;靠墙扶手由预埋铁脚的扁钢与木螺丝固定,如图 10.25 所示。

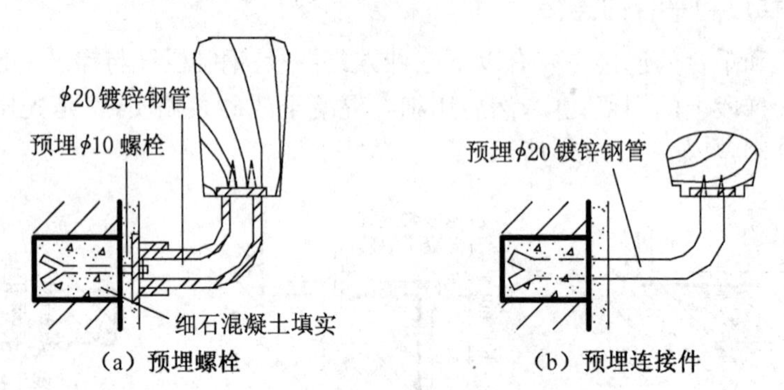


图 10.25 靠墙扶手连接

#### 4)楼梯转折处扶手高差的处理

上下梯段的扶手在平台转弯处通常存在高差,制作时应进行调整。当上下梯段在同一位置起步时,可把楼梯井处的横向扶手倾斜设置,连接上下两段扶手;如果把平台处栏杆外伸约 1/2 踏步或将上下梯段错开一个踏步,也可使扶手连接适宜,但采用这种方法,栏杆占用平台尺寸较多,会使楼梯的面积增加,如图 10.26 所示。

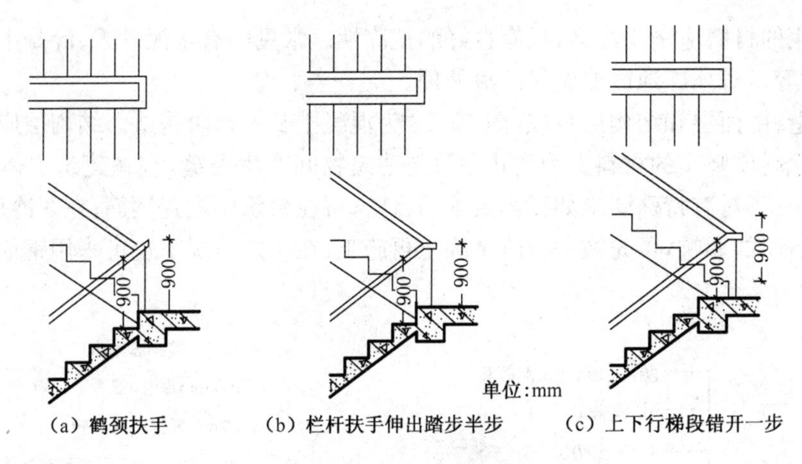

（a）鹤颈扶手　（b）栏杆扶手伸出踏步半步　（c）上下行梯段错开一步

图 10.26　转折处扶手高差处理

# 10.5　台阶与坡道

大部分台阶和坡道设在室外，是建筑入口与室外地面的过渡，在建筑入口处对立面有一定的装饰作用。并且设置台阶的目的是给人们进出建筑提供方便，坡道也是为了车辆及行动不便的人能够方便通行而设置的。

## 10.5.1　台阶

台阶由踏步和平台组成。常见的形式有单面踏步、双面踏步、三面踏步、单面踏步带花池（花台）等，如图 10.27 所示。台阶坡度一般较楼梯平缓，每级踏步宽度为 300～400 mm，高度为 100～150 mm。为满足使用要求，平台的宽度应大于门洞口宽度，一般至少每边宽出 500 mm，平台深度不应小于 1.0 m。

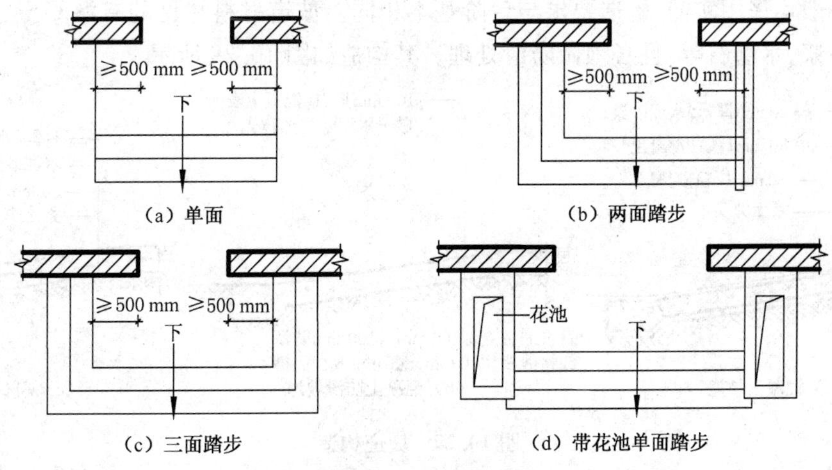

（a）单面　（b）两面踏步

（c）三面踏步　（d）带花池单面踏步

图 10.27　台阶的形式

台阶采用的材料应坚固耐磨，且有良好的抗冻性。常见的有水泥砂浆、混凝土、水磨石、缸砖、天然石材等。对冰冻地区要做好防滑处理。

台阶构造：由面层和结构层组成，图 10.28 为混凝土及石台阶构造。结构层应采用抗冻和防水性能好且材质坚实的材料。为防止台阶与建筑物间产生裂缝，宜在建筑主体完成且有一定的沉降后施工；对有特殊要求如行车要求的台阶，可在台阶中配置钢筋；在寒冷地区施工，为避免冻胀对台阶的影响，可先换去台阶下冻土再施工；在一定情况下也可采用钢筋混凝土架空台阶。

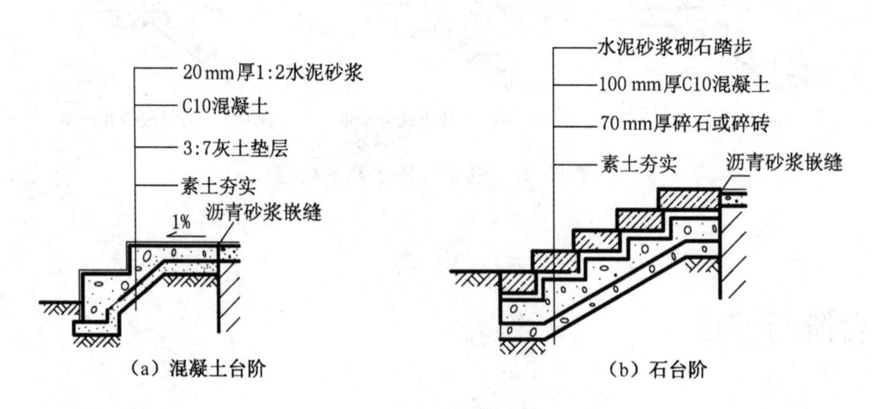


（a）混凝土台阶　（b）石台阶

图 10.28　台阶构造

## 10.5.2　坡道

坡道按照其用途的不同，可以分成行车坡道和轮椅坡道两类。行车坡道一般布置在某些大型公共建筑的入口处，如办公楼、旅馆、医院等。轮椅坡道是专供残疾人使用的设施。

坡道的坡度与建筑的室内外高差及坡道的面层处理方法有关。光滑材料面层坡道的坡度不大于 1∶12；粗糙材料面层坡道的坡度不大于 1∶6；带防滑齿坡道的坡度不大于 1∶4；回车坡道的宽度与坡道的半径及通行车辆的规格有关，一般坡道的坡度不大于1∶10。

坡道一般均采用实铺，构造要求与台阶基本相同。坡道材料常见的有混凝土、石块等，面层有水泥砂浆、水磨石等，且必须做防滑处理。其构造如图 10.29 所示。

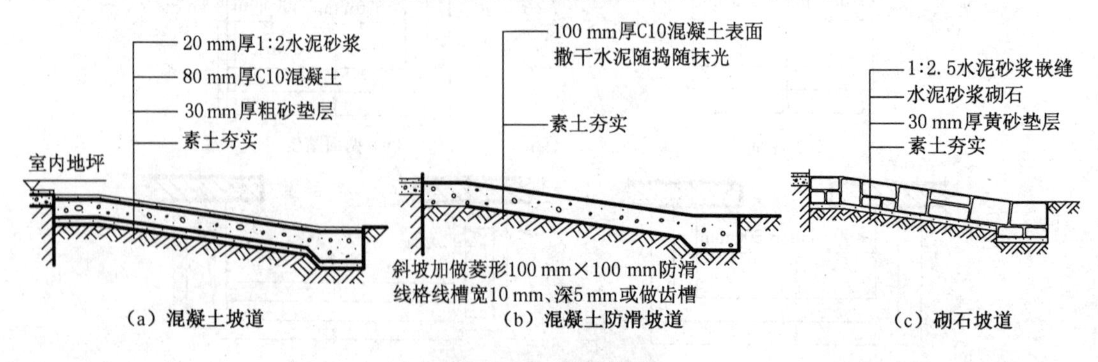


（a）混凝土坡道　（b）混凝土防滑坡道　（c）砌石坡道

图 10.29　坡道构造

## 10.6 电梯及自动扶梯

扶梯是人流集中的大型公共建筑中常用的建筑设备，主要作用为方便使用者上下和疏导人流。

### 10.6.1 电梯

电梯是多层及高层建筑中用于上下运行的建筑设备。一般以下情况应设置电梯：住宅七层及以上（含底层为商店或架空层）或住户入口层楼面距室外设计地面的高度超过 16 m；六层及以上的办公建筑，四层及以上的医疗建筑和老年人建筑、图书馆建筑；宿舍最高居住层楼面距入口层地面高度超过 20 m；一级、二级旅馆三层及以上，三级旅馆四层及以上，四级旅馆六层及以上，五级、六级旅馆七层及以上；高层建筑。经常有较重的货物要运送的仓库、厂房也须设置电梯。

**1）电梯的类型**

电梯作为一种方便上下运行的设施，按用途不同可分为乘客电梯、住宅电梯、消防电梯、病床电梯、客货电梯、载货电梯、杂物电梯等；根据动力拖动的方式不同可以分为交流拖动电梯、直流拖动电梯；根据消防要求可以分为普通乘客电梯和消防电梯；按电梯行驶速度可分为高速电梯、中速电梯、低速电梯。

**2）电梯的组成**

电梯由电梯井道、电梯机房、轿厢、井道地坑及导轨支架等部分组成，如图 10.30 所示。其中轿厢是由电梯厂专业生产的，并由专业公司负责安装。电梯机房通常设在井道顶部，而在井道下部设地坑。

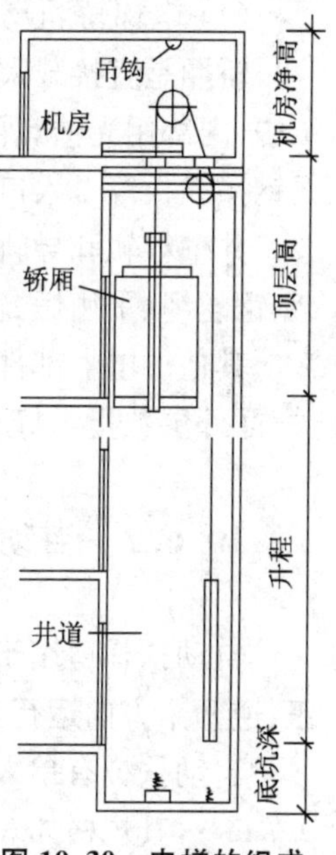

图 10.30 电梯的组成示意图

电梯井道是电梯轿厢运行的通道。井道内部设置电梯导轨、平衡配重、缓冲器等设备。不同用途的电梯，井道的平面形式不同，图10.31 为客梯、病床梯、货梯的井道平面形式。

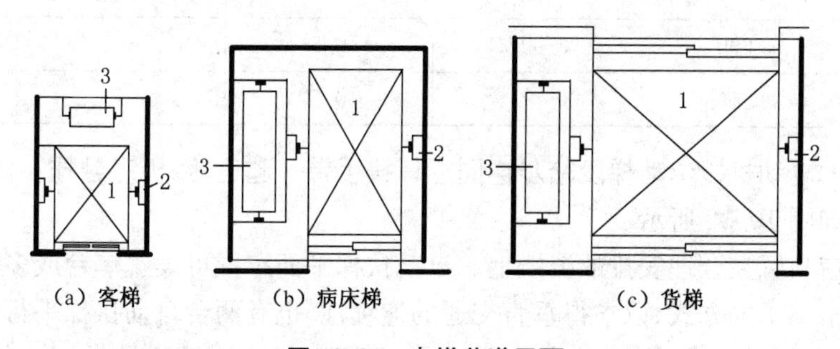

图 10.31 电梯井道平面

电梯井道可以用砖砌筑，也可以采用现浇钢筋混凝土墙体。砖砌井道一般每隔一段应设置钢筋混凝土圈梁，供固定导轨等设备用。

电梯井道必须做好防火、隔声、通风及检修。井道的防火一般为在井道壁采用钢筋混凝土材料，电梯门采用甲级防火门，使电梯井道形成封闭的空间，隔断火势的蔓延。井道的隔声可采用在机座下设弹性垫层或在紧邻机房的井道中设置夹层，以隔绝井道中传播气体噪音的途径。井道的通风可在地坑、井道中部和顶部设置通风孔，面积不小于 300 mm×600 mm。井道的检修采用在上下部预留空间的方法，空间大小据电梯运行速度选用。

(2) 电梯机房

电梯机房一般设在电梯井道的顶部。其尺寸根据设备尺寸及管理和维修的要求确定。电梯机房的平面、剖面尺寸及内部设备布置、孔洞位置和尺寸目前均由电梯生产厂家给出。

(3) 井道地坑

井道地坑设在最底层平面标高以下，其空间的设置是考虑电梯停靠时需安装缓冲器的空间。

(4) 电梯轿厢及其他构件

轿厢是直接载人、运货的厢体。电梯轿厢应造型美观、经久耐用，当今轿厢采用金属框架结构，内部用光洁有色钢板壁面或有色有孔钢板壁面、花格钢板地面，荧光灯局部照明以及不锈钢操纵板等。入口处则采用钢材或坚硬铝材制成的电梯门槛。

井壁导轨和导轨支架是支撑、固定轿厢上下升降的轨道，其他构件还有牵引轮及其钢支架、钢丝绳、平衡锤、轿厢开关门、起重吊钩等。

其他的电器部件有交流电动机、直流电动机、控制柜、继电器、选层器、动力、照明、电源开关、厅外层数指示灯和厅外上下召唤盒开关等。

### 10.6.2 自动扶梯

自动扶梯适用于大量人流上下的公共场所，如车站、超市、商城、地铁车站等。自动扶梯可正、逆两个方向运行，可做提升及下降使用，停转时可做普通楼梯使用。

自动扶梯有单人梯和双人梯两种，坡道比较平缓，坡度一般采用 30°，运行速度为 0.5～0.7 m/s，其规格如表 10.2 所示。

**表 10.2 自动扶梯型号规格**

| 梯型 | 输送能力(人/h) | 提升高度(m) | 速度(m/s) | 扶梯宽度(mm) | |
|---|---|---|---|---|---|
| | | | | 净宽 | 外宽 |
| 单人梯 | 5 000 | 3～10 | 0.5 | 600 | 1 350 |
| 双人梯 | 8 000 | 3～8.5 | 0.5 | 1 000 | 1 750 |

自动扶梯的电动机械牵动梯段踏步连同栏杆扶手带一起运转，机房悬挂在楼板下面，自动扶梯基本尺寸如图 10.32 所示。

自动扶梯应布置在合理安排的流线上。自动扶梯平面布置可设置单台或多台。双台并列式往往采取一上一下的方式，以求得垂直交通的连续性，也有两台自动扶梯平行设置的。并列的两者之间应留有足够的结构间距，按规定不小于 380 mm，以保证装修的方便与使用者的安

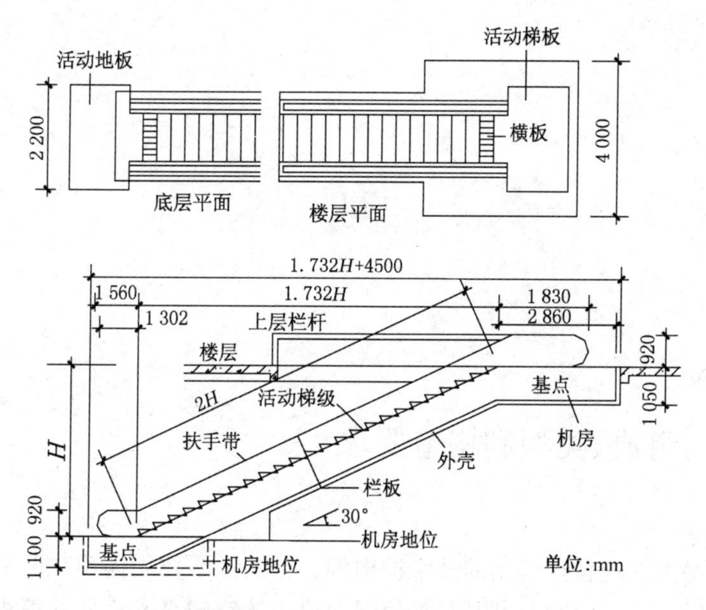


图 10.32　自动扶梯基本尺寸

全。自动扶梯宜上下成对布置,即在各层换梯时,不需沿梯绕行即可使上行或下行者能连续到达各层。

## 本章小结

1. 楼梯、电梯和自动扶梯是解决建筑物垂直交通的必要设施,在以电梯为主要垂直交通设备的建筑物中,楼梯仍然是必不可少的,其主要担任在紧急情况下的安全疏散任务。

2. 楼梯应具有足够的强度、刚度和整体稳定性,能满足紧急疏散要求,并考虑美观和造价问题。

3. 梯段是楼梯的重要组成部分,其坡度、踏步尺寸和细部构造对楼梯的使用功能有显著的影响。

4. 台阶和坡道主要应用于室外,应具有坚固、耐磨和抗冻能力。

5. 有高差处的无障碍设计,主要解决残疾人在不同标高处的顺利通行问题,应得到足够的重视。

6. 电梯与自动扶梯对建筑设计影响较大,电梯与自动扶梯在建筑中的应用越来越广。

## 思考题

1. 楼梯由哪些部分组成?简述各组成部分的作用及要求如何。常见的楼梯有哪几种形式?
2. 楼梯坡度该如何确定?踏步高与踏步宽和行人步距的关系如何?
3. 钢筋混凝土楼梯有哪些分类?
4. 简述现浇混凝土梁式楼梯的特点。
5. 楼梯的细部构造有哪些方面?
6. 台阶、坡道设计有哪些要求?

# 11 屋　面

## 11.1　屋面的组成、类型和构造要求

屋面是建筑最上层起覆盖作用的外维护构件。它的主要作用体现在两个方面，一是抵御自然界的风、雨、雪、气温变化和太阳辐射，使屋面覆盖的空间具有良好的使用环境；二是屋面承受作用于其上的风荷载、雪荷载和屋面自重等。

### 11.1.1　屋面的组成

屋面由面层、结构层、保温隔热层和顶棚等部分组成。面层是屋面的最顶层，直接承受自然界的各种因素的影响和作用。结构层承受屋面传来的各种荷载和屋面自重，相当于楼板层中的楼板的作用。保温隔热层是防止室内温度散失和减少室外高温对室内影响的构造。顶棚是屋面的底层，构造方法与楼板层顶棚相同。

### 11.1.2　屋面的类型

屋面据其坡度和结构形式的不同分为平屋面、坡屋面和其他屋面；据屋面防水材料的不同分为刚性防水屋面、卷材防水屋面、涂膜防水屋面、波形瓦屋面、压型金属板屋面等。

**1）平屋面**

屋面坡度≤10%的建筑屋面为平屋面。最常用的排水坡度为2%～3%，图11.1为几种常见的平屋面形式。平屋面构造简单、节省材料，且可以利用做成露台、屋面花园等。当屋面为上人屋面时，坡度为1%～2%。

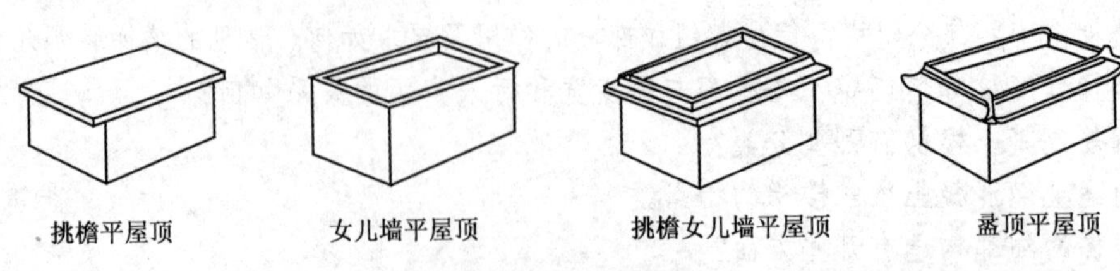


**图11.1　平屋面的形式**

**2）坡屋面**

坡屋面是指屋面坡度较陡的屋面，其坡度一般在10%以上。坡屋面的常见形式有：单坡、双坡屋面，硬山及悬山屋面，四坡歇山及庑殿屋面，圆形或多角形攒尖屋面等。双坡屋面有硬山和悬山之分，硬山指房屋两端山墙高于屋面，山墙封住屋面；悬山指屋面的两端挑出山墙外面。古建筑中，常将屋面做成曲面，如卷棚顶、庑殿顶、歇山顶等形式，使屋面外形更富有变化。图11.2为常见的坡屋面。

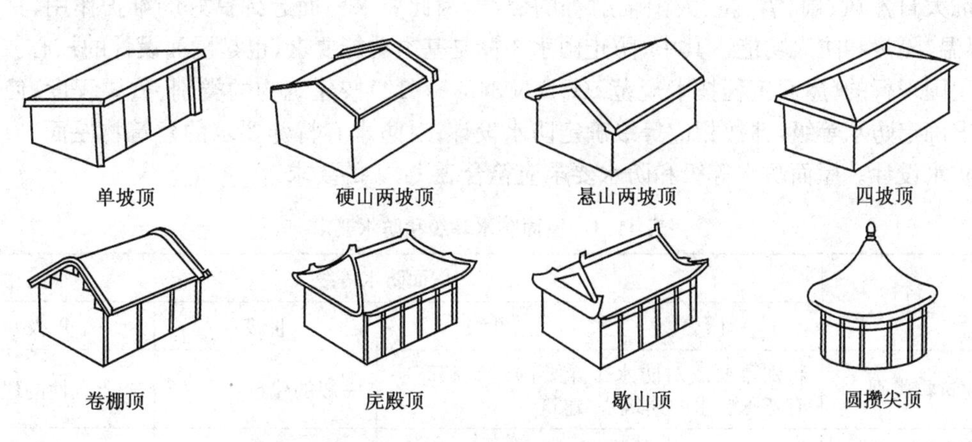


**图11.2　坡屋面的形式**

**3）其他屋面**

随着现代科学技术的发展，出现了许多新的屋面结构形式，如拱结构屋面、悬索结构屋面、薄壳结构屋面、网架结构屋面等。这类屋面多用于大跨度的公共建筑。图11.3为其他形式的屋面。

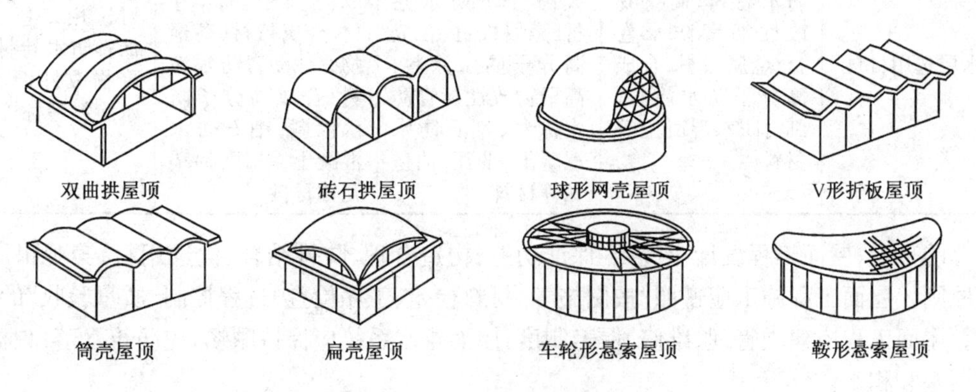


**图11.3　其他形式的屋面**

## 11.1.3　屋面的要求

根据我国的《屋面工程技术规范》(GB 50345—2012)规定，屋面工程应符合下列基本要求：

(1) 具有良好的排水功能和阻止水侵入建筑物内的作用；

(2) 冬季保温，减少建筑物的热损失和防止结露；

(3) 夏季隔热,降低建筑物对太阳辐射热的吸收;

(4) 适应主体结构的受力变形和温差变形;

(5) 承受风、雪荷载的作用不产生破坏;

(6) 具有阻止火势蔓延的性能;

(7) 满足建筑外形美观和使用的要求。

屋面是建筑物最上部的覆盖部分,直接受自然界的各种因素的影响和作用。首先,屋面要能抵抗大自然风、雨、雪、霜、太阳辐射等的侵袭,因此要求屋面起到良好的维护作用,具有防水、保温、隔热和防火功能。其中,防止雨水渗漏是基本功能要求,也是屋面设计的核心。

我国现行的《屋面工程技术规范》(GB 50345—2012)按建筑物的类别、重要程度、使用工程要求确定防水等级,并按相应等级确定防水设计,对防水有特殊要求的建筑物屋面,应进行专项防水设计。屋面防水等级和防水要求应符合表 11.1 的要求。

**表 11.1　屋面防水等级和防水要求**

| 项目 | 屋面防水等级 | | | |
|---|---|---|---|---|
| | Ⅰ级 | Ⅱ级 | Ⅲ级 | Ⅳ级 |
| 建筑物类别 | 特别重要或对防水有特殊要求的建筑 | 重要的建筑和高层建筑 | 一般的建筑 | 非永久性的建筑 |
| 防水层合理使用年限 | 25 年 | 15 年 | 10 年 | 5 年 |
| 设防要求 | 三道或三道以上防水设防 | 二道防水设防 | 一道防水设防 | 一道防水设防 |
| 防水层选用材料 | 宜选用合成高分子防水卷材、高聚物改性沥青防水卷材、金属板材、合成高分子防水涂料、细石防水混凝土等材料 | 宜选用高聚物改性沥青防水卷材、合成高分子防水卷材、金属板材、合成高分子防水涂料、高聚物改性沥青防水涂料、细石防水混凝土、平瓦、油毡瓦等材料 | 宜选用高聚物改性沥青防水卷材、合成高分子防水卷材、金属板材、高聚物改性沥青防水涂料、合成高分子防水涂料、细石防水混凝土、平瓦、油毡瓦等材料 | 可选用二毡三油沥青防水卷材、高聚物改性沥青防水涂料等材料 |

总的来说,屋面工程设计应遵照“保证功能、构造合理、防排结合、优选用材、美观耐用”的五项原则。屋面工程施工应遵照“按图施工、材料检验、工序检查、过程控制、质量验收”的五项原则。屋面工程应建立管理、维修、保养制度;屋面排水系统应保持顺畅,应防止水落口、檐沟、天沟堵塞和积水。

## 11.2　屋面排水设计

为了迅速排除屋面的雨水,需进行周密的排水设计,其内容包括:选择屋面排水坡度,确定排水方式,进行屋面排水组织设计。

### 11.2.1　屋面排水坡度选择

**1）屋面坡度表示方法**

常用的表示方法有角度法、斜率法和百分比法。斜率法以屋面高度与坡面水平投影长度之比来表示；百分比法以屋面高度与坡面水平投影长度的百分比来表示；角度法以倾斜面与水平面的夹角来表示。屋面坡度只选择一种方式进行表达即可。坡屋面多采用斜率法，平屋面多采用百分比法，角度法较少采用。如图 11.4 所示。

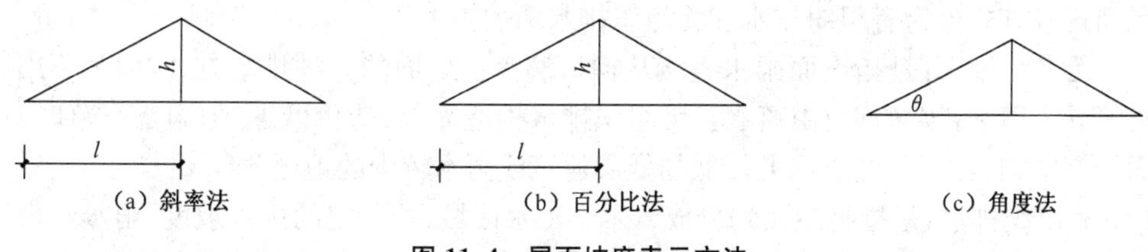


图 11.4　屋面坡度表示方法

**2）屋面坡度影响因素**

屋面坡度是为排水而设的，屋面坡度的大小取决于屋面防水材料和当地降雨量的大小，恰当的坡度既能满足排水要求，又可做到经济节约。

(1) 屋面防水材料尺寸与屋顶坡度的关系。一般情况下，屋面防水材料尺寸越小，接缝越多，则屋面缝隙渗漏的机会越大，设计时屋面的坡度就需加大；对整体防水屋面如卷材、混凝土防水屋面等，坡度可小些。

(2) 降雨量大小与屋顶坡度的关系。对降雨量大的地区，屋面渗漏的可能性较大，屋面的坡度应适当加大；反之，屋顶坡度则宜小一些。

**3）屋面坡度的形成方式**

屋面坡度的形成有材料找坡和结构找坡两种，如图 11.5 所示。

(1) 材料找坡(亦称垫置坡度)：是指屋面坡度由垫坡材料垫置而成。一般用于坡向长度较小的屋面。为了减轻屋面荷载，应选用轻质材料或保温材料找坡，如水泥炉渣、石灰炉渣等。找坡层的最薄处不应小于 20 mm。平屋面材料找坡的屋面坡度宜为 2%～3%。

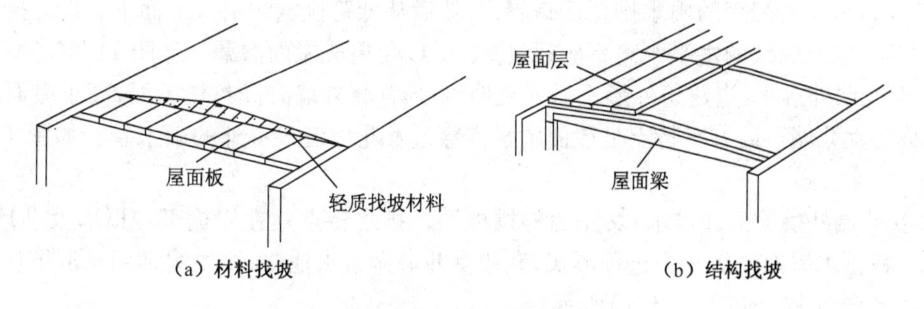


图 11.5　屋面坡度的形成

材料找坡的特点：材料找坡天棚面平整，容易保证室内空间的完整性，但增加屋面荷载。

(2) 结构找坡(亦称搁置坡度)：结构找坡是屋面结构自身应带有排水坡度，例如在上表面倾斜的屋架或屋面梁上安放屋面板，屋顶表面即呈倾斜破面。又如在顶面倾斜的山墙上搁置屋面板时，也形成结构找坡。平屋面结构找坡宜为3%。

结构找坡的特点：无需在屋面上另加找坡材料，构造简单，不增加荷载，但天棚顶倾斜，室内空间不够规整。

### 11.2.2 屋面排水

#### 1）屋面排水方式

屋面排水方式分为有组织排水和无组织排水两大类。

(1) 无组织排水：是指屋面雨水直接从檐口滴落至地面的一种排水方式，因为不用天沟、雨水管等导流雨水，故又称自由落水。无组织排水构造简单、造价低廉，但雨水下落时对墙面和地面均有影响，常用于建筑标准较低的低层建筑或雨水较少的地区。

(2) 有组织排水：是指将屋面划分成若干个汇水区域，按一定的排水坡度，雨水经由天沟、雨水管等排水装置被引导至地面或地下管沟的一种排水方式。有组织排水较无组织排水有明显的优点，但其构造复杂、造价较高。

#### 2）屋顶排水方式的选择

确定屋顶排水方式应根据气候条件、建筑物高度、质量等级、使用性质、屋顶面积大小等因素加以综合考虑。一般可按下述原则进行选择。

(1) 高度较低的简单建筑，为了控制造价，宜优先选用无组织排水。

(2) 积灰较多的屋面应采用无组织排水。

(3) 在降雨量大的地区或房屋较高的情况下，应采用有组织排水。

(4) 有腐蚀性介质的工业建筑不宜采用有组织排水。

(5) 临街建筑雨水排向人行道时宜采用有组织排水。

#### 3）有组织排水方案

有组织排水又分外排水和内排水，若雨水管置于室内称内排水，反之称外排水。

(1) 外排水

① 挑檐沟外排水：屋面雨水汇集到悬挑在墙外的檐沟内，再由水落管排下。当建筑物粗细高低跨时，可先将高跨的雨水排至低跨屋面，然后从低跨挑檐沟引入地面下。设计挑檐沟外排水方案时，水流路线的水平距离不应超过24 m，以免造成屋面渗漏。如图11.6(a)所示。

② 女儿墙外排水：当建筑外形不需要挑檐时，通常将外墙升高封住屋面，高于屋面的这部分外墙称为女儿墙。此方案特点是屋面雨水需穿过女儿墙流入室外的雨水管。如图11.6(b)所示。

③ 女儿墙外挑檐沟外排水：女儿墙外挑檐沟外排水特点是在屋檐部位既有女儿墙，又有挑檐沟。在蓄水屋面中常采用这种形式，利用女儿墙做蓄水池壁，挑檐沟则用来汇集从蓄水池中溢出的多余雨水。如图11.6(c)所示。

④ 暗管外排水：明装的雨水管会有损建筑物立面的美观，故在一些重要的公共建筑中，雨水管常采取暗装的方式隐藏在假柱或空心墙中，如图11.6(d)所示。假柱可以处理成建筑立面上的竖线条，对建筑立面进行适当划分。

(2) 内排水

雨水通过在建筑内部的雨水管排走，如中间天沟内排水，如图 11.6(e)所示。高层建筑和屋面面积较大的多层建筑宜采用有组织内排水，也可采用内、外排水相结合的方式，这是由于外排水室外雨水管维修既不方便，更不安全。严寒地区的建筑不宜采用外排水，因室外的雨水管有可能使雨水结冻，而处于室内的雨水管则可防冻。

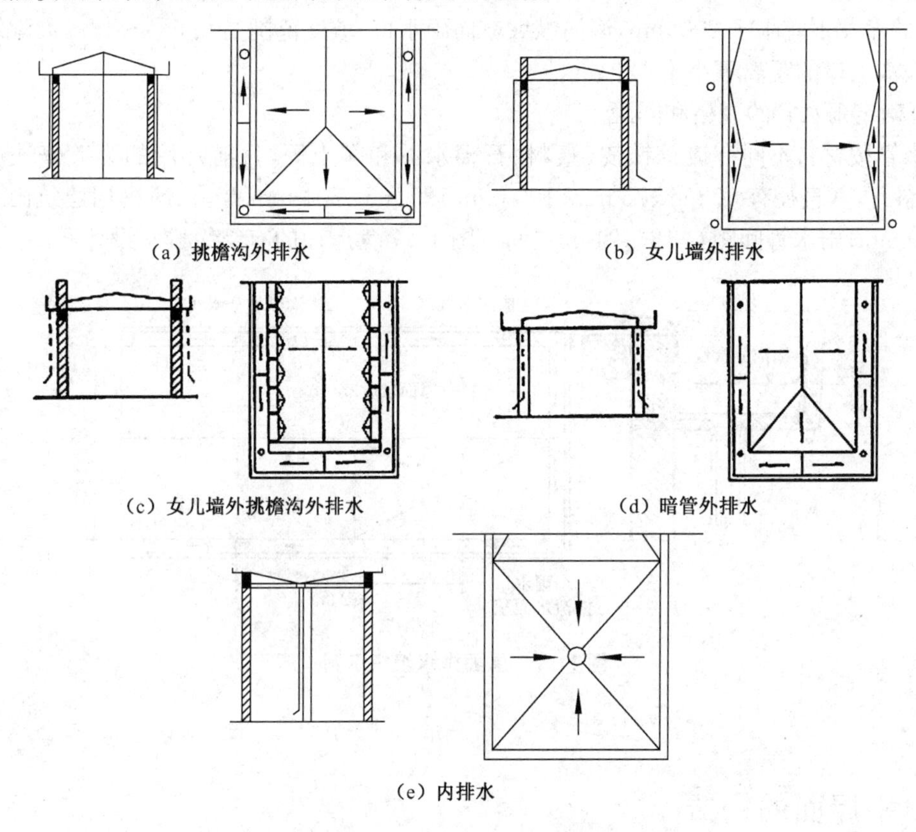


图 11.6　屋面有组织排水方式

**4) 屋面排水组织设计**

高层建筑宜采用内排水；多层建筑宜采用有组织排水；低层建筑及檐高小于 10 m 的屋面，可采用无组织排水。多跨及汇水面积较大的屋面宜采用天沟排水，天沟找坡较长时，宜采用中间内排水和两端外排水。通常按照图纸施工，在施工过程中应根据实际情况，与设计结合，根据策划排版以及经济利益适当调整或改变排水方式。

排水组织设计就是把屋面划分成若干个排水区，将各区的雨水分别引向各雨水管，使排水线路短捷，雨水管负荷均匀、排水顺畅。

进行屋面排水组织设计时，须注意下述事项：

(1) 划分汇水区

划分汇水区的目的是合理地布置雨水管。一个汇水区的面积一般不超过一个雨水管所能负担的排水面积。每个雨水管的屋面最大汇水面积不宜大于 200 $m^2$。

(2) 确定排水坡面数量级排水坡度

一般情况下，进深小的房屋和临街建筑常采用单坡排水(屋面宽度不宜大于 12 m)，进深较大时宜采用双坡排水。坡屋面应结合建筑物造型选择单坡、双坡或四坡排水。

(3) 确定天沟断面大小及纵向坡度

天沟即屋面上的排水沟,位于檐口部位的称檐沟。其作用是汇集屋面雨水,并将雨水迅速排出。天沟据屋面类型的不同有多种做法,如坡屋面中的槽形和三角形、平屋面中的矩形等。矩形天沟最为常见,一般用钢筋混凝土现浇或预制而成,其断面尺寸据降雨量和汇水面积而定,天沟的净宽不宜小于 200 mm,沟内纵坡坡向雨水口,坡度范围为 0.5%～1%,天沟纵坡最高处离天沟上口的距离不小于 120 mm。

(4) 确定雨水管的规格和间距

雨水管按材料不同有镀锌铁皮、塑料、石棉水泥和陶土等,目前常用的为镀锌铁皮管和 PVC 塑料管,其直径有 50 mm、75 mm、100 mm、125 mm、200 mm 等,一般民用建筑雨水管直径为 100 mm,雨水管间距在 18～24 m 之间。图 11.7 为屋面的有组织排水设计示例。

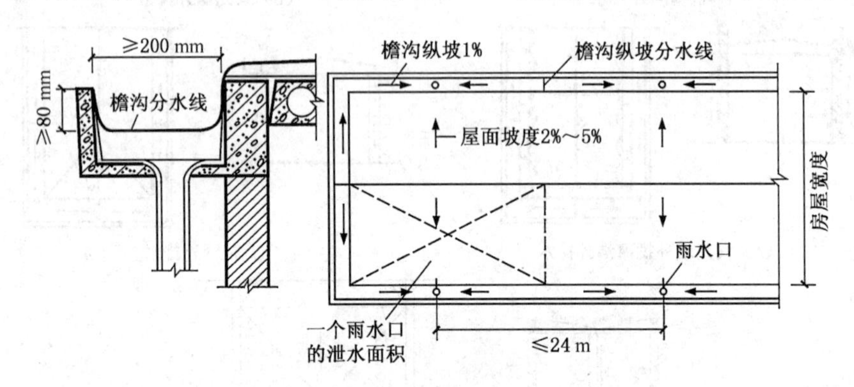


图 11.7　屋面排水组织示例

## 11.3　平屋面的构造

平屋面按屋面防水层材料的不同可分为刚性防水屋面、柔性防水屋面,柔性防水屋面又分为卷材防水和涂膜防水等多种做法。

### 11.3.1　刚性防水屋面

刚性防水屋面是指用细石混凝土做防水层的屋面。刚性防水屋面的主要优点是构造简单、施工方便、造价较低;缺点是易开裂,对气温变化和屋面基层变形的适应性较差。所以刚性防水多用于我国南方地区防水等级为Ⅲ级的屋面防水,也可用作防水等级为Ⅰ、Ⅱ级的屋面多道设防中的一道防水层。

**1) 刚性防水屋面的构造**

刚性防水屋面一般由结构层、找平层、隔离层和防水层组成。刚性防水屋面应尽量采用结构找坡。如图 11.8 所示。

(1) 结构层：要求具有足够的强度和刚度。通常情况下采用现浇或预制的钢筋混凝土屋面板，且形成一定的排水坡度。

(2) 找平层：当结构层为预制钢筋混凝土板时，其上应用 1∶3 水泥砂浆做找平层，厚度为 20 mm。若屋面板为整体现浇混凝土结构时则可不设找平层。

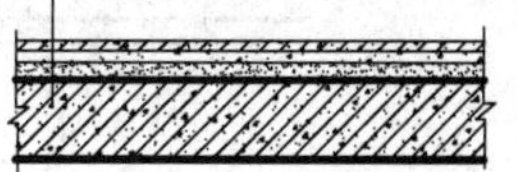


**图 11.8　混凝土刚性防水屋面构造**

(3) 隔离层：隔离层位于防水层与结构层之间，其作用是减少结构变形对防水层的不利影响。因为当刚性防水层的混凝土直接浇筑在基层上时，温差、干缩、荷载作用等因素，会使结构层发生变形，从而导致刚性防水层随其变形而产生裂缝。隔离层的设置使刚性防水层和结构层之间不黏结到一起，这样就可以大大减少结构层变形对刚性防水层的影响，同时，刚性防水层可以自由收缩，减少了裂缝的出现。

隔离层可采用铺纸筋灰、低标号砂浆，或薄砂层上干铺一层油毡等做法。当防水层中有膨胀剂时，其抗裂性能较好，也可不做隔离层。

(4) 防水层：由于普通混凝土中多余水分在硬化时会逐渐蒸发，形成很多空隙和毛细管网，成为屋面渗水的通道，因此，刚性防水屋面通常掺入适量外加剂（膨胀剂、减水剂、防水剂等）、强度不低于 C20 整体现浇的细石混凝土，为提高其抗裂能力，同时配置直径为$\phi$4～$\phi$12、间距 100～200 mm 的双向钢筋网片。由于裂缝易出现在面层，所以钢筋网片布置在中上部位。

**2）刚性防水屋面的细部构造**

刚性防水屋面的细部构造包括：分格缝、泛水、檐口、雨水口等。

(1) 分格缝：是设置在屋面上的变形缝，也称分仓缝。设置分格缝的目的为：一是防止温度变化而引起屋面防水层产生不规则裂缝；二是防止在荷载作用下，屋面板产生挠曲变形而将防水层拉坏。设置一定数量的分格缝可将单块混凝土防水层的面积减小，从而减少其伸缩和翘曲变形的可能，可有效地防止和限制裂缝的产生。

分格缝应设在对变形敏感的部位，如屋面板的支承端、屋面转折处、防水层与凸出屋面结构的交接处等部位，分格缝的位置如图 11.9 所示。分格缝的纵横间距应控制在 12 m 以内，缝处的钢筋网片应断开。分格缝的宽度一般为 20～40 mm 左右，缝内不能用砂浆填实或有其他杂物，应用弹性材料如沥青麻丝嵌填，上用防水油膏嵌缝，也可用防水卷材盖缝。图 11.10 为分格缝构造。

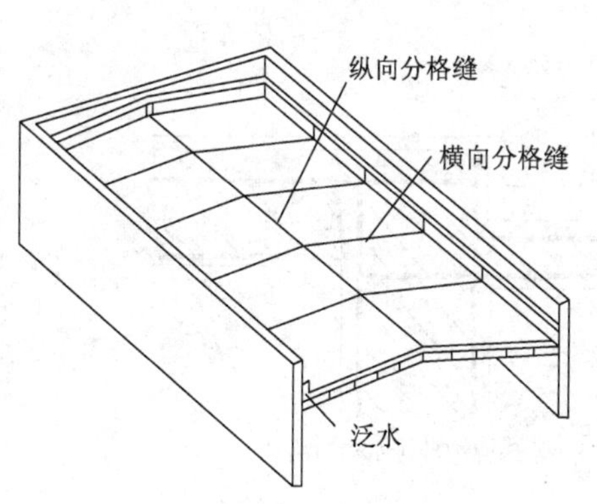


**图 11.9　分格缝位置**

(2) 泛水：屋面与墙面交接处的防水构造叫泛水。泛水的高度一般不小于 250 mm。泛水应嵌入立墙上的凹槽内并用压条及水泥钉固定。泛水与屋面防水应一次做成，不留施工缝，转角处做成钝角或圆弧形，并与垂直墙之间设分格缝，另铺贴附加卷材盖缝。泛水收头做法如图 11.11 所示。

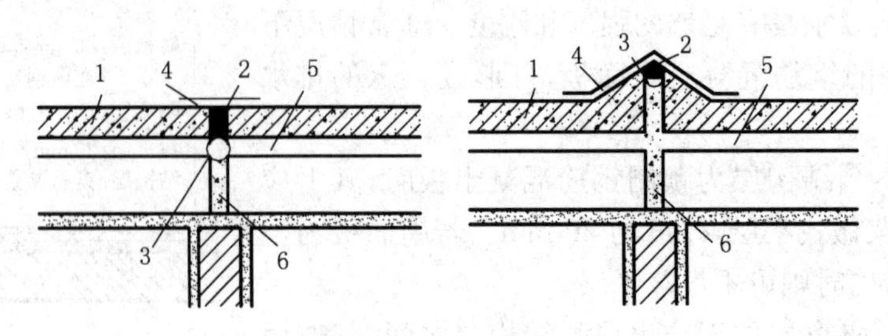


**图 11.10　分格缝构造**

1——刚性防水层；2——密封材料；3——背衬材料；
4——防水材料；5——隔离层；6——细石混凝土

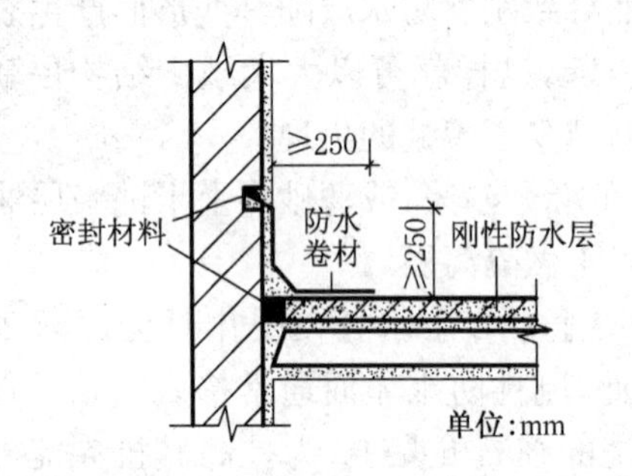


**图 11.11　刚性防水屋面泛水构造**

(3) 檐口:刚性防水屋面檐口形式有自由落水挑檐口、挑檐沟檐口和女儿墙外排水檐口等。

①自由落水挑檐口:可采用从墙内梁中出挑挑檐板,形成自由落水挑檐。如图 11.12(a)所示。

②挑檐沟檐口:当挑檐口采用有组织排水时,常将檐部做成排水檐沟,檐沟多为槽形,并与屋面圈梁连成整体,将防水层直接做到檐沟内。如图 11.12(b)所示。

③当采用女儿墙外排水时,常利用倾斜的屋面板与女儿墙间的夹角做成三角形断面天沟,沿女儿墙周边做泛水,天沟内也需设纵向排水坡。

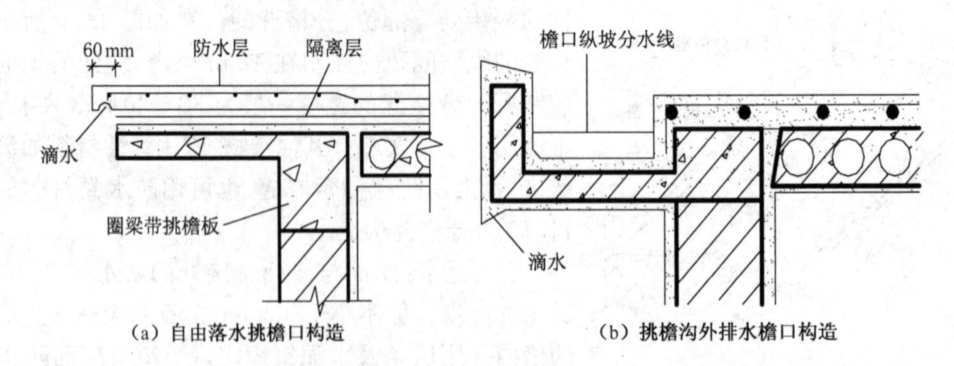


(a) 自由落水挑檐口构造　　(b) 挑檐沟外排水檐口构造

**图 11.12　刚性防水屋面檐口构造**

(4) 雨水口:雨水口分直管式和弯管式两种。直管式用于天沟(或檐沟),为防止雨水从雨水管与沟底接缝处渗漏,应在雨水口四周加铺卷材,卷材应铺入管内壁,沟内铺筑的混凝土防水层应盖在附加卷材上，防水层与雨水口相交接的位置用油膏嵌缝；弯管式用于女儿墙外排水（如图 11.13 所示）。

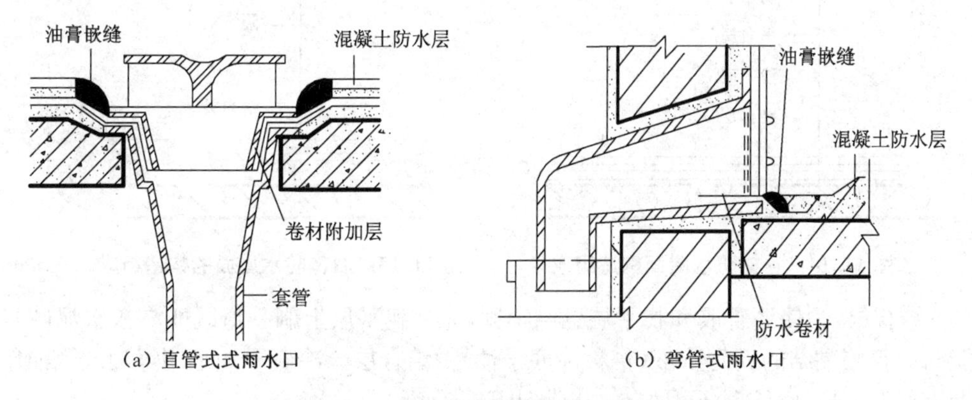

(a) 直管式式雨水口　(b) 弯管式雨水口

图 11.13　刚性防水屋面雨水口构造

### 11.3.2　柔性防水屋面

卷材防水屋面是以防水卷材和黏结剂分层粘贴在屋面上，形成一个封闭的覆盖层，以此防水的屋面。这种防水屋面具有一定的延伸性，能适应温度变形。卷材防水屋面所用卷材有沥青类卷材、高聚物改性沥青类卷材、合成高分子类卷材等。

(1) 沥青防水卷材。是以原纸、纤维织物、纤维毡、塑料膜等材料为胎基，浸涂石油沥青，用矿物粉料或塑料膜为隔离材料制成的防水卷材，也称油毡。沥青防水卷材施工一般需熬制沥青。

(2) 高聚物改性沥青防水卷材。是以纤维织物或纤毡为胎基，以合成高分子聚合物改性石油沥青为涂盖层，以细砂、矿物粉或塑料膜为隔离材料制成的防水卷材，如 SBS 改性沥青防水卷材、APP 改性沥青防水卷材等。高聚物改性沥青防水卷材具有较好的低温柔性和延伸性，防水使用年限可达 15 年。

(3) 合成高分子防水卷材。是以合成橡胶、合成树脂或其两者的共混体为基料，加入适量的助剂和填料，经压延或挤出等工序加工而成的防水卷材，如三元乙丙橡胶防水卷材、聚氯乙烯橡胶共混防水卷材等。合成高分子防水卷材低温柔性好、适应变形能力强、耐磨损，防水使用年限可达 20 年以上。

这些防水材料的施工方法和要求虽有差异，但在构造做法上仍以油毡屋面防水处理为基础，所以下面以油毡防水屋面为例叙述其防水构造。图 11.14 为卷材防水屋面构造组成。

**1）卷材防水屋面的构造层次**

卷材防水屋面的基本构造层次由结构层、找平层、结合层、防水层和保护层等组成，图 11.15 为油毡防水屋面的构造组成。

(1) 结构层：多为刚度好、变形小的各类钢筋混凝土屋面板。

(2) 找平层：找平层一般采用 1∶3 水泥砂浆或 1∶8 沥青砂浆，为防止找平层变形开裂而波及卷材防水层，宜在找平层中留设分格缝。分格缝的宽度一般为 20 mm，纵横间距不大于 12 m。分格缝上面应覆盖一层 200～300 mm 宽的附加卷材，用黏结剂单边点贴。

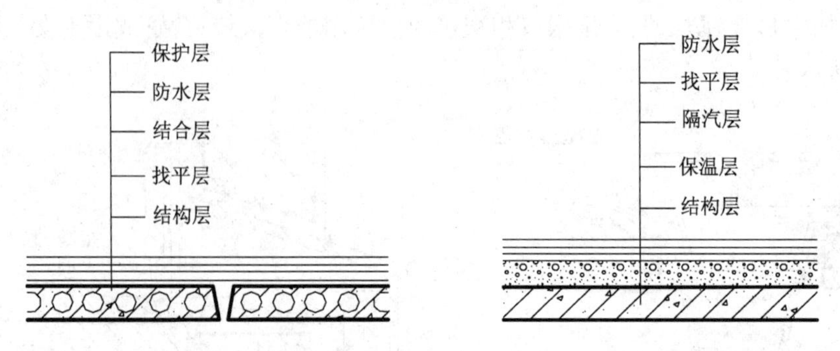


图 11.14　卷材防水屋面构造组成　　　　图 11.15　油毡防水屋面的构造组成

(3) 结合层:为使沥青胶和找平层黏结牢固,先在找平层上刷一道既能渗入水泥砂浆找平层又能与沥青胶黏结的沥青溶液(俗称冷底子油)做结合层。冷底子油是用煤油或汽油作为溶剂将沥青稀释而成,喷涂时不用加热,在常温下施工。

(4) 防水层:油毡防水层是由油毡和沥青胶交替黏结而成的整体防水覆盖层。一般平屋面铺两层油毡,在油毡与找平层间、卷材间及上层表面共涂刷三层沥青黏结,通称二毡三油。在重要部位或严寒地区,通常做三毡四油。

高聚物改性沥青防水卷材和合成高分子防水卷材的铺贴方法如下:

① 冷粘法。在基层涂刷基层处理剂后,用胶黏剂将卷材粘贴在基层上。

② 热熔法。在基层涂刷基层处理剂后,将火焰加热器喷嘴对准基层和卷材底面,使两者同时加热,加热至卷材底面热熔胶熔融呈光亮黑色,直接粘贴并辊压粘牢。卷材接缝处要用10 mm 宽的密封材料封严。

③ 自粘法。在基层涂刷基层处理剂的同时,撕去卷材的隔离纸,立即粘贴卷材。其搭接部位要用热风加热,提高接缝部位的黏结性能。

高分子卷材防水层(以三元乙丙卷材防水层为例):三元乙丙是一种常用的高分子橡胶防水卷材,其构造做法是:先在找平层(基层)上涂刮基层处理剂如 CX－404 胶等,要求薄而均匀,待处理剂干燥不粘手后即可铺贴卷材。卷材一般应由屋面低处向高处铺贴。卷材可平行或垂直于屋脊方向铺贴。

卷材铺贴一般有垂直屋脊和平行屋脊两种做法,无论哪种做法都要有足够的搭接长度,上下搭接 80～120 mm,左右应逆当地主导风向铺贴,相互搭接 100～150 mm;多层铺设时,上下层的接缝应错开,每层沥青胶的厚度要控制在 1～1.5 mm 以内,防止厚度过大而发生龟裂。另外,为保证卷材屋面的防水效果,要求基层干燥,且要防止室内水蒸气透过结构层渗入卷材,因为水蒸气在太阳辐射下会汽化膨胀,从而导致防水层出现鼓泡、皱折和破裂,造成漏水。所以,工程上常把第一层卷材与基层采用点状或条状粘贴,如图 11.16 所示。留出蒸汽扩散间隙,再将蒸汽集中排除。

(5) 保护层:屋面保护层的做法,分不上人屋面和上人屋面两种。

不上人屋面保护层:当采用油毡防水层时,可在最上面的油毡上用沥青胶满粘一层 3～12 mm粒径的石子(俗称绿豆砂);或用铝银粉涂料做保护层,它是用铝银粉、清漆、熟桐油和汽油调配而成,直接涂刷在油毡表面,形成一层银白色薄膜,其反射太阳辐射性能好、重量轻、造价低、效果良好。

上人屋面保护层:可在防水层上浇筑 30～40 mm 厚的细石混凝土面层作为保护层,其细

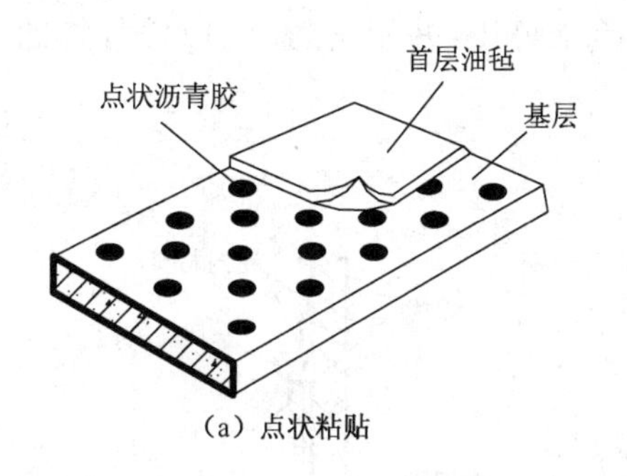

（a）点状粘贴

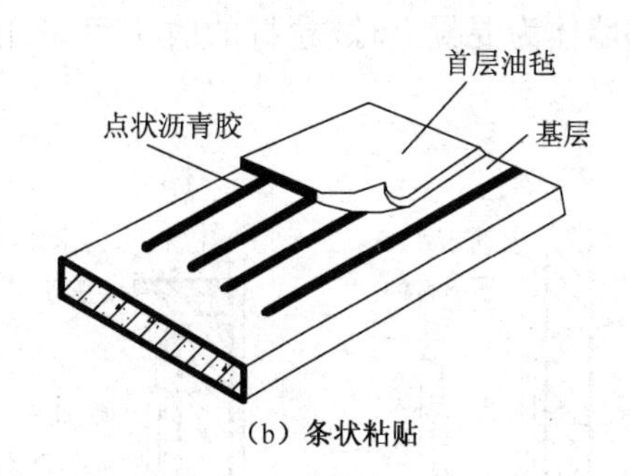

（b）条状粘贴

图 11.16　基层与卷材间的蒸汽扩散层

部构造与刚性防水屋面基本相同；或采用 20 mm 厚水泥砂浆结合层上铺贴缸砖、混凝土预制板或大阶砖等块材做保护层，也可将块材面层架空铺设，以利通风。

**2）卷材的接缝**

根据《屋面工程技术规范》（GB 50345—2012），卷材接缝应采用搭接缝，卷材搭接缝宽度应符合表 11.2 的规定。

表 11.2　卷材搭接缝宽度（mm）

| 卷材类别 | | 搭接宽度 |
|---|---|---|
| 合成高分子防水卷材 | 胶黏剂 | 80 |
| | 胶黏带 | 50 |
| | 单缝焊 | 120，有效焊缝宽度不小于 25 |
| | 双缝焊 | 80，有效焊缝宽度 10×2＋空腔宽 |
| 高聚物改性沥青防水卷材 | 胶黏剂 | 100 |
| | 自粘 | 80 |

**3）卷材防水屋面的细部构造**

卷材防水屋面的细部构造包括泛水、天沟、檐口、雨水口、变形缝等部位。

（1）泛水

泛水指屋面上沿着所有垂直面所设的防水构造，如女儿墙与屋面、烟囱与屋面、高低屋面之间的墙与屋面的交接处防水构造。其做法及构造要点如下：

①将屋面的卷材防水层继续铺至垂直面上，其上再加铺一层附加卷材，泛水高度不得小于 250 mm。

②屋面与垂直面交接处应将卷材下的砂浆找平层抹成直径不小于 150 mm 的圆弧形或 45°斜面。

③做好泛水上口的卷材收头固定。

泛水收头应根据泛水高度和泛水墙体材料的不同选用相应的收头密封形式。

①墙体为砖墙时，卷材收头可直接铺压在女儿墙压顶下，压顶应做防水处理；也可在砖墙上留凹槽，卷材收头应压入凹槽内固定密封；凹槽距屋面找平层最低高度不应小于 250 mm，凹槽上部的墙体亦应做防水处理，如图 11.17 所示。

②墙体为混凝土时，卷材的收头可采用金属压条钉压，并用密封材料封固，如图 11.18 所示。

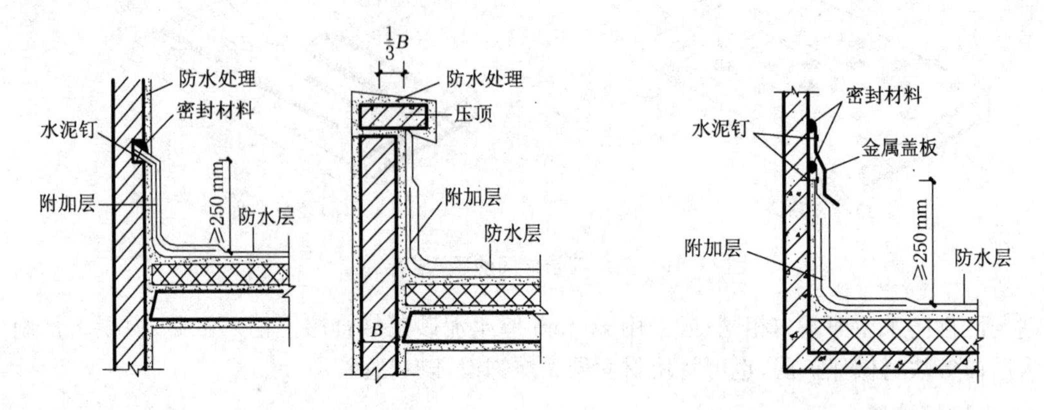


图 11.17　砖墙卷材泛水收头　　图 11.18　混凝土墙卷材泛水收头

(2) 檐口

油毡防水屋面的檐口有无组织排水挑檐口和有组织排水挑檐沟、女儿墙等檐口。女儿墙檐口的做法同泛水做法。对自由落水檐口，一般在 800 mm 范围内卷材采用满贴法，卷材收头处固定密封，如图 11.19 所示。对于带挑檐沟的檐口，构造的要点是：

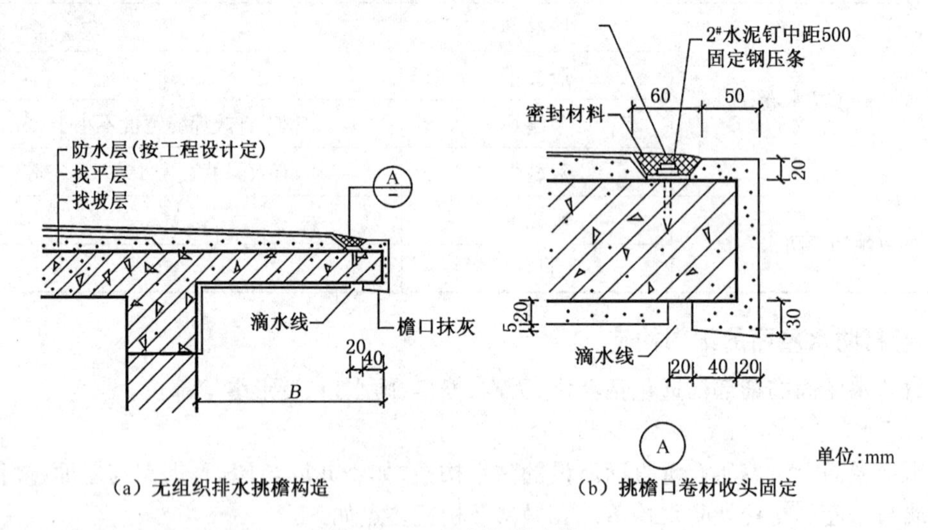


(a) 无组织排水挑檐构造　　(b) 挑檐口卷材收头固定

图 11.19　无组织排水檐口

① 檐沟加铺 1～2 层附加卷材。

② 沟内转角部位的找平层应做成圆弧形或 45°斜面。

③ 为了防止檐沟壁面上的卷材下滑，应做好收头处理。其檐沟口处的卷材收头应固定密封，如图 11.20 所示。

(3) 天沟

屋面上的排水沟称为天沟，有两种设置方式：

① 三角形天沟

女儿墙外排水的民用建筑采用三角形天沟的较为普遍。

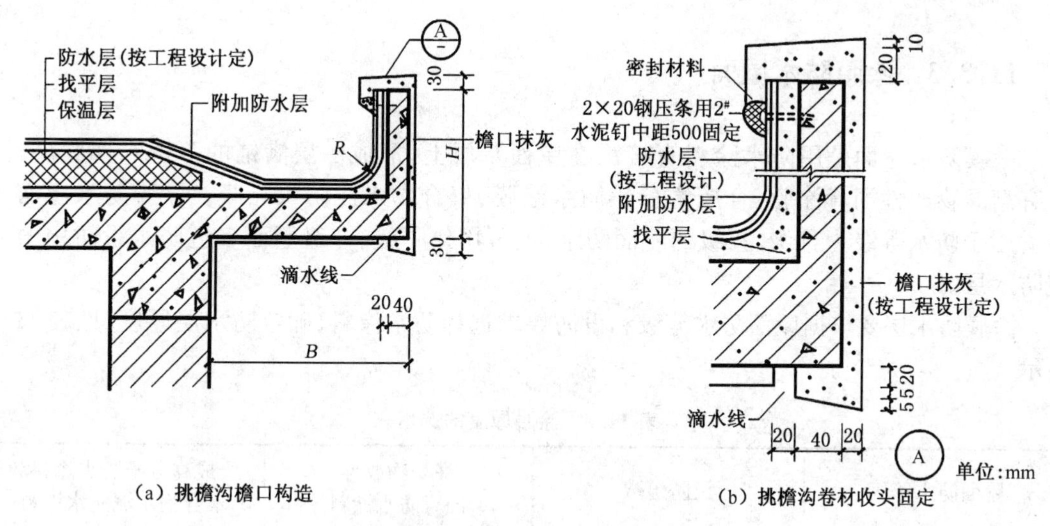


图 11.20　挑檐沟檐口构造

② 矩形天沟

多雨地区或跨度大的房屋常采用断面为矩形的天沟。天沟处用专门的钢筋混凝土预制天沟板取代屋面板。

(4) 雨水口

柔性防水屋面的雨水口常见的有直管式和弯管式两种，其构造如图 11.21 所示。为防止直管式雨水口周边漏水，应加铺一层卷材并贴入管内 100 mm，雨水口上用定型铸铁罩或铅丝球罩住，其构造如图 11.21 所示。弯管式雨水口内壁四周应铺入不小于 100 mm 的防水层，并安装铸铁篦子以防杂物流入造成堵塞，其构造如图 11.22 所示。

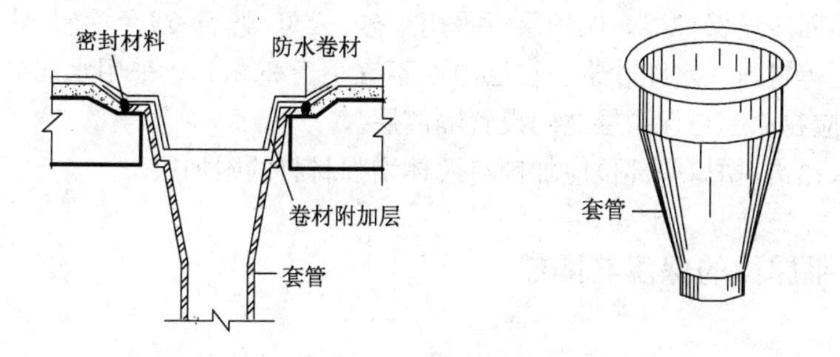


图 11.21　直管式雨水口

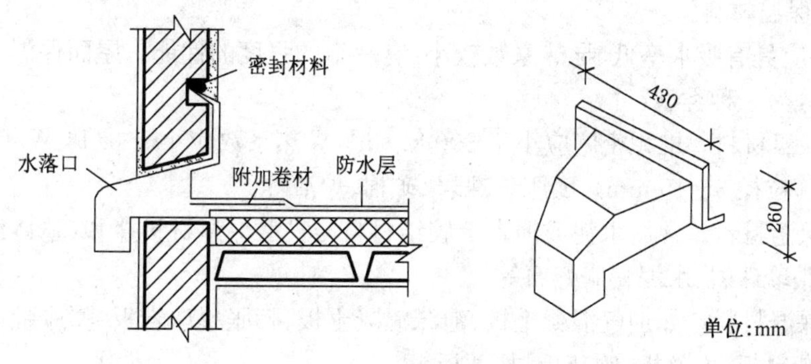


图 11.22　弯管式雨水口

### 11.3.3 涂膜防水屋面

涂膜防水屋面是用防水涂料直接涂在屋面基层上，形成一层满铺的不透水薄膜层，主要有高聚物改性沥青涂膜、合成高分子防水涂膜、聚合物水泥防水涂膜。涂膜防水屋面主要适用于防水等级为Ⅲ级、Ⅳ级的屋面防水，也可用作Ⅰ级、Ⅱ级屋面多道防水设防中的一道防水层。

涂膜防水层要根据屋面防水等级和设防要求选择防水涂料、确定防水层厚度，见表 11.3 所示。

**表 11.3 涂膜厚度的选用**

| 屋面防水等级 | 设防道数 | 高聚物改性沥青防水涂料 | 合成高分子防水涂料和聚合物水泥防水涂料 |
|---|---|---|---|
| Ⅰ级 | 三道或三道以上设防 | — | 不应小于 1.5 mm |
| Ⅱ级 | 二道设防 | 不应小于 3 mm | 不应小于 1.5 mm |
| Ⅲ级 | 一道设防 | 不应小于 3 mm | 不应小于 2 mm |
| Ⅳ级 | 一道设防 | 不应小于 2 mm | — |

涂膜防水层应分层分遍涂布。对易开裂、渗水的部位，应留凹槽嵌填密封材料，并增设一层或多层带有胎体增强材料的附加层。涂膜防水层的找平层应设宽度为 20 mm 的分隔缝，分隔缝的间距应不大于 6 m，宜设置在屋面板的支承处。找平层的分隔缝用密封材料填实。涂膜防水层沿分隔缝增设带有胎体增强材料的空铺附加层，宽度宜为 100 mm。

涂膜防水屋面应设保护层。保护层可采用细砂、云母、蛭石、浅色涂料、水泥砂浆、块体材料或细石混凝土等材料。水泥砂浆保护层厚度不宜小于 20 mm。采用水泥砂浆、块体材料或细石混凝土时，应在涂膜与保护层之间设置隔离层。

泛水、天沟、檐沟、檐口等部位应加铺有胎体增强材料的附加层。

### 11.3.4 平屋面的保温与隔热

#### 1）平屋面的保温

（1）屋面保温材料

保温材料应具有吸水率低、导热系数较小、有一定的强度的性能。屋面保温材料一般为轻质多孔材料，分为三种类型：

① 松散保温材料。堆积密度应小于 300 $kg/m^3$，导热系数应小于 0.14 W/(m·K)，常用的有膨胀蛭石（粒径 3～15 mm）、膨胀珍珠岩、矿棉、炉渣等。

② 整体保温材料。常用水泥或沥青等胶结材料与松散保温材料拌和，整体浇筑。如水泥炉渣、沥青膨胀珍珠岩、水泥膨胀蛭石等。

③ 板状保温材料。如加气混凝土板、泡沫混凝土板、膨胀珍珠岩板、膨胀蛭石板、矿棉板、岩棉板、泡沫塑料板、木丝板、刨花板、甘蔗板等。

(2) 保温层的设置

根据保温层在屋面各层次中的位置不同，有以下几种情况：

① 正铺保温层，即在防水层和结构层间设置保温层。此做法施工方便，还可利用保温层进行屋面找坡，目前应用最为广泛。如图 11.23 所示。

② 倒铺保温层，即保温层设在防水层之上，其构造层次为保温层、防水层、结构层，如图 11.24 所示。这种方式的优点为防水层被覆盖在保温层下不受气候条件变化的影响，使用寿命得到延长。这种屋面保温材料应选择憎水性材料，如聚氨酯泡沫塑料板等。在保温层上应设保护层，以防止表面破损及延缓保温材料的老化过程。

③ 防水层与保温层间设空气间层：由于空气间层的设置，室内热量不能直接影响屋面防水层，通常称作冷屋面保温体系。平屋面和坡屋面均可采用此法。这种屋面有利于室内渗透至保温层的蒸汽和保温层内散发出的水蒸气顺利排出，并可防止内部产生凝结水，带走太阳辐射热散发的热量。平屋面的冷屋面保温做法常用垫块架空预制板，形成空气间层，再在上面做找平层和防水层。为使空气间层通风流畅，在檐口部分应设通风口。如图 11.25 所示。

④ 保温层与结构层结合，有三种做法：一种是保温层设在槽形板的下面；一种是保温层放在槽形板朝上的槽口内；还有一种是将保温层与结构层融为一体。如图 11.26 所示。

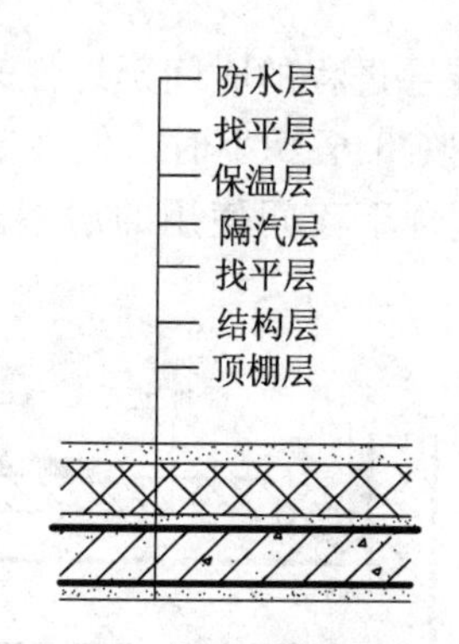


图 11.23　正铺保温层构造

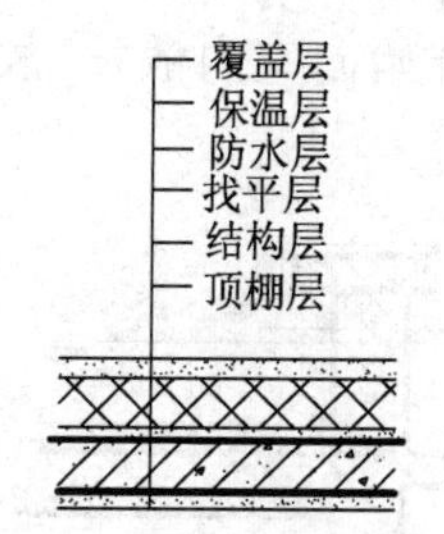


图 11.24　倒置式屋面

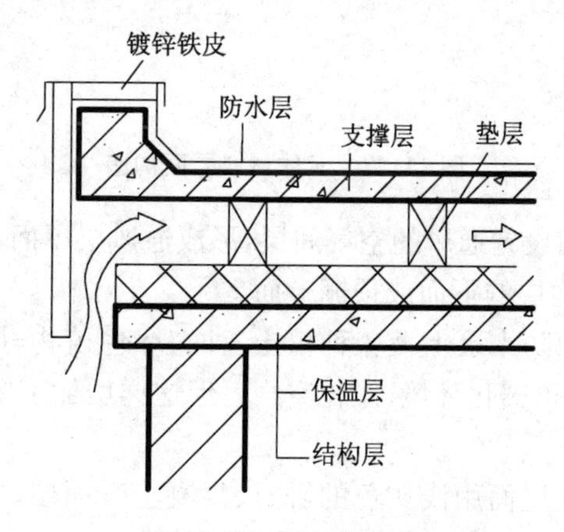


图 11.25　檐口进风口

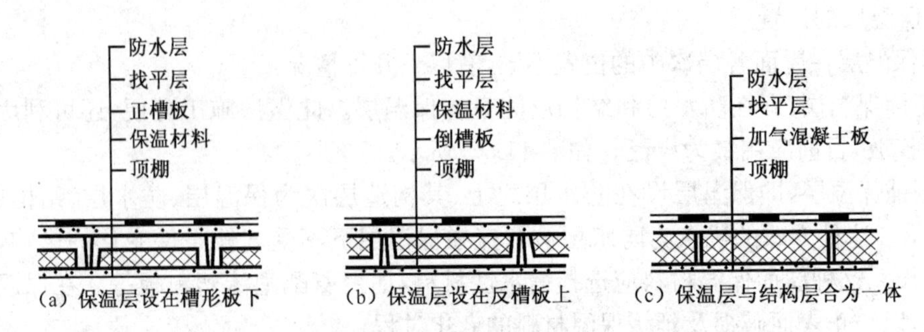


(a) 保温层设在槽形板下　(b) 保温层设在反槽板上　(c) 保温层与结构层合为一体

**图 11.26　保温层与结构层结合**

(3) 隔气层的设置

当在防水层下设置保温层时,为了防止室内湿气透过结构层进入屋面保温层而使保温材料受潮,影响保温效果,需在保温层下设置隔气层。隔气层的做法有:热沥青两道、一毡二油及改性涂料等。如图 11.23 所示。

**2）平屋面的隔热**

在气候炎热地区,夏季太阳辐射使屋面温度剧烈升高,为减少传进室内的热量和降低室内的温度,屋面需采取隔热措施,其常用方法有:

(1) 蓄水隔热。利用水的蓄热性、热稳定性和传导过程的时间延迟性来达到隔热目的。在太阳辐射下,内表面比外表面温度升高的时间要晚 3 至 5 小时。但在晚间气温降低后,屋面蓄有的热量开始向室内散发,故这种屋面不适合于夜间使用的房屋。如图 11.27(a)所示。

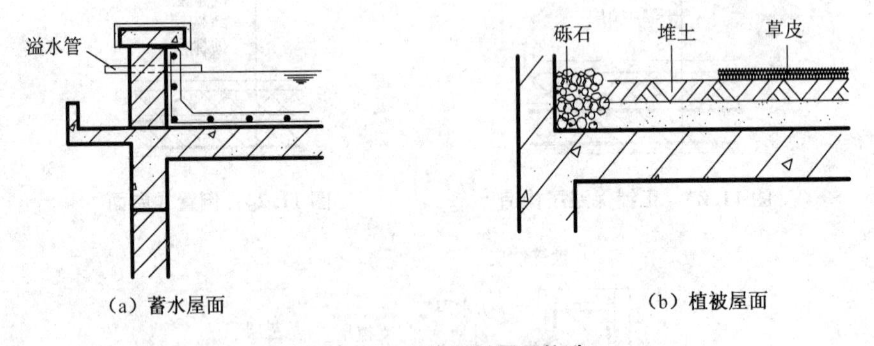


(a) 蓄水屋面　(b) 植被屋面

**图 11.27　实体材料屋面构造**

(2) 通风隔热。在屋面设置通风的空气间层,形成通风层屋面,如图 11.25 所示。一般空气间层的位置可以设在结构层的下面或顶棚上面。

(3) 植被屋面。在屋面防水层上覆盖种植土,种植绿色植物,用以吸收阳光和遮挡阳光,达到降温隔热作用,同时还可美化环境、净化空气。但这样增加了屋面荷载,结构处理较复杂。如图 11.27(b)所示。

(4) 反射降温隔热。在屋面用浅颜色的砾石、混凝土做面层,或在屋面刷白色涂料,可将大部分太阳辐射热反射出去,达到降低屋面温度的目的。

## 11.4 坡屋面的构造

### 11.4.1 坡屋面的组成

坡屋面的构造包括两大部分：一部分是由屋架、檩条、屋面板组成的承重结构；另一部分是由挂瓦条、油毡层、瓦等组成的屋面面层。根据使用要求不同，有时需设顶棚、保温层或隔热层等。

承重结构：主要承受作用在屋面上的各种荷载并传递到墙或柱上，承重结构一般由椽子、檩条、屋架及大梁等组成。

屋面：位于屋面的最上面，直接承受风、雨、雪、太阳辐射等自然因素的影响；由屋面覆盖材料和基层材料组成，如屋面板、挂瓦条等。

顶棚：是屋面下部的遮盖部分，可使室内上部平整，有一定的反射光线和装饰作用。

保温或隔热层：与平屋面相似，可设在屋面层或顶棚处。

### 11.4.2 坡屋面的承重体系

坡屋面的承重体系有横墙承重、屋架承重和梁架承重等。

横墙承重：当横墙间距较小且具有分隔和承重功能时，可将横墙上部砌成三角形，将檩条直接支承在横墙上，这种承重方式叫横墙承重，如图 11.28 所示。这种做法在开间一致的横墙承重的建筑中经常采用。做法是将横向承重墙的上部按屋面要求的坡度砌筑，上面铺钢筋混凝土屋面板或加气混凝土屋面板；也可以在横墙上搭檩条，然后铺放屋面板，再做屋面，这种做法通称“硬山搁檩”。硬山承重体系将屋架省略，其构造简单，施工方便，因而采用较多。

屋架承重：将屋架搁置在纵向外墙或柱上，屋架上架设檩条承受荷载，这种承重方式叫屋架承重，如图 11.29 所示。屋架的形式有：

(1) 人字木屋架

这种屋架适合有内墙或内部柱子的建筑物，支点的间距(跨度)应在 4～5 m 之间，屋架间距应在 2 m 以内。这种屋架没有下弦杆件，不能从下弦直接做吊顶。

(2) 三角形木屋架

三角形木屋架是常用一种屋架形式，适合于跨度在 15 m 及 15 m 以下的建筑物。木屋架的高度与跨度之比为 1/4～1/5，木材的断面可以用圆木或方木，断面尺寸为 $b=120\sim150\,\text{mm}$，$h=180\sim240\,\text{mm}$。这种屋架可以做成两坡顶和四坡顶。这种屋架应用较广泛。

(3) 钢木组合屋架

这种屋架是将木屋架中的受拉杆件采用钢材代替，这样可以充分发挥钢材的受力特点，在构造上是合理的。这种屋架适用于跨度在 15～20 m、屋架的间距不大于 4 m 的建筑物。高度与跨度的比值为 1/4～1/5。

(4) 钢筋混凝土组合屋架

这种屋架是采用钢筋混凝土与型钢两种材料组成的。上弦及受压杆件均采用钢筋混凝土,下弦及受拉杆件均采用型钢。这种屋架适用于12～18 m跨度的建筑。

梁架承重:也称木构架,是我国传统的屋面结构形式。由柱和梁组成排架支承檩条,并利用檩条及连系梁,使整个房屋形成一个整体骨架,墙只起围护和分隔作用,其抗震性能较好,如图11.30所示。

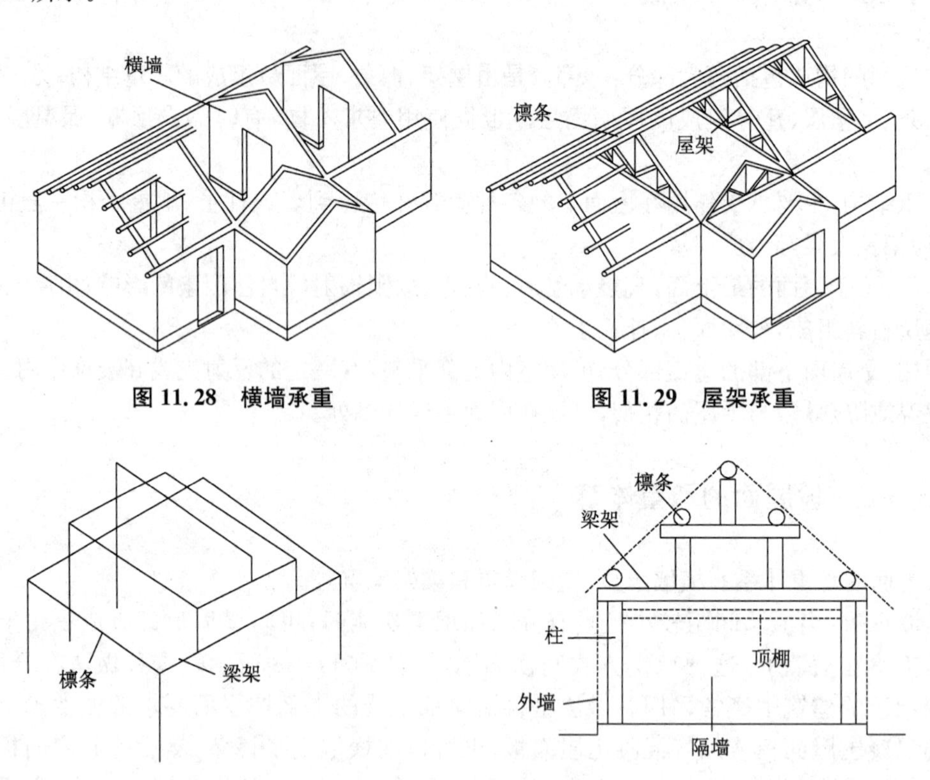


**图 11.28　横墙承重**

**图 11.29　屋架承重**

**图 11.30　梁架承重**

## 11.4.3　坡屋面的屋面

依据坡屋面防水材料的不同,常见的坡屋面有平瓦屋面、小青瓦屋面、波形瓦屋面、构件自防水屋面、平板金属板和草顶、灰土顶屋面等。

### 1) 平瓦屋面

平瓦一般由黏土烧制而成,又称机制平瓦。近年来由于保护耕地,大多数地区已禁用,目前有水泥平瓦、陶瓦等替代品。平瓦尺寸一般为(190～240)mm×(380～450)mm,厚20 mm。为防止下滑,瓦背面设有挂钩,可以挂在挂瓦条上。平瓦屋面有以下几种铺法:

(1) 冷摊瓦屋面:其做法是在椽条上钉挂瓦条后直接挂瓦,如图11.31所示。木椽条截面尺寸一般为40 mm×120 mm或50 mm×50 mm,其间距为400 mm左右。挂瓦条断面尺寸一般为30 mm×30 mm,中距330 mm。这种屋面构造简单、经济,但雨雪易从瓦中飘入。

(2) 木望板瓦屋面:其做法是在椽条上铺一层厚15～20 mm的木板(称望板),板上平行于屋脊铺一层油毡，并用板条钉牢，如图 11.32 所示。板条应顺着屋面流水的方向，以便使从瓦缝中渗下的少量雨水排出，因此也叫顺水条。在顺水条上平行于屋脊方向再钉挂瓦条挂瓦。这种做法比冷摊瓦屋面的防水、保温效果好，但耗用木材多、造价高。

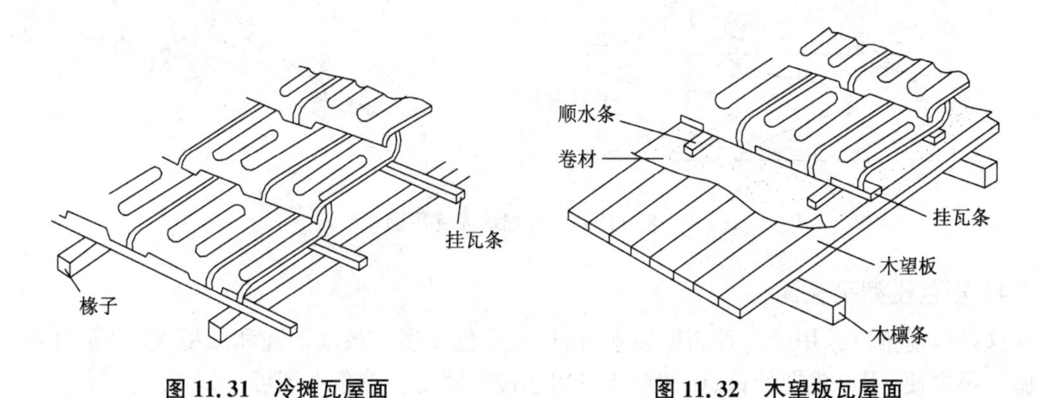


图 11.31　冷摊瓦屋面　　　图 11.32　木望板瓦屋面

(3) 钢筋混凝土挂瓦板平瓦屋面：其做法是将预应力或非预应力钢筋混凝土挂瓦板搁置在横墙上或屋架上，其上直接挂瓦，如图 11.33 所示。钢筋混凝土挂瓦板具有椽条、望板、挂瓦条三重作用。钢筋混凝土挂瓦板的基本形式有双 T、单 T 和 F 形三种。在板的根部留有泄水孔，以便将渗漏下的雨水排出。

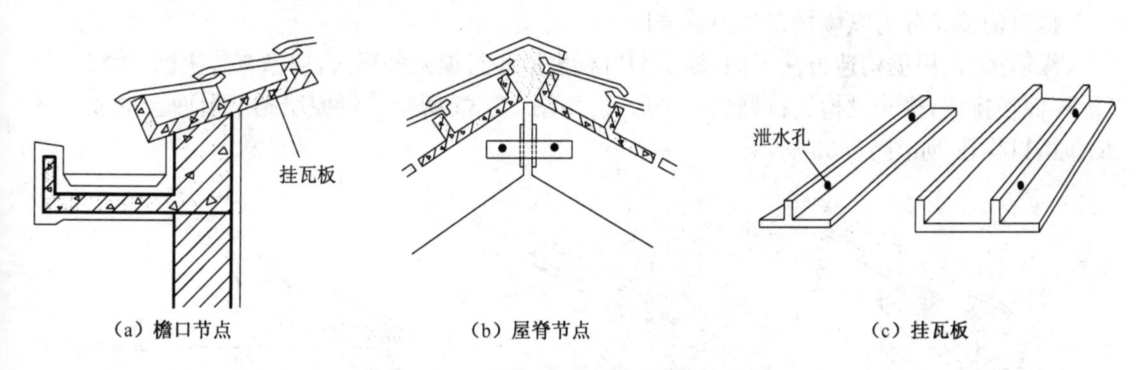


(a) 檐口节点　(b) 屋脊节点　(c) 挂瓦板

图 11.33　钢筋混凝土挂瓦板平瓦屋面

**2）波形瓦屋面**

波形瓦可用石棉水泥、塑料、玻璃钢、木纤维或金属等材料制成，其中尤以石棉水泥瓦应用最广。它具有厚度薄、质量轻、施工简便等优点，但容易脆裂，保温隔热性能较差，多用于对室内温度要求不高的房屋中。石棉水泥瓦有大、中、小三种规格。石棉水泥瓦因其自身刚度大，尺寸也较大，故可直接铺钉在檩条上。檀条间距视瓦长而定。铺设时，每张瓦至少跨三根檀条，上下搭接长度不小于 100 mm，左右两张之间大波和中波瓦至少应搭接半个波，小波至少搭接一个波。如图 11.34 所示。

**3）小青瓦屋面**

目前在我国有些地区传统民居中仍多采用小青瓦屋面。小青瓦断面呈弧形，平面形状一头较窄，尺寸规格各地不统一。一般采用木望板、苇箔等做基层，上铺灰泥，灰泥上再铺瓦。

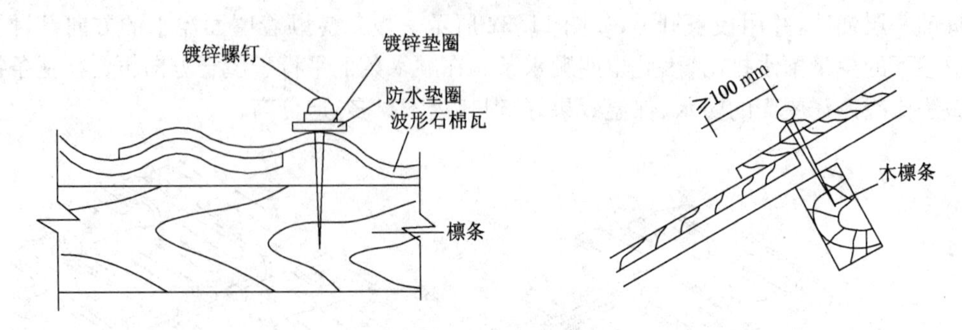


图 11.34 石棉水泥瓦屋面

### 4）彩色压型钢板瓦

这是目前推广采用的一种新型防水材料，有彩色压型钢板波形瓦和压型 V/W 形瓦两类。其施工很方便，用自攻螺丝钉、拉铆钉或专用连接件固定在檩条上即可。

## 11.4.4 坡屋面的细部构造

### 1）檐口构造

檐口构造又分为纵墙檐口和山墙檐口。

纵墙檐口：根据构造方法不同，纵墙檐口有挑檐和封檐两种形式，挑檐有砖挑檐、挑檐木挑檐、屋面板挑檐、椽子挑檐及挑檩檐口等形式，如图 11.35 所示。将檐墙砌出屋面会形成女儿墙包檐口构造，如图 11.36 所示。

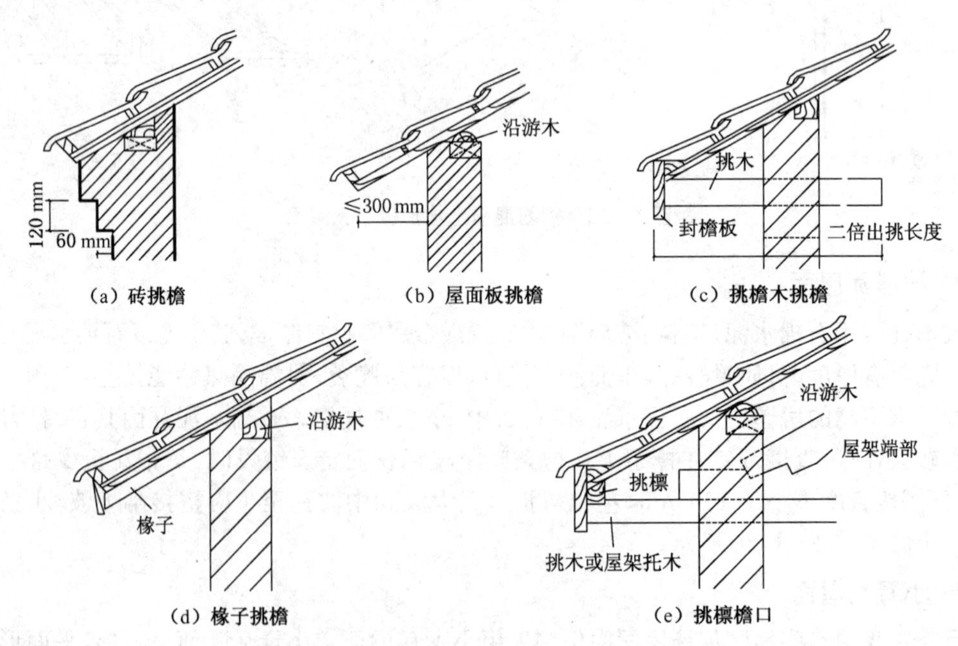


图 11.35 平瓦屋面纵墙檐口构造

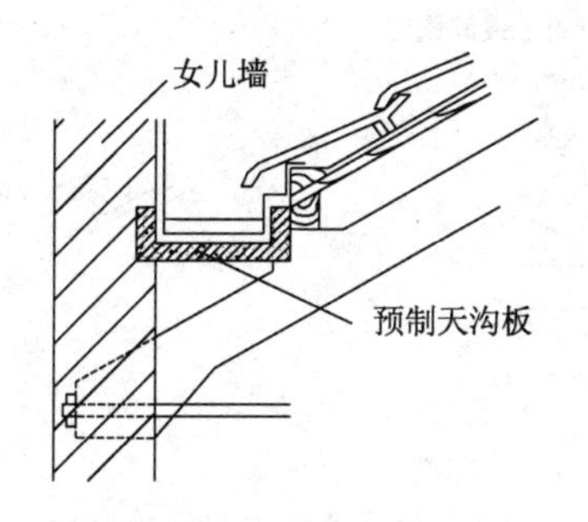


图 11.36　包檐口构造

### 2）山墙泛水构造

坡屋面山墙有硬山、悬山两种形式。图 11.37 为硬山檐口构造，将山墙升起包住檐口，女儿墙与屋面交接处做泛水处理，同时女儿墙顶应做压顶板，以保护泛水。图 11.38 为悬山檐口构造，可用檩条外挑形成悬山，也可用混凝土板出挑。

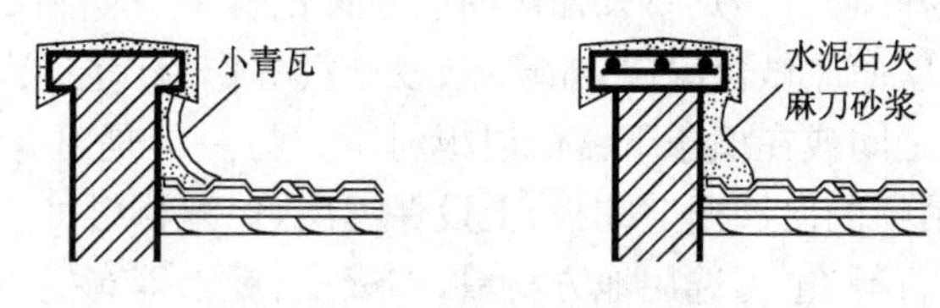


图 11.37　硬山檐口构造

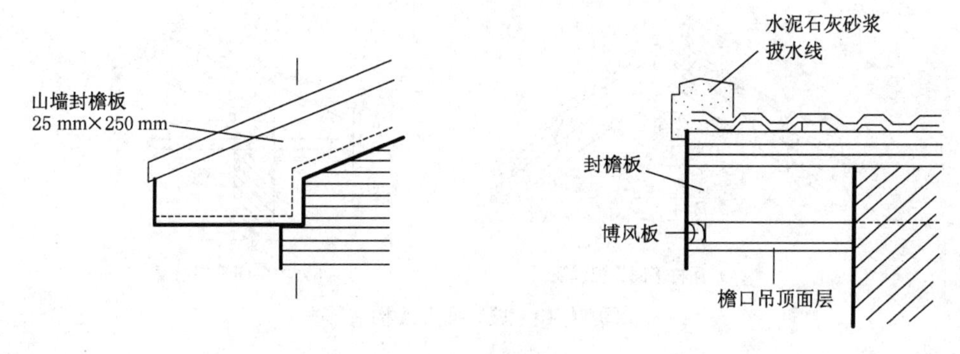


图 11.38　悬山檐口构造

### 3）天沟和斜天沟构造

在等高跨或高低跨相交处，常常出现天沟，两个相互垂直的屋面相交则形成斜沟。天沟和斜沟应有足够的断面，上口宽度不宜小于 300～500 mm，一般用镀锌铁皮铺于木基层上，且伸入瓦片下至少 150 mm。若高低跨和封檐天沟采用镀锌铁皮防水层，应从天沟内延伸至立墙形成泛水。其做法如图 11.39 所示。

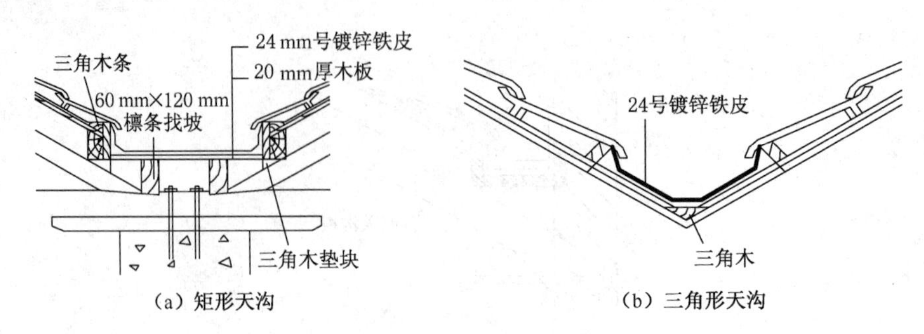


(a) 矩形天沟　　(b) 三角形天沟

**图 11.39　坡屋面斜天沟构造**

## 11.4.5　坡屋面的保温与通风隔热

### 1) 坡屋面的保温

坡屋面的保温有两种情况，一是不设顶棚的坡屋面的保温，即将保温层设在屋面层中，在屋面层中设保温层或用屋面兼做保温层，如草泥、麦秸泥等作为保温层，这样做比较经济；也可将保温材料填充在檩条之间或在檩条下钉保温板材料。另一种是对有顶棚的屋面，可将保温层设在吊顶上，一般在吊顶的次搁栅上铺板，上设保温层，保温材料可选用无机散状材料，如矿渣、膨胀珍珠岩、膨胀蛭石等，也可选用地方材料，如糠皮、锯末等有机材料，下面需铺一层油毡做隔气层。如图 11.40 所示。

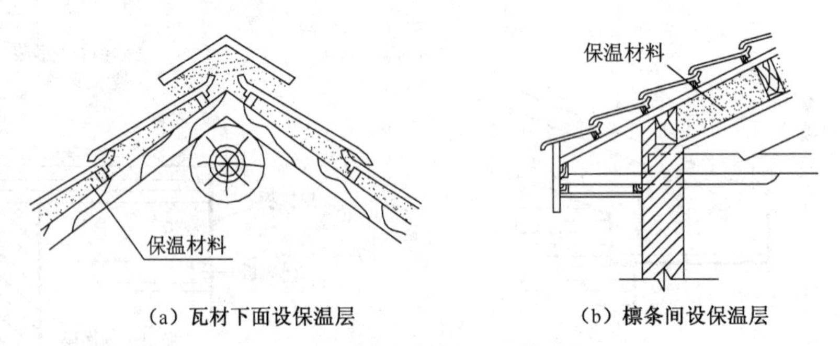


(a) 瓦材下面设保温层　　(b) 檩条间设保温层

**图 11.40　坡屋面保温构造**

### 2) 坡屋面的通风隔热

在炎热地区，坡屋面可做成双层，在檐口处设进风口，屋脊处设排风口，利用屋面内外的热压差和迎背风面的压力差，组织空气对流，形成屋面的自然通风，带走室内的辐射热，改善室内气候环境，如图 11.41 所示。

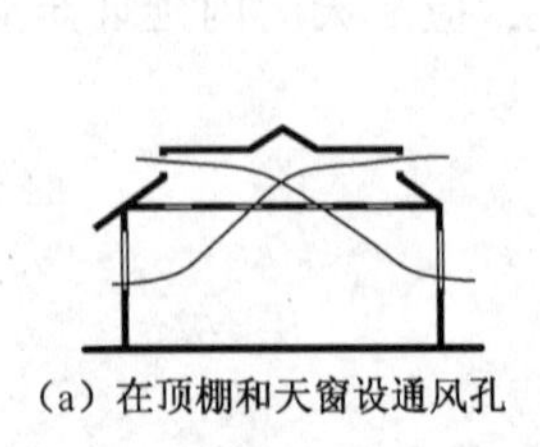

(a) 在顶棚和天窗设通风孔

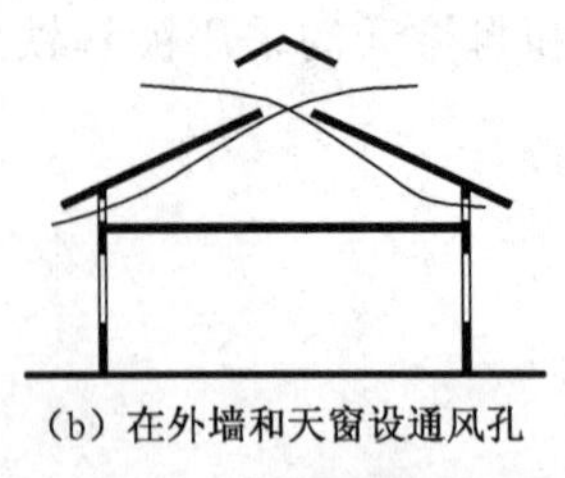

(b) 在外墙和天窗设通风孔

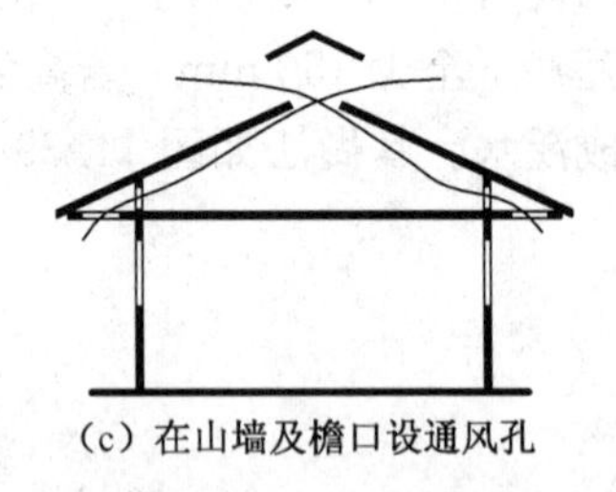

(c) 在山墙及檐口设通风孔

**图 11.41　坡屋面通风示意**

## 本章小结

1. 屋顶必须具有足够的强度、刚度和整体稳定性，具备良好的防水、排水和保温隔热性能。

2. 平屋顶有柔性防水屋面、刚性防水屋面以及涂膜防水屋面等。

3. 坡屋顶有横墙承重、屋架承重和梁架承重等形式。

4. 屋面细部构造是指泛水、檐口、雨水口和天沟等的构造做法。

5. 平屋顶与坡屋顶的保温隔热构造方法有所不同，但其原理基本相同。

## 思考题

1. 常见的屋顶类型有哪些？
2. 屋顶设计应满足哪些要求？
3. 影响屋顶坡度的因素有哪些？屋顶的坡度有几种表示方法？
4. 平屋顶的坡度是如何形成的？各有什么特点？
5. 平屋顶的排水有几种方式？各有什么特点？
6. 柔性防水屋面的构造层次有哪些？各自的作用是什么？
7. 什么是刚性防水？提高刚性防水层防水性能的措施有哪些？
8. 分仓缝的作用是什么？分仓缝一般设置在什么部位？
9. 平屋顶的隔热降温措施有哪些？各自有什么特点？
10. 坡屋顶的承重体系有哪些？

# 12 门　窗

**内容提要**

本章主要介绍了门窗的类型、尺寸和构造要求；木门窗、铝合金门窗和塑钢门窗的构造要点。

**学习目标**

了解门窗的形式和尺寸；熟悉铝合金、塑料门窗的基本构造要求；掌握木门窗的基本构造要求。

## 12.1　概述

门和窗是房屋的重要组成部分。门的主要作用是供交通出入、分隔空间、疏散、采光和通风；窗的主要作用是采光和通风。在不同使用条件下，它们还具有保温、隔热、防火、防水等围护作用；同时门窗又是建筑物的外观和室内装饰的重要组成部分。

### 12.1.1　门的类型与组成

**1）门的类型**

（1）按材料可分为木门、钢门、铝合金门、塑料门、铝塑门等。

（2）按开启方式可分为平开门、弹簧门、推拉门、折叠门、转门等，如图12.1所示。

① 平开门：是水平开启的门，其铰链安在门扇的一侧与门框相连。有单扇、双扇或多扇组合等形式，分内开和外开两种。平开门构造简单，开启灵活，安装维修方便，是房屋建筑中使用最广泛的一种形式。

② 弹簧门：也是水平开启的门，但采用弹簧铰链，可内外弹动，自动关闭。适用于人流较多，需要门自动关闭的场所。为避免逆向人流相互碰撞，门上一般安装有玻璃。弹簧门使用方便，但关闭不严密，密闭性稍差。

③ 推拉门：该门沿设置在门上部或下部的轨道或滑槽左右滑移。有普通推拉门、电动及感应推拉门等。推拉门占用空间少，但有关闭不严密、空间密闭性不好的缺点。

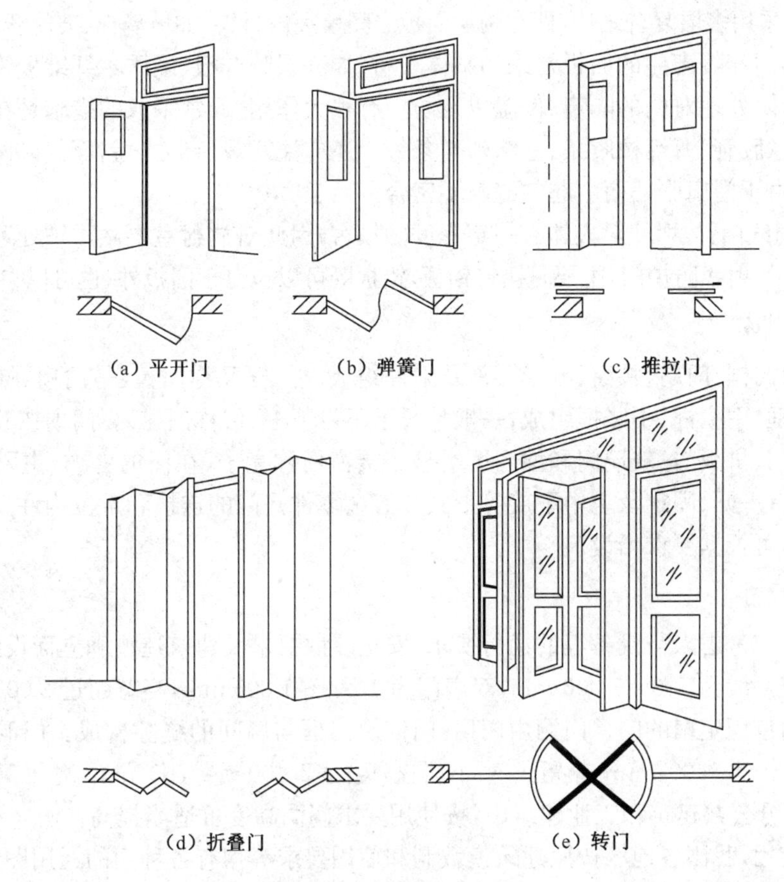


**图 12.1 门的开启方式**

④ 折叠门:是由多个较窄的门扇相互用铰链连接而成的门,开启后,门扇可折叠在一起,一般在公共建筑中做分隔空间用。

⑤ 转门:由三或四扇门连成风车形,固定在中轴上,可在弧形门套内旋转。转门因对隔绝室外气流有一定作用,可作为寒冷地区公共建筑的外门,但不能作为疏散门。如设置在疏散口时,应在其旁边另设疏散门。

⑥ 卷帘门:卷帘门是在门洞上部设置卷轴,利用卷轴的转动将门扇开启。卷帘门的门扇由一块块金属片或木条帘板组成,帘板两端放置在门两边的滑槽内;有手动与电动两种形式。卷帘门开启时不占用室内外空间,适用于商场、车库、车间等大尺寸门洞口。

另外还有上翻门、升降门等。

(3) 按功能分可分为防火门、保温门、隔声门、防放射线门、防盗门等。

① 防火门:防火门用于加工易燃品的车间或仓库。根据车间对防火门耐火等级的要求,门扇可以采用钢板、木板外贴石棉板再包以镀锌铁皮或木板直接包镀锌铁皮等构造。考虑到木材受高温会炭化而放出大量气体,应在门扇上设泄气孔。防火门常采用自重下滑关闭门,它是将门上导轨做成5%～8%的坡度,火灾发生时,易熔合金片熔断后,重锤落地,门扇依靠自重下滑关闭。当洞口尺寸较大时,可做成两个门扇相对下滑。

② 保温门、隔声门:保温门要求门扇具有一定热阻和门缝封闭处理,故常在门扇两层面板间填以轻质、疏松的材料(如玻璃棉、矿棉等)。隔声门的隔声效果与门扇的材料及门缝的密闭性有

关。隔声门常采用多层复合结构，即在两层面板之间填吸声材料，如玻璃棉、玻璃纤维板等。

一般保温门和隔声门的面板常采用整体板材(如五层胶合板、硬质木纤维板等)，不易发生变形。门缝密闭处理对门的隔声、保温以及防尘有很大作用，通常采取的措施是在门缝内粘贴填缝材料，如橡胶管、海绵橡胶条、泡沫塑料条等。还应注意裁口形式，斜面裁口比较容易关闭紧密，可避免由于门扇胀缩而引起的缝隙不密合。

③ 防放射线门：放射线对人体有一定程度的损害，因此对放射室要做防护处理。放射室的内墙均须装置X射线防护门，主要是镶钉铅板，铅板既可以包钉于门板外，也可以夹钉于门板内。

**2）门的组成**

门主要由门框、门扇、腰窗、五金零件及附件组成。门框又称门樘，是门扇、腰窗与墙的联系构件，由上框、中横框、中竖框组成，一般情况下不设下框(俗称门槛)。门扇按其构造不同有镶板门、夹板门、拼板门、玻璃门和纱门等类型。腰窗俗称亮子，在门的上方，主要作用是辅助采光和通风，有平开、固定及上中下旋等形式。五金零件是门的连接和定位构件。附件有贴脸板、筒子板等，可根据要求增设。

**3）门的尺寸**

门的尺寸应考虑人与设备等的通行要求、安全疏散要求及建筑造型和立面设计要求而定。

单扇门宽一般为700～1 000 mm，双扇门为1 200～1 800 mm，当宽超过2 000 mm时应为四扇门或双扇带固定扇的门。门洞由门扇、门框及门框与墙间的缝隙构成。门洞高度无亮子时通常为2 100～2 400 mm；有亮子时，门洞高度为2 400～2 700 mm，亮子高度为300～900 mm。在部分公共建筑和工业建筑中，按使用要求门洞高度可适当提高。

为方便使用，我国各地区按照建筑模数制和使用要求等均有各种门的通用图集，设计时可直接选用。

## 12.1.2 窗的类型与组成

**1）窗的类型**

(1) 按材料可分为木窗、钢窗、铝合金窗、塑料窗、玻璃窗、铝塑等复合材料制成的窗。

(2) 按开启方式可分为固定窗、平开窗、旋窗、推拉窗、立转窗等，如图12.2所示。

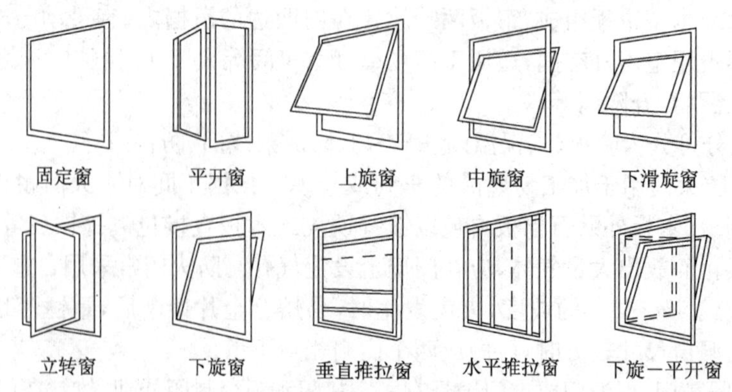


**图12.2 窗的开启方式**

① 固定窗:将玻璃直接安装在窗框上,不能开关,只供采光、日照和眺望用的窗。

② 平开窗:窗扇用合页与窗框侧边相连,可水平开启的窗。有内开和外开之分,目前最为常用。外开窗开启后,不占室内空间,但易受风雨侵袭,不易安装擦洗;内开窗的性能正好与之相反。平开窗构造简单,制作、安装和维修方便。

③ 旋窗:旋窗的窗扇可绕水平轴转动,有上旋、中旋、下旋三种形式。上、中旋窗防雨效果好,有利于通风,尤其对高窗开启较方便;下旋窗防雨性能差,且开启占用室内空间,一般用于内门上的亮子。

④ 推拉窗:分垂直推拉窗和水平推拉窗两种,其窗扇沿水平或竖向导轨或滑槽推拉。推拉窗不占用室内空间,窗扇及玻璃尺寸均比平开窗大,有利于采光,但通风面积受到限制。现常用于铝合金及塑料门窗上。

⑤ 立转窗:是窗扇沿竖轴转动的窗。其优点是通风和采光效果较好,但安装纱窗不方便、密闭性较差。

⑥ 百叶窗:由斜置的木片或金属片等组成窗扇,通过百叶角度的调节来控制采光量和通风量。百叶能挡光而又不影响通风,主要适用于有特殊要求的窗。

(3) 按窗的层数可分为单层窗、双层窗、三层窗及双层中空玻璃窗等形式。各地气候和环境不同,要求层数不同。

(4) 按镶嵌材料可分为玻璃窗、纱窗、百叶窗等。

(5) 按功能不同可分为固定式通风高侧窗、防火窗、保温、隔声窗、防放射线窗等。

① 固定式通风高侧窗:在我国南方地区,结合气候特点,创造出多种形式的通风高侧窗。它们的特点是能采光、能防雨、能常年进行通风,不需设开关器,构造较简单,管理和维修方便,多在工业建筑中采用。

② 防火窗:防火窗必须采用钢窗,镶嵌铅丝玻璃以免破裂后掉落,防止火窜入室内或窗外。

③ 保温窗、隔声窗:保温窗常采用双层窗及双层玻璃的单层窗两种。双层窗可内外开或内开、外开。双层玻璃的单层窗又分为:双层中空玻璃窗,双层玻璃之间的距离为 5 mm,窗扇的上下冒头应设透气孔;双层密闭玻璃窗,两层玻璃之间为封闭式空气间层,其厚度一般为 4～12 mm,充以干燥空气或惰性气体,玻璃四周密封,这样可增大热阻,减少空气渗透,避免空气间层内产生凝结水。

若采用双层窗隔声,应采用不同厚度的玻璃,以减少吻合效应的影响。厚玻璃应位于声源一侧,玻璃间的距离一般为 80～100 mm。

④ 防放射线窗:医院的 X 射线治疗室和摄片室的观察窗,均须镶嵌铅玻璃,呈黄色或紫红色。铅玻璃系固定装置,但亦须注意铅板防护,四周均须交叉叠过。

**2) 窗的组成**

窗主要由窗框、窗扇、五金零件及配件组成。窗框又称窗樘,一般由上框、下框、中框、中横框、中竖框及边框等组成;窗扇由上冒头、中冒头、下冒头及边梃组成。五金零件有铰链、风钩、插销、拉手、导轨、转轴和滑轮等。窗框与墙连接处,根据不同的要求,有时加设窗台板、贴脸、筒子板、窗帘盒等配件,如图 12.3 所示。

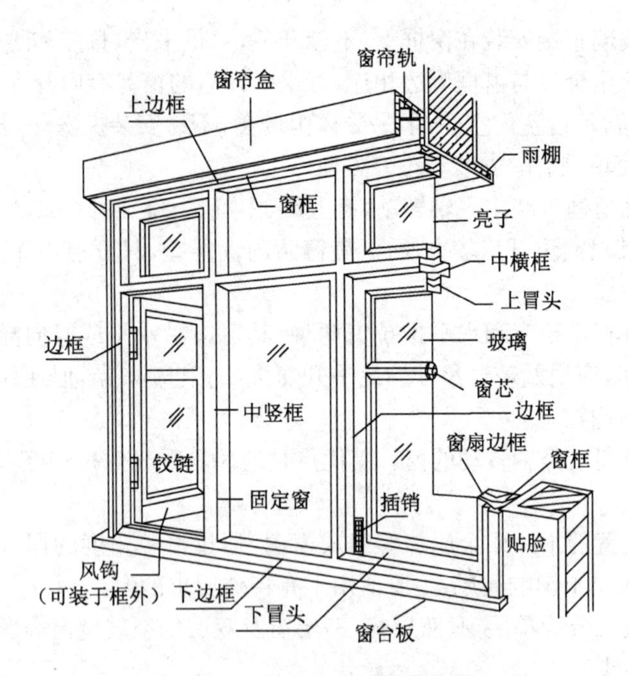


图 12.3　平开木窗的构造组成

**3）窗的尺寸**

窗的尺寸要满足采光通风、结构构造、建筑造型和建筑模数协调的要求。目前我国各地标准窗基本尺度多采用 3M 的扩大模数。一般平开窗的窗扇高度为 800～1 200 mm，宽度不宜大于 500 mm；上下旋窗的窗扇高度为 300～600 mm；中旋窗窗扇高度不宜大于 1 200 mm，宽度不宜大于 1 000 mm；推拉窗高度不宜大于 1 500 mm。

为方便使用，我国各地区按照建筑模数制和使用要求等均有各种窗的通用图集，设计时可直接选用。

## 12.2　门的构造

### 12.2.1　木门的构造

**1）木门构造**

（1）门框

门框一般由边框和上框组成。当洞口尺寸较大、有多扇组合时还要增设中竖框和横框(档)，外门有时还要加设下框，以防风、隔雨、挡水、保温、隔声等，如图 12.4 所示。平开木门框的断面形状与平开木窗相似，仅需根据门的尺寸和质量适当加大截面。

（2）门扇

门扇常见的有镶板门(包括玻璃门、纱门)和夹板门、弹簧门等。

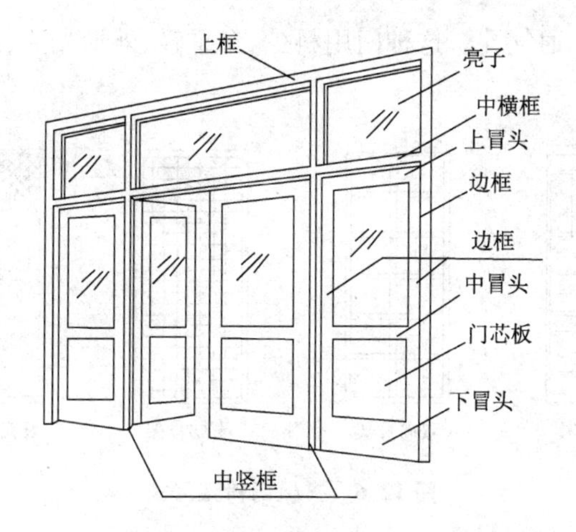


图 12.4　平开木门的构造组成

① 镶板门

镶板门门扇由边梃、上冒头、中冒头、下冒头及门芯板组成。门芯板可采用木板、硬质纤维板、胶合板和玻璃等。当门芯板用玻璃代替时，则为玻璃门；用纱或百叶代替时，则为纱门或百叶门。如图 12.5(a)所示。门芯板一般用 10～15 mm 厚的木板拼装成整块镶入边梃和冒头中，板缝应结合紧密。门芯板的拼接方式有四种，如图 12.5(b)所示，工程上常用高低缝和企口缝。门芯板的镶嵌方式如图 12.5(c)所示。玻璃与边框的镶嵌如图 12.5(d)所示。

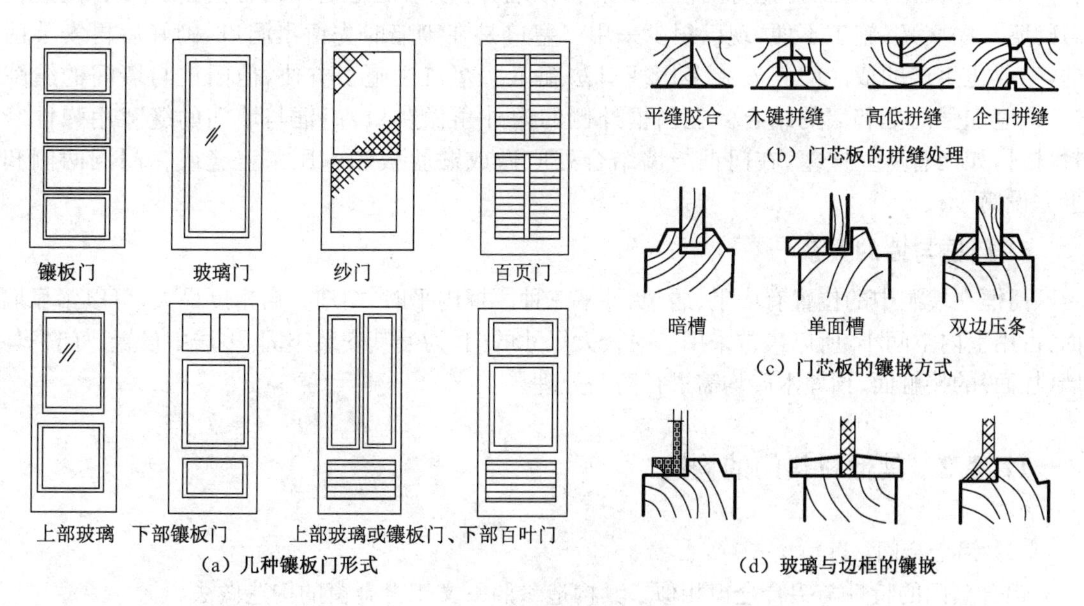


图 12.5　镶板门构造

② 夹板门

夹板门是用断面较小的木料做成骨架，两面粘贴面板而成，其中骨架一般用(32～35)mm×(34～36)mm 木料做边框，内部为格形纵横肋条，肋距视木料尺寸而定，一般在 300 mm 左右，如图 12.6 所示。面板一般为胶合板、硬质纤维板或塑料板。为使骨架内的空气能上下对流，可在门扇的上部及骨架内设小通气孔。这种门用料少、自重轻、外形光洁、制造简单，常用于民用建筑的内门。

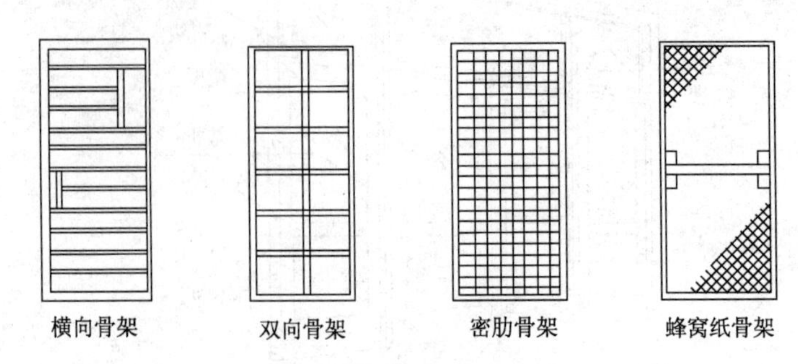


**图 12.6　夹板门骨架形式**

(3) 腰窗

腰窗构造同窗构造，一般采用中旋开启方式，也可采用上旋、平开及固定窗等形式。

(4) 门的五金零件

门的五金零件主要有铰链、门锁、插销、拉手等，形式多种多样。在选型时，需特别注意铰链强度，以防止因其变形而影响门的使用。

**2) 门框的安装**

门框按施工方式不同可分为先立口和后塞口两种做法。对成品门，安装多采用后塞口法施工。立口是在施工时先将门框立好后再砌墙，可使门框与墙体结合紧密、牢固，但立樘与砌墙工序交叉，施工不便，现已很少采用。塞口是在砌墙时先留出洞口，砌好后再安装门框，工业化生产的成品门其安装多用塞口法施工。塞口法施工方便，但门框与墙间的缝隙较大，应加强门框和墙的结合。在门框外侧的内外角做灰口，门框与墙间的缝隙用弹性密封材料，如沥青麻丝嵌塞，在门框与墙结合处应做成贴脸板和木压条盖缝或在门洞两侧和上方设筒子板。

**3) 门框与墙的关系**

门框在墙洞中的位置有内平、居中、外平三种。框内平时，门扇开启角度最大，可以紧靠墙面，占用室内空间小，所以最常采用。对较大尺寸的门，为使其安装牢固，多居中设置。门框与墙(柱面)的接触面、预埋木砖均需进行防腐处理。

### 12.2.2　其他材料门的构造

(1) 铝合金门

铝合金门的特性与铝合金窗相似。其构造参照下文铝合金窗的构造做法。

(2) 塑料门及彩板门

塑料门及彩板门的材料、施工方法及构造参照下文塑料窗及彩板窗的构造做法。

## 12.3 窗的构造

### 12.3.1 木窗的构造

窗主要由窗框、窗扇和五金零件组成。窗框又称窗樘，一般由上框(槛)、下框(槛)、中横框(槛)、中竖框及边框等组成。窗扇由上冒头、中冒头(窗芯)、下冒头及边梃组成。依镶嵌材料的不同，窗分为玻璃窗扇、纱窗扇和百叶窗扇等。在窗框与墙体的连接处，为满足不同的要求，有时设置窗帘盒、窗台板和贴脸板等。

**1）窗框**

窗框(窗樘)由上下框、中框(中横档)、中竖框(中竖梃)及边框组成。

(1) 窗框的断面形式及尺寸

窗框的断面尺寸根据材料的强度和接榫的需要而定，一般单层窗断面尺寸为(40～60)mm×(70～95)mm；双层窗稍大些，一般为(45～60)mm×(100～120)mm，中横档若加披水或滴水槽，其宽度需增加 20～30 mm 左右。

(2) 窗框的安装

窗框的安装有先立口和后塞口两种方式。先立口即在施工时，先将窗框立好，然后砌窗间墙。后塞口是在砌墙时先留出窗洞口，然后再安装窗框，此法施工时，洞口尺寸应比窗框尺寸大 10～20 mm。图 12.7 为窗的先立口安装示意图。

(3) 窗框与墙的关系

窗框在墙中的位置，有内平、外平和居中三种形式。当窗框与墙内平时窗框应凸出砖面 20 mm 以便墙面粉刷后与抹灰面平。框与抹灰面交接处设贴脸板，避免风透入室内，且增加美观。当窗框与墙外平时，窗扇宜内开，靠室内一侧设窗台板，裁口在内侧，窗框留积水槽。窗框与墙居中时，应内设窗台板，外设窗台。其中，居中安装方式最为常见。

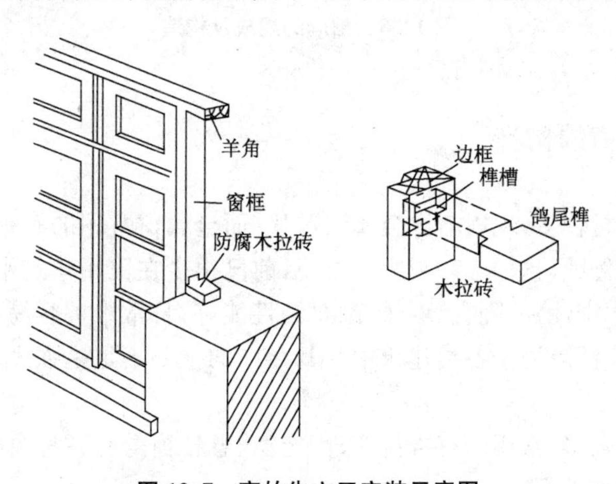


**图 12.7 窗的先立口安装示意图**

**2）窗扇**

窗扇由上、下冒头，边梃和窗棂（窗芯）组成。常见的木窗扇有玻璃窗扇和纱窗扇，如图12.8所示。

（1）玻璃窗扇

玻璃窗扇边梃、上冒头断面尺寸约为（35～42）mm×（50～60）mm，下冒头由于要承受窗扇重量，可适当加大。为镶嵌玻璃，在窗外侧要做裁口，其深度约为10～12 mm。为使窗扇关闭严密，两扇窗的接缝处应做高低缝盖口，必要时加钉盖缝条。内开的窗扇为防雨水流入室内，在下冒头处设披水条，同时在窗框上设流水槽和排水孔。

玻璃的厚薄与窗扇分格大小有关。普通窗均采用无色透明的3 mm厚平板玻璃。当窗框面积较大时，可采用较厚的玻璃，还可根据不同要求，选择磨砂、压花、夹丝、吸热、有色等玻璃。窗玻璃一般先用小铁钉固定于窗扇上，再用油灰（桐油灰）镶成斜角形，必要时也可采用小木条镶嵌。

（2）纱窗扇

由于窗纱较轻，纱窗框料尺寸较小，用小木条将窗纱固定在裁口内。

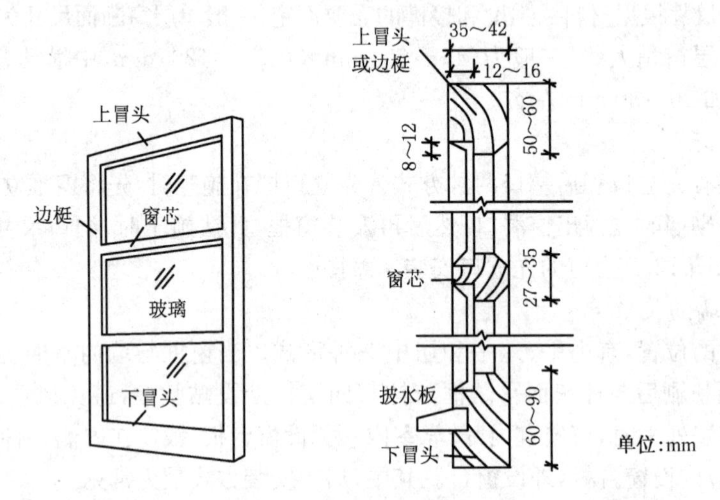


图12.8　窗扇的组成及构造

## 12.3.2　金属窗的构造

由于木窗耗用木材较多，现逐渐被金属窗取代，而金属窗常用的有钢窗和铝合金窗两种。钢窗由于其易受酸碱侵蚀，且加工和观感较差，目前已很少在民用建筑中使用，而铝合金窗因其重量轻，气密性和水密性好，隔音、隔热、耐腐蚀性能好，日常维护容易，且其色彩多样、有良好的装饰效果，目前广泛应用于各类建筑中。其存在的主要不足是强度较低，如为平开窗时，尺寸过大易变形。

铝合金窗的类型较多，常用的有推拉窗、固定窗、悬挂窗等。各种窗构件都由相应的型材和配套零件及密封件加工而成。

铝合金窗按窗框厚度分，有55、60、70、90等系列。当采用平开窗时，40、55厚度系列型材其开启扇的最大尺寸分别为 600 mm×1 200 mm 和 600 mm×1 400 mm；当采用推拉窗时，55、70、90 厚度系列型材其开启扇的最大尺寸分别为 900 mm×1 200 mm、900 mm×1 400 mm、900 mm×1 800 mm。

铝合金窗构造如图 12.9 所示。

铝合金窗的安装：窗框与窗洞墙体的连接用塞口法。窗框与墙体的连接固定点，每边不得少于 2 点，且间距不得大于 0.7 m。边框端部的第一个固定点距端部的距离不得大于 0.2 m。窗框固定好后，窗框与窗洞四周的缝隙，采用弹性材料填塞，如泡沫条、矿棉毡条等，应分层填补，外表留 5～8 mm 的槽口用密封膏密封。窗扇玻璃用橡皮压条固定在窗扇上，窗扇四周利用密封条与窗框保持密封。

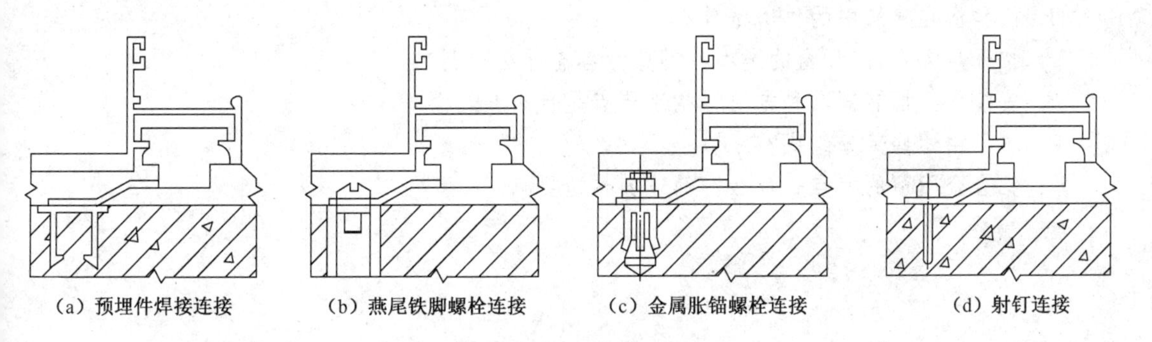


图 12.9 铝合金窗构造

### 12.3.3 塑料窗的构造

塑料窗是以聚氯乙烯、改性聚氯乙烯(PVC)或其他树脂为主要原料，轻质碳酸钙为填料，添加适量助剂和改性剂，以专用挤压机具挤压形成空心型材做窗的框料而制成的窗。其具有气密、水密、耐腐蚀、保温和隔声等性能较好的特点，且自重轻、阻燃、电绝缘性好、色泽鲜艳、安装方便、价格合理，但是塑料的变形大，刚度差。

塑料窗按其型材尺寸分 50、60、80、90 和 100 系列。各系列为型材断面的标志宽度。窗扇面积越大，其断面尺寸相应加大。塑料窗按开启方式分平开窗、推拉窗、旋转窗及固定窗等；按窗扇结构分为单玻、双玻、百叶窗和气窗等。

塑料窗也采用塞口法安装，安装后洞口每侧有 5 mm 的间隙，对加气混凝土墙洞口，应预埋胶结圆木。当窗和墙体固定时，应先固定上框，而后固定边框，固定方法应符合下列要求：混凝土墙洞口应采用射钉或塑料膨胀螺钉固定；砖墙洞口应采用塑料膨胀螺钉或水泥钉固定，不得固定在砖缝处；加气混凝土洞口，应采用木螺钉将其固定在胶结圆木上；设有预埋铁件的洞口应采用焊接的方法固定，也可先在预埋件上按紧固定规格打基孔，然后用紧固件固定。

窗框与洞口墙体之间应采用柔性连接，窗框与洞口之间的伸缩缝内腔应采用闭孔泡沫塑料、矿棉条、玻璃棉毡条、发泡聚氨酯等弹性材料分层填塞，填塞不宜过紧，缝隙两侧采用木方留 5～8 mm 的槽口，用防水密封材料嵌填、封严。对于保温、隔声等级要求较高的工程，应采用相应的隔热、隔声材料填塞。

在安装玻璃时，玻璃不得与玻璃槽直接接触，应在玻璃四边垫上垫块，且边框上的垫块，宜采用聚氯乙烯胶加以固定。

## 本章小结

1. 门和窗是房屋的重要组成构件。

2. 门窗有多种开启方式,适用于不同场所。民用建筑常用门窗按制作材料分为木门窗、铝合金门窗和塑料门窗。

1. 门和窗在建筑中的作用是什么?
2. 按开启方式,门和窗的类型有哪些? 各有什么特点?
3. 安装木门框有哪两种方法? 构造要点是什么?
4. 木门由哪些部分组成?
5. 铝合金门窗的特点是什么? 简述其构造要点。

# 13 变形缝

**内容提要**

本章主要介绍了伸缩缝、沉降缝和防震缝的作用、设置原则和构造做法。

**学习目标**

了解变形缝的作用和分类；掌握伸缩缝、沉降缝和防震缝的概念、设置原则和构造做法。

建筑物受温度变化、地基不均匀沉降和地震等作用的影响，其结构内部将产生附加应力和变形，这会造成建筑物开裂和变形，甚至引起结构破坏，影响建筑物的安全使用。为避免这种情况的发生，可采取如下措施：一是加强建筑物的整体性，使其具有足够的强度和刚度，以抵抗破坏应力和变形；二是事先在建筑物变形敏感的部位，将建筑构件垂直断开，以保证建筑物各部分自由变形，形成互不影响的刚度单元。这种单元之间设置的缝隙称为变形缝。

变形缝按其功能分为伸缩缝、沉降缝和防震缝。

## 13.1 伸缩缝

为预防建筑物因受到温度变化的影响而产生附加应力和变形，从而导致建筑物开裂(在较长较宽的建筑物中表现明显)，通常沿建筑物长度方向每隔一定距离或在结构变化较大处预留一定宽度的缝隙，这被称为伸缩缝，也称温度缝。

伸缩缝要求将建筑物的墙体、楼板层、屋顶等地面以上的构件全部断开，基础部分因受温度变化影响较小，不必断开。

### 13.1.1 伸缩缝的设置原则

伸缩缝的间距与结构类型、所用材料、施工方法及当地温度变化情况有关。表 13.1 为钢筋混凝土结构的建筑物伸缩缝设置的最大间距。表 13.2 为砌体建筑伸缩缝的最大间距。

表 13.1　钢筋混凝土结构房屋伸缩缝的最大间距

| 结构类型 | | 室内或土中(m) | 露天(m) |
|---|---|---|---|
| 排架结构 | 装配式 | 100 | 70 |
| 框架结构<br>框架-剪力墙结构 | 装配式 | 75 | 50 |
| | 现浇式 | 55 | 35 |
| 剪力墙结构 | 装配式 | 65 | 40 |
| | 现浇式 | 45 | 30 |
| 挡土墙及地下室墙壁等结构 | 装配式 | 40 | 30 |
| | 现浇式 | 30 | 20 |

注:1. 当采用适当留出施工后浇带、顶层加强保温隔热等构造或施工措施时,可适当增大伸缩缝的间距。
2. 当屋面无保温或隔热措施时,或位于气候干燥地区、夏季炎热且暴雨频繁地区时,或施工条件不利(如材料的收缩较大)时,宜适当减小伸缩缝间距。
3. 当有充分依据或经验时,表中数值可以适当加大或减小。

表 13.2　砌体建筑伸缩缝的最大间距

| 砌体类型 | 屋顶或楼层结构类别 | | 间距(m) |
|---|---|---|---|
| 各种砌体 | 整体式或装配整体式钢筋混凝土结构 | 有保温层或隔热层的屋顶、楼层 | 50 |
| | | 无保温层或隔热层的屋顶 | 40 |
| | 装配式无檩体系钢筋混凝土结构 | 有保温层或隔热层的屋顶、楼层 | 60 |
| | | 无保温层或隔热层的屋顶 | 50 |
| | 装配式有檩体系钢筋混凝土结构 | 有保温层或隔热层的屋顶、楼层 | 75 |
| | | 无保温层或隔热层的屋顶 | 60 |
| 黏土砖、空心砖砌体 | 黏土瓦或石棉水泥瓦屋顶、木屋顶或楼层<br>砖石屋顶或楼层 | | 100 |
| 石砌体 | | | 80 |

注:1. 当有实践经验和可靠依据时,可不遵守本表的规定。
2. 层高大于 5 m 的混合结构单层房屋,其伸缩缝间距可按本表中数值乘以 1.3 采用,但当墙体采用硅酸盐砌块和混凝土砌块砌筑时,不得大于 75 m。
3. 温差较大且变化频繁地区和严寒地区不采暖的房屋及构筑物墙体,其伸缩缝的最大间距应按表中数值予以适当减小后采用。

### 13.1.2　伸缩缝的构造

伸缩缝的宽度一般为 20～40 mm,通常采用 30 mm。

**1）墙体伸缩缝构造**

根据墙体厚度、材料及施工条件不同,墙体伸缩缝可做成平缝、错口缝、企口缝等形式,如图 13.1 所示。为避免外界对室内的影响,满足室内使用要求以及考虑建筑立面处理的要求,伸缩缝应进行嵌缝和盖缝处理,缝内填沥青麻丝、油膏、橡胶条和泡沫塑料等弹性防水材料。

当缝隙较宽时，缝口还应用镀锌铁皮、彩色钢板、铝皮等金属调节片做盖缝处理。如图 13.2 所示为内墙伸缩缝构造；图 13.3 为外墙伸缩缝构造。盖缝板条仅一侧固定，以保证结构在水平方向能自由伸缩。

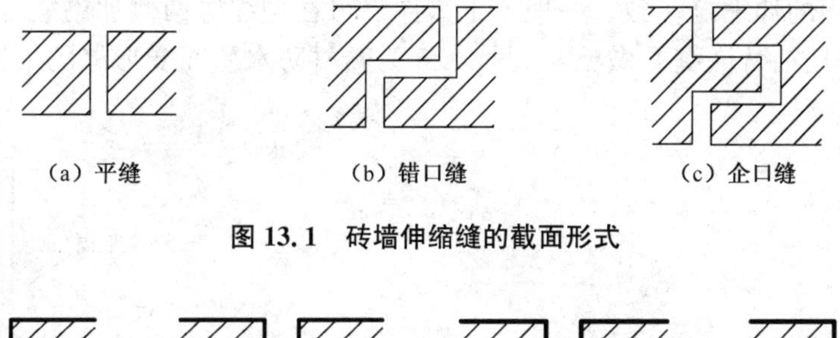

(a) 平缝　(b) 错口缝　(c) 企口缝

**图 13.1　砖墙伸缩缝的截面形式**

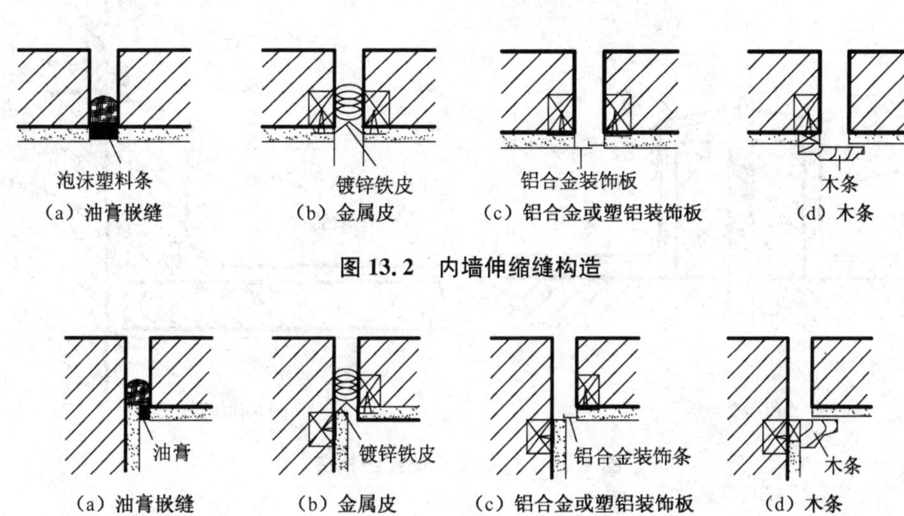


(a) 油膏嵌缝　(b) 金属皮　(c) 铝合金或塑铝装饰板　(d) 木条

**图 13.2　内墙伸缩缝构造**

(a) 油膏嵌缝　(b) 金属皮　(c) 铝合金或塑铝装饰板　(d) 木条

**图 13.3　外墙伸缩缝构造**

## 2) 楼(地)板层伸缩缝构造

楼地面伸缩缝的处理应满足缝隙处理后地面平整、光洁、防滑等要求。其位置和缝宽与墙体、屋顶伸缩缝一致，缝内用油膏、沥青麻丝、橡胶等弹性材料做封缝处理，上面铺活动盖板或橡胶、塑料板等地面材料。顶棚的盖缝条也应单边固定，以保证构件能自由伸缩。如图 13.4 所示。

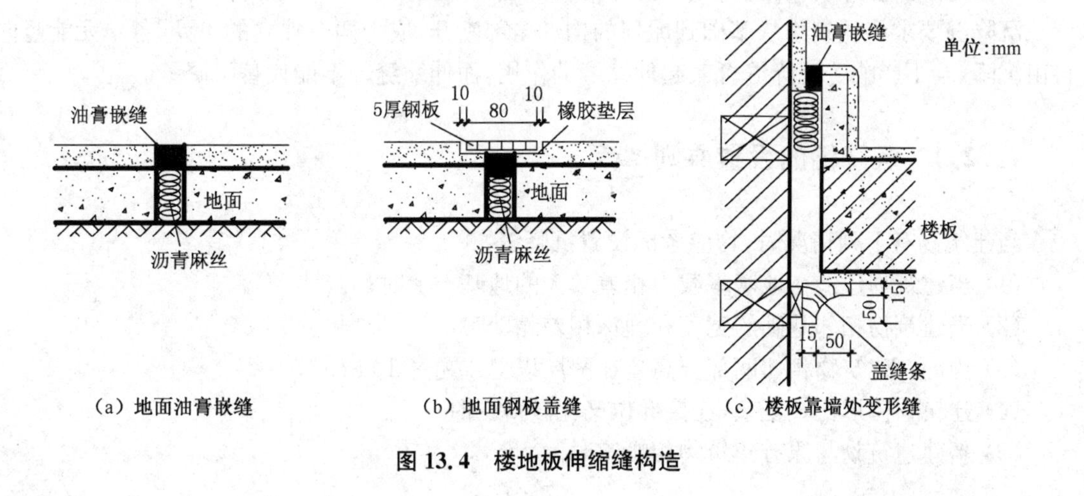


(a) 地面油膏嵌缝　(b) 地面钢板盖缝　(c) 楼板靠墙处变形缝

**图 13.4　楼地板伸缩缝构造**

**3）屋面伸缩缝构造**

屋面伸缩缝主要有伸缩缝两侧屋面标高相同和高低错落两种情况。屋面伸缩缝的处理应满足屋面防水构造和使用功能要求，并满足防水、保温、隔热等屋面构造的要求。其位置和缝宽与墙体、楼地面的伸缩缝一致。一般不上人屋面可在伸缩缝两侧加砌矮墙，并做好泛水处理。上人屋面多用油膏嵌缝并做泛水，图 13.5 为卷材防水屋面变形缝的平缝及高低缝构造示例。

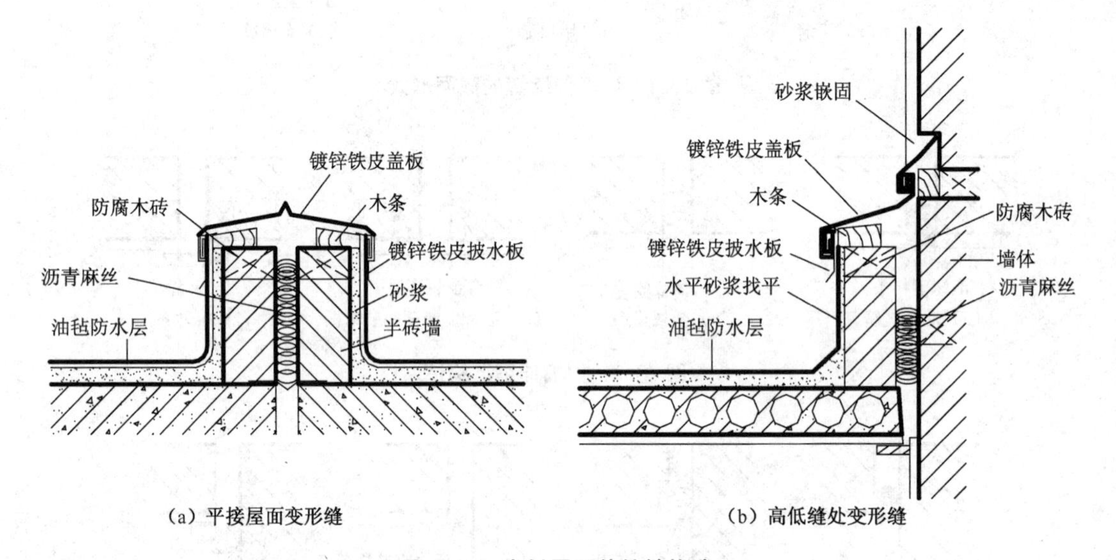


**图 13.5　卷材屋面伸缩缝构造**

## 13.2　沉降缝

为预防建筑物各部分因地基承载力不同或各部分荷载差异较大等原因引起的建筑物不均匀沉降而导致的破坏而设置的变形缝，称为沉降缝。

沉降缝要求将建筑物从基础到屋顶的构件全部断开，成为两个独立的单元，各单元能竖向自由沉降，互不影响。沉降缝可兼起伸缩缝的作用，而伸缩缝却不能代替沉降缝。

### 13.2.1　沉降缝的设置原则

当建筑物有下列情况时，均应考虑设置沉降缝：

(1) 当建筑物建造在地基承载力相差较大的地基土上时；

(2) 当建筑物相邻基础的宽度和埋深相差悬殊时；

(3) 当同一建筑物相邻两部分高差在两层以上或超过 10 m 时；

(4) 建筑物体形比较复杂，连接部位又比较薄弱时；

(5) 新建建筑物与原有建筑物相毗连时。

沉降缝的宽度与地基的性质和建筑物的高度有关，地基越软弱、建筑高度越大，沉降缝宽度应越大；反之，宽度则较小。不同地基条件下沉降缝的宽度见表13.3。

**表13.3 沉降缝的宽度**

| 地基性质 | 建筑物高度($H$)或层数 | 缝宽(mm) |
|---|---|---|
| 一般地基 | $H < 5$ m | 30 |
| | $H = 5 \sim 10$ m | 50 |
| | $H = 10 \sim 15$ m | 70 |
| 软弱地基 | 2～3层 | 50～80 |
| | 4～5层 | 80～120 |
| | 5层以上 | >120 |
| 湿陷性黄土地基 | | ≥30～70 |

## 13.2.2 沉降缝的构造

### 1）墙体沉降缝的构造

墙体沉降缝构造与伸缩缝构造基本相同，当兼起伸缩缝的作用时，沉降缝的盖缝条应满足水平伸缩和垂直沉降变形两方面的要求，如图13.6所示。

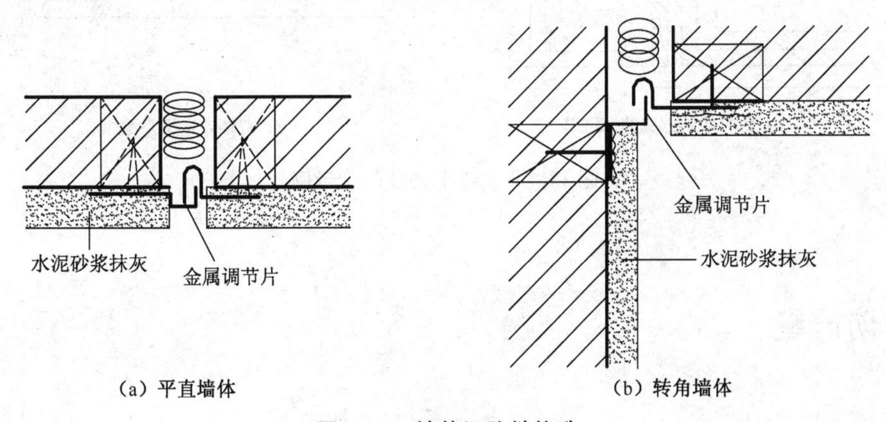


(a) 平直墙体　　(b) 转角墙体

**图13.6 墙体沉降缝构造**

### 2）基础沉降缝的构造

基础部分沉降缝应沿基础断开，沉降缝应另外处理，常见的方式有悬挑式和双墙式。

(1) 悬挑式

为使沉降缝两侧结构单元能各自独立沉降，互不影响，可在缝的一侧做成挑梁基础。若在沉降缝的两侧设置双墙，则在挑梁端部增设横梁，在横梁上砌墙。此方案适用于两侧基础埋深相差较大或新建建筑与原有建筑相毗连的情况。如图13.7(a)所示。

(2) 双墙式

在沉降缝两侧均设承重墙，墙下为各自独立的基础，保证每个结构单元有封闭连续的基础和纵横墙。这种结构整体性好，刚度大，但基础偏心受力，在沉降时会相互影响，如图13.7(b)所示。此基础处于偏心受压状态，地基受力不均匀，有可能向中间倾斜，只适用于低层、耐久年限短且地质条件较好的情况。如采用双墙基础交叉式基础方案，沉降缝两侧墙下均设置基础梁，基础放脚分别伸入另外一侧基础梁下，这种做法使地基偏心情况大大改善，但施工难度大、工程造价较高。

**3）屋顶沉降缝构造**

屋顶沉降缝处泛水金属调节盖缝铁皮或其他构件均应考虑沉降变形的要求，并利于维修，构造与伸缩缝相似。

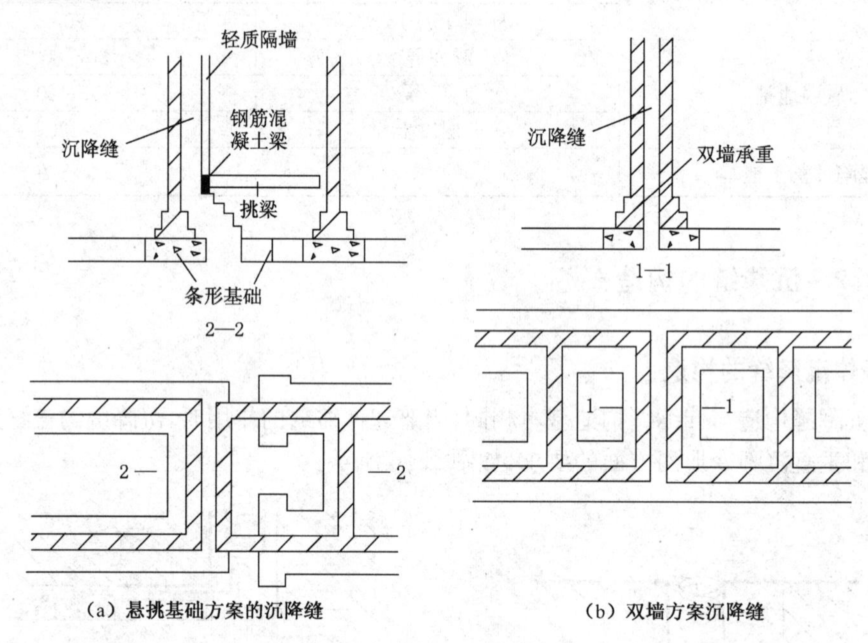


（a）悬挑基础方案的沉降缝　（b）双墙方案沉降缝

**图 13.7　基础沉降缝处理示例**

## 13.3　防震缝

为了防止建筑物各部分在地震时相互拉伸、挤压或扭转引起的建筑物的破坏而设置的变形缝，称为防震缝。防震缝应沿建筑物全高设置，缝的两侧应布置墙或柱，形成双墙、双柱或一墙一柱，使各部分封闭，以增加刚度，如图 13.8 所示。一般情况下基础可不分开，但在平面复杂的建筑中，应将基础分开。

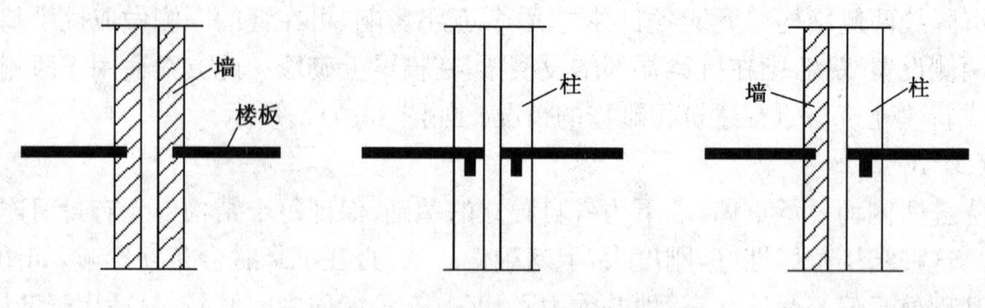


**图 13.8　防震缝两侧结构布置**

### 13.3.1 防震缝的设置原则

(1) 对钢筋混凝土框架、框架—抗震墙结构与排架组成的框排架结构，有下列情况之一时，应设防震缝：

① 建筑物平面体型复杂，有较长的凸出部位，如L形、U形、T形和山字形等，应设置防震缝将其断开，如图13.9所示；

② 毗邻建筑物立面高差在6 m以上；

③ 建筑物有错层且楼板高差较大；

④ 建筑物相邻部分的结构刚度和重量相差悬殊。

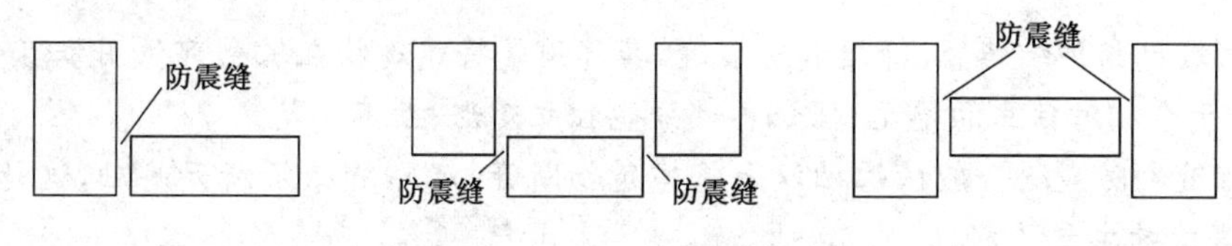


图13.9 防震缝设置举例

(2) 防震缝的最小宽度应符合下列要求：

① 贴建房屋与框排架结构间：

6度、7度时：60 mm；

8度时：70 mm；

9度时：80 mm。

② 框排架结构单元间，当结构高度在15 m以下时，可采用70 mm；当结构高度超过15 m时，对6度、7度、8度和9度，分别每增高5 m、4 m、3 m、2 m时，缝宽增加20 mm。

### 13.3.2 防震缝的构造

由于防震缝的宽度较大，在构造上应充分考虑盖缝条的牢固和适应变形的能力。如图13.10、图13.11所示。

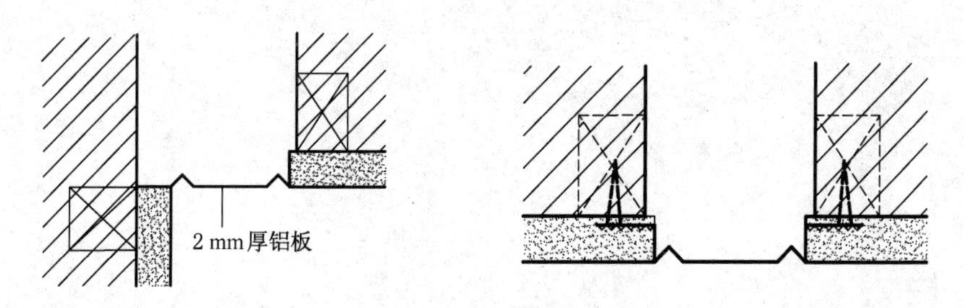


图13.10 外墙防震缝构造

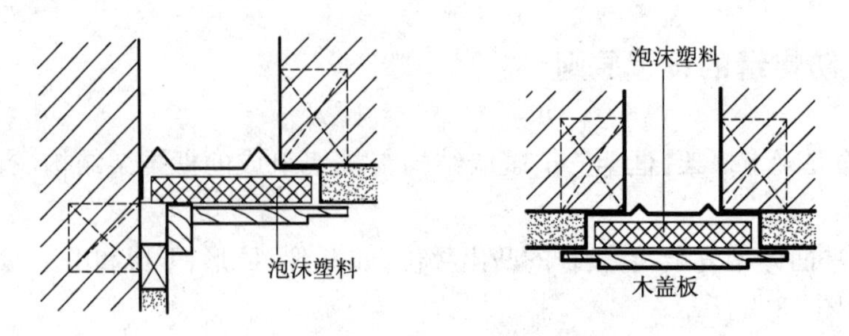


图 13.11　内墙防震缝构造

## 本章小结

1. 变形缝包括伸缩缝、沉降缝和防震缝，其作用是将建筑物在敏感部位用垂直的缝断开，使其成为若干个相对独立的单元，保证各部分能独立变形、互不干扰。

2. 伸缩缝和防震缝一般从基础以上将建筑物断开；沉降缝必须断开基础，这是沉降缝与伸缩缝、防震缝的主要区别。

3. 在同一建筑物中，伸缩缝、沉降缝和防震缝可以根据需要合并设置，但应分别满足不同缝隙的功能要求。

4. 变形缝的嵌缝和盖缝处理，要满足防风、防雨、保温、隔热等要求，还要考虑到建筑立面的美观要求。

## 思考题

1. 何为变形缝？变形缝有哪几种？
2. 简述伸缩缝、沉降缝、防震缝的概念及其特征。
3. 变形缝设置的原则是什么？其宽度如何确定？
4. 伸缩缝、沉降缝和防震缝之间的区别是什么？

第三篇　工业建筑设计原理

# 14 工业建筑概述

内容提要 

本章介绍了工业建筑的特点、分类和设计要求等内容。

学习目标

了解工业建筑的特点；掌握工业建筑的分类和设计要求。

工业建筑指供人们从事生产活动的建筑物和构筑物，包括主要生产房屋、辅助生产房屋以及为生产服务的储藏、运输等房屋。这些房屋常被称为厂房或车间。工业建筑设计要按照坚固适用、技术先进、经济合理的原则，根据生产工艺的要求，来确定工业建筑的平面、剖面、立面和建筑体型，并进行细部设计，以保证工作环境功能良好。

## 14.1　工业建筑的特点

工业建筑在设计原则、建筑技术和建筑材料等方面与民用建筑是相同的。但由于生产工艺复杂、生产环境要求多样，工业建筑与民用建筑相比，在设计配合、使用要求、采光、通风及构造等方面有明显的特点。

(1) 建筑设计应满足生产工艺要求

工业厂房的建筑设计是在工艺设计人员提出的工艺要求的基础上进行的，厂房建筑设计应在满足生产工艺要求的前提下，创造良好的生产工作环境。如热加工车间，须加强厂房的通风；生物、制药和精密机构等生产厂房，要求满足洁净度、恒温、恒湿等特殊要求，应进行空气调节、防尘等处理。

(2) 工业建筑内部空间大

多数工业建筑，特别是单层厂房由于要求设备多，各部分生产关系密切，并要适应起重运输产品的需要，一般设置有多种起吊运输设备。与民用建筑相比，它的跨度和高度均较大，门窗尺寸也较大。

(3) 结构承载力大,采用大型构件

由于厂房结构的荷载、跨度和高度大,所以构件的内力大、截面大、用料多,而且厂房还常受动力荷载作用,在设计中要考虑动力荷载的影响。多数厂房采用大型的钢筋混凝土构件或钢构件构成的结构体系。

(4) 屋顶面积大,构造复杂

厂房内部空间大,形成了大面积的屋顶,为屋顶的防水、排水带来了困难;根据生产工艺和劳动保护的需要,对采光、通风等方面有较高的要求,如热处理、锻工、铸造等车间,为有效地采光、散热和除尘,需在屋顶上设置天窗,这增加了屋顶构造的复杂程度。

## 14.2 工业建筑的分类

工业建筑通常按厂房用途、内部生产状况及层数进行分类。

**1) 按厂房的用途分类**

(1) 主要生产厂房　用于完成产品从原料到成品加工的主要工艺过程的各类厂房,如机械厂的铸造、锻造、热处理、铆焊、冲压、机加工和装配车间。

(2) 辅助生产厂房　为主要生产车间服务的各类厂房,如机修和工具车间。

(3) 动力类厂房　为工厂提供能源和动力的各类厂房,如发电站、锅炉房等。

(4) 贮藏类厂房　储存各种原料、半成品或成品的仓库,如木料库、油料库等。

(5) 运输类厂房　停放、检修各种运输工具的库房,如汽车库和电瓶车库等。

**2) 按厂房内部生产状况分类**

(1) 冷加工厂房　在正常温湿度条件下进行生产的车间。如机械加工、装配等车间。

(2) 热加工厂房　在高温或熔化状态下进行生产,生产中会产生大量的热量及有害气体、烟尘。如冶炼、铸造、锻造和轧钢等车间。

(3) 恒温恒湿厂房　在稳定的温湿度状态下进行生产的车间。如纺织车间和精密仪器等车间。

(4) 洁净厂房　为保证产品质量,在无尘无菌、无污染的洁净环境中进行生产的车间。如集成电路车间,医药工业、食品工业的一些车间等。

**3) 按厂房层数分类**

(1) 单层厂房(如图 14.1)是指层数仅为一层的工业厂房,如冶金或机械厂的炼钢、轧钢、

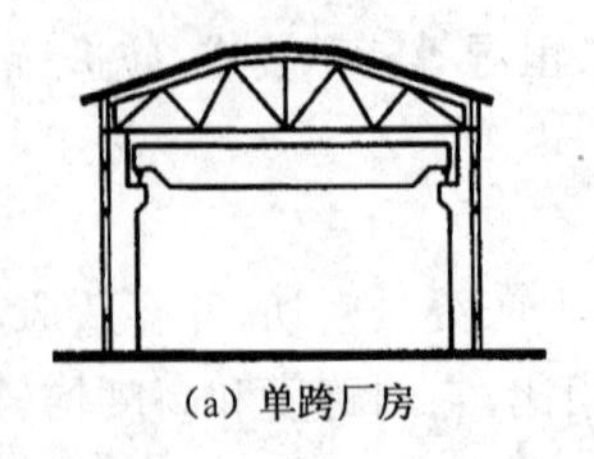

(a) 单跨厂房

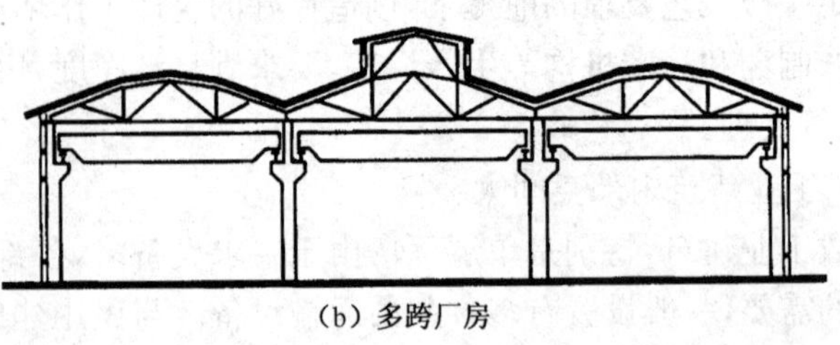

(b) 多跨厂房

**图 14.1　单层厂房剖面图**

铸造、锻压、金工、装配等车间，一般因设有大型机器或设备，产品较重且轮廓尺寸较大，故宜直接在地面上生产而设计成单层厂房。

(2) 多层厂房(如图 14.2)是指层数在 2 层及以上的工业厂房，常用的层数为 2～6 层。其最大特点是生产在不同标高楼层上进行，每层之间不仅有水平的联系，还有垂直方向的联系，具有占地面积少、节约用地的优点。近年来在部分大中城市中，因厂区用地紧张，逐步出现多层厂房。多层工业厂房建筑面积大，能节约投资，且造型美观，应加以提倡。如精密仪表、电子、食品等工业厂房。

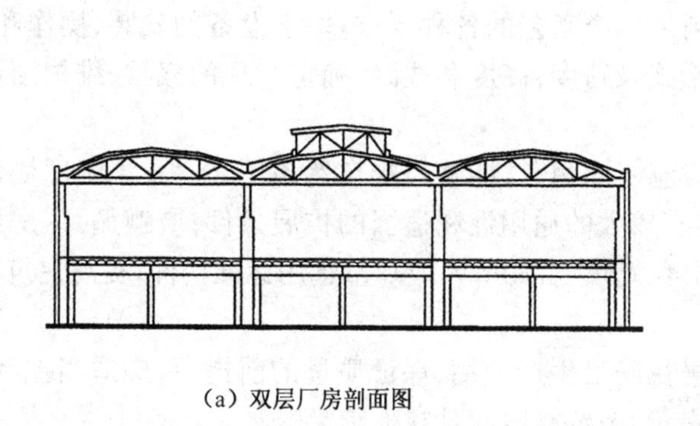

(a) 双层厂房剖面图　　(b) 5层厂房剖面图

图 14.2　多层厂房剖面图

(3) 层次混合厂房(如图 14.3)是指在同一厂房内既有单层跨，又有多层跨。用于化学工业、热电站的厂房。

以上三种厂房都可以根据需要做成单跨、双跨、多跨式高低跨。

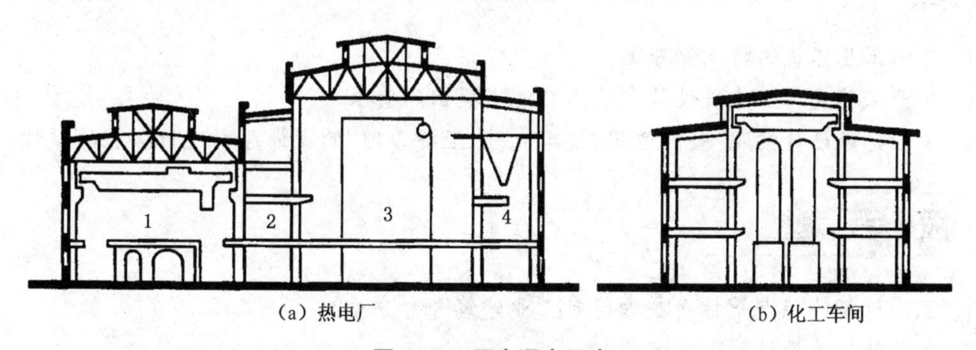


(a) 热电厂　　(b) 化工车间

图 14.3　层次混合厂房

注：1——汽机间；2——除氧间；3——锅炉间；4——煤斗间

**4) 科研、生产、储存综合建筑(体)**

在同一建筑里，既有行政办公、科研开发，又有工业生产、产品储存的综合性建筑，是现代高新产业界出现的新型建筑。

## 14.3 工业建筑的设计要求

工业建筑设计应根据我国的建筑方针和政策，按照“坚固适用、技术先进、经济合理”的设计原则，在满足工艺要求的前提下，处理好厂房的平面、剖面、立面，选择合适的建筑材料，确定合理的承重结构、维护结构和构造做法。工业建筑的设计要求如下。

(1) 符合生产工艺的要求。为满足生产工艺的各种要求，便于设备的安装、操作和维修，要正确选择厂房的平面、剖面、立面形式及跨度、高度和柱距，确定合理的载重、维护结构与细部构造。

(2) 满足有关的技术要求。厂房应坚固耐久，能够经受自然条件、外力、温湿度变化和化学侵蚀等各种不利因素的影响；应具有较大的通用性和适当的扩展条件；应遵循《厂房建筑模数协调标准》，合理选择建筑参数(高度、跨度、柱距等)；应尽量选用标准构件，提高建筑工业化水平。

(3) 具有良好的经济效益。厂房在满足生产使用、保证质量的前提下，应适当控制面积、体积，合理利用空间，尽量降低建筑造价，节约材料和日常维修费用。

(4) 满足卫生等要求。厂房应消除或隔离生产中产生的各种有害因素，如冲击振动、有害气体、烟尘余热、易燃易爆、噪声等，有可靠的防火安全措施，创造良好的工作环境，以利于工人的身体健康。

### 本章小结

1. 介绍工业建筑的特点和分类。
2. 生产工艺是工业建筑设计在使用功能上提出的要求。
3. 工业建筑设计按照“坚固适用、技术先进、经济合理”的设计原则进行合理的设计。

1. 工业建筑的特点是什么？如何对工业建筑进行分类？
2. 工业建筑的设计要求有哪些？

# 15 单层厂房设计

**内容提要**

本章介绍了单层厂房的组成;单层厂房的结构体系;工业建筑的起重运输设备;单层工业厂房柱网及定位轴线;单层工业厂房构件设计等内容。

**学习目标** 

了解单层厂房的组成及结构体系;熟悉单层厂房起重运输设备;掌握单层厂房柱网及定位轴线、厂房构件设计。

## 15.1 单层厂房的组成

在厂房建筑中支承各种荷载作用的构件所组成的骨架,称为结构。厂房结构稳定、耐久是靠结构构件连接在一起,组成一个结构空间来保证的。装配式钢筋混凝土单层工业厂房结构主要是由横向排架和纵向联系构件以及支撑所组成,如图 15.1 所示。

横向排架包括屋架或屋面梁、柱和柱基础。横向排架的特点是把屋架或屋面梁视为刚度很大的横梁,它与柱的连接为铰接,柱与基础的连接为刚接。它的作用主要是承受屋盖、天窗、外墙及吊车梁等荷载作用。

纵向连系构件包括吊车梁、基础梁、连系梁、圈梁、大型屋面板等,这些构件的作用是连系横向排架并保证横向排架的稳定性,形成厂房的整个骨架结构系统,并将作用在山墙上的风力和吊车纵向制动力传给柱子。

支撑系统包括屋盖支撑和柱间支撑两大类。它的作用是保证厂房的整体性和稳定性。

单层厂房除骨架之外,还有外围护结构,它包括厂房四周的外墙、抗风柱等,它主要起围护或分隔作用。

其他还有隔断、作业梯、检修梯等。

(1) 基础:承担作用在柱子上的全部荷载及基础梁上部分墙体荷载,再由基础传给地基。基础通常采用柱下独立基础。

① 基础类型　单层厂房柱基础,主要有独立基础和条形基础两类,前者应用较多。

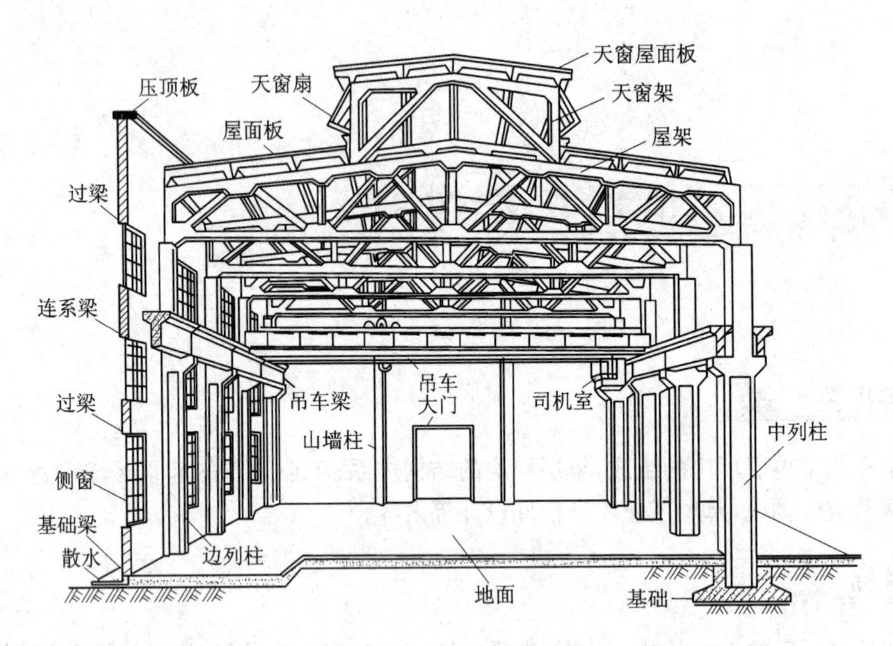


**图 15.1 单层厂房的组成**

独立基础最常见的形式为杯口基础。另外还有薄壁的壳体基础、无筋倒圆台基础和板肋式基础等。

② 独立基础施工　独立基础的施工，工程上普遍采用现场浇捣的方法。

③ 基础与相邻设备基础埋深的关系　基础埋置深度一般应浅于或等于相邻原有建筑物基础(或设备基础)。

基础梁的截面形状有梯形、矩形和 Γ 形几种，梯形基础梁为常用的形式。国家有统一编制的基础梁标准图集，可供选用和参考。选用时，应注意基础梁的适用条件及有关要求。

(2) 柱子：它是厂房结构的主要承重构件。

(3) 吊车梁：搁置在柱子的牛腿上支承吊车荷载。

(4) 连系梁：也称墙梁，它是柱与柱之间纵向的水平联系构件。

(5) 屋盖结构：包括屋面板、屋架(或屋面大梁)及天窗架。

(6) 支撑系统构件：支撑构件的主要作用是加强厂房结构的空间整体刚度和稳定性。

## 15.2 单层厂房的结构体系

单层厂房结构体系按材料可分为砖石混合结构、钢筋混凝土结构、钢结构等。选择时应根据厂房的用途、规模、生产工艺、起重设备、施工条件和材料供应情况等因素，综合分析确定。

(1) 砖混结构主要是由砖墙、屋面大梁或屋架等构件组成的结构形式，如图 15.2 所示。屋架用钢筋混凝土、钢木结构或轻钢结构，适用于吊车起重量小于 10 t、跨度 15 m 以内的小型厂房。大中型厂房多采用钢筋混凝土结构。

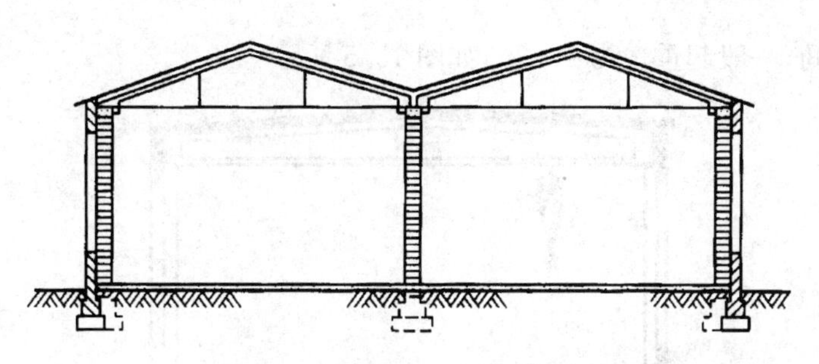

图 15.2　砖混结构单层厂房

(2) 排架结构

这是我国目前单层工业厂房中应用较多的一种基本结构形式，有钢筋混凝土排架和钢排架两种类型，如图 15.3 所示。

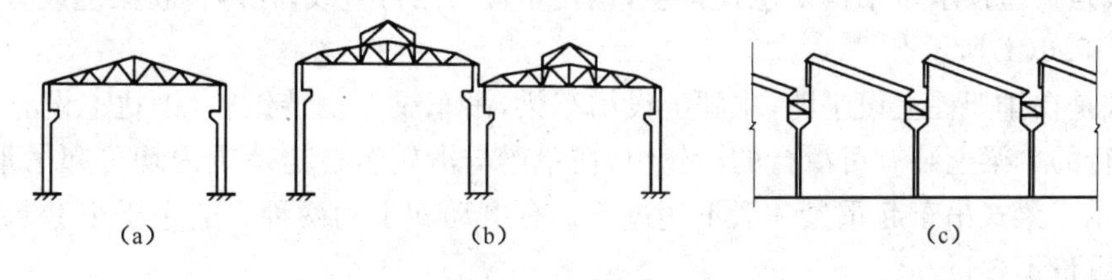


图 15.3　排架结构

(3) 钢架结构：钢筋混凝土门式钢架的基本特点是柱和屋架(横梁)合并为同一个构件，柱与基础的连接多为铰接，如图 15.4 所示。它用于屋盖较轻的无桥式吊车或吊车吨位较小、跨度和高度亦不大的中小型厂房。

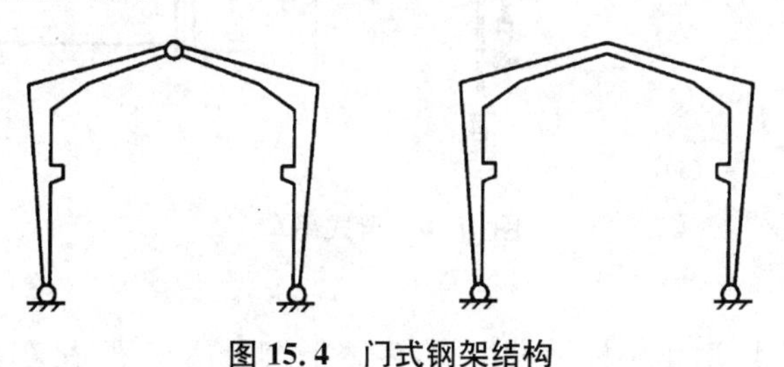

图 15.4　门式钢架结构

## 15.3　工业建筑的起重运输设备

**1）厂房内的起重运输设备主要有三类：**

(1) 板车、电瓶车、汽车、火车等地面运输设备；

(2) 安装在厂房上部空间的各种类型的起重吊车；

(3) 各种输送管道、传送带等。

**2）吊车主要有悬挂式单轨吊车、梁式吊车、桥式吊车以及悬臂式吊车等类型**

(1) 单轨式悬挂吊车分手动和电动两种，由运行部分和起升部分组成，适用于小型起重量的车间或辅助车间，一般起重量为 1～2 t，如图 15.5 所示。

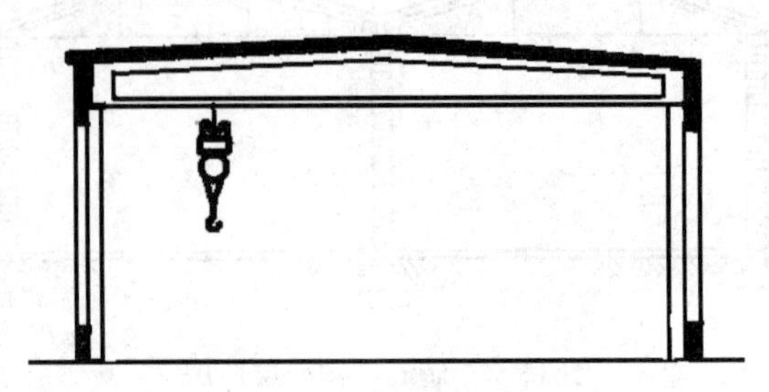

**图 15.5　悬挂式单轨吊车**

(2) 梁式吊车

梁式吊车的起重量有 1 t、2 t、3 t、5 t 四种，包括悬挂式与支承式两种类型。

悬挂式是在屋顶承重结构下悬挂钢轨，钢轨布置为两行直线，在两行轨梁上设有可滑行的单梁，如图 15.6(a)所示。

支承式是在排架柱上设牛腿，牛腿上设吊车梁，吊车梁上安装钢轨，钢轨上设有可滑行的单梁，在滑行的单梁上装有可滑行的滑轮组，在单梁与滑轮组行走范围内均可起吊重物，如图 15.6(b)所示。梁式吊车起重量一般不超过 5 t，有电动和手动两种。适用于小型起重量的车间，一般起重量不超过 5 t。

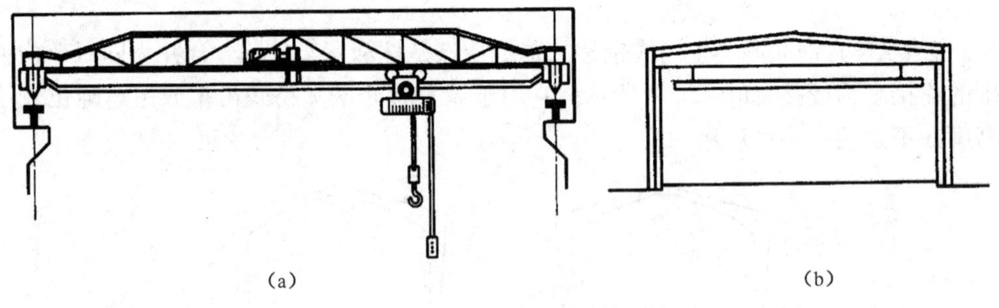

(a)　　(b)

**图 15.6　梁式吊车**

(3) 桥式吊车

桥式吊车通常是在厂房排架柱上设牛腿，牛腿上搁置吊车梁，吊车梁上安装钢轨，钢轨上设置能沿着厂房纵向滑移的双榀钢桥架，桥架上设支撑小车，小车能沿着桥架横向滑移，起重量 5～100 t 以上，在工业建筑中应用很广，如图 15.7 所示。

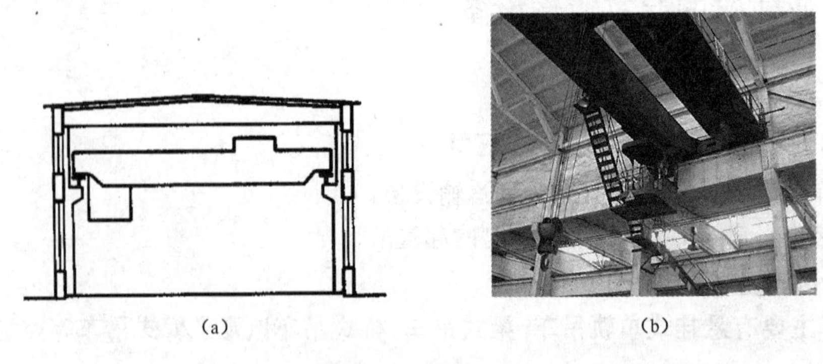

(a)　　(b)

**图 15.7　桥式吊车**

## 15.4 单层工业厂房柱网及定位轴线

### 15.4.1 柱网选择

在厂房中，为支撑屋盖和吊车需设柱子，一般在纵横向定位轴线相交处设柱子。厂房柱子纵横向定位轴线在平面上形成有规律的网格称为柱网。柱网尺寸是由跨度和柱距组成的。单层厂房中横向定位轴线的距离称为柱距。我国现行标准《厂房建筑模数协调标准》(GB/T 50006—2010)规定，钢筋混凝土结构厂房的柱距应采用扩大模数 60M 数列，常用 6 m 柱距，有时也采用 12 m 柱距。钢筋混凝土结构厂房山墙处抗风柱的柱距宜采用扩大模数 15M 数列，即 4.5 m、6 m 和 7.5 m。

**1）柱网尺寸的确定**

(1) 跨度尺寸的确定

① 首先是生产工艺中生产设备的大小及布置方式。设备面积大，所占面积也大，设备布置成横向或纵向，布置成单排或多排，都直接影响跨度的尺寸。

② 生产流程中运输通道，生产操作及检修所需的空间。

③ 按照《厂房建筑模数协调标准》(GB/T 50006—2010)的要求。当屋架跨度≤18 m 时，采用扩大模数 30M 的数列，即跨度尺寸是 18 m、15 m、12 m、9 m 及 6 m；当屋架跨度>18 m 时，采用扩大模数 60M 的数列，即跨度尺寸是 24 m、30 m、36 m、42 m 等。当工艺布置有明显优越性时，跨度尺寸亦可采用 21 m、27 m、33 m。

(2) 柱距尺寸的确定

我国单层厂房主要采用装配式钢筋混凝土结构体系，其基本柱距是 6 m，当采用砖混结构的砖柱时，其柱距宜小于 4 m，可采用 3.9 m、3.6 m、3.3 m 等。

**2）扩大柱网**

常用扩大柱网(跨度×柱距)为 12 m×12 m、15 m×12 m、18 m×12 m、24 m×12 m、18 m×18 m，24 m×24 m 等。

厂房的定位轴线分横向和纵向两种。与横向排架平面平行的称为横向定位轴线，与横向排架平面垂直的称为纵向定位轴线。

### 15.4.2 横向定位轴线

横向定位轴线与柱的关系主要有横向边柱、中间柱和伸缩缝处柱三种情况。

**1）横向边柱、山墙与横向定位轴线的关系**

当山墙为非承重墙时，横向定位轴线与山墙内缘线和抗风柱外缘线相重合。柱网布置时，将横向边柱中心线向内移 600 mm，使其实际柱距为 5 400 mm，但定位轴线间的尺寸与其他柱距一样仍为 6 000 mm。将定位轴线置于山墙内缘线、抗风柱外缘线位置，使屋面板与山墙处封闭，以简化结构布置，避免出现补充构件，也使吊车梁、墙板等纵向构件尺寸统一。横向边柱内移 600 mm，是由于山墙上设置的抗风柱必须升至屋架上弦或屋面大梁上翼处，使之连接能够传递水平荷载，此时屋面板、吊车梁等纵向构件悬挑 600 mm。实际工程中，抗风柱在屋架下弦处变截面，屋架中心线内移 600 mm，已能够保证抗风柱上升至屋架上弦所需要的空隙尺寸，如图 15.8 所示。

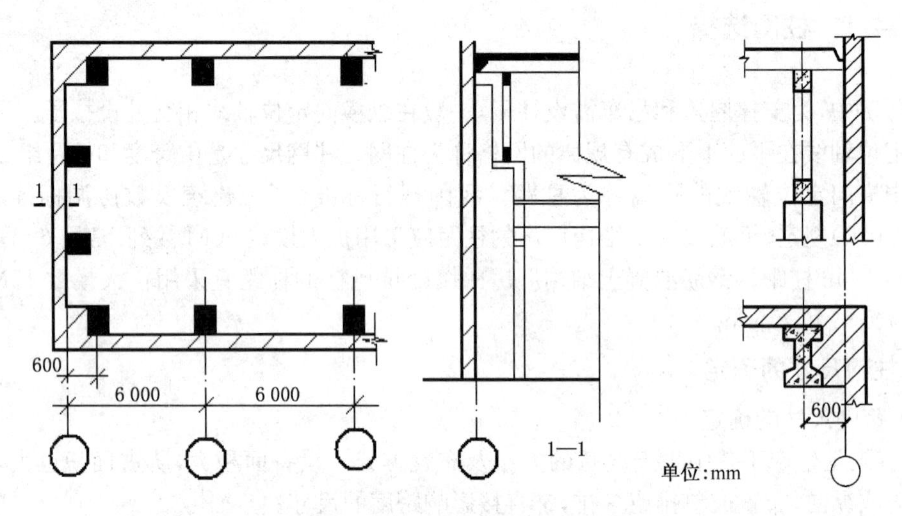


图 15.8　非承重山墙与横向定位轴线的定位

当山墙为承重墙时，横向定位轴线自山墙内缘向墙内移墙体砌筑块材的半块或半块的倍数尺寸，使屋面板直接搁置于山墙上，其内移的尺寸即为屋面板的搁置长度，如图 15.9 所示。

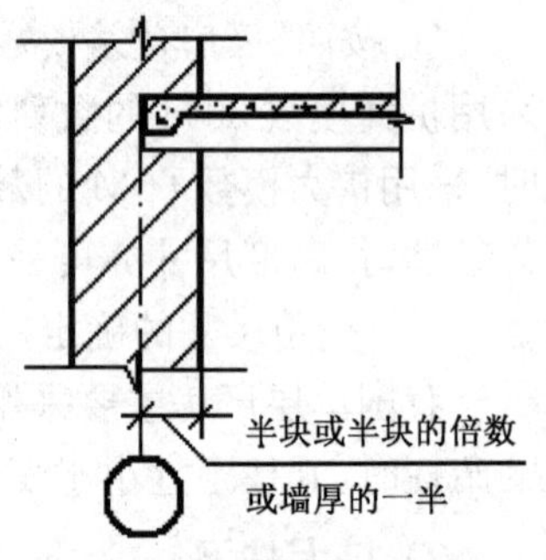


图 15.9　承重山墙与横向定位轴线的定位

**2）中间柱与横向定位轴线的关系**

中间柱的横向定位轴线在柱中心线位置。中间柱两侧结构布置一般对称，屋架的中心线位置和厂房的纵向构件如屋面板、吊车梁、连系梁、墙梁等的标志尺寸位置均在柱中心线位置。因此，定位轴线分别与它们重合。横向定位轴线间的尺寸即为厂房纵向构件的标志长度，如图 15.10 所示。

**3）横向变形缝处柱与横向定位轴线间的关系**

在排架结构单层厂房中，横向伸缩缝和防震缝处按设计规范要求应设置双柱双定位轴线。两条定位轴线间的尺寸为插入距 $a_i$，也为变形缝的宽度尺寸 $a_e$。两侧柱子分别设有杯口基础和屋架，并分别向两侧内移 600 mm，形成与横向边柱类似的定位轴线处理方法。这样处理能够保持定位轴线间的尺寸统一和各类纵向构件类型的统一，不增加附加构件，同时也能保证柱下分别设置的杯口基础相互不影响所需要的构造尺寸，如图 15.11 所示。

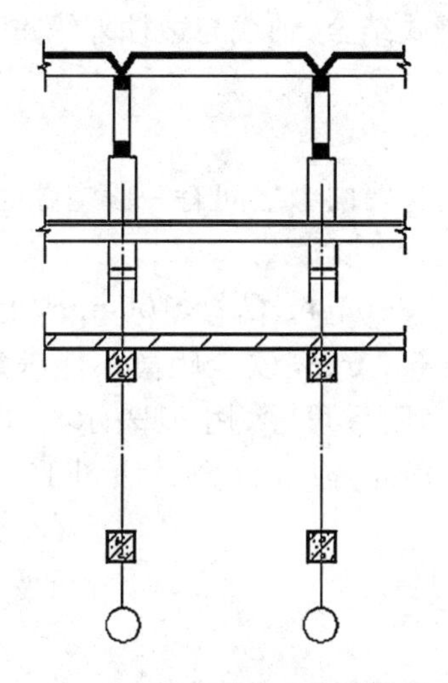

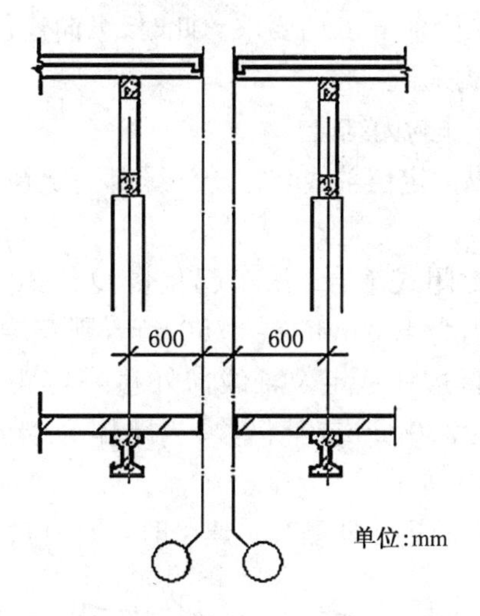


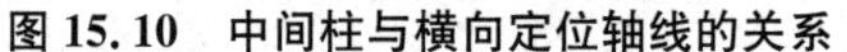

图 15.10 中间柱与横向定位轴线的关系

图 15.11 横向变形缝处柱与横向定位轴线定位

### 15.4.3 纵向定位轴线

纵向定位轴线主要用来标定厂房横向构件的标志尺寸，纵向定位轴线与柱的关系主要有纵向边柱和中柱两种情况。

**1）外墙、边柱与纵向定位轴线的关系**

单层厂房为使墙板、连系梁、圈梁等纵向构件统一，通常使外纵墙的内缘与边柱的外缘重合。一般情况下，纵向边柱宜在纵墙内缘及边柱外缘处设置一条纵向定位轴线。

纵向定位轴线的标定与厂房内的吊车设置情况有关。吊车为工业定型产品，其跨度尺寸和厂房跨度尺寸通过 $L = L_K + 2e$ 进行协调，其中：$L$ 为厂房跨度，$L_K$ 为吊车跨度（吊车轮距），$e$ 为吊车轨道中心线至定位轴线的距离。$e = h + C_b + B$，其中 $h$ 为厂房上柱截面宽度，$C_b$ 为安全缝隙（上柱内缘至吊车桥架端部的缝隙宽度），$B$ 为桥梁端头长度。一般情况下 $e =$ 750 mm，当吊车起重量 $>$ 500 kN，$e$ 值可取 1 000 mm。为保证吊车运行的安全要求，$C_b$ 值必须满足厂房内所安装吊车的最小 $C_b$ 值要求，但 $C_b$ 和 $B$ 的尺寸随吊车起重量的增加而逐步扩大。不同生产厂家的产品，其 $C_b$ 值也会有所差异，而且 $B$ 值也会随厂房结构情况而变。一般情况下：

吊车起重量 $Q <$ 300 kN 时，$B \leqslant$ 260 mm，$C_b \geqslant$ 80 mm；

吊车起重量 $300 \leqslant Q <$ 750 kN 时，$B \leqslant$ 300 mm，$C_b \geqslant$ 80 mm；

吊车起重量 $Q \geqslant$ 750 kN 时，$B \leqslant 350 \sim 400$ mm，$C_b \geqslant$ 100 mm。

由于上述因素的影响，边柱外缘与纵向定位轴线的联系有两种情况：

(1) 封闭结合

当纵向定位轴线与柱外缘和墙内缘相重合，屋架和屋面板紧靠外墙内缘时，称为封闭结合。

封闭式结合：当吊车起重量≤20 t 时，查现行吊车规格，得 $B \leqslant$ 260 mm，$C_b \geqslant$ 80 mm，通常上柱截面高度 $h =$ 400 mm，$e =$ 750 mm，则 $C_b = e - (h + B) =$ 90 mm，能满足吊车运行所需

安全距离≥80 mm 的要求。此时，纵向定位轴线采用封闭式结合，轴线与边柱外缘重合，如图15.12(a)所示。

(2) 非封闭结合

当纵向定位轴线与柱子外缘有一定距离，此时屋面板与墙内缘之间有一段空隙时称为非封闭结合。

非封闭式结合：吊车起重量 $Q>30$ t时，查得：$B=300$ mm，$C_b\geqslant 100$ mm，上柱截面高度 $h$ 仍为 400 mm，$e=750$ mm，则 $C_b=e-(h+B)=50$ mm，安全距离不能满足要求，所以需将边柱从定位轴线向外移一定距离，这个值称为联系尺寸，用 $a_c$ 表示。规范规定 $a_c$ 值应为300 mm或其倍数；当墙体为砌体时，可采用 50 mm 或其倍数。如图 15.12(b)、图 15.13 所示。

当纵向边柱外侧有扩建跨时，边柱应视为中柱处理。

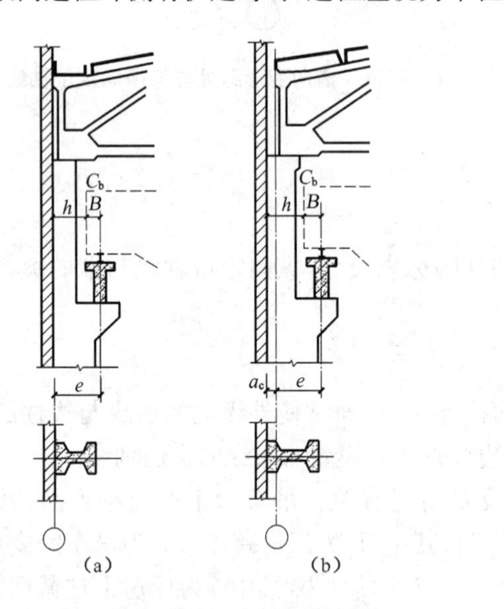


图 15.12 外墙、边柱与纵向定位轴线的定位

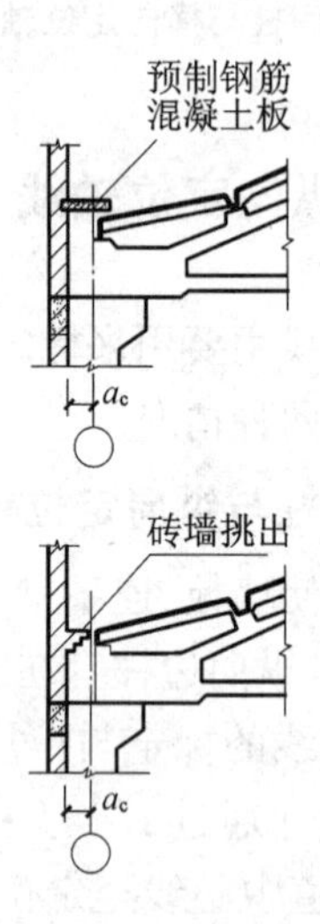


图 15.13 封闭结合屋面板与墙空隙的处理

**2）中柱与纵向定位轴线的关系：中柱与纵向定位轴线的关系主要有等高跨中柱和高低跨中柱两种情况。**

(1) 平行等高跨中柱

当厂房为平行等高跨时，通常设置单柱和一条定位轴线，柱的中心线一般与纵向定位轴线相重合。当等高跨中柱需采用非封闭结合时，仍可采用单柱，但需设两条定位轴线，在两轴线间设插入距 $A$，并使插入距中心与柱中心相重合。

等高跨中柱与纵向定位轴线的定位：

一般设单柱和单纵向定位轴线，此轴线通过相邻两跨屋架的标志尺寸端部，并与上柱中心线相重合。但当相邻两跨或其中一跨所安装的吊车起重量≥300 kN 以及有其他构造要求需设插入距时，中柱可采用单柱双纵向定位轴线形式，上柱中心线宜与插入距中心线相重合。其中插入距尺寸应符合 3M 模数，如图 15.14 所示。

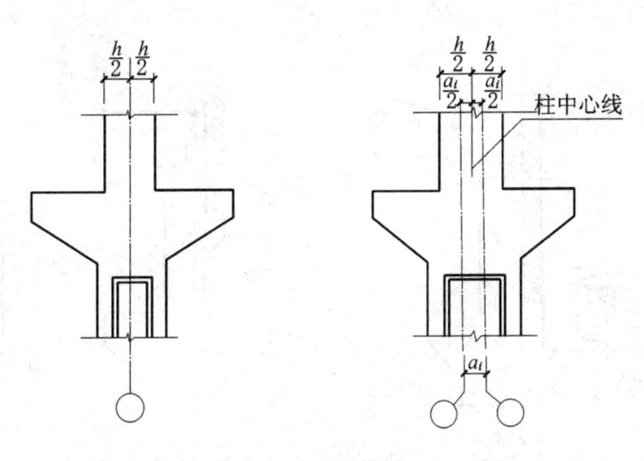


图 15.14　等高跨中柱设单柱(无纵向伸缩缝)与纵向定位轴线的定位

当等高跨厂房需设纵向伸缩缝时，也可采用单柱双纵向定位轴线的形式，伸缩缝一侧的屋架或屋架搁置在活动支座上，其插入距的尺寸为 $a_i = a_e$ 或 $a_i = a_e + a_c$，如图 15.15 所示。

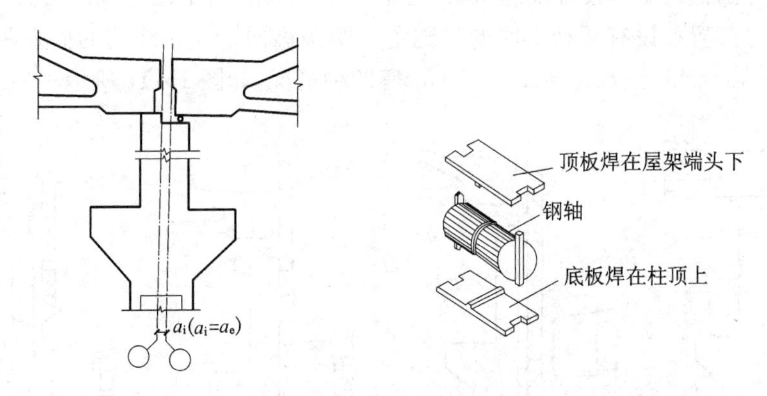


图 15.15　等高跨中柱设单柱(有纵向伸缩缝)与纵向定位轴线的定位

(2) 平行不等高跨中柱

① 单轴线封闭结合

高跨上柱外缘与纵向定位轴线重合，纵向定位轴线按封闭结合设计，不需设联系尺寸。

② 双轴线封闭结合

高低跨都采用封闭结合，但低跨屋面板上表面与高跨柱顶之间的高度不能满足设置封墙的要求，此时需增设插入距 $A$，其大小为封墙厚度 $B$。

③ 双轴线非封闭结合

当高跨为非封闭结合，且高跨上柱外缘与低跨屋架端部之间不设封闭墙时，两轴线增设插入距 $A$ 等于轴线与上柱外缘之间的联系尺寸 $D$；当高跨为非封闭结合，且高跨柱外缘与低跨屋架端部之间设封墙时，则两轴线之间的插入距 $A$ 等于墙厚 $B$ 与联系尺寸 $D$ 之和。

不等高跨中柱与纵向定位轴线的定位：

无纵向伸缩变形缝时，把中柱看作高跨的边柱；对于低跨，为简化屋面构造，一般采用封闭式结合，如图 15.16 所示。由于高跨的边柱一侧或两侧吊车起重量、封墙下降等原因需设插入距时，应采用单柱双纵向定位轴线的形式，其插入距的尺寸分别为 $a_i = a_c$，$a_i = t$($t$ 为封墙宽度）或 $a_i = a_c + t$。

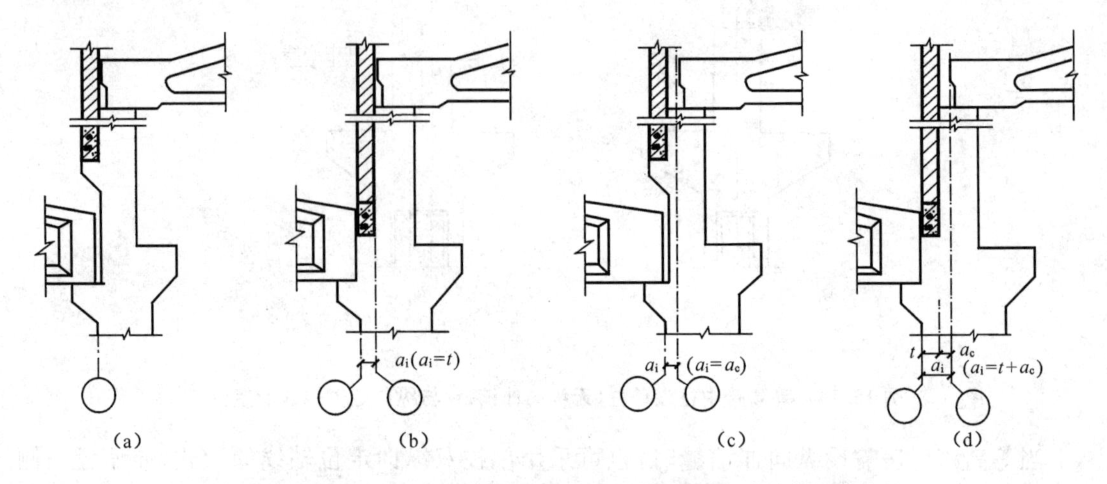


**图 15.16　高低跨处中柱单柱（无纵向伸缩缝）与纵向定位轴线的定位**

单层厂房在高低跨处需设伸缩缝时，仍可采用单柱双纵向定位轴线的形式。低跨一侧的屋架或屋面梁可搁置在设有活动支座的牛腿上。两条纵向定位轴线间的插入距尺寸有 $a_i = a_e$，$a_i = a_e + a_c$，$a_i = a_e + t$，$a_i = a_e + t + a_c$ 等四种情况，如图 15.17 所示。

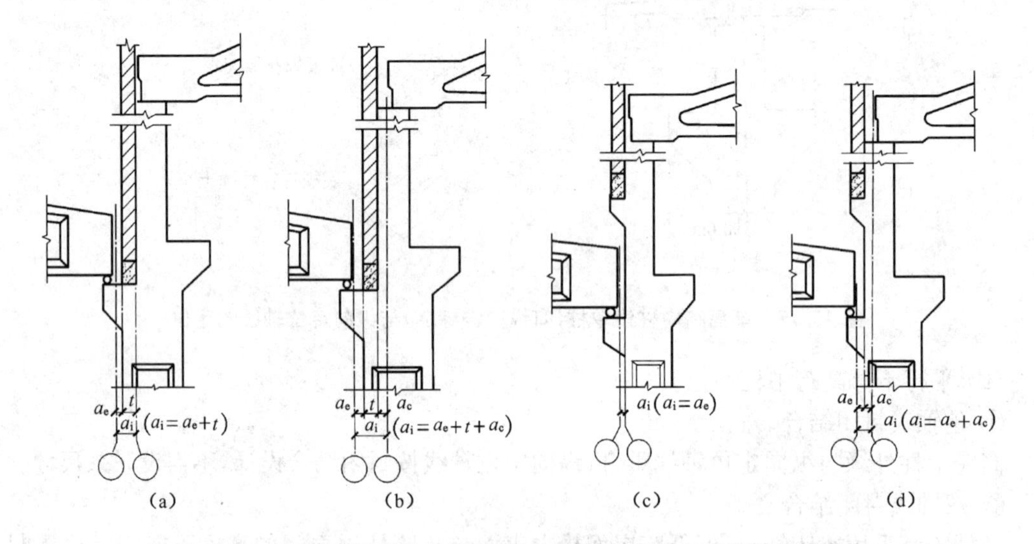


**图 15.17　不等高跨中柱单柱（有纵向伸缩缝）与纵向定位轴线的定位**

不等高跨中柱设双柱时：

高低跨处设单柱，柱子数量少、结构简单、吊装工程量少，使用面积也因此而增加，比较经济。但通常柱的外形较复杂，制作困难，特别是当两侧高低悬殊或吊车起重量差异较大时，往往不适合，故可结合伸缩缝、抗震缝采用双柱结构。当高低跨处设纵向伸缩缝或防震缝并采用双柱结构时，缝两侧的结构实际上各自独立，此时应采用两条纵向定位轴线，且轴线与柱的关系可分别按各自的边柱处理，两条轴线间的插入距尺寸与单柱结构相同，如图 15.18 所示。

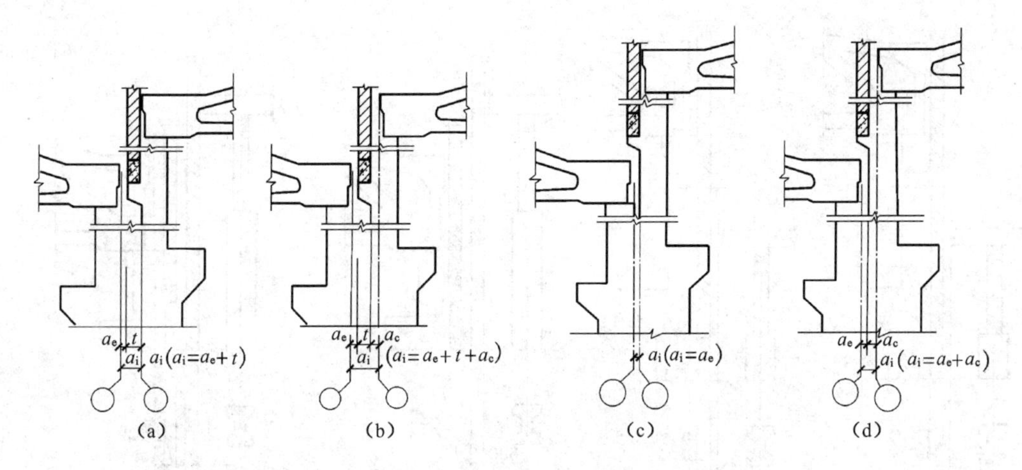


**图 15.18　不等高跨厂房纵向变形缝处双柱与双轴线的定位**

**3）纵向伸缩缝处中柱**

（1）等高跨中柱

当等高厂房须设纵向伸缩缝时，可采用单柱单轴线处理，缝一侧的屋架支承在柱头上，另一侧的屋架搁置在活动支座上，采用一根纵向定位轴线，定位轴线与上柱中心重合。

若伸缩缝兼做防震缝时，原伸缩缝按防震缝尺寸加宽，此时应设两条纵向定位轴线，其间的插入距 $A$ 等于缝宽 $C$。

（2）不等高跨中柱

不等高跨的纵向伸缩缝一般设在高低跨处，若采用单柱，应设两条定位轴线，两轴线间设插入距 $A$。当高低跨都为封闭结合时，插入距 $A$ 等于伸缩缝宽 $C$；当高跨为非封闭结合时，插入距 $A = C + D$，$D$ 为联系尺寸。

当不等高跨高差悬殊或者吊车起重量差异较大时，或须设防震缝时，常在不等高跨处采用双柱双轴处理，两轴线间设插入距 $A$。当高低跨都为封闭结合时，$A = B + C$；当高跨为非封闭结合时，$A = B + C + D$，$B$ 为封墙厚度。

**4）纵横跨相交处的定位轴线**

在有纵横跨相交的单层厂房中，常在交接处设有变形缝。通过设置变形缝使两侧结构各自独立，形成各自独立的柱网和定位轴线，其定位轴线与柱的关系按前述各原则分别进行定位。将纵横跨组合在一起时，纵跨相交处的定位轴线按横向边柱的定位轴线处理，横跨相交处的定位轴线按纵向边柱的定位轴线处理，此两定位轴线间设插入距，其尺寸分别为 $a_i = a_e + t$，$a_i = a_e + t + a_c$。纵横跨单层厂房组合时，其定位轴线的编号一般以跨数较多部分为准统一安排，如图 15.19 所示。

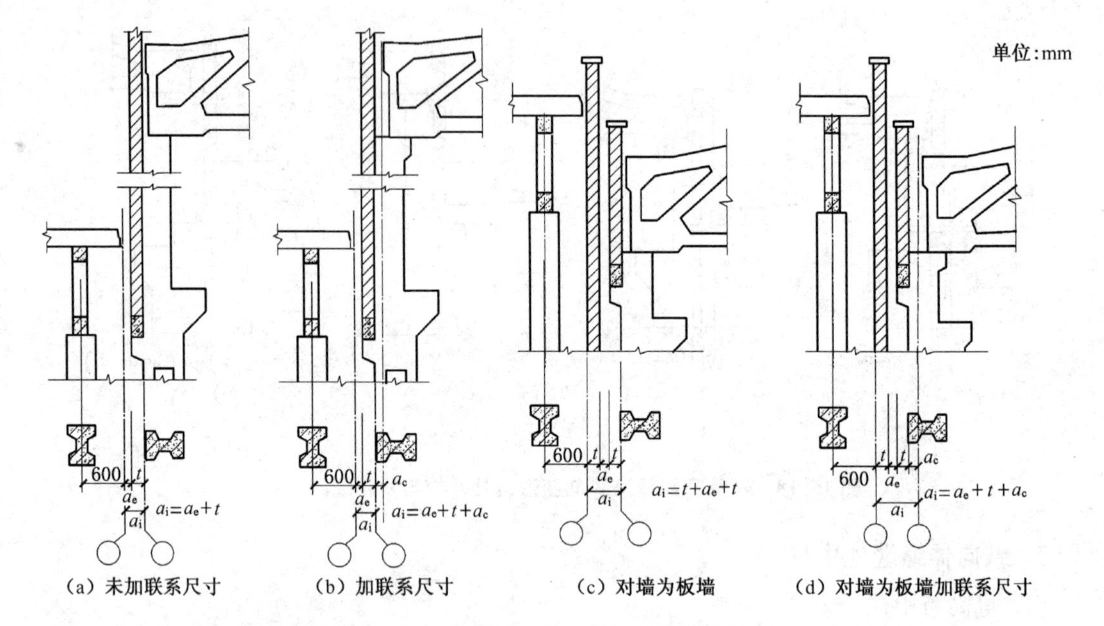


(a) 未加联系尺寸　(b) 加联系尺寸　(c) 对墙为板墙　(d) 对墙为板墙加联系尺寸

**图 15.19　纵横跨相交处柱与定位轴线的关系**

## 15.5　单层工业厂房构件

### 15.5.1　外墙

单层工业厂房的外墙按承重方式可分为承重墙、承自重墙和框架墙等。高大厂房的上部墙体及厂房高低跨交接处的墙体,采用架空支承在排架柱上的墙梁(连系梁)来承担,这种墙称框架墙。

**1) 工业厂房的外墙分类**

(1) 按材料分:砖墙、砌块墙、板材墙及开敞式外墙。

(2) 按承重方式分:承重墙和非承重墙。

**2) 单层工业厂房的外墙特点**

由于单层工业厂房的外墙自身高度与跨度大,同时承受较大的自重和风荷载,有时还受到厂房内生产设备的影响,因此其墙身必须有足够的刚度和稳定性。

**3) 墙与柱的位置**

单层厂房墙与柱的位置有两种方案。一种是墙体砌筑在柱外侧,如图 15.20(a)所示,这种方案具有构造简单、施工方便、热工性能好,便于基础梁、连系梁等构配件的定型化和统一化等优点。因此单层厂房外墙多用此方案。另一种是墙体砌筑在柱子中间,如图 15.20(b)、(c)、(d)所示,这种方案可增加柱子的刚度,对抗震有利,在吊车吨位不大时,可省去柱间支撑。但在砌筑时砍砖多,施工不便;基础梁、连系梁等构件长度要受柱子宽度的影响,增加构件类型，而且产生冷桥，热损失大，因此仅用于厂房连接有露天跨或有待扩建的边跨的临时封闭墙，或某些不需保温的车间。

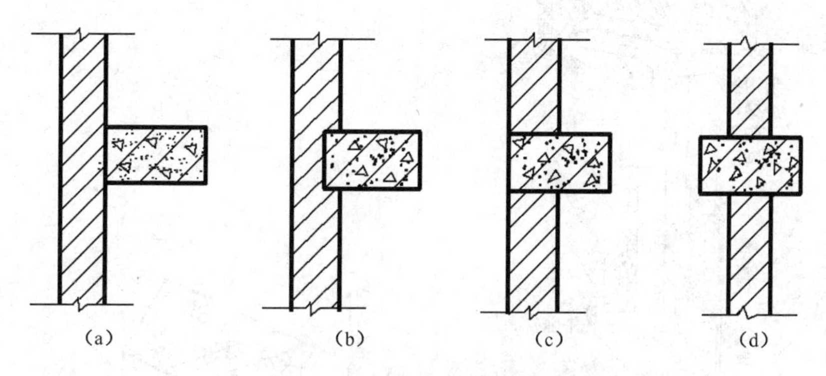


图 15.20 墙与柱的相对位置关系

(1) 将外墙布置在柱外侧：构造简单，施工方便，避免“热桥”，热工性能好，应用广泛。

(2) 将外墙布置在柱中间：节约土地和砖料，省去柱间支撑。（注意：墙内边与吊车梁的关系。）

**4）墙的细部构造**

(1) 非承重的围护墙通常不做墙身基础。

(2) 下部墙身通过基础梁将荷载传至柱下基础。

(3) 上部墙身支撑在连续梁上，连续梁将荷载通过柱子传至基础。

**5）墙与柱、屋架、屋面板、山墙的连接**

单层工业厂房的外墙主要受到水平方向的风压力和吸力的作用，保证墙体的整体稳定性，外墙应与厂房柱及屋架端部有良好的连接，如图 15.21～图 15.25 所示。

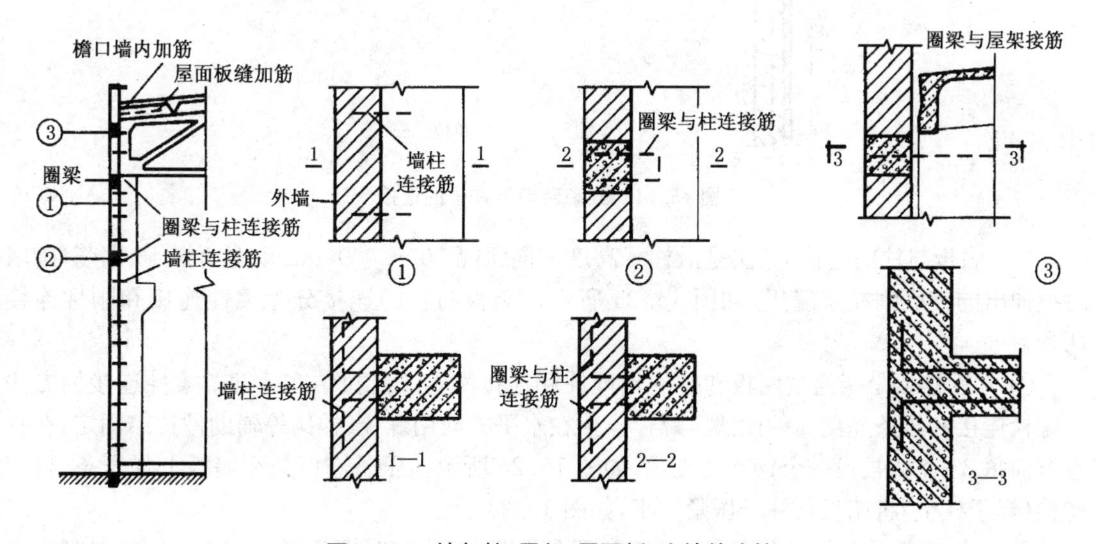


图 15.21 墙与柱、屋架、屋面板、山墙的连接

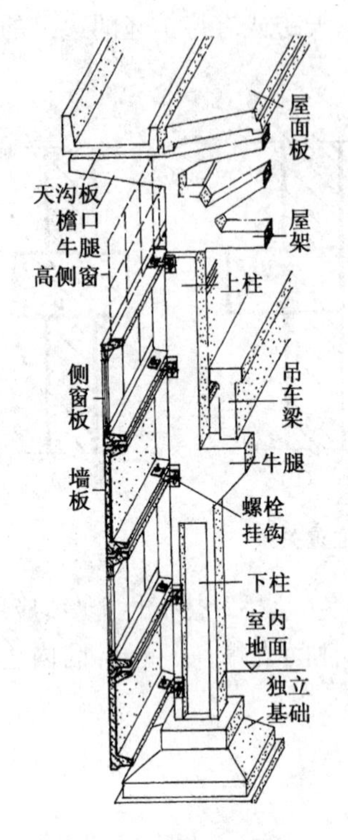


图 15.22　墙与柱的连接

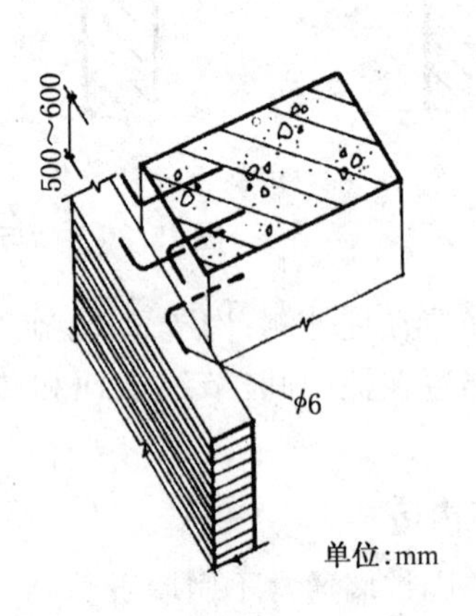


图 15.23　墙柱连接筋高度方向距离

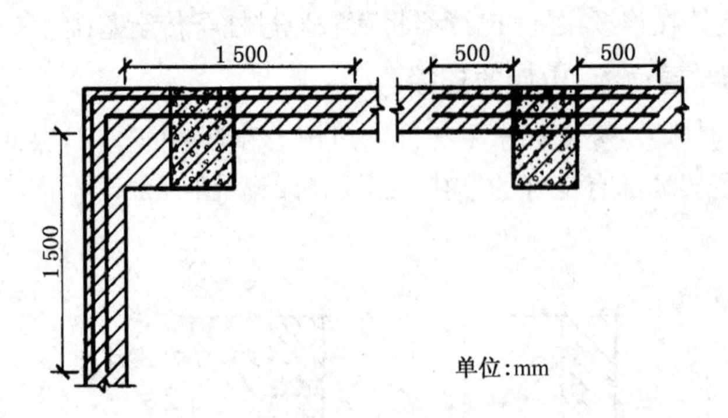


图 15.24　嵌砌砖墙与柱子的连接

(1) 墙板与柱的连接:做法是沿柱子高度方向每隔 500～600 mm 预埋两根 ϕ6 钢筋,砌墙时把伸出的钢筋砌在墙缝里,如图 15.25 所示。墙板与柱的连接分为柔性连接和刚性连接两种。

① 柔性连接是指通过墙板和柱的预埋件和连接件将二者拉结在一起。柔性连接的方法有螺栓连接和压条连接两种做法。螺栓连接在水平方向用螺栓、挂钩等辅助件拉结固定,在垂直方向每 3～4 块板设一个钢支托支承,如图 15.26 所示。压条连接是在墙板上加压条,再用螺栓(焊于柱上)将墙板与柱子压紧拉牢,如图 15.27 所示。

② 刚性连接是在柱子和墙板中先分别设置预埋件,安装时用角钢或 ϕ16 的钢筋段把它们焊接连牢,如图 15.28 所示。

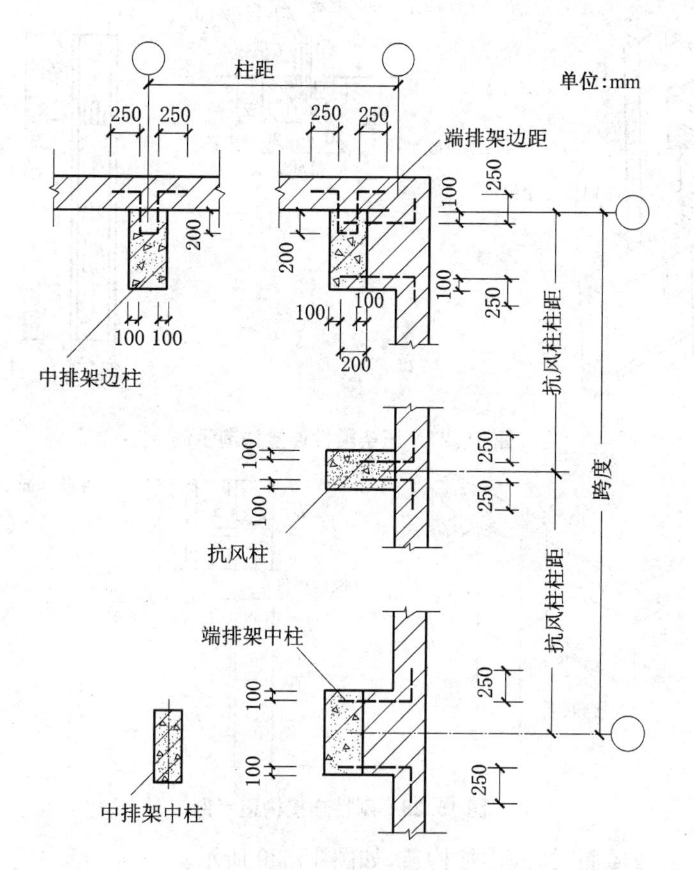


图 15.25 墙与柱的连接

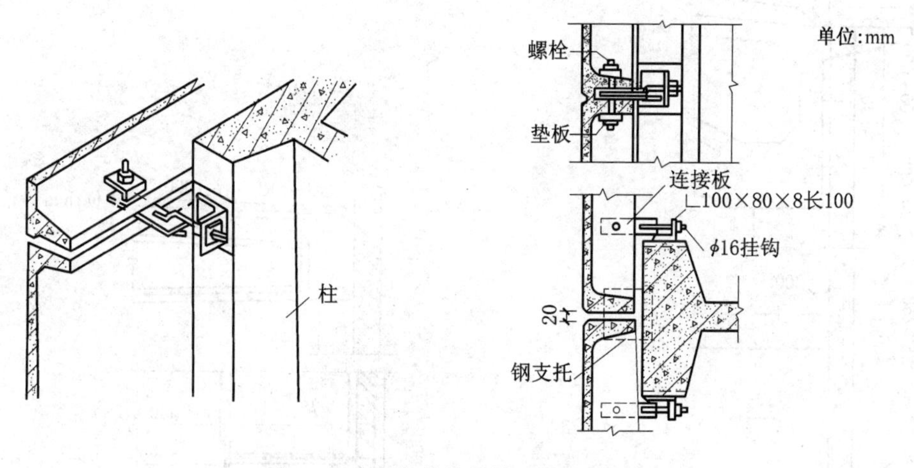


图 15.26 螺栓挂钩柔性连接构造示例

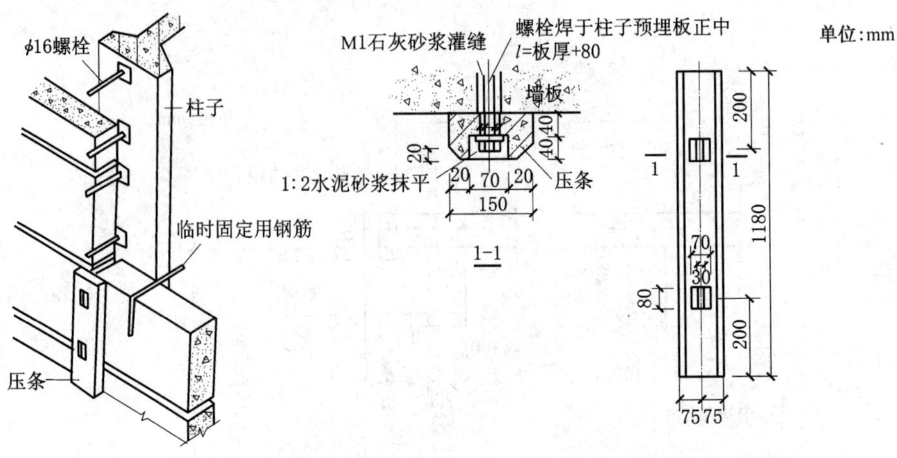


图 15.27 压条柔性连接构造示例

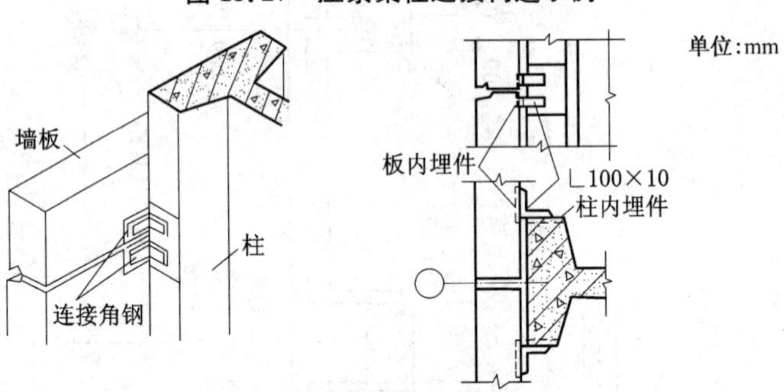


图 15.28 刚性连接构造示例

(2) 墙与屋架(或屋面梁)的连接构造,如图 15.29 所示。

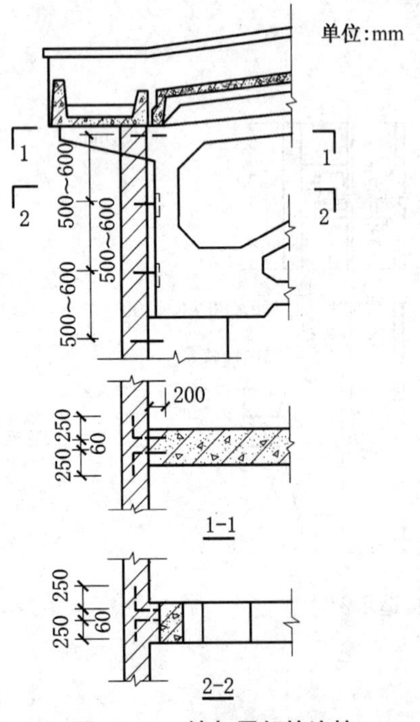


图 15.29 墙与屋架的连接

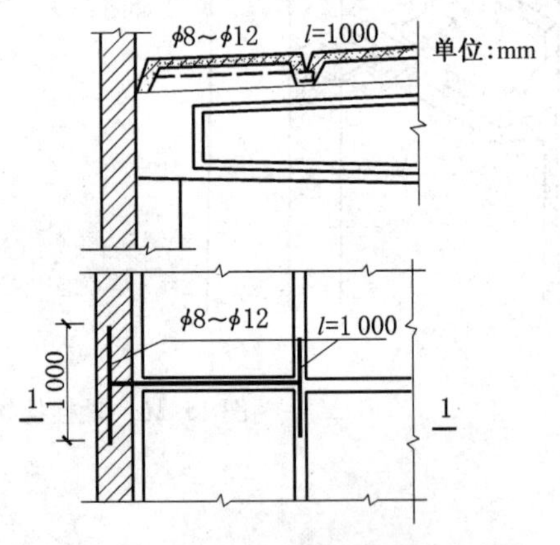


图 15.30 纵向女儿墙与屋面板的连接

纵向女儿墙与屋面板之间的连接采用钢筋拉结措施，即在屋面板横向缝内放置一根 ϕ12 钢筋，与屋面板纵缝内及纵向外墙中各放置的一根 ϕ12、长度 1 000 mm 的钢筋连接，形成工字形的钢筋，然后在缝内用 C20 细石混凝土捣实，如图 15.30 所示。山墙与屋面板构造如图 15.31 所示。

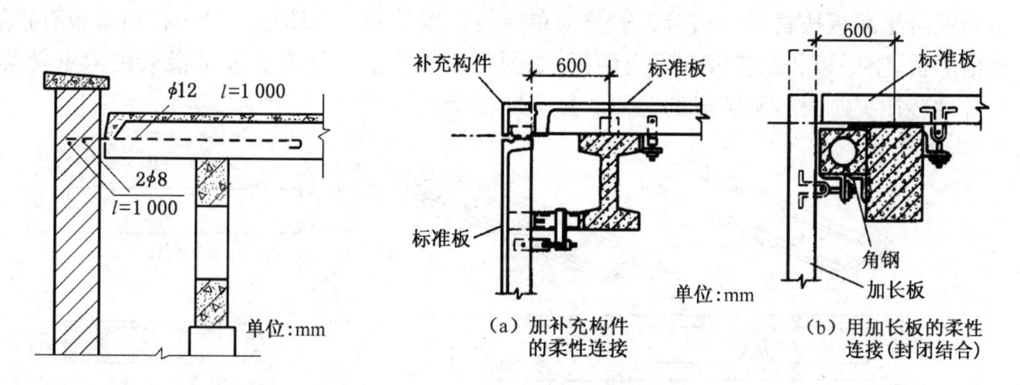

(a) 加补充构件的柔性连接　(b) 用加长板的柔性连接(封闭结合)

**图 15.31　山墙与屋面板的连接**　**图 15.32　墙板在转角、檐口等部位的处理**

(3) 墙板在转角、檐口等部位的处理，如图 15.32 所示。

(4) 板缝防水构造，如图 15.33 所示。

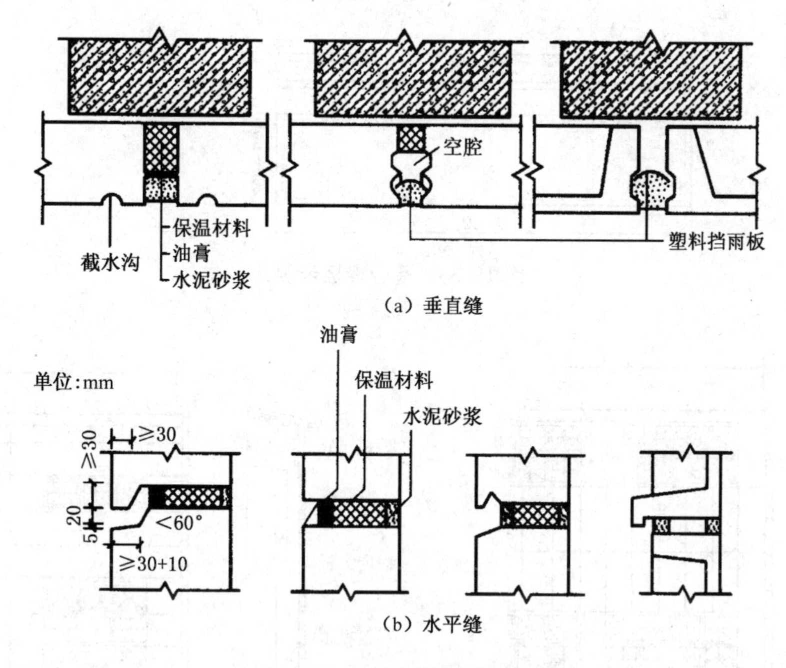

(a) 垂直缝
(b) 水平缝

**图 15.33　墙板缝隙构造示意**

**6) 大型板材墙和波形板材墙**

采用大型板材墙和波形板材墙作为单层工业厂房外维护墙，是建筑工业化发展的方向。

特点：自重轻，抗震性能良好，但力学性能、保温、隔热、防渗漏及节点连接构造等还需改进提高。

(1) 大型板材墙墙板的规格

单层厂房的基本板长度应符合我国《厂房建筑模数协调标准》(GB/T 5006—2010)的规

定，一般把板长定为4 500 mm、6 000 mm、7 500 mm、12 000 mm 等数种。有时由于生产工艺的需要，也允许采用9 000 mm的规格。基本板宽度应符合 3M 的模数，规定为 900 mm、1 200 mm、1 500 mm和1 800 mm 四种。基本板的厚度应符合 1/5M(20 mm)。常用的厚度为 160～240 mm。钢筋混凝土墙板按材料和构造方式分为单一材料墙板和复合墙板。单一材料墙板有钢筋混凝土槽形板、空心板和配筋轻混凝土墙板，如图 15.34 所示。复合墙板是指采用承重骨架、外壳及各种轻质夹芯材料所组成的墙板。复合墙板示例如图 15.35 所示。

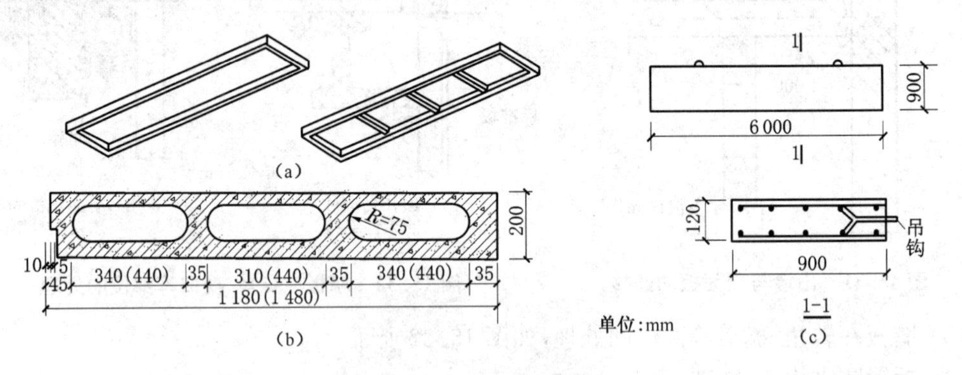


图 15.34　单一材料墙板

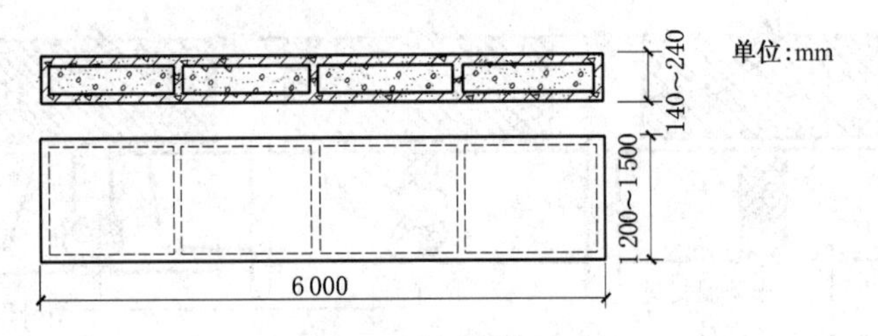


图 15.35　复合墙板示例

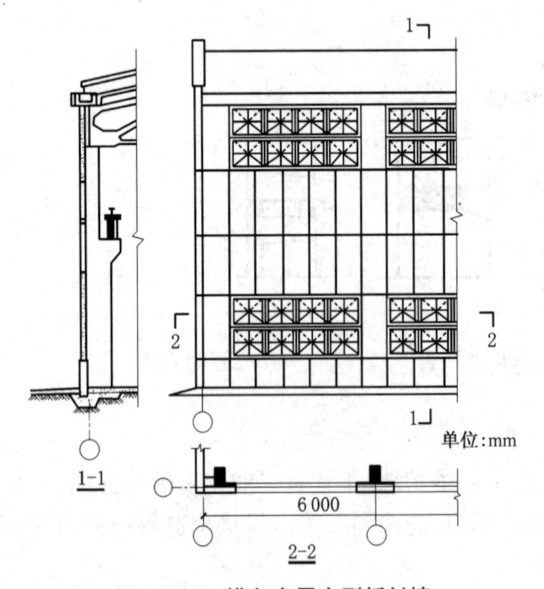


图 15.36　横向布置大型板材墙

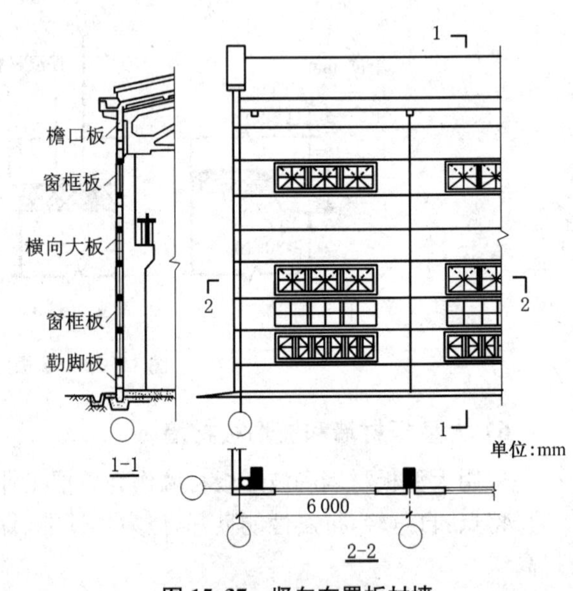


图 15.37　竖向布置板材墙

墙板布置方式有横向布置(如图 15.36 所示)、竖向布置(如图 15.37 所示)和混合布置(如图 15.38 所示)三种。横向布置山墙时,墙身部分同侧墙,山尖处的布置有台阶形、人字形、折线形等,如图 15.39 所示。

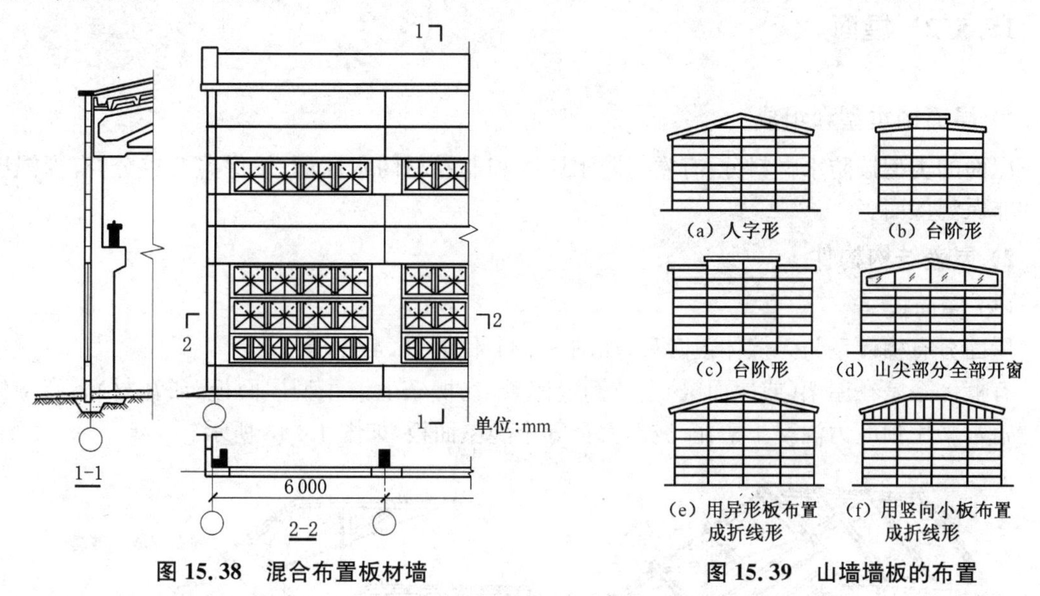


图 15.38　混合布置板材墙

图 15.39　山墙墙板的布置

(2) 墙板的类型:

① 按受力状况分:承重墙板、非承重墙板。

② 按保温性能分:保温墙板、非保温墙板。

③ 按所用材料分:混凝土单一材料类墙板、复合材料类墙板、基本板。

④ 按其规格分:异形板(如加长板、出尖板等)、墙体辅助构件(如嵌梁、转角构件等)。

⑤ 按在墙面的位置分:墙板、檐下板、女儿墙板、山尖板。

**7) 开敞式外墙**

南方炎热地区的热加工车间(如炼钢等)和某些化工车间常采用开敞或半开敞式外墙,如图 15.40 所示。这种墙既便于通风又能防雨,其外墙构造主要就是挡雨板的构造,常用的有石

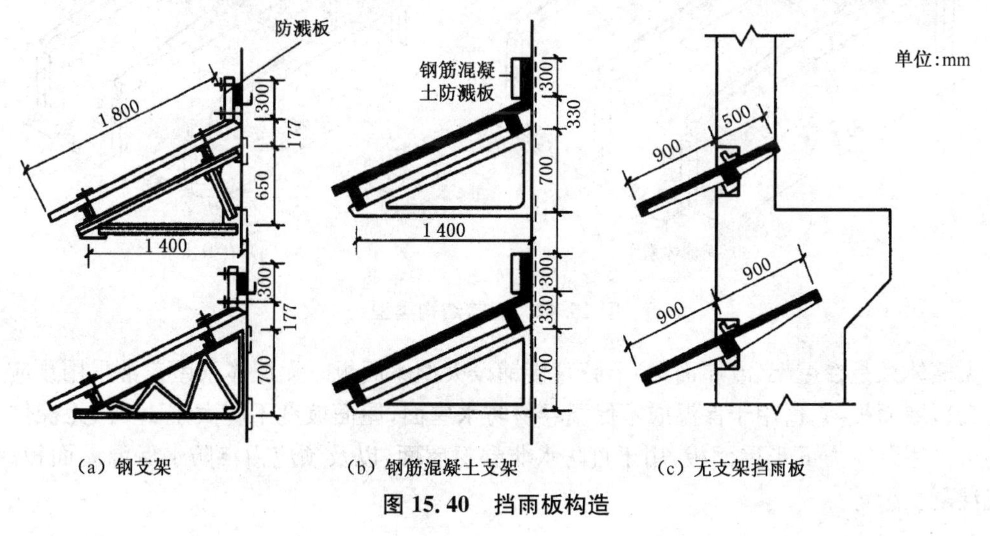


图 15.40　挡雨板构造

棉水泥波瓦挡雨板钢支架挡雨板和钢筋混凝土挡雨板。但在室外气温很高,灰沙大的干热带地区不应采用开敞式外墙。

### 15.5.2 屋面

#### 1) 屋面的类型和组成

屋面的类型按防水材料料分,有卷材防水屋面和非卷材防水屋面;按保温要求分,有保温屋面和非保温屋面。

#### 2) 屋盖结构构件

(1) 屋面板

屋面分有檩体系与无檩体系两种,如图 15.41 和图 15.42 所示。

有檩体系是在屋架(或屋面梁)上弦搁置檩条,在檩条上铺小型屋面板(或瓦材)。有檩体系屋盖常采用预应力混凝土槽瓦、波形大瓦等小型屋面板,如图 15.43 所示。

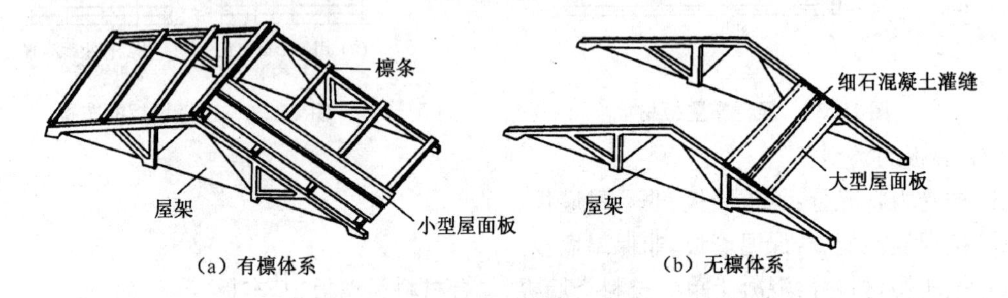


图 15.41 屋面体系

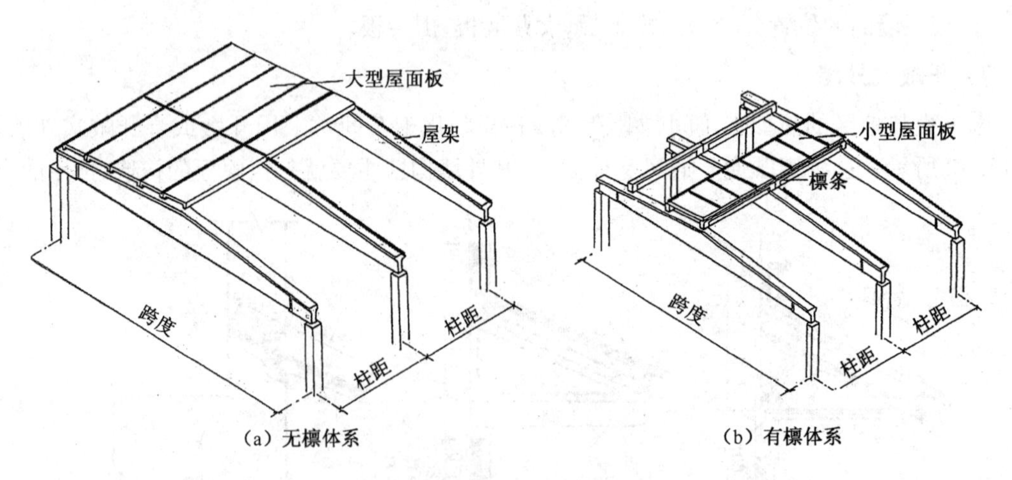


图 15.42 屋盖结构类型

无檩体系是在屋架(或屋面梁)上弦直接铺设大型屋面板。无檩体系屋盖常采用预应力混凝土大型屋面板,它适用于保温或不保温卷材防水屋面,屋面坡度不应大于 1/5。无檩体系屋盖还可采用预应力 F 形屋面板,用于自防水非卷材屋面,以及预应力自防水保温屋面板、钢筋加气混凝土板等。

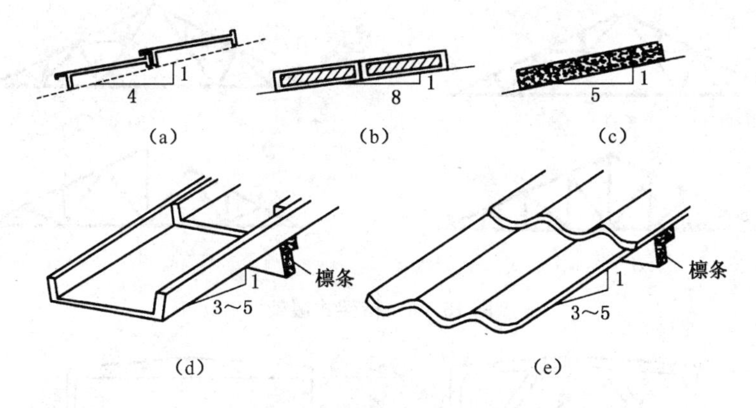


图 15.43 各种形式的屋面板

(2) 檩条搁在屋架或屋面梁上，起着支承小型屋面板并将屋面荷载传给屋架的作用。它与屋架间用预埋钢板焊接，并与屋盖支撑一起保证屋盖结构的整体刚度和稳定性。如图 15.44 所示。

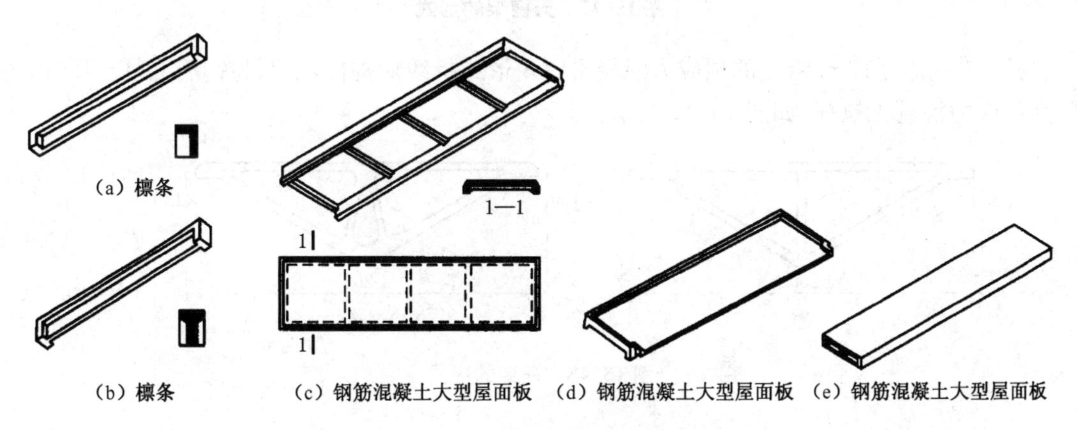


图 15.44 钢筋混凝土檩条及大型屋面板

(3) 屋面梁和屋架按形式可分为屋面梁、两铰(或三铰)拱屋架(如图 15.45 所示)和桁架式屋架(如图 15.46 所示)三大类。屋面梁的外形有单坡和双坡两种。两铰拱的支座节点为铰接，顶节点为刚接；三铰拱的支座节点和顶节点均为铰接。两铰拱的上弦为钢筋混凝土构件，三铰拱的上弦可用钢筋混凝土或预应力混凝土构件。

图 15.45 两铰(或三铰)拱屋架

(4) 天窗架和托架

天窗架：天窗架的作用是形成天窗以便采光和通风，同时承受屋面板传来的竖向荷载和作用在天窗上的水平荷载，并将它们传给屋架，如图 15.47 所示。

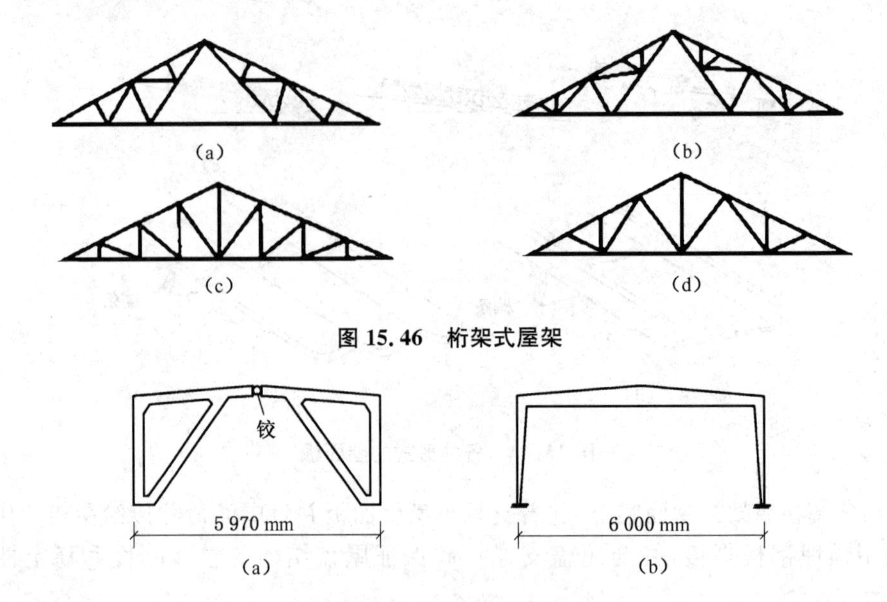


图 15.46　桁架式屋架

图 15.47　天窗架的形式

托架:一般为 12 m 跨度的预应力混凝土三角形或折线形构件,上弦为钢筋混凝土压杆,下弦为预应力混凝土拉杆,如图 15.48 所示。

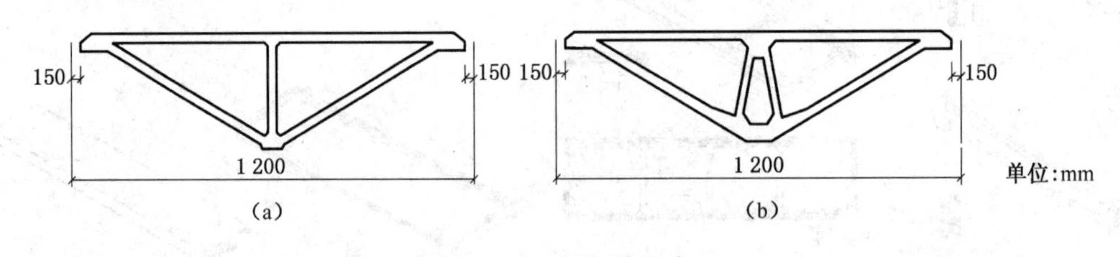


图 15.48　托架的形式

### 3）屋面的排水

单层工业厂房的屋面排水方式分为无组织排水、有组织排水两种。有组织排水又分为内排水、外排水两种方式,如图 15.49 所示。无组织排水如图15.50 所示。选择排水方式应以当地降雨量、气温、车间生产特征、厂房高度和天窗宽度等因素综合考虑。

有组织排水的形式有檐沟外排水、长天沟外排水、内排水、内落外排水等。图 15.51 为檐沟外排水,图 15.52 为长天沟外排水,图 15.53 为内排水,图 15.54 为内落外排水。

单层厂房屋面防水有卷材防水、刚性防水、构件自防水和瓦屋面等几种。

(1) 卷材防水构造

防水卷材主要有:油毡、高分子合成材料、合成橡胶等。

防水卷材受破坏的特征:大型钢筋混凝土板做基层的卷材屋面容易在板缝处严重开裂。

防水卷材容易出现裂缝的原因:

① 温度变形。室内外温差较大,屋面板上下侧的变形量不同,板端翘起,板缝开裂。

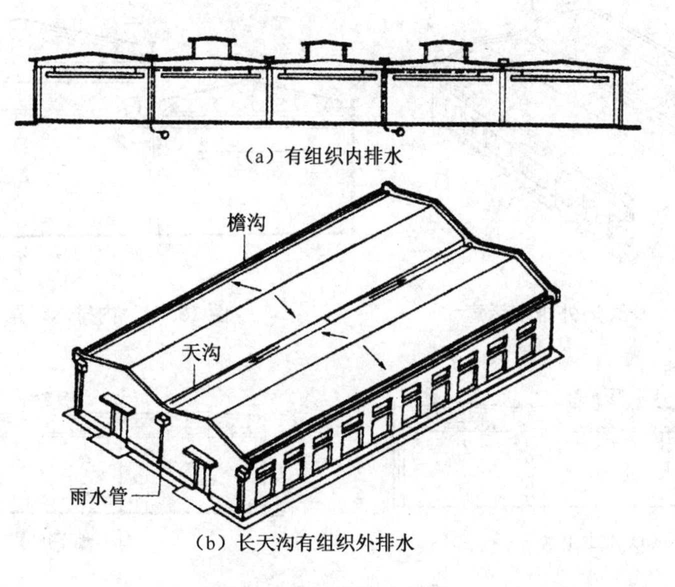


(a) 有组织内排水

(b) 长天沟有组织外排水

图 15.49　屋面排水形式

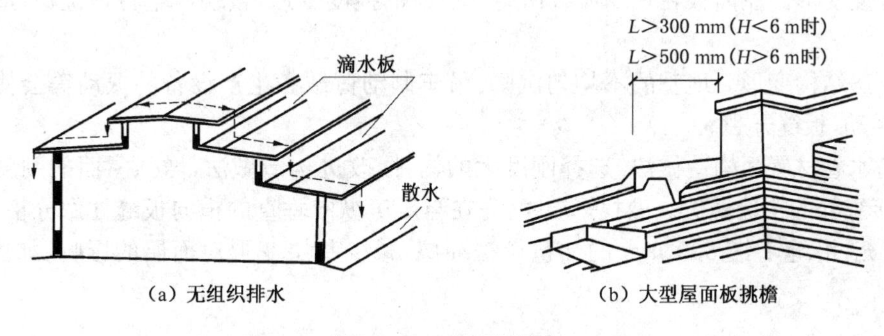


(a) 无组织排水　　(b) 大型屋面板挑檐

图 15.50　无组织排水

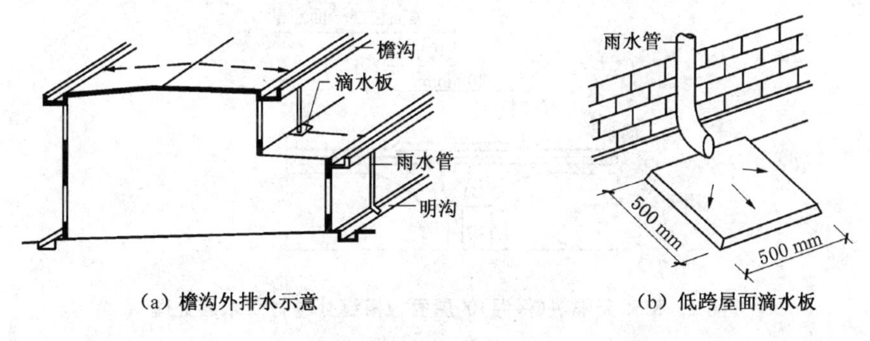


(a) 檐沟外排水示意　　(b) 低跨屋面滴水板

图 15.51　檐沟外排水

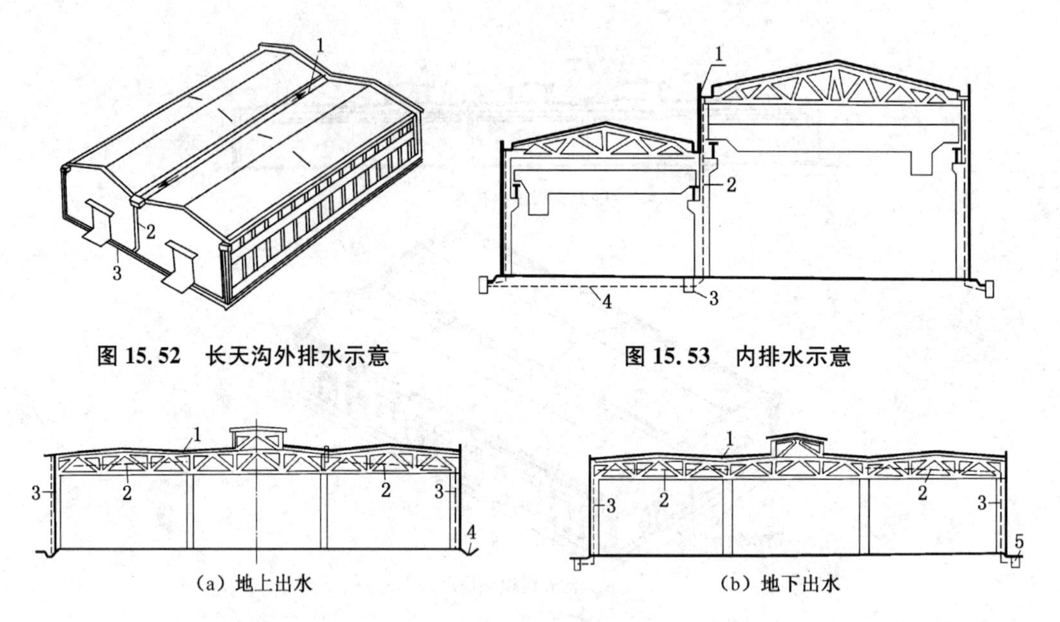


图 15.52　长天沟外排水示意

图 15.53　内排水示意

(a) 地上出水

(b) 地下出水

图 15.54　内落外排水

② 挠度变形。屋面板在长期荷载作用下引起的挠度变形，板端产生转角位移，造成板缝开裂。

③ 厂房结构变形。地基的不均匀沉降、吊车制动荷载和生产设备的振动等会使结构变形，屋面晃动，板缝开裂。

④ 防水卷材屋面构造做法：选择刚度大的构件，改进构造做法，增强屋面的刚度和整体性，改善接缝处的构造做法。做找平层时，先在与厂房纵向垂直的横向板缝处做分格缝，缝内用油膏填充，沿缝干铺 300 mm 的油毡做缓冲层，减少基层变形对面层的影响，如图 15.55 所示。

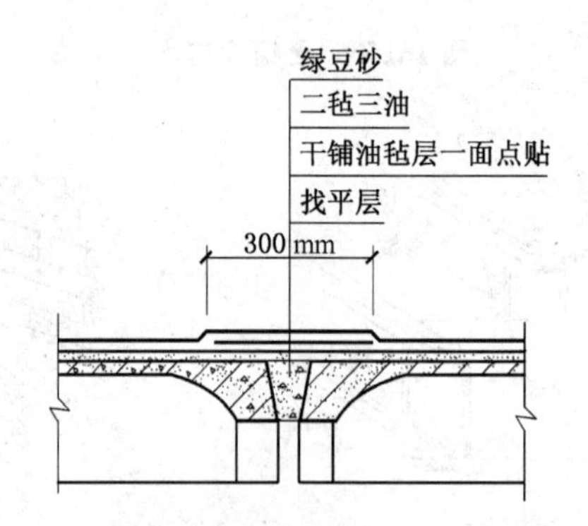


图 15.55　无隔热(保温)的屋面板横缝处卷材防水层处理

图 15.56 为挑檐构造；图 15.57 为纵墙外檐沟构造；图 15.58 为中间天沟构造；图 15.59 为长天沟外排水构造；图 15.60 为纵向女儿墙泛水与内天沟构造示例；图 15.61 为高低跨处泛水构造。

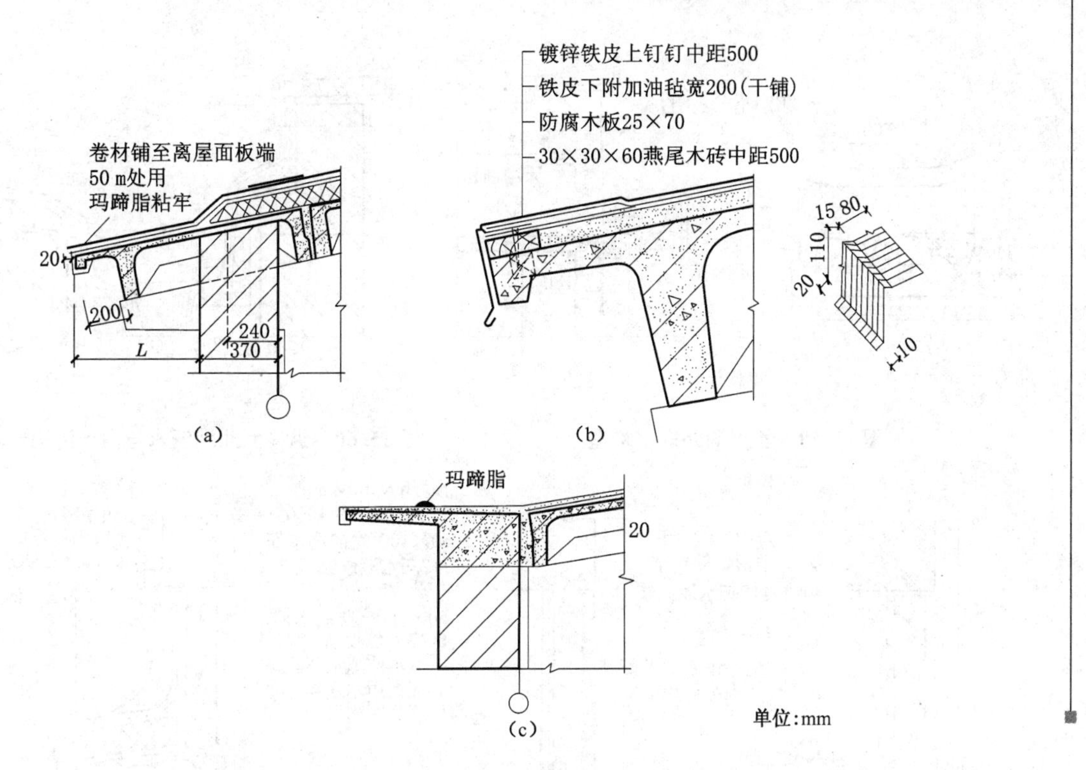


图 15.56 挑檐构造

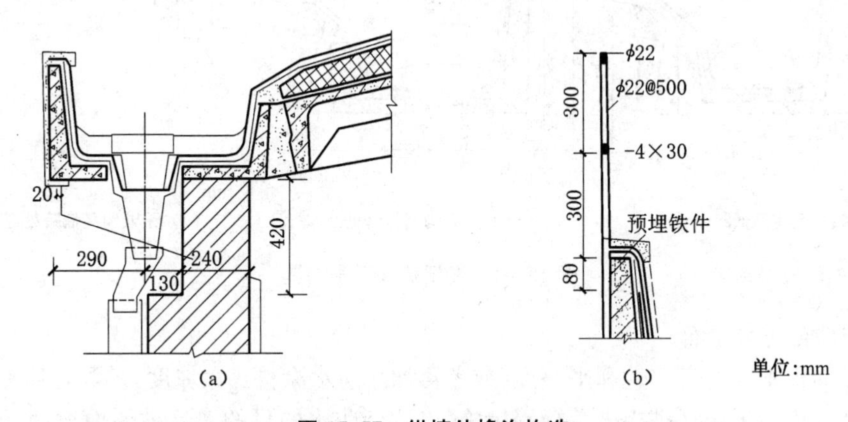


图 15.57 纵墙外檐沟构造

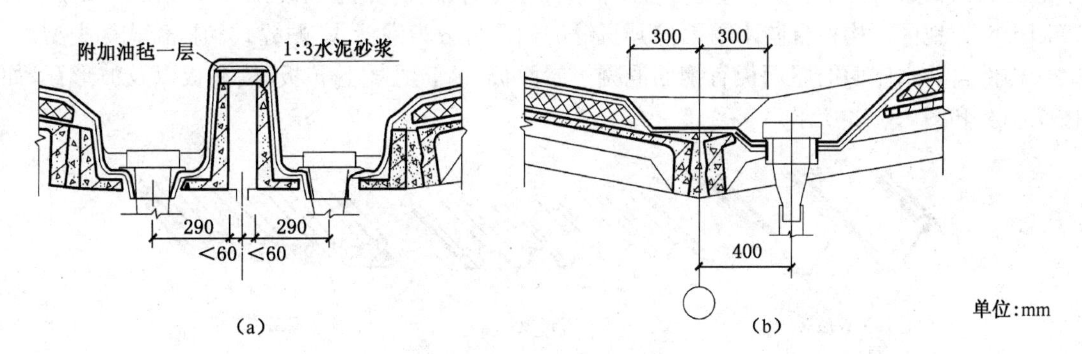


图 15.58 中间天沟构造

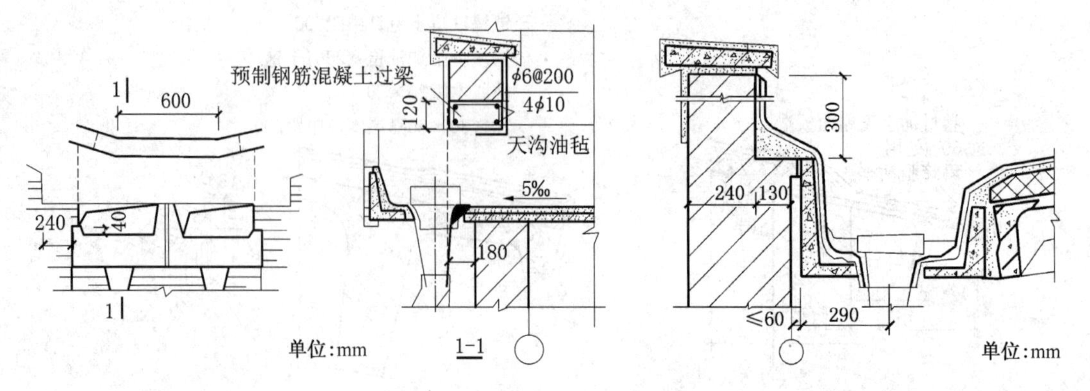


图 15.59　长天沟外排水构造　　图 15.60　纵向女儿墙泛水与内天沟构造示例

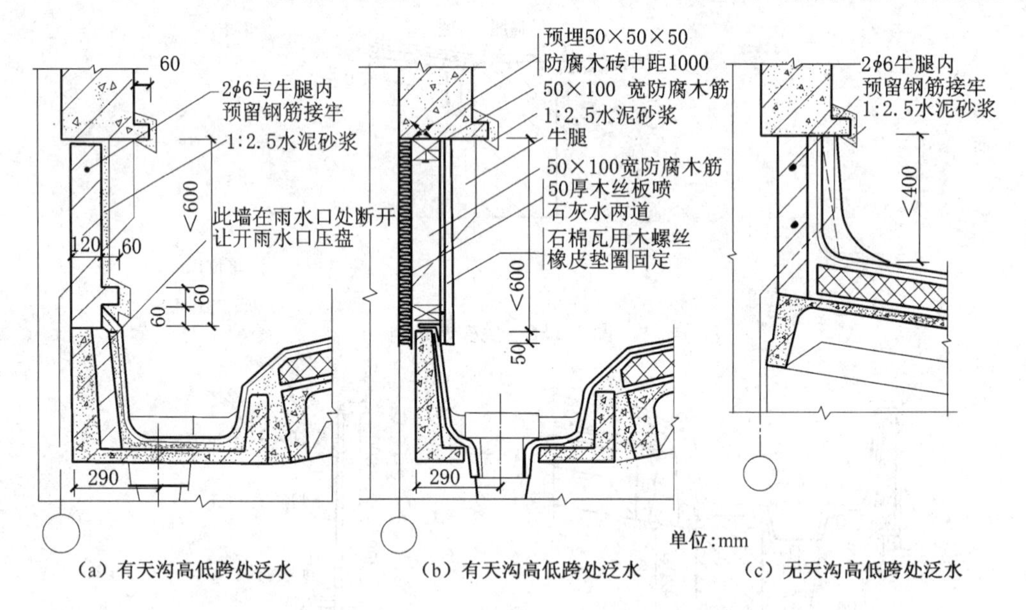


(a) 有天沟高低跨处泛水　(b) 有天沟高低跨处泛水　(c) 无天沟高低跨处泛水

图 15.61　高低跨处泛水构造

(2) 构件自防水屋面

利用屋面板本身的密实性和平整度(或者再加涂防水涂料)、大坡度,再配合油膏嵌缝及油毡贴缝或者靠板与板相互搭接来盖缝等措施,以达到防水的目的。这种屋面适用于无保温要求的屋面。构造特点:这种防水施工程序简单、省材料、造价低,但不宜用于振动较大的厂房,多用于南方地区。构件自防水屋面按其板缝的构造可分为嵌缝式、贴缝式和搭盖式等类型。

构件自防水屋面的屋面板有钢筋混凝土屋面板、钢筋混凝土 F 板、槽瓦板以及波形瓦,如图 15.62 和图 15.63 所示。

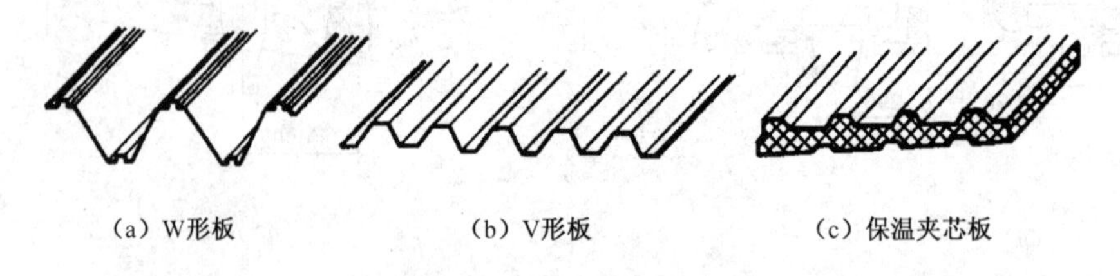

(a) W形板　(b) V形板　(c) 保温夹芯板

图 15.62　压型钢板瓦

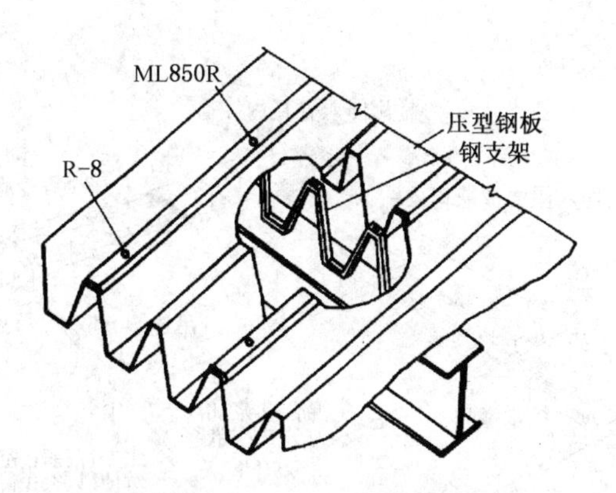


图 15.63　W 形压型钢板瓦屋面构造

① 嵌缝式、贴缝式构件自防水屋面

嵌缝式、贴缝式构件自防水是利用屋面板作为防水构件，板缝嵌油膏防水。若在板缝上粘贴一条卷材覆盖层则成为贴缝式。图 15.64 为嵌缝式、贴缝式板缝构造。

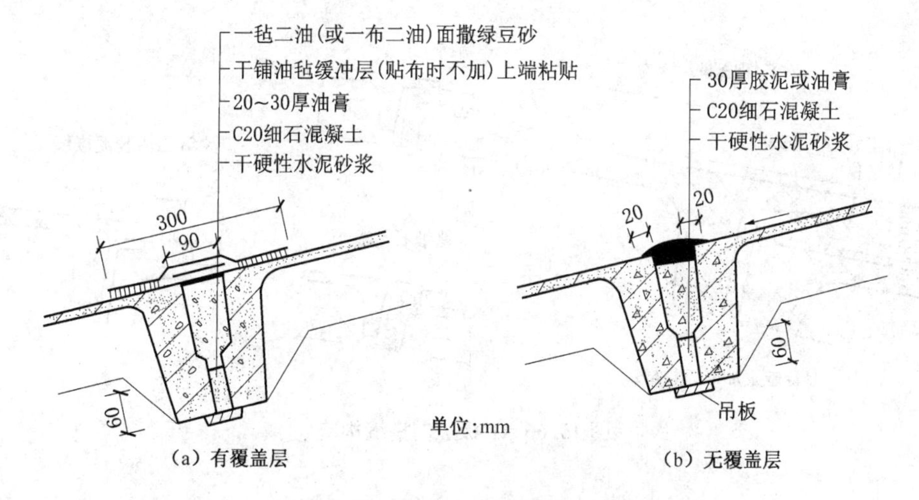


图 15.64　嵌缝式、贴缝式板缝构造

② 搭盖式构件自防水屋面

搭盖式构件自防水屋面利用屋面板上下搭盖住纵缝，用盖瓦、脊瓦覆盖横缝和脊缝的方式来达到屋面防水目的。常用的有 F 板、槽瓦和波形石棉瓦屋面。

a. F 板屋面：图 15.65 为 F 板屋面的组成。图 15.66 为 F 板纵向搭缝构造。图 15.67 为 F 板与天沟的搭盖构造。

b. 槽瓦屋面：槽瓦屋面是以断面呈槽形的钢筋混凝土屋面板为主，配合盖瓦和脊瓦附加构件组成的构件自防水屋面。图 15.68 为槽瓦屋面组成。图 15.69 为槽瓦搭接和固定构造。

c. 波形石：棉水泥瓦屋面波形瓦包括石棉水泥瓦、木质纤维瓦、钢丝网水泥瓦、镀锌铁皮条，其中波形石棉水泥瓦应用较为广泛。图 15.70 为石棉瓦与檩条的固定构造。

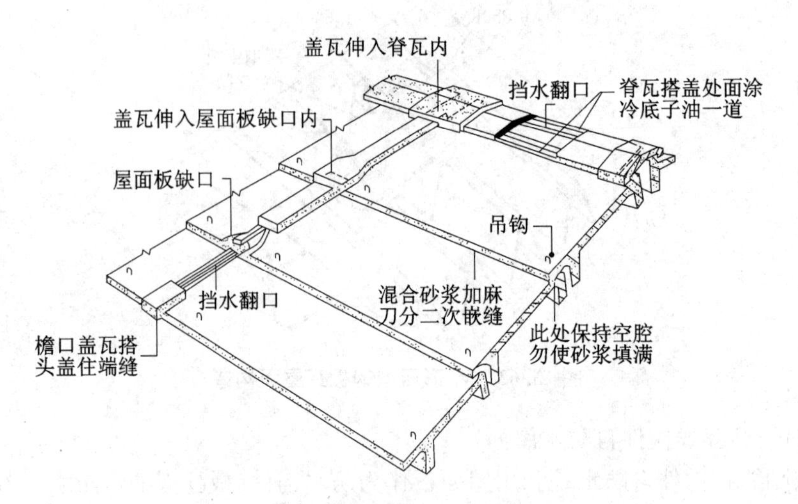


图 15.65　F 板屋面的组成

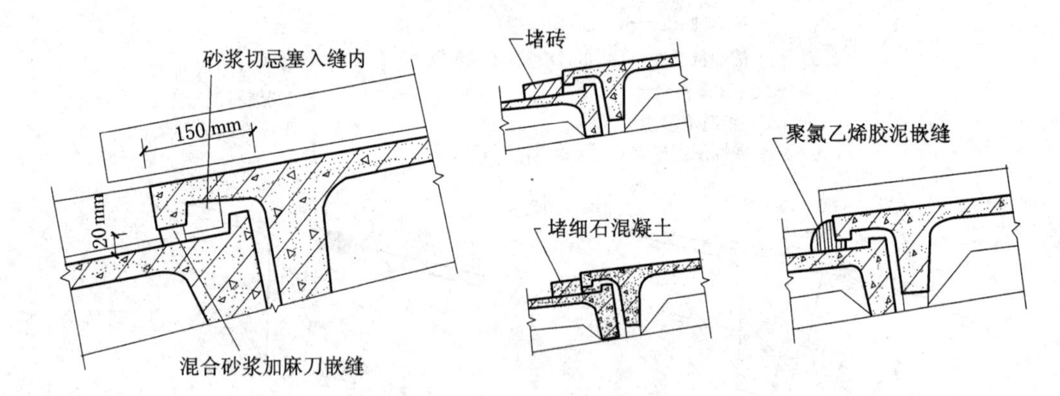


图 15.66　F 板纵向搭缝构造

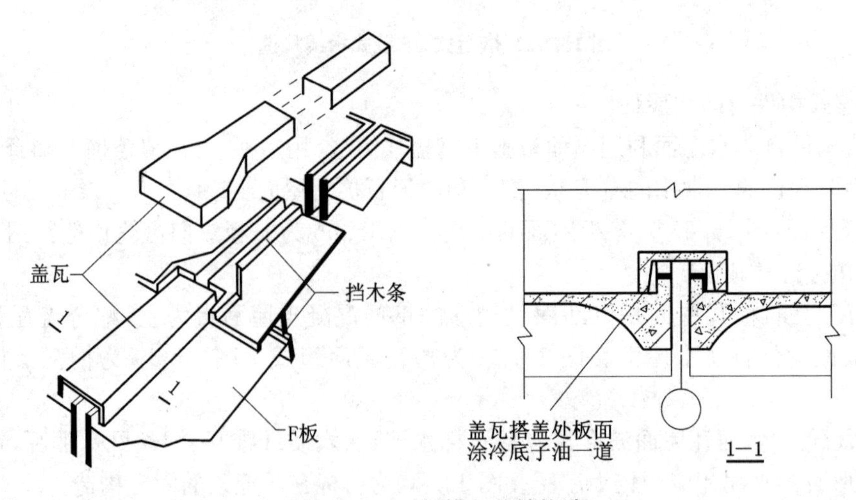


图 15.67　F 板横向盖缝构造

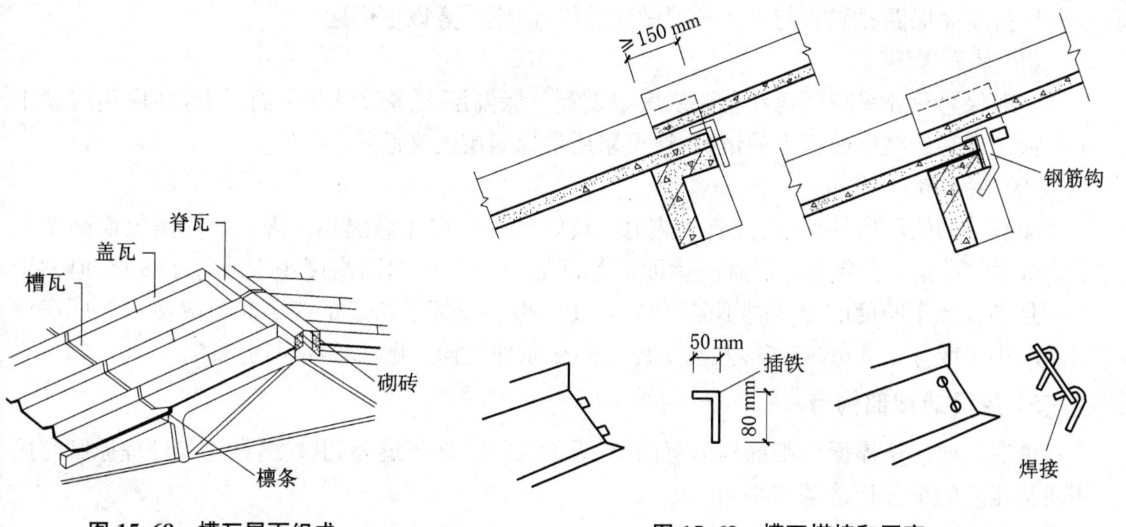


图 15.68 槽瓦屋面组成

图 15.69 槽瓦搭接和固定

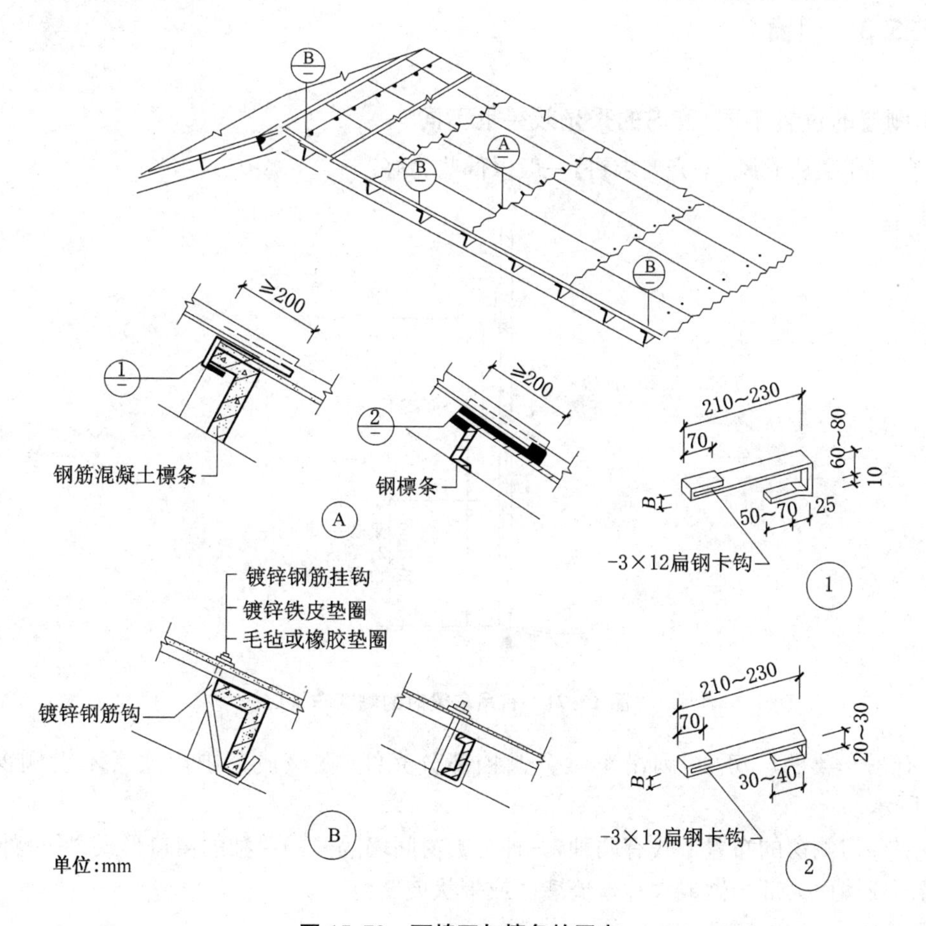


图 15.70 石棉瓦与檩条的固定

**4）屋面的保温与隔热**

厂房屋面保温、隔热，与民用房屋做法类似，但应注意以下问题：

（1）屋面保温

一般保温只在采暖厂房和空调厂房中设置。保温层大多数设在屋面板上，如民用房屋中平屋顶。也有设在屋面板下的情况，还可采用带保温层的夹芯板材。

（2）屋面隔热

除有空调的厂房外，一般只有炎热地区较低矮的厂房才做隔热处理。如厂房屋面高度大于 8 m，可不隔热，主要靠通风解决屋面散热问题。如厂房屋面高度小于或等于 8 m，但大于 6 m，且高度大于跨度的 1/2 时不需隔热；若高度小于或等于跨度的 1/2 时可隔热。如厂房屋面高度小于或等于 6 m，则需隔热厂房屋面隔热原理与构造做法均同民用房屋。

**5）屋面的细部构造**

单层工业厂房屋面的细部构造有檐口、天沟、泛水、变形缝等，其构造做法和处理原则与民用建筑相应的细部构造基本相同。

## 15.5.3 门窗

**1）侧窗的位置不同，室内的采光效果也不同**

窗台的高度从通风、采光要求讲，一般以低些为好。

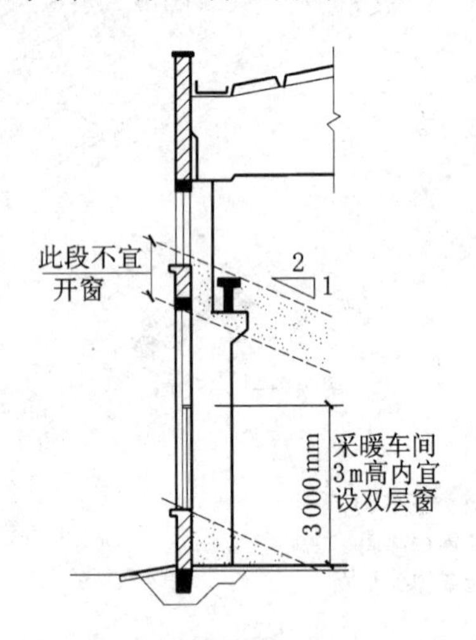


图 15.71 有吊车梁时的侧窗布置

在有吊车梁的厂房中，因吊车梁会遮挡部分光线，在该段范围内通常不设侧窗，如图 15.71 所示。

单层厂房侧窗的布置形式有两种，一种是被窗间墙隔开的单独的窗口形式，另一种是厂房整个墙面或墙面大部分做成大片玻璃墙面或带状玻璃窗。

**2）侧窗洞口尺寸宽度在 900～6 000 mm 之间**

其中，2 400 mm 以内，以 3M 为整倍数；2 400 mm 以上，以 6M 为整倍数。

单层厂房的分类及其构造与民用建筑相同，但厂房侧窗一般将旋窗、平开窗或固定窗等组合在一起。

厂房侧窗高度和宽度较大，窗的开关常借助于开关器。开关器分手动和电动两种。图15.72为中旋窗的手动开关器。

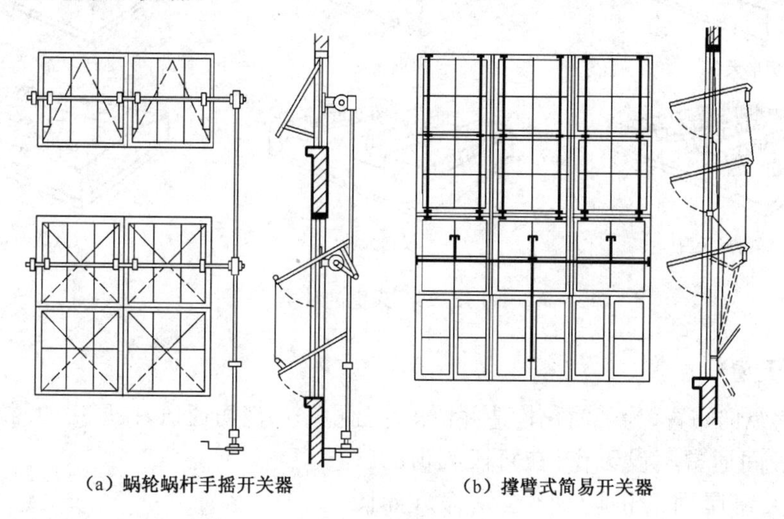


图 15.72　侧窗开关器

(1) 侧窗的布置和种类：单面布置、双面布置。

(2) 高低侧窗布置：玻璃墙布置和单独布置，如图15.73所示。

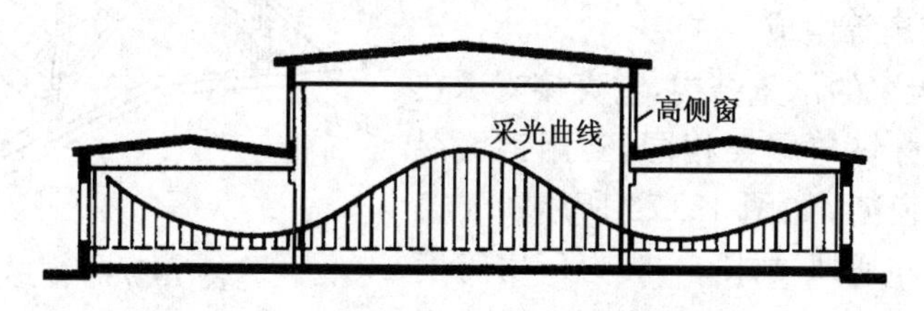


图 15.73　高低侧窗结合布置采光效果

(3) 按材料划分：钢窗和木窗。

(4) 按层数划分：单层窗和双层窗。工业建筑侧窗一般都是单层窗。只有在寒冷地区和空调车间中根据热工的要求采用双层窗。

(5) 按开启方式划分：有中旋窗、平开窗、立转窗和固定窗等几种。

**3) 厂房大门**

工业厂房大门的尺寸应根据所需运输工具类型、规格、运输货物的外形并考虑通行方便等因素来确定。

## 15.5.4　天窗

**1) 天窗的作用和类型**

(1) 作用：通风、采光。

(2) 类型:矩形天窗、平天窗、下沉天窗,如图 15.74 所示。

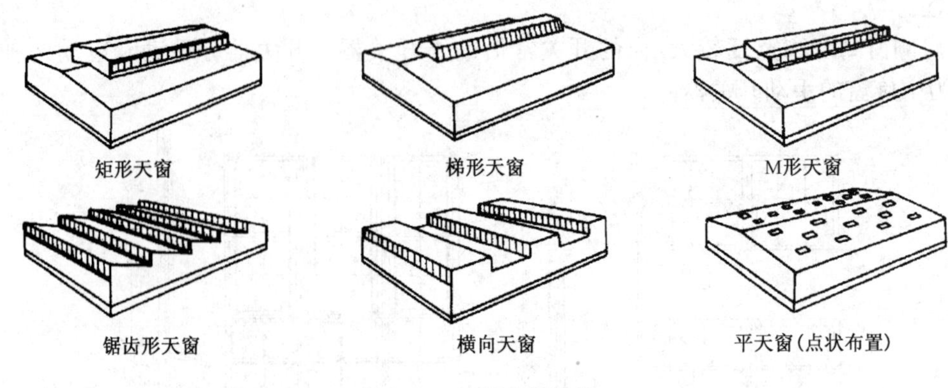


**图 15.74　天窗的种类**

**2) 矩形天窗**

沿着厂房纵向布置,为了简化构造并留出屋面检修和消防通道,在厂房的两端和横向变形缝的第一个柱间通常不设天窗;在每段天窗的端壁应设置上天窗屋面的消防梯(检修梯),如图 15.75 所示。

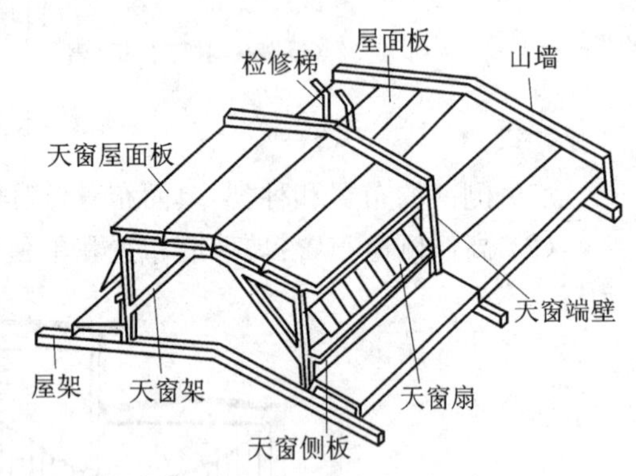


**图 15.75　矩形天窗的组成**

**3) 矩形天窗的组成**

矩形天窗主要由天窗架、天窗屋顶、天窗端壁、天窗侧板及天窗扇等组成。

(1) 天窗架是天窗的承重结构,它直接支承在屋架上。天窗架的材料与屋架相同,常用钢筋混凝土天窗架和钢天窗架,如图 15.76 所示。天窗架的宽度根据采风和通风要求,一般为厂房跨度的1/2～1/3 左右,且应尽可能将天窗架支承在屋架的节点上,目前常采用的钢筋混凝土天窗架的宽度为 6 m 和 9 m 两种。天窗架的高度应根据采光和通风的要求,并结合所选用的天窗扇尺寸确定,一般高度为宽度的 0.3～0.5 倍。

(2) 天窗扇

类型:通长天窗、分段天窗。

按开启方式分:上旋式、中旋式。

尺寸:一般采用 3M 为模数,900 mm、1 200 mm、1 500 mm 及其组合尺寸。

天窗扇有钢制和木制两种。钢天窗扇具有耐久、耐高温、重量轻、挡光少、不易变形、关闭严密等优点,因此工业建筑中多采用钢天窗扇。

(3) 天窗檐口

一般情况下,天窗屋面的构造与厂房屋面相同。天窗檐口常采用无组织排水,由带挑檐的屋面板构成,挑出长度一般为 300～500 mm。

(4) 天窗侧板

天窗侧板是天窗窗口下部的围护构件,其主要作用是防止屋面上的雨水流入或溅入室内。

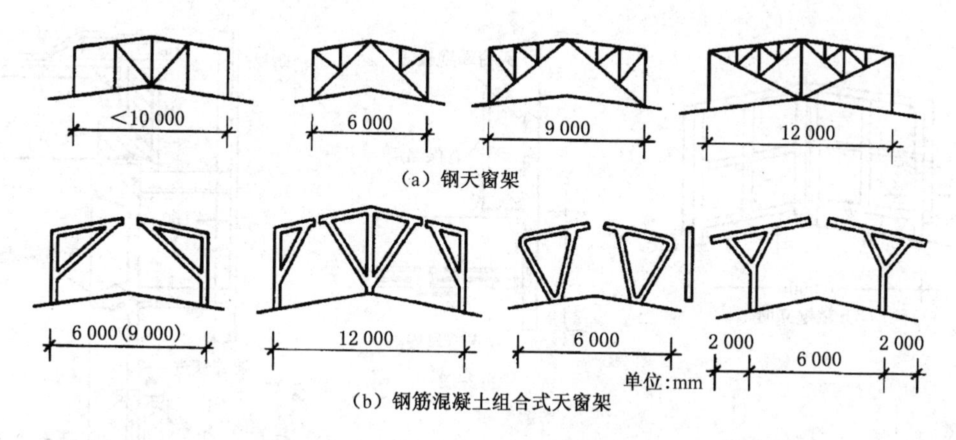


**图 15.76 天窗架的形式**

天窗侧板应高出屋面不小于 300 mm。

侧板的形式有两种。当屋面为无檩体系时,采用钢筋混凝土侧板,如图 15.77(a)所示,侧板长度与屋面板长度一致。当屋面为有檩体系时,侧板可采用石棉水泥波瓦等轻质材料,如图 15.77(b)所示。侧板安装时向外稍倾斜,以利排水。侧板与屋面交接处应做好泛水处理。

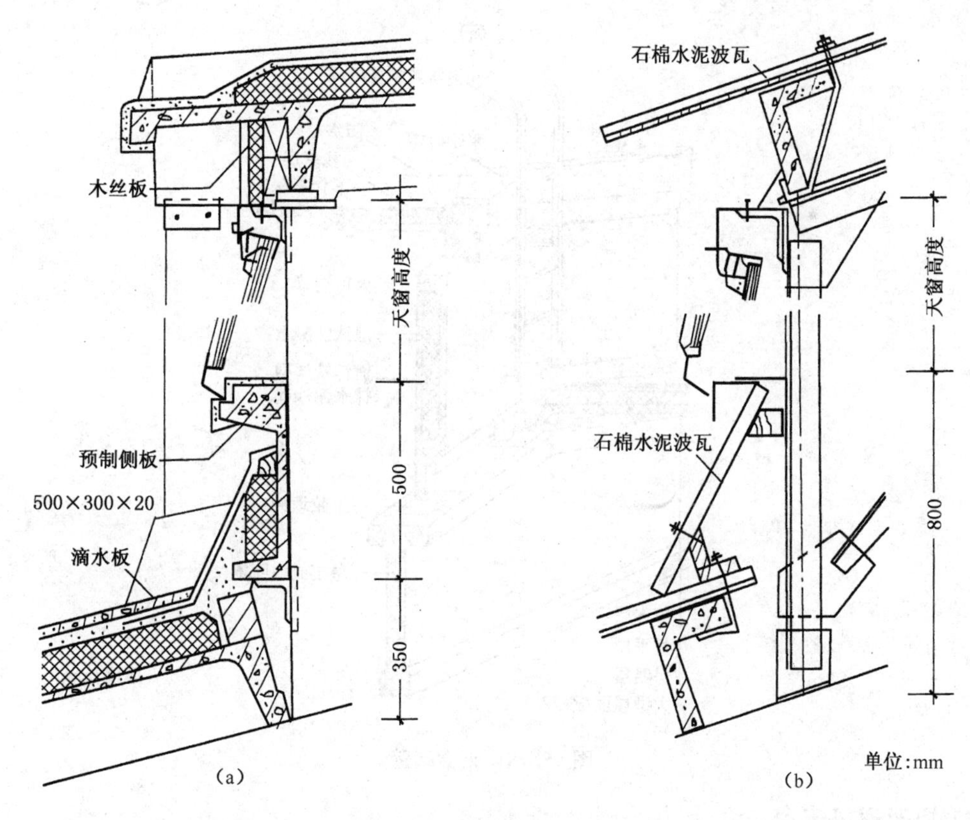


**图 15.77 天窗檐口及侧板**

(5) 天窗端壁:天窗端壁有预制钢筋混凝土端壁和石棉水泥瓦端壁,如图 15.78 所示。

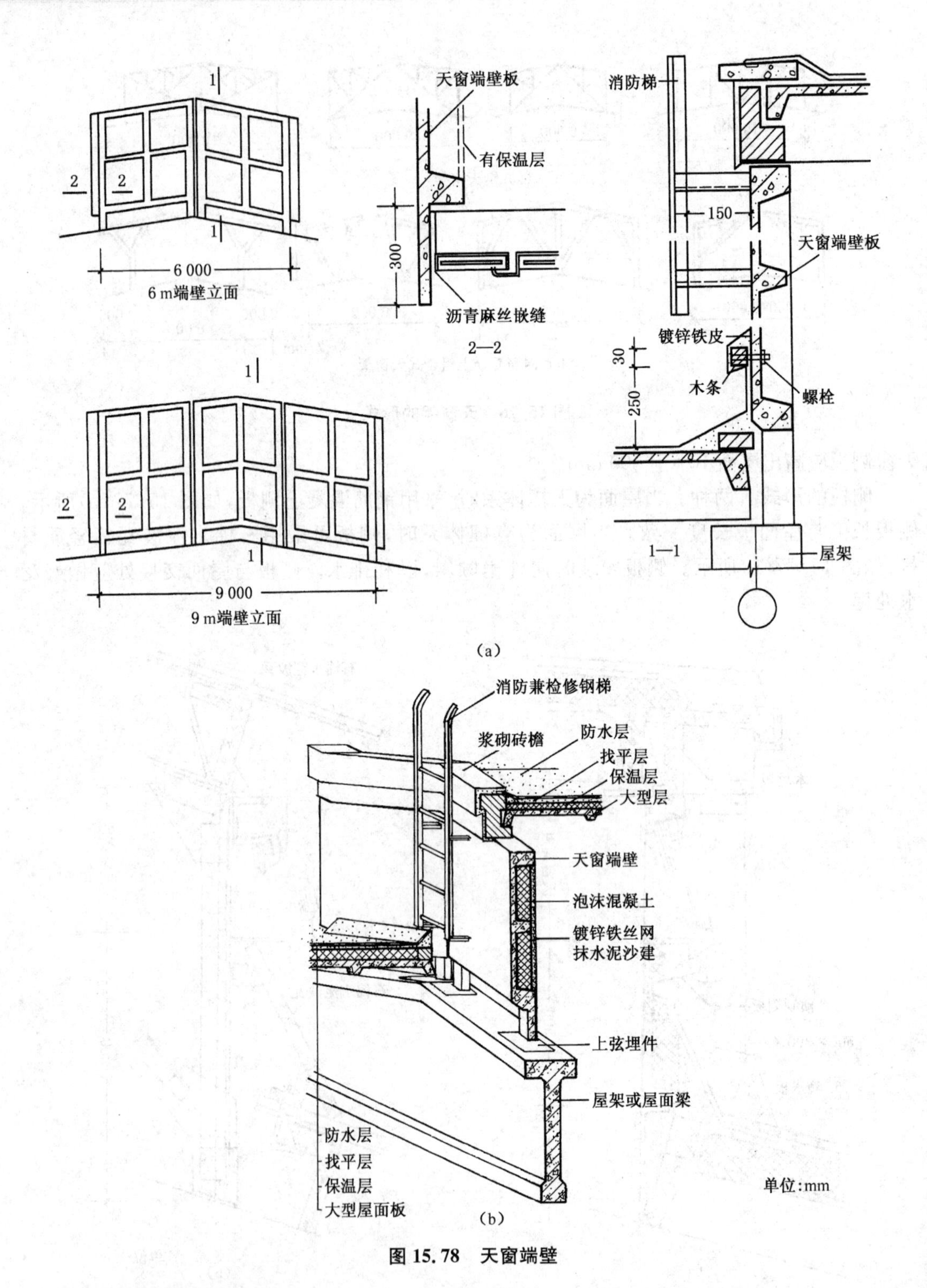


图 15.78　天窗端壁

#### 4）矩形通风天窗

(1) 组成:挡风板、挡雨设施,如图 15.79 所示。

挡风板的形式有立柱式(直或斜立柱式)和悬挑式(直或斜悬挑式),如图 15.80 所示。立

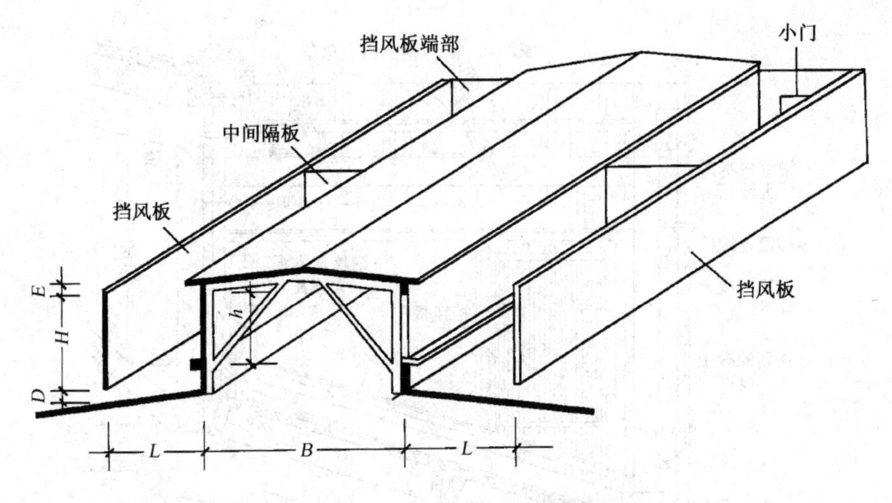


图 15.79 矩形通风天窗示意图

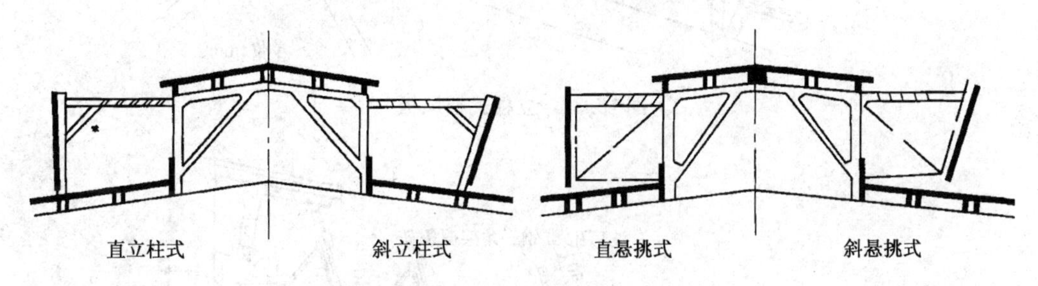


图 15.80 挡风板的形式

柱式是将立柱支承在屋架上弦的柱墩上，用支撑与天窗架相连，结构受力合理，但挡风板与天窗之间的距离受屋面板排列的限制，如图 15.81 所示，立柱处防水处理较复杂。悬挑式的支架固定在天窗架上，挡风板与屋面板脱开，处理灵活，适用于各类屋面，但增加了天窗架的荷载，对抗震不利，如图 15.82 所示。挡风板可向外倾斜或垂直设置，向外倾斜的挡风板，倾角一般与水平面成 50°～70°，当风吹向挡风板时，可使气流大幅度飞跃，从而增加抽风能力，通风效果比垂直的好。挡雨设施设大挑檐方式，使水平口的通风面积减小。垂直口设挡雨板时，挡雨板与水平夹角越小通风越好，但不宜小于 15°。水平口设挡雨片时，通风阻力较小，是较常用的方式，挡雨片与水平面的夹角多采用 60°。挡雨片高度一般为 200～300 mm。在大风多雨地区和对挡雨要求较高时，可将第一个挡雨片适当加长。

(2) 矩形避风天窗细部构造

挡风板常用石棉波形瓦、钢丝网水泥瓦、瓦楞铁等轻型材料，用螺栓将瓦材固定在檩条上。檩条有型钢和钢筋混凝土两种，其间距视瓦材的规格而定。檩条焊接在立柱或支架上，立柱与天窗架之间设置支撑使其保持稳定。当用石棉水泥波瓦做挡雨片时，常用型钢或钢三角架做檩条，两端置于支撑上，水泥波瓦挡雨片固定在檩条上。

**5) 平天窗**

平天窗有采光板、采光罩、采光带三种。

平天窗的构造做法虽视其类型、使用要求、建筑材料和施工具体情况有所不同，但其构造要点是一致的。

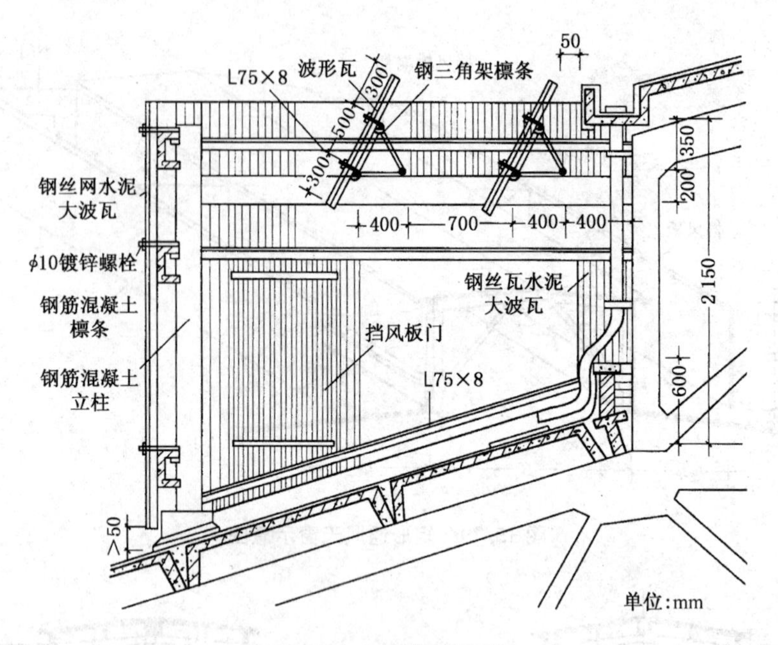


图 15.81　立柱式挡风板

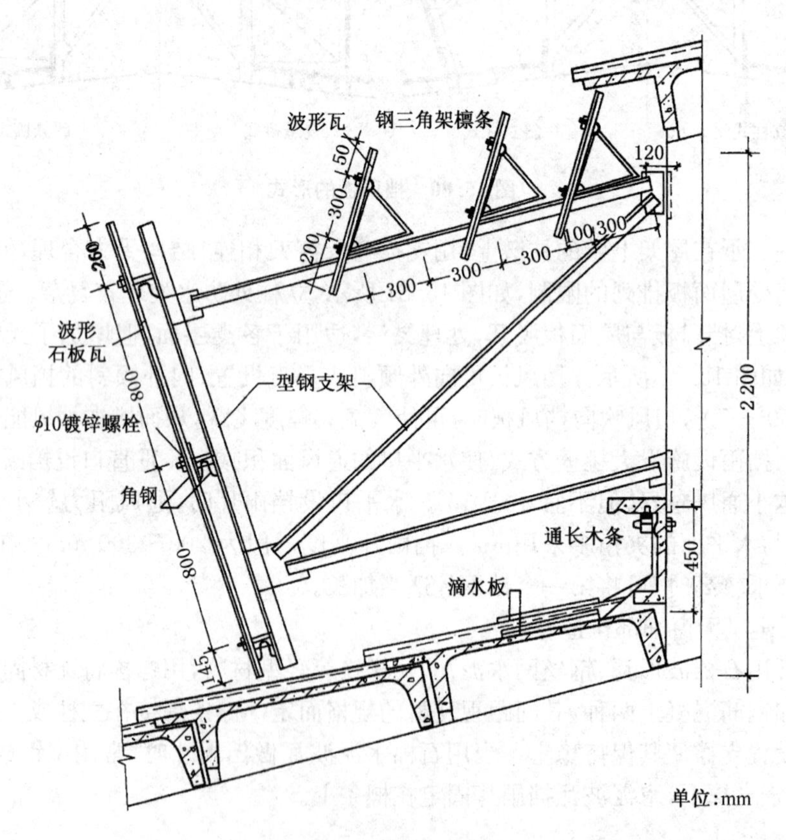


图 15.82　悬挑式挡风板

(1) 采光板:采光板是在屋面板上留孔,装设平板透光材料,如图 15.83 所示。板上可开设几个小孔,也可开设一个通长的大孔。固定的采光板只做采光用,可开启的采光板以采光为主，兼做少量通风用途。

(2) 采光罩：是在屋面板上留孔装弧形透光材料，如弧形玻璃钢罩、弧形玻璃罩等。采光罩有固定和可开启两种，如图 15.84 所示。

(3) 采光带：是指采光口长度在 6 m 以上的采光口。采光带根据屋面结构的不同形式，可布置成横向采光带和纵向采光带，如图 15.85 所示。

平天窗在采光口周围做井壁泛水，如图 15.86 所示，井壁上安放透光材料。泛水高度一般为 150～200 mm。井壁有垂直和倾斜两种。井壁可用钢筋混凝土、薄钢板、塑料等材料制成。预制井壁现场安装，工业化程度高，施工快。但应处理好与屋面板之间的缝隙，以防漏水。

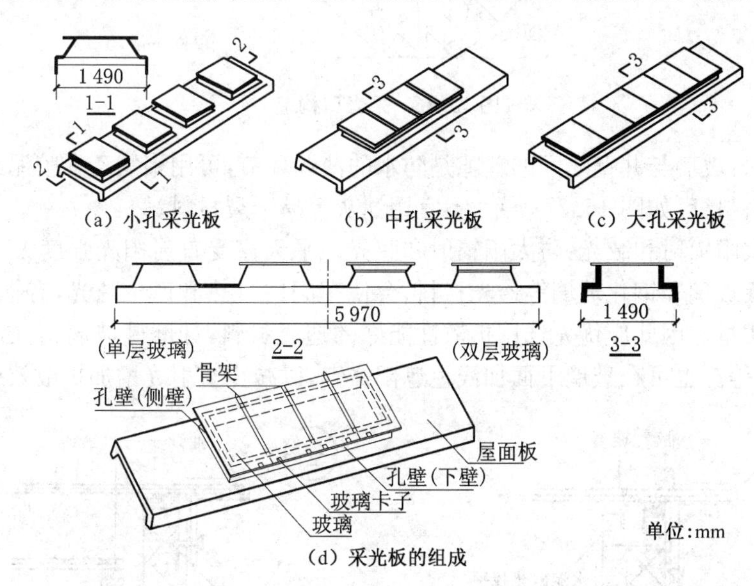


图 15.83　采光板形式和组成

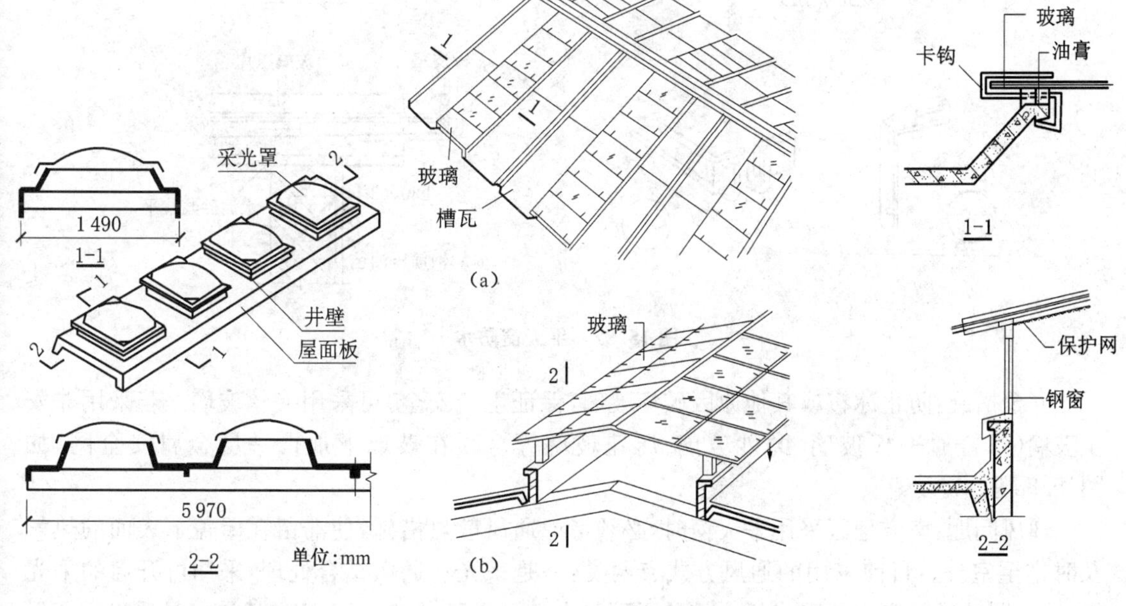


图 15.84　采光罩

图 15.85　采光带

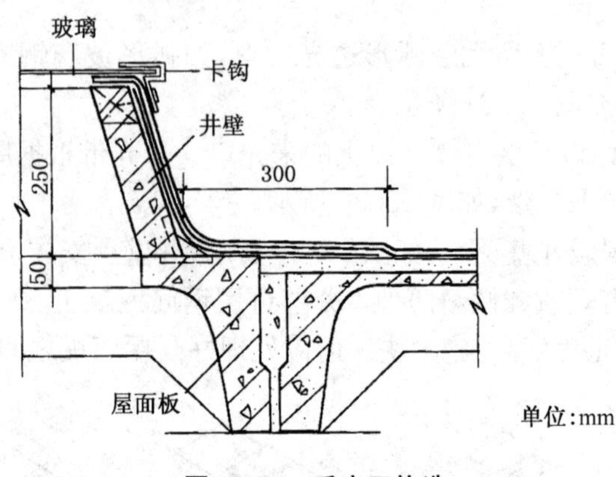


图 15.86 采光口构造

平天窗防水:玻璃与井壁之间的缝隙是防水的薄弱环节,可用聚氯乙烯胶泥或建筑油膏等弹性较好的材料垫缝,如图 15.87 所示,不宜用油灰等易干裂材料。

平天窗防太阳辐射和眩光:防太阳辐射和眩光。平天窗受直射阳光强度大、时间长,如果采用一般的平板玻璃和钢化玻璃等透光材料,会使车间内过热和产生眩光,有损视力,影响生产安全和产品质量。因此应优先选用扩散性能好的透光材料,如磨砂玻璃、乳白玻璃、夹丝压花玻璃、玻璃钢等。也可在玻璃下面加浅色遮阳格卡,以减少直射光增加扩散效果。

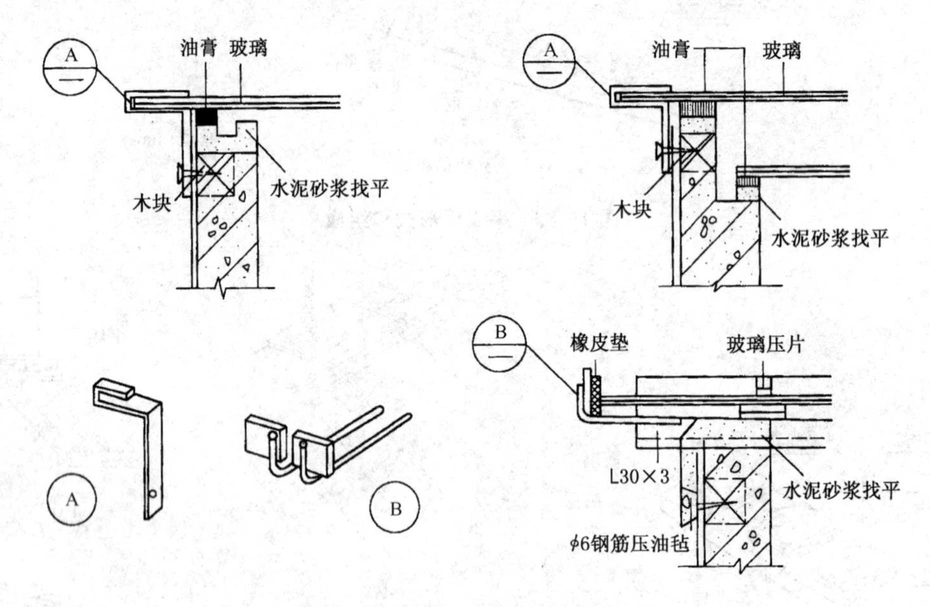


图 15.87 平天窗防水

安全措施:防止冰雹或其他原因破坏玻璃,保证生产安全,可采用夹丝玻璃。若采用非安全玻璃(如普通平板玻璃、磨砂玻璃、压花玻璃等),须在玻璃下加设一层金属安全网,如图15.88 所示。

通风问题:南方地区采用平天窗时,必须考虑通风散热措施,使滞留在屋盖下表面的热气及时排至室外。目前采用的通风方式有两类:一是采光和通风结合处理,采用可开启的采光板、采光罩或带开启扇的采光板。如此既可采光又可通风,但使用不够灵活。二是采光和通风分开处理，平天窗只考虑采光，另外利用通风屋脊解决通风。如此构造较复杂，如图 15.89 所示。

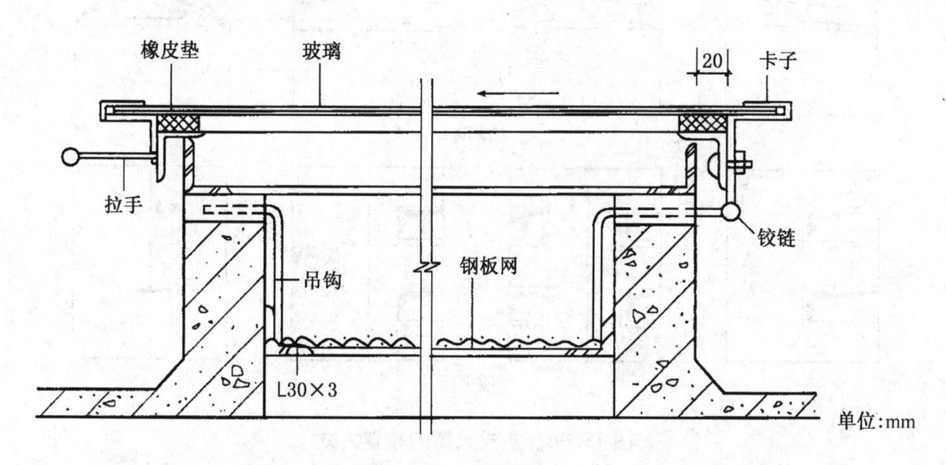


**图 15.88 安全网构造示例**

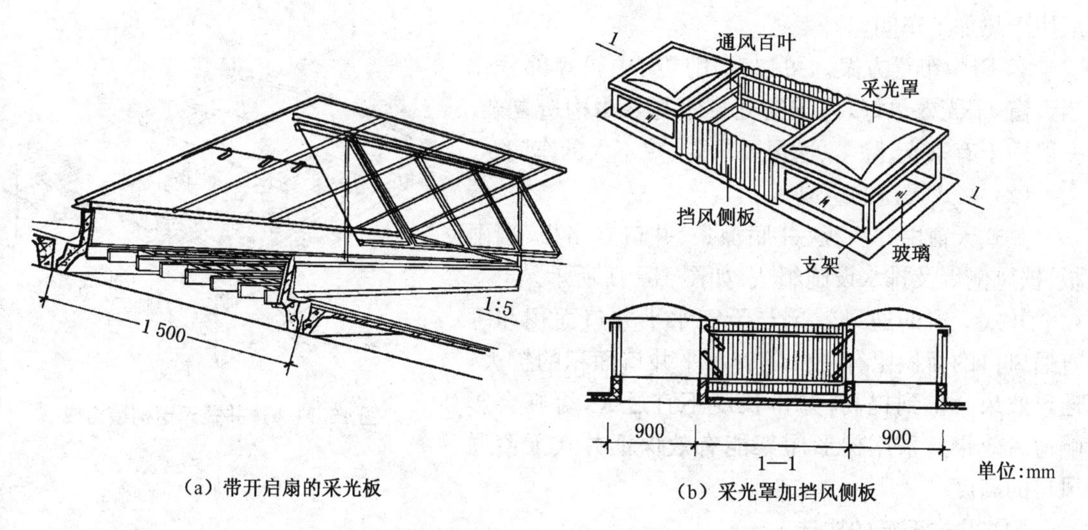


(a) 带开启扇的采光板　　(b) 采光罩加挡风侧板

**图 15.89 采光通风平天窗**

### 6）下沉式天窗

(1) 下沉式天窗的类型

下沉式天窗是将厂房的局部屋面板布置在屋架下弦上，利用上下弦屋面板形成的高差作为采光和通风口，不再另设天窗架和挡风板。下沉式天窗具有布置灵活、通风好、采光均匀等优点。

下沉式天窗的形式有井式天窗、横向下沉式天窗、纵向下沉式天窗。这几种下沉式天窗的构造方式相同。这里主要介绍井式天窗的特点、组成和构造。

按井式天窗在屋面上的位置，有单侧布置、两侧对称布置或错开布置、跨中布置等方案，如图 15.90 所示。

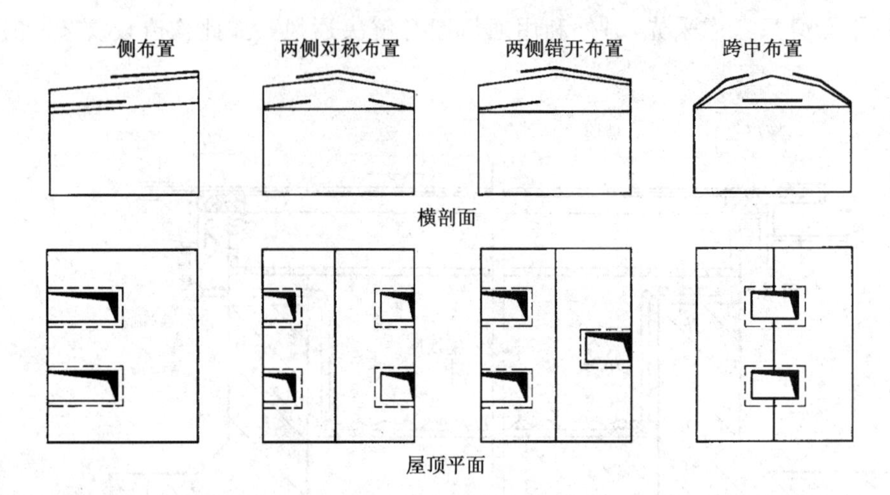


图 15.90　井式天窗的布置方式

① 单侧或两侧布置方案。通风效果好，天窗处排水和除尘构造较跨中布置方案简单，一般用于热加工车间。

② 跨中布置方案。可以利用屋架中较高部分作为天窗，采光效果好，但天窗处排水与除尘构造复杂，一般用于有采光、除尘、通风要求，余热不大的车间。

(2) 井式天窗的组成

井式天窗由井底板、井底檩条、井口空格板、挡雨板、挡风侧墙及排水设施组成，如图 15.91 所示。

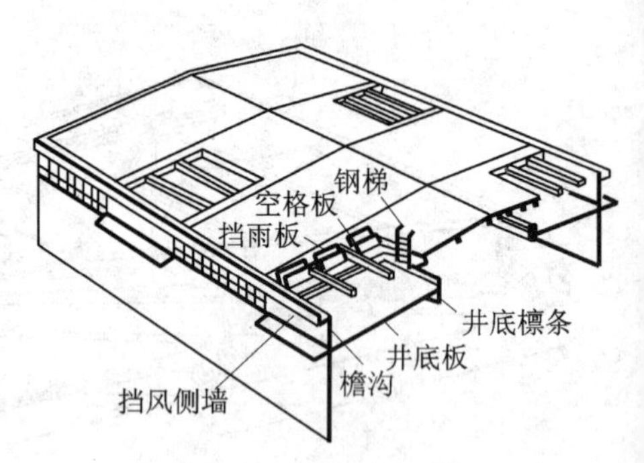


图 15.91　边井式天窗构造组成

井式天窗的通风效果与天窗水平井口面积和垂直通风口的面积比有关。随着水平井口面积的扩大，通风效果会得到提高；井口长度不宜过大，否则会影响通风效果。采用梯形屋架能有效保证井式天窗通风口的高度。

(3) 井式天窗的构造

① 井底板

井底板位于屋架下弦处，有纵向铺板和横向铺板两种形式。

纵向铺板是指井底板与屋架垂直。它是将井底板直接搁置在屋架的下弦上，如图 15.92 所示。与横向铺板相比，纵向铺板既可省去檩条，又可增加垂直口的有效高度。

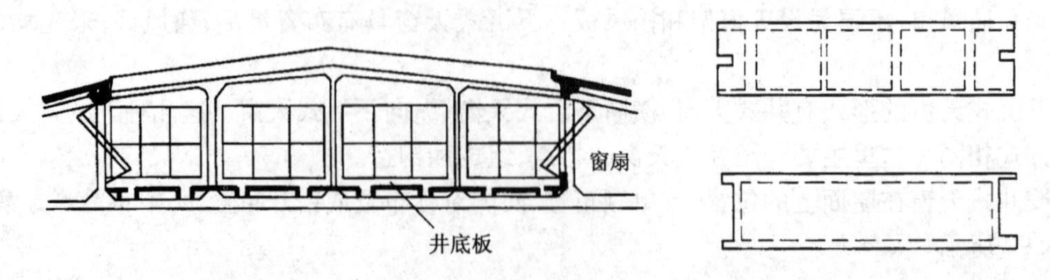


图 15.92　纵向铺板构造

天窗水平口长度可根据需要确定。为防止井底板端部与屋架腹杆相互碰撞,可采用F形出肋板、槽形卡口板等异性井底板,以躲开屋架腹杆。

横向铺板是指井底板与屋架平行。它是先在屋架下弦上搁置井底檩条,井底板搁置在井底檩条上,如图15.93所示。井底板边缘应做高300 mm左右的泛水,防止落在井底板上的雨水溅入车间内。

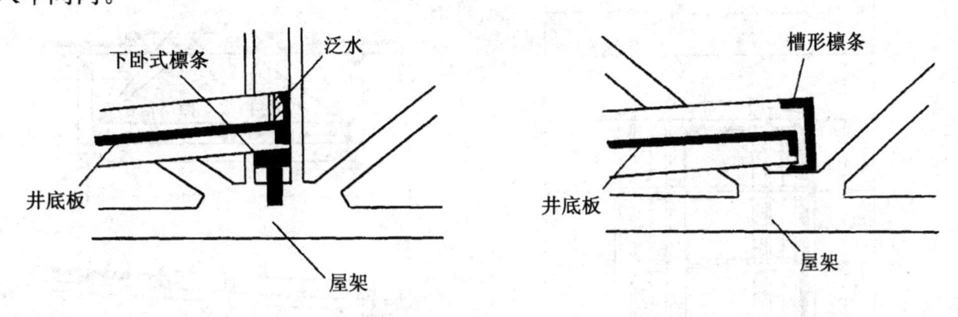


图15.93 井底檩条

用来搁置井底板的井底檩条有下卧式、槽形和L形等形式。采用这几种形式的井底檩条能保证垂直通风口的有效高度,槽形和L形井底檩条的高出部分还兼起泛水作用。

② 挡雨设施

井式天窗通风口一般不设窗扇而制成开敞式,但需在井口处设挡雨设施。常用的做法有井口上出挑檐、水平口设挡雨片、垂直口设挡雨板等三种挡雨方式。

a. 井口上出挑檐

井口上出挑檐的一种方法,是沿厂房纵向由相邻屋面板加长挑出悬臂板,横向增设屋面板,形成井口的挑檐,如图15.94所示。另一种方法是在井口设置檩条,在檩条上固定挑檐板。挑檐板挑出的长度应满足挡雨角的要求。由于挑檐板占用天窗水平面积较多,影响采光通风,挑檐板挡雨多用于柱距在9 m以上的天窗。

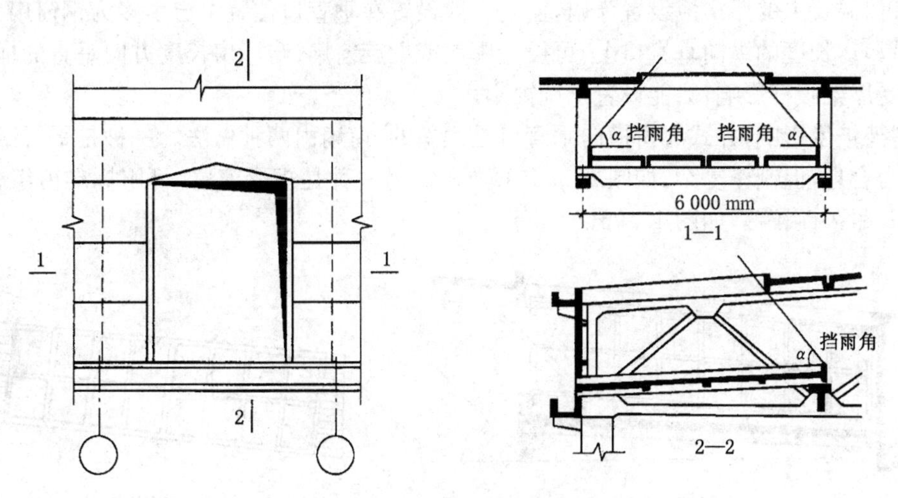


图15.94 井口上做挑檐构造

b. 水平口设挡雨片

水平口设挡雨片挡雨是在井口上铺设井口空格板后,将挡雨片固定在进口空格板上,如图

15.95 所示。挡雨片的数量、位置和角度应满足挡雨角的要求。挡雨片一般与水平面成 60°角,挡雨片的高度为 200～300 mm。常用的挡雨片有石棉水泥波瓦挡雨片、钢板挡雨片和玻璃挡雨片等。

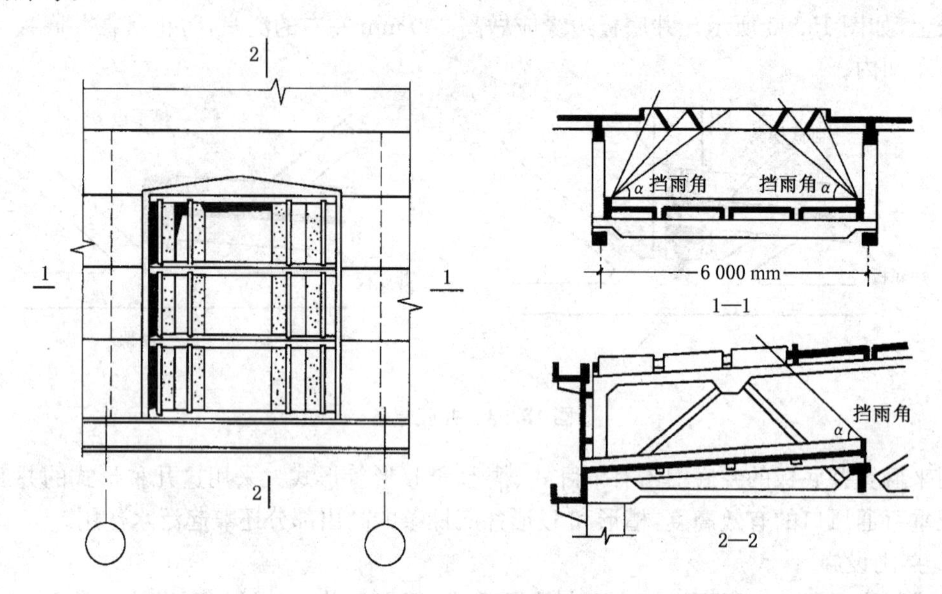


图 15.95 井口上设置挡雨片构造

c. 垂直口设挡雨片

垂直口设挡雨片的构造做法,与单层厂房开敞式外墙挡雨板构造相似。挡雨片与水平面的夹角越小越有利于通风,但为保证排水,不宜小于 15°。常用的有石棉水泥波瓦挡雨片和预制钢筋混凝土小板挡雨片。

③ 窗扇设置

对有保温要求的厂房应设置窗扇,窗扇一般设置在垂直口位置。窗扇多为钢窗扇。

在沿厂房长度的纵向垂直口上,可设置中旋或上旋窗扇;与厂房长度方向垂直的横向垂直口,由于受屋架腹杆影响,只能设置上旋窗扇。

受屋架坡度影响,井式天窗横向垂直口是倾斜的,窗扇由两种做法。一种是平行四边形窗扇,它受力合理,但制作复杂,如图 15.96(a)所示。另一种是矩形窗扇,可用标准窗组合,但受力不合理,耐久性较差,如图 15.96(b)所示。

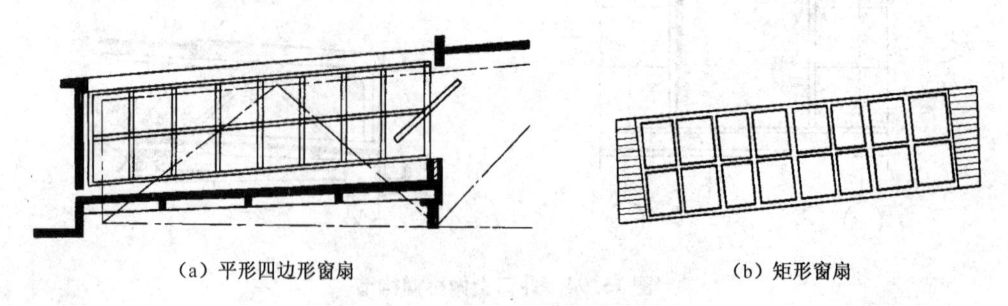

(a) 平形四边形窗扇　　(b) 矩形窗扇

图 15.96 横向垂直口设窗扇

④ 排水构造

井式天窗排水包括井口处的上层屋面板排水和下层井底板排水，构造较复杂。井式天窗有无组织排水、单层天沟排水、双层天沟排水等多种方式，可根据当地降雨量、车间灰尘量、天窗大小等情况选择。

边井外排水

边井外排水可采用无组织排水、单层天沟排水和双层天沟排水方式，如图 15.97 所示。

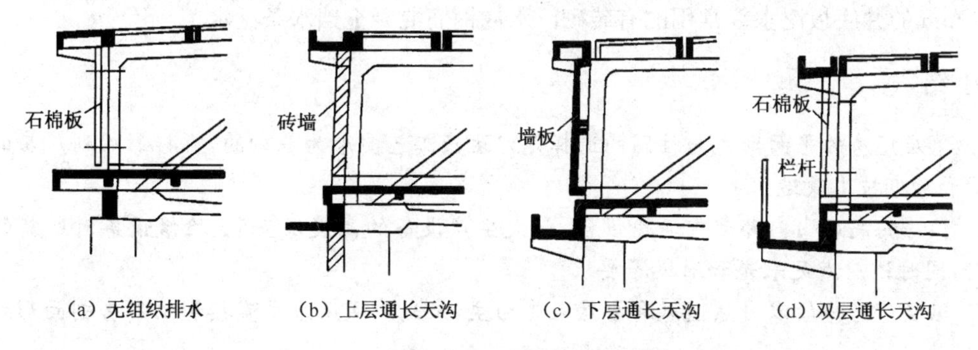


图 15.97　边井外排水

a. 无组织排水。上下层屋面均做无组织排水，井底板的雨水经挡风板与井底板的空隙流出，构造简单，施工方便，适用于降雨量不大的地区。

b. 单层天沟排水。上层屋檐做通长天沟，下层井底板做自由落水，适用于降雨量较大的地区。另一种是下层设置通长天沟，上层自由落水，适用于烟尘量大的热车间及降雨量大的地区。天沟兼做清灰走道时，外侧应加设栏杆。

c. 双层天沟排水。在雨量较大的地区，灰尘较多的车间，采用上下两层通长天沟有组织排水。这种形式构造复杂，用料较多。

连跨内排水：

a. 对多跨厂房相连屋面形成的中井式天窗，当车间产生的灰尘量不大时，可采用上、下层屋面间断天沟，如图 15.98(a)所示。

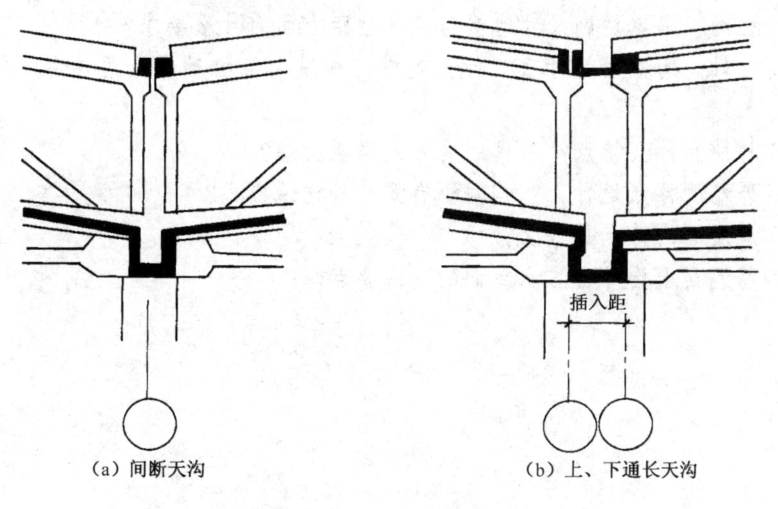


图 15.98　连跨内排水的形式

b. 对降雨量大的地区或灰尘多的车间可用上、下两层通长天沟，如图 15.98(b)所示；或在上层设置间断天沟，下层设通长天沟。

c. 井底板的雨水也可用雨水管外排。

⑤ 泛水

井式天窗的泛水有井口泛水和井底板泛水。为防止屋面雨水流入井内，需在进口周围做150～200 mm 的井口泛水；为防止落在井底板上的雨水溅入室内，井底板周边应做高度不小于 300 mm 的井底板泛水。常用的有砖砌泛水或钢筋混凝土挡水条泛水。

## 本章小结

1. 单层厂房的平面形式与柱网的选择是以生产工艺要求为基础的，直接影响到厂房的建设投资和后期技术改造。

2. 厂房的高度由内部起重运输设备、最大生产设备的高度及安装、检修设备时所需的高度确定，同时还应满足采光和通风等要求。

3. 单层厂房一般以自然通风和自然采光为主，采光与通风方式直接影响厂房剖面形式和构造。

4. 厂房定位轴线是确定厂房主要承重构件位置和施工放线、设备安装定位的依据。

5. 单层厂房屋面的排水方式应根据厂房的使用特点确定，常用的有无组织排水和有组织排水两种方式。

6. 卷材防水屋面的构造重点是板缝的防水处理；构件自防水屋面包括压型钢板屋面和钢筋混凝土构件自防水屋面。

7. 单层厂房屋面檐口、天沟等细部构造做法与民用建筑构造相同。

1. 装配式钢筋混凝土排架结构厂房的主要结构构件有哪些？它们之间的相互关系如何？

2. 厂房内部起重运输设备的种类有哪些？各有什么特点？

3. 什么是柱网？确定柱网尺寸时对跨度和柱距方面有什么要求？

4. 厂房定位轴线的作用是什么？什么是横向和纵向定位轴线？两种定位轴线与哪些主要构件有关？

5. 大型板材墙有什么特点？常用的有哪几类板材墙？

6. 开敞式外墙的特点是什么？挡雨板有哪几种构造方式？

7. 单层厂房屋面的特点是什么？

8. 简述钢筋混凝土构件自防水屋面的构造要点。

# 参考文献

[1] 徐珍,姜曙光.房屋建筑学[M].2版.武汉:武汉理工大学出版社,2015.
[2] 苏炜.房屋建筑学[M].2版.北京:化学工业出版社,2009.
[3] 陈燕菲.房屋建筑学[M].北京:化学工业出版社,2010.
[4] 舒秋华.房屋建筑学[M].5版.武汉:武汉理工大学出版社,2015.
[5] 李必瑜,王雪松.房屋建筑学[M].4版.武汉:武汉理工大学出版社,2014.
[6] 刘维彬.房屋建筑学[M].武汉:华中科技大学出版社,2011.
[7] 张树平.建筑防火设计[M].北京:中国建筑工业出版社,2009.
[8] 黄镇梁.建筑设计的防火性能[M].北京:中国建筑工业出版社,2006.
[9] 王学谦.建筑防火设计手册[M].北京:中国建筑工业出版社,2008.
[10] 中国建筑工业出版社.现行建筑设计规范大全[S].北京:中国建筑工业出版社,2009.